集成电路科学与工程丛书

氮化镓功率晶体管——器件、电路与应用

（原书第3版）

［美］亚历克斯·利多（Alex Lidow）
迈克尔·德·罗伊（Michael de Rooij）
约翰·斯其顿（Johan Strydom）
戴维·罗伊施（David Reusch）
约翰·格拉泽（John Glaser） 著

段宝兴　杨银堂　等译

机 械 工 业 出 版 社

本书共17章，第1章概述了氮化镓（GaN）技术；第2章为GaN晶体管的器件物理；第3章介绍了GaN晶体管驱动特性；第4章介绍了GaN晶体管电路的版图设计；第5章讨论了GaN晶体管的建模和测量；第6章介绍了GaN晶体管的散热管理；第7章介绍了硬开关技术；第8章介绍了软开关技术和变换器；第9章介绍了GaN晶体管射频性能；第10章介绍了DC－DC功率变换；第11章讨论了多电平变换器设计；第12章介绍了D类音频放大器；第13章介绍了GaN晶体管在激光雷达方面的应用；第14章介绍了包络跟踪技术；第15章讨论了高谐振无线电源；第16章讨论了GaN晶体管的空间应用；第17章分析了GaN晶体管替代硅功率晶体管的原因。

本书适合作为从事GaN功率半导体技术研究的科研工作者、工程师、高年级本科生和研究生的参考书，也可以作为高等院校微电子科学与工程、集成电路科学与工程、电力电子技术专业的教材。

译 者 序

半导体科学与技术引发了现代科技许多领域革命性的变革和进步，它是计算机、通信和网络技术的基础和核心，已经成为与国民经济发展、社会进步及国家安全密切相关的、重要的科学技术之一。半导体科技与人们的日常生活息息相关，在产生巨大经济效益的同时，也大大提高了人们的生活质量。因为半导体科技综合了电子、信息、材料、物理、化学和数学等各门学科的精髓，所以它的发展速度非常惊人！促使信息、通信和计算机领域发生着巨大变革，已经成为一个国家科学技术的“基石”。

继以硅（Si）为代表的第一代和以砷化镓（GaAs）为代表的第二代半导体技术之后，发展起来的以碳化硅（SiC）和氮化镓（GaN）为代表的第三代宽禁带半导体材料与器件，是发展大功率、高频高温、抗强辐射、蓝光激光器和紫外探测器等技术的核心。由于宽禁带半导体优良的材料特性，使第三代半导体技术成为半导体研究领域的热点。GaN 功率半导体技术有望成为硅功率半导体技术的“继承者”之一。

本书是在 *GaN Transistors for Efficient Power Conversion*（Second Edition）基础上增补新内容后形成的第 3 版，是一本系统全面介绍 GaN 功率半导体技术的专著。作者之一的 Alex Lidow 博士是宜普电源转换（EPC）公司的首席执行官，参与撰写的其他几位作者均为从事功率半导体技术多年的专家。第 2 版和第 3 版均获得了国际上多位专家的好评和赞赏，认为是一部 GaN 功率晶体管的经典之作，值得推荐给从事高效功率电子技术开发的研究人员作为工作手册来参考。

本书适合从事 GaN 功率半导体技术研究的科研工作者、工程师、高年级本科生和研究生使用，对于从事其他功率半导体技术研究的技术人员也具有借鉴意义。第 3 版除了包括 GaN 晶体管器件物理、GaN 晶体管特性、器件设计、驱动电路设计、电路版图设计、建模和测量、硬开关拓扑、谐振和软开关变换器、射频性能、GaN 晶体管的空间应用等内容外，还增加了 GaN 晶体管的散热管理、DC - DC 功率变换、多电平变换器设计、D 类音频放大器、激光雷达、包络跟踪技术、高谐振无线电源等新内容，所以本书也可以作为高等院校教授此类课程的参考教材。包括 GaN 功率晶体管在内的宽禁带半导体技术是一项新兴的科学技术，国际上关于此方向的专著很少，从事宽禁带功率半导体技术的学者和教授此类课程的高等院校老师强烈建议国内翻译或编译出版国际上此方向优秀的教材和专著。

参加本书翻译工作的人员为段宝兴教授（第 1、2、4、5、10 ~ 15 章）和杨银堂教授（第 3、6 ~ 9、16、17 章）。另外，杨珞云、王夏萌、张一攀、唐春萍、袁嘉慧、薛少瑄、黄鑫等同学也参加了部分翻译和文字整理工作，在此表示感谢。最后，由段宝兴教授对全书做了统一审校。

由于译者水平有限，加之时间紧迫，不妥或错误之处在所难免，敬请广大读者批评指正。

段宝兴　杨银堂
西安电子科技大学

原书前言

众所周知，CMOS 反相器和 DRAM 是组成数字信号处理器的两个基本单元。几十年的发展，利用摩尔定律提高反相器的开关速度和存储器的存储密度已经产生了难以想象的许多应用。电能的处理基于两个功能模块：功率开关和能量存储器件，如电感和电容的能量存储器。为了进一步缩小系统的尺寸并提高系统的性能，发展更高开关频率的新型功率器件一直是人们追求的目标。

功率 MOSFET 自 20 世纪 70 年代中期发展以来，由于具有更快的开关速度，已经在很多应用领域代替了双极型晶体管。时至今日，功率 MOSFET 已经发展到了理论极限，所以必须借助于软开关技术才可以进一步减少器件的开关损耗。然而，由于栅极驱动损耗仍然很大，所以限制了开关频率在大多数应用中只有几百千赫兹。

最近发展起来的 GaN 功率器件大大改善了品质因数，打开了通往兆赫兹工作频率的大门。本书介绍了 GaN 功率技术的一些设计实例和参考文献，表明 GaN 功率器件的功率密度提高了 5 ~ 10 倍。然而，我们相信 GaN 功率器件潜在的贡献不只是提高效率和功率密度，它可能对我们的设计方法产生很大的影响，包括变换模式。

功率电子学是一门交叉学科。功率电子系统的基本组成包括开关、储能设备、电路拓扑、系统封装、电磁兼容、热管理、EMC/EMI 和制造考虑因素等。当开关频率比较低时，这些组件之间的耦合比较小，当前是利用分离组件的设计方法解决这些问题。当设计的系统具有更高的频率时，组件通过紧密布局以最小化可能的寄生效应，这不可避免地引入了不需要的电磁耦合和热相互作用。

组件和电路之间这种日益复杂的关系需要更加系统化的设计方法，必须同时考虑电、磁、机械和热等因素。而且，所有的组件必须在空间和时间上同时正常工作，这些挑战促使电路设计者追求更加系统化的设计方法。对于功率电子系统，需要在功能级和子系统级都具有可行性和实用性。这些集成组件作为系统进一步集成化的基本构建模块，与数字电子系统相同，用这种方式可以使用标准化的组件实现。随着制造业规模化经济的发展，将大大降低功率电子设备的成本，并挖掘出许多以前因成本过高而被排除在外的新应用。

GaN 技术将为今后的研究和技术创新提供发展机遇。Alex Lidow 博士在本书中提到，功率 MOSFET 花费了 30 多年的时间才达到当前的发展程度。然而 GaN 功率技术仍处于发展的初期阶段，所以需要时刻关注一些技术方面的挑战。本书比较详细地分析了以下几点问题：

1）高的 dv/dt 和 di/dt 说明现在大多数商用化的栅极驱动电路不适合用于 GaN 功率器件。第 3 章提供了很多在栅极驱动电路设计方面的重要方法。

2）器件封装和电路布局至关重要。需要控制寄生效应不必要的影响，对此，需要软开关技术。有关封装和布局的一些重要问题在本书的第4~6章中详细介绍。

3）高频设计也很关键。当开关频率超过2~3MHz时，磁性材料的选择变得有限。另外，必须探索更具创造性的高频磁性设计方法。最近发表的论文提出了新的设计方法，这些新的设计方法与常规方法不同，获得了有价值的新结果。

4）高频对EMI/EMC的影响尚待探索。

Alex Lidow博士是功率半导体领域备受尊敬的研究者，一直处于新技术引领发展的前沿。在担任国际整流器公司首席执行官的同时，他在21世纪初发起了对GaN技术的研究。他还带领团队开发了第一款集成的DrMOS和DirectFET®，现在这些集成器件已经用于为新一代微处理器和许多其他应用提供电能。

本书给功率半导体工程师提供了非常有价值的资料参考。从GaN器件物理、GaN器件特性和器件建模到器件和电路布局的考虑，以及栅极驱动设计、硬开关和软开关的设计考虑等方面进行了分析。此外，本书还进一步分析了GaN技术的新应用。

本书的5位作者中有3位来自美国电力电子系统中心（CPES），他们与Alex Lidow博士一起努力开发新一代宽禁带功率开关技术，这种新型宽禁带功率开关技术是对传统开关技术的挑战。

李泽元博士
美国电力电子系统中心主任
弗吉尼亚理工大学杰出教授

致　　谢

感谢对本书有特殊贡献的同事。

Edward Jones 博士对第 3、6 和 7 章，以及其他几章都提供了重要内容和出色的见解。Yuanzhe Zhang 博士是长期研究包络跟踪技术的专家，对第 14 章提供了许多内容，并对其他章节提出了许多见解和建议。Suvankar Biswas 博士为第 5、10 和 11 章做了工作。Steve Colino 为第 12 章 D 类音频放大器的内容提供了帮助，他对几乎每一章都给出了许多建议和见解。Mohamed Ahmed 不仅是弗吉尼亚理工大学优秀的博士，而且是 EPC 公司一名出色的实习生，2018 年夏天做了很多实验工作，为第 10 章中的 LLC 变换器提供了数据。

我们也想感谢 Jianjun（Joe）Cao、Robert Beach、Alana Nakata、Guang Yuan Zhao、Yanping Ma、Robert Strittmatter 和 Seshadri Kolluri，他们提供了许多 GaN 晶体管和集成电路的基础知识。

特别感谢 Joe Engle，他除了审阅和编辑各章节之外，还为本书的出版做了很多工作，Joe Engle 还召集了一些图表设计人员对本书的图文设计做了耐心的工作。Jenny Somers 是这本书的首席平面设计师，处理了很多 GaN 相关的文献和应用资料，将这些科学数据和文献资料准确地表达到了本书中。

对 Wiley 的编辑和工作人员表示感谢，他们对本书的出版做了认真的审查和大量工作。

最后，我们要感谢 Archie Huang 和 Sue Lin 对 GaN 技术的钟爱，他们的远见和支持将会改变半导体行业。

Alex Lidow
Michael de Rooij
Johan Strydom
David Reusch
John Glaser

目　　录

第1章

GaN 技术概述

1.1 硅功率 MOSFET（1976～2010 年）

40 多年来，随着功率金属氧化物半导体场效应晶体管（MOSFET）结构和技术的创新，电源管理的效率和成本稳步提升，在日常生活应用中，由于对功率的需求，电路技术保持同步提高。然而，由于硅功率 MOSFET 逐渐达到了其理论极限，性能的改善速度已经放缓。

功率 MOSFET 作为双极型晶体管的替代品，于 1976 年首次出现。这种多数载流子器件工作速度更快，性能更稳定，并且具有比少数载流子器件更高的电流增益[1]，这样使开关电源变成了商用产品。最早的功率 MOSFET 用于早期台式计算机的 AC－DC 开关电源，然后用于变速电动机驱动、荧光灯、DC－DC 变换器等。现在还包括其他成千上万的应用，这些都与我们的日常生活息息相关。

第一种功率 MOSFET 来自于国际整流器公司，为 1978 年 11 月推出的 IRF100，其漏源击穿电压为 100V，导通电阻 $R_{DS(on)}$ 为 0.1Ω，这个指标是当时最优的值。因为裸片尺寸超过 $40mm^2$，价格为 34 美元，所以这种产品不可能立即取代双极型晶体管。此后，一些制造商陆续开发出多种功率 MOSFET。40 多年来，击穿电压和导通电阻的最优值每年都会被设定，随后被超越。截至本书编写之日，英飞凌公司的 BSZ096N10LS5 产品依然具有 100V 耐压等级的最优值。相比于国际整流器公司的 IRF100 MOSFET 的 $4\Omega \cdot mm^2$ 品质因数，英飞凌公司的 BSZ096-N10LS5 值为 $0.06\Omega \cdot mm^2$，这几乎达到了硅基功率器件的理论极限[2]。

通过器件设计可以提高功率晶体管的许多特性。例如，超结（Super Junction）器件和绝缘栅双极型晶体管（IGBT）超越了简单垂直型多数载流子 MOSFET 理论极限的导电性能。这些创新工作在相当一段时间内仍会继续，并肯定会采用功率 MOSFET 的低成本结构。一个具有多年工作经验的设计师，已经学会了利用这些产品不遗余力地改善功率变换电路和系统的性能。

1.2 GaN 基功率器件

氮化镓（GaN）由于其晶体结构中原子组分的键合能相对较大而被称为宽禁带半导体［碳化硅（SiC）是另一种最常见的宽禁带半导体］。GaN HEMT（高电子迁移率晶体管）器件在 2004 年首次出现，是由日本 Eudyna 公司生产的耗尽型射频（RF）晶体管。使用 GaN－on－SiC 衬底，Eudyna 公司成功研制出专为射频应用的晶体管[3]。HEMT 结构于 1975 年由 Mimura 等人[4]首次报道。1994年Khan等人[5]的研究表明在AlGaN和GaN异质结界面附近存在异常高浓度的二维电子气（2DEG）。利用这一现象，Eudyna公司能够在千兆赫兹级的频率范围内产生基准功率增益。2005年，Nitronex公司推出了利用SIGANTIC®技术，生长在硅衬底上的第一款耗尽型射频GaN HEMT器件。

射频GaN晶体管继续在射频应用中获得发展，其他公司已将产品投入市场。但是，这类器件的应用还受制于芯片的价格，而且耗尽型器件也不利于功率系统的使用（耗尽型器件需要栅极上的负电压来关断器件）。

2009年6月，宜普电源转换（EPC）公司推出了第一款增强型硅基GaN HEMT（eGaN®），这种器件专门设计用于功率MOSFET的替代品（因为eGaN FET不需要负电压关断）。起初，通过使用标准的硅基制造技术和设备，可以使得GaN晶体管产品高产量而且低成本。此后，Metsushita、Transphorm、GaN Systems、ON Semiconductor、Panasonic、TSMC、Navitas和Infineon等公司都宣布制造GaN晶体管，而且专门针对功率变换市场。

用于功率变换的半导体器件基本要求包括高效率、高可靠性、可控性和低成本。如果不具备这些特点，新的器件结构在经济上是不可行的。已经有许多新的结构和材料被认为是硅材料的继任者，有些已经取得了经济效益，有些由于技术的原因发展受到限制。下一节将讨论为了下一代功率晶体管的发展，以及硅、SiC和GaN材料之间的优缺点。

1.3　GaN和SiC材料与硅材料的比较

自20世纪50年代后期以来，硅材料一直是功率器件和电源管理系统的主要材料。相对于早期的半导体材料，如锗或硒，硅材料的优势可分为以下4方面：

1）硅材料使早期半导体材料不可能的应用成为可能；

2）硅材料更可靠；

3）硅材料在许多方面更容易使用；

4）硅基器件的成本更低。

所有这些优点都得益于硅材料的基本物理性质，以及硅基半导体制造基础设备和工程方面的巨大投入。下面列举了硅材料与其他半导体材料一些基本属性的比较。表1.1比较了三种半导体材料在功率管理市场应用方面的5个关键电气特性。

表1.1　硅、GaN和4H-SiC的材料特性

参　数		硅	GaN	SiC
禁带宽度 E_g	eV	1.12	3.39	3.26
临界电场 E_{crit}	MV/cm	0.23	3.3	2.2
电子迁移率 μ_n	$cm^2/(V \cdot s)$	1400	1500	950
相对介电常数 ε_r		11.8	9	9.7
热导率 λ	$W/(cm \cdot K)$	1.5	1.3	3.8

通过计算这三种材料各自可实现的最佳理论值，可以对这些基本参数在器件性能方面进行

比较。功率半导体器件可用于当今各种各样的功率变换系统中。功率半导体器件最重要的 5 个方面包括传导效率（导通电阻）、击穿电压、器件尺寸、开关效率和成本。

下面将具体比较表 1.1 中的前 4 个材料特性，与硅相比，SiC[6] 和 GaN 能够制备出具有超低导通电阻、高击穿电压和较小尺寸的晶体管。第 2 章将针对 GaN 晶体管，讨论这种材料特性如何制备具有优越开关效率的器件；第 17 章将讨论与同等性能的硅基 MOSFET 相比，如何以更低的成本制备 GaN 晶体管。

1.3.1　禁带宽度 E_g

半导体的禁带宽度与晶格原子之间的化学键强度有关。更强的化学键意味着电子更难从一个位置跳跃到下一个位置。所以，较大禁带宽度的半导体材料具有较小的本征泄漏电流和较高的工作温度。表 1.1 的数据表明 GaN 和 SiC 都具有比硅大的禁带宽度。

1.3.2　临界电场 E_{crit}

更强的化学键除了导致更大的禁带宽度，也导致引起雪崩击穿时更高的临界电场。器件的击穿电压可以近似如下：

$$V_{BR} = w_{drift} E_{crit}/2 \tag{1.1}$$

因此，器件的击穿电压 V_{BR} 与漂移区宽度 w_{drift} 成正比。对于同样的击穿电压，SiC 和 GaN 材料的漂移区宽度可以比硅器件小到 1/10 左右。为了维持这个电场，漂移区中的载流子需要器件到达临界电场时被耗尽。器件承担耐压两端之间的电子数（假设为 N 型半导体）可以用如下泊松方程计算获得：

$$qN_D = \varepsilon_o \varepsilon_r E_{crit}/w_{drift} \tag{1.2}$$

式中，q 是电子电荷（1.6×10^{-19}C）；N_D 是电子总数；ε_o 是真空介电常数(8.854×10^{-12}F/m)；ε_r 是材料的相对介电常数。在直流条件下的最简单形式中，介电常数即为晶体的介电常数。

由式（1.2）可以看出，如果材料的临界电场高于传统硅材料 10 倍，根据式（1.1），相同击穿电压下承担耐压两端之间的距离可以缩小到 1/10。因此，漂移区中的电子数目 N_D 可以增大 100 倍，这就是 GaN 和 SiC 在功率变换中优于硅材料的主要原因。

1.3.3　导通电阻 $R_{DS(on)}$

多数载流子器件的理论导通电阻（Ω）可以表示如下：

$$R_{DS(on)} = w_{drift}/(q\mu_n N_D) \tag{1.3}$$

式中，μ_n 是电子的迁移率。结合式（1.1）~式（1.3），可以得到如下的击穿电压和导通电阻之间的关系：

$$R_{DS(on)} = 4V_{BR}{}^2/(\varepsilon_o \varepsilon_r \mu_r E_{crit}{}^3) \tag{1.4}$$

对于硅、SiC 和 GaN，利用式（1.4）可以画出如图 1.1 所示的关系图。图 1.1 是针对理想的器件结构，而实际的功率半导体器件并不是理想的结构，所以要达到这个理论极限一直是一个挑战。对于硅基 MOSFET 的情况，用了 30 年时间才达到这个理论极限。

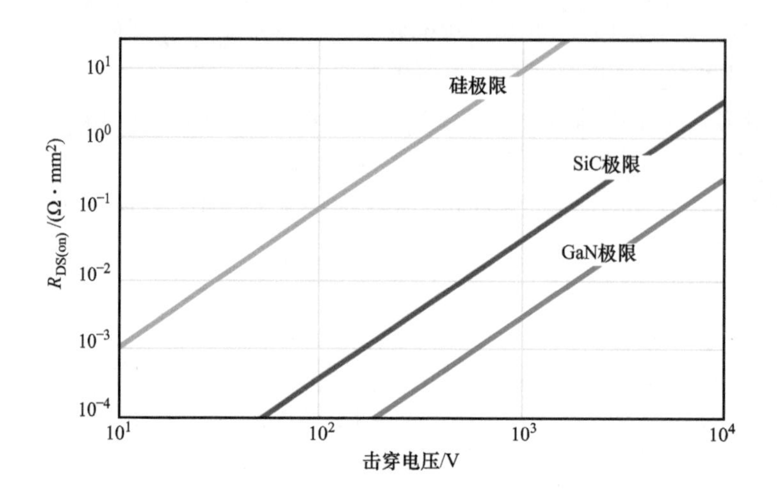

图 1.1　$1mm^2$ 面积的硅、SiC 和 GaN 基功率器件理论导通电阻与击穿电压的关系

1.3.4　二维电子气

如图 1.2a 所示，结晶 GaN 的天然结构为“纤锌矿”六方结构，4H－SiC 结构如图 1.2b 所示。因为这两种结构的化学和力学稳定性强，所以可以承受高温而不会分解。纤锌矿晶体结构使得 GaN 材料具有压电特性，所以与硅或 SiC 相比，GaN 晶体管具有非常高的导电能力。

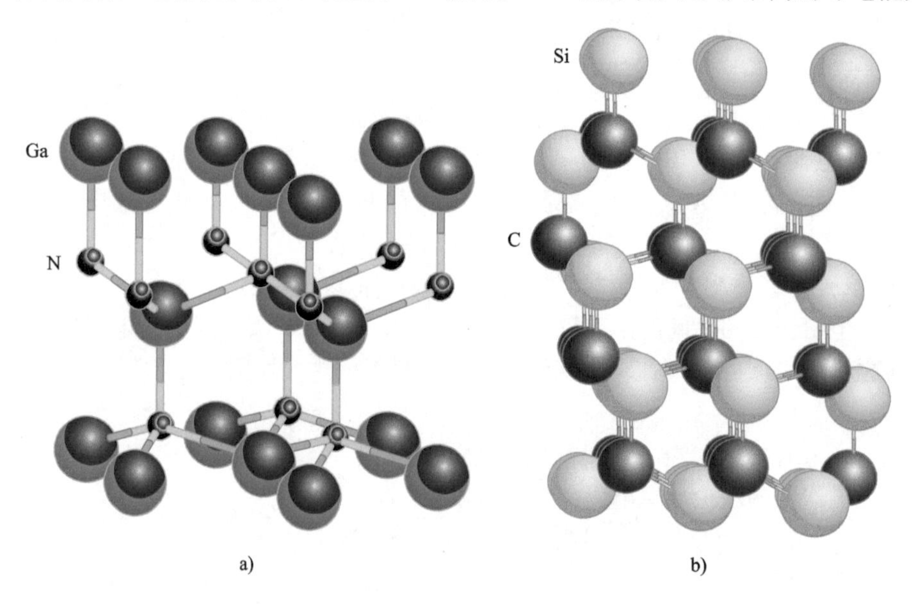

图 1.2　a）GaN 纤锌矿示意图；b）4H－SiC 示意图

GaN 的压电效应主要是由晶格中带电离子的位移形成的，如果晶格受到应变，变形将引起晶格中原子的微小移动，这将会产生电场，应变越强，电场越大。如图 1.3[7-9] 所示，通过在 GaN 晶体上生长 AlGaN 薄层，可以在界面处产生应变，这种应变将感应出二维电子气

(2DEG)。当施加电场时，这种 2DEG 可以有效地传导电流，如图 1.4 所示。

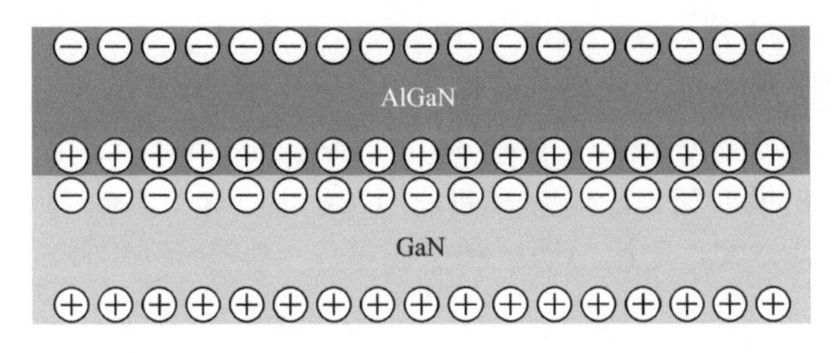

图 1.3　GaN/AlGaN 异质结横截面的示意图（2DEG 的形成是由于两种材料界面处的应变诱发的极化效应）

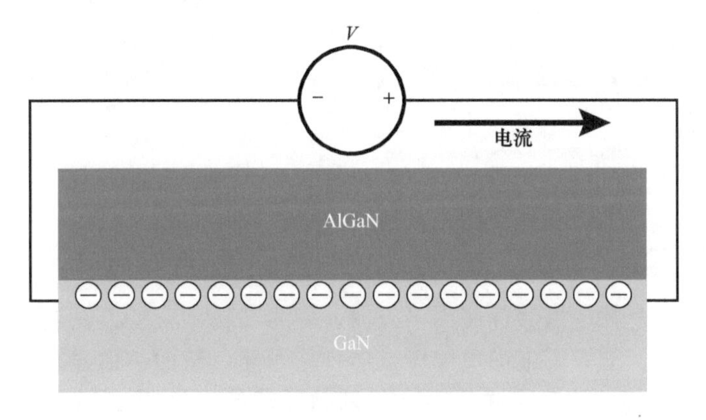

图 1.4　通过对 2DEG 施加电压，可以在 GaN 中产生电流

这种 2DEG 具有高的电导率，部分原因是电子被限制在界面处一个非常小的区域，这种限域性使得电子迁移率增加到 1500 ~ 2000cm²/(V · s) ［未应变的 GaN 体材料迁移率为 1000cm²/(V · s)］，所以高浓度、高迁移率的电子是 GaN HEMT 的基础，这也是本书主要讨论的结构。

1.4　GaN 晶体管的基本结构

耗尽型 GaN 晶体管的基本结构如图 1.5 所示，与其他功率晶体管一样，包括栅极、源极和漏极，源极和漏极穿过顶部的 AlGaN 层与下面的 2DEG 形成欧姆接触，使得源极和漏极之间形

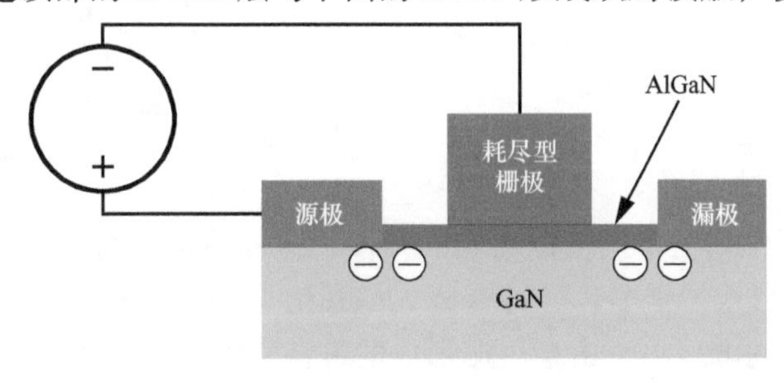

图 1.5　器件的栅极施加负电压时 2DEG 被耗尽（耗尽型 HEMT）

成了电流，当2DEG被耗尽时，半绝缘GaN缓冲层可以阻挡电流的流动。为了耗尽2DEG，栅极位于AlGaN层的顶部。当栅极施加相对于漏极和源极负电压时，2DEG中的电子被耗尽，这种类型的晶体管称为耗尽型高电子迁移率晶体管（D - Mode HEMT）。

有两种常见的方式能形成耗尽型HEMT器件。2004年，最初通过在AlGaN层的顶部直接淀积金属层形成肖特基栅极而制备晶体管，如使用镍 - 金（Ni - Au）或铂（Pt）金属形成肖特基势垒[10-12]；另外一种方式是使用绝缘层和金属栅极，类似于MOSFET[13]，这两种类型的结构如图1.6所示。

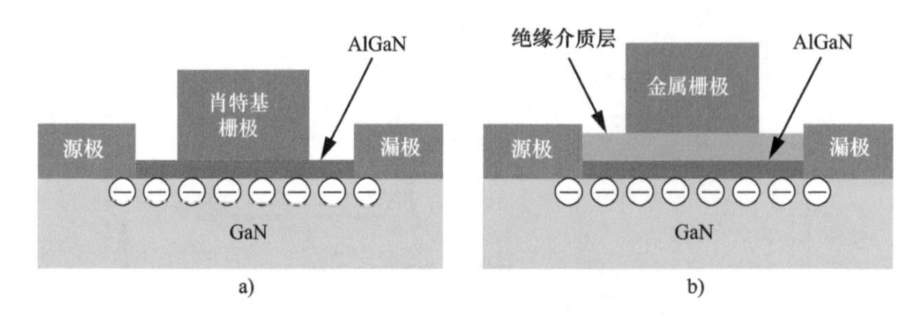

图1.6　基本耗尽型GaN HEMT横截面示意图：a）肖特基栅极；b）绝缘栅极

在功率变换应用中，耗尽型器件使用不方便，因为在功率变换器开启时，必须首先向功率器件的栅极施加负偏压，如果不施加负偏压，器件将短路。然而，增强型器件将不会受到这种限制，即使出现栅极零偏压情况，增强型器件都是关断的（见图1.7a），所以不会传导电流，直到栅极施加正电压才会在源极和漏极之间形成电流（见图1.7b）。

制备增强型器件常用的5种结构包括凹槽栅、注入栅、p型GaN（pGaN）栅、直接驱动混合和共源共栅混合。

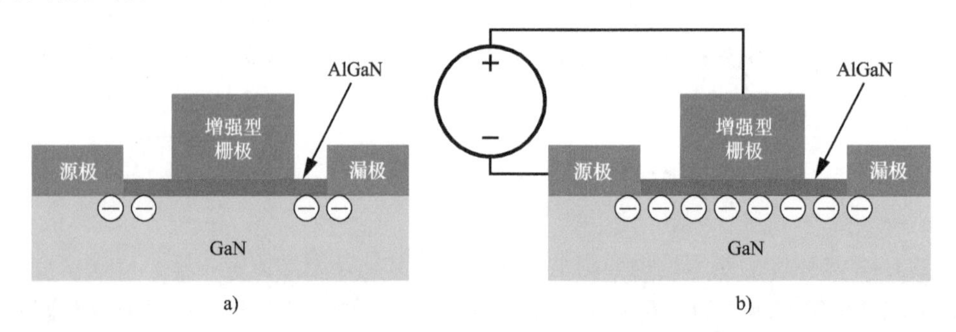

图1.7　a）增强型器件，栅极零偏压耗尽2DEG；b）栅极施加正电压时，电子被吸引到表面重新形成2DEG

1.4.1　凹槽栅增强型结构

参考文献［14］详细讨论了凹槽栅结构的特性，这种结构是通过减薄2DEG上方的AlGaN势垒层（见图1.8）而形成增强型。通过减薄AlGaN势垒层，由极化电场产生的电压量按比例减小。当极化电场产生的电压小于由金属栅形成的肖特基内建电压时，栅极下方的2DEG消失。当栅极施加正偏压时，电子被吸引到AlGaN界面使得源极和漏极之间导通。

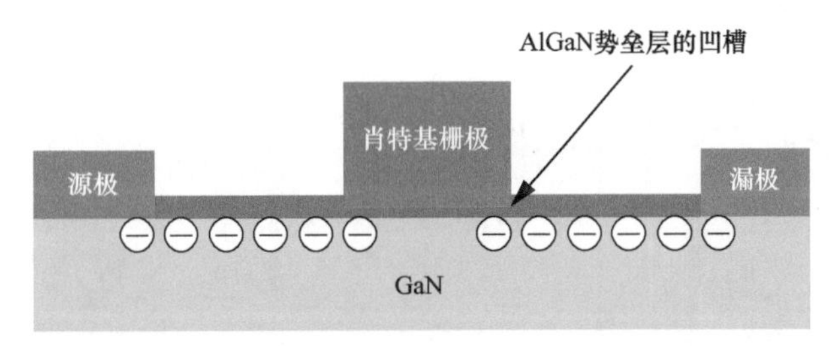

图1.8　通过刻蚀部分AlGaN势垒层制备的凹槽栅增强型晶体管

1.4.2　注入栅增强型结构

图1.9a、b所示为在AlGaN势垒层中注入氟原子产生增强型器件的方法[15]。这些氟原子在AlGaN层中产生“陷阱”负电荷用于耗尽栅极下面的2DEG。当AlGaN层顶部为肖特基栅极时形成增强型HEMT。

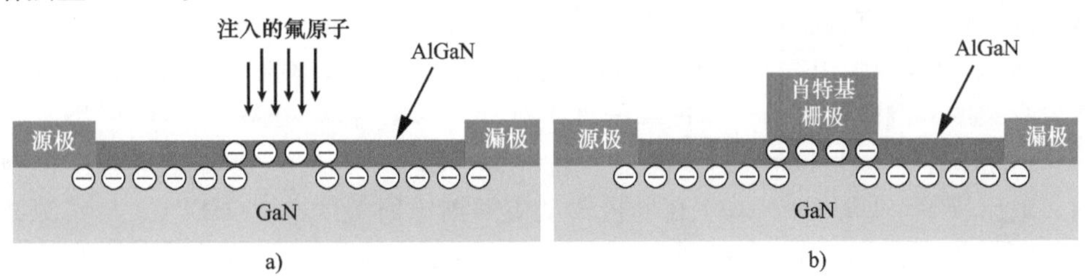

图1.9　a）氟原子注入AlGaN势垒层时，负电荷在势垒层中被捕获；
b）施加正电压时，肖特基栅极下面重新形成2DEG

1.4.3　pGaN栅增强型结构

第一款商用AlGaN/GaN HEMT增强型器件是通过在AlGaN势垒的顶部生长具有正电荷的pGaN层来实现（见图1.10）[16]。这种具有正电荷的pGaN层产生的内建电压，大于由AlGaN/GaN异质结压电效应产生的电压，所以耗尽了栅极下面的2DEG，从而形成增强型AlGaN/GaN HEMT结构[17]。

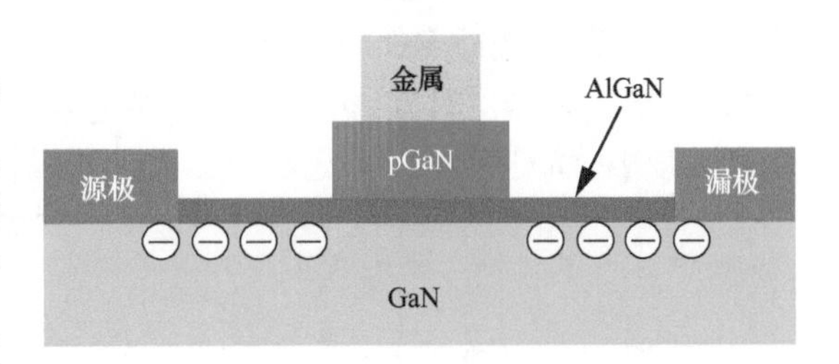

图1.10　AlGaN势垒层顶部生长pGaN，零栅压时2DEG被耗尽

1.4.4　混合增强型结构

构建片间互连增强型GaN晶体管是另外一种方法，这种方法是将增强型硅MOSFET与耗尽型HEMT器件串联[18,19]。图1.11显示了两种混合增强型结构。

在共源共栅电路中，如图1.11a所示，耗尽型GaN HEMT的栅极连接到增强型硅MOSFET的源极。当耗尽型GaN晶体管的栅极电压接近0V而导通时，MOSFET在栅极施加正偏压的情况下导通。硅MOSFET和GaN HEMT串联，电流通过耗尽型GaN HEMT传导。当硅MOSFET栅极上不施加电压时，耗尽型GaN晶体管栅极与源极之间产生负电压，GaN器件被关断。

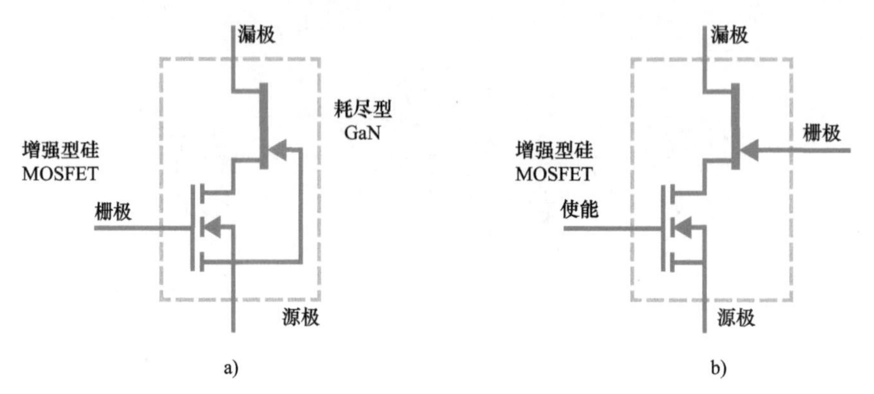

图1.11　低压增强型硅MOSFET与耗尽型GaN HEMT串联结构示意图：
a）共源共栅电路；b）使能/直接驱动电路

该电路的第2种形式称为“使能电路”或“直接驱动电路”，如图1.11[20]所示。耗尽型GaN HEMT的栅极可以直接由外部栅极驱动器访问。该电路有四个端子：栅极、漏极、源极和使能端。与共源共栅结构相比，这种形式的优点是可以更直接地控制GaN HEMT的开关行为，但也需要更复杂的外围电路。由于栅极端子直接驱动耗尽型GaN HEMT，因此栅极驱动电路必须提供约0V的开启电压和关断时的负电压（通常为－12～－14V）。使能端通常连接到栅极驱动电源的欠电压锁定（UVLO），以便在栅极驱动电路断电时关闭硅MOSFET。与共源共栅形式相比，硅MOSFET在正常工作时不会发生任何开关行为。当低压硅MOSFET“使能开关”关闭时，GaN HEMT的栅极节点将不再与其源极节点短路而导通，从而用作增强型器件。

当GaN晶体管相比于低耐压（通常为30V）硅MOSFET，具有高导通电阻时，这种用于增强型GaN系统的解决方案是比较好的。由于导通电阻随器件击穿电压增大而增大，当GaN晶体管具有高耐压而MOSFET为低耐压时，混合解决方案最为有效。图1.12显示了在这种连接电路中，由于增强型硅MOSFET而产生的额外导通电阻。由于MOSFET具有低的耐压，击穿电压为600V的这种器件只有约3%的额外导通电阻。相反，随着额定耐压的下降，GaN晶体管的导通电阻减小，MOSFET的导通电阻变大。所以，混合解决方案仅在电压高于200V时才可行。

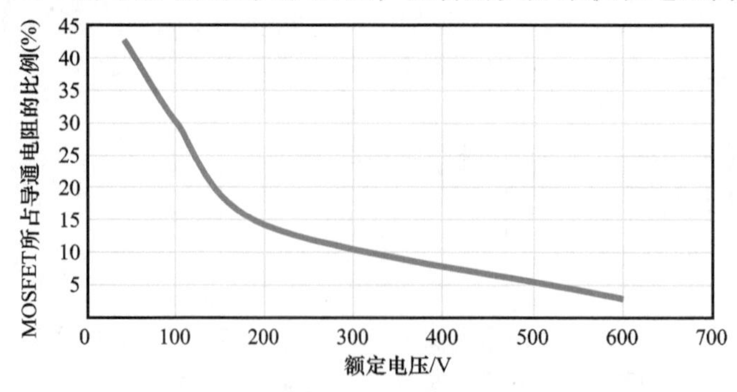

图1.12　较高额定耐压时，低压MOSFET对共源共栅型晶体管系统的导通电阻贡献不大

1.4.5　GaN HEMT反向导通

当电流流入“关断”器件的源极时，增强型GaN晶体管也可以反向传输。例如，在同步

整流器的死区时间内，源极到漏极将产生电压降。当漏极电压低于栅极电压至少 $V_{GS(th)}$（见图1.13b）时，2DEG再次聚集在栅极下，电流从源极流向漏极。因为增强型HEMT没有少数载流子传导，所以该器件工作类似于二极管，当取消栅极和漏极之间的正向偏压时，器件将立即关断。这种特性在某些功率变换电路中非常有用。

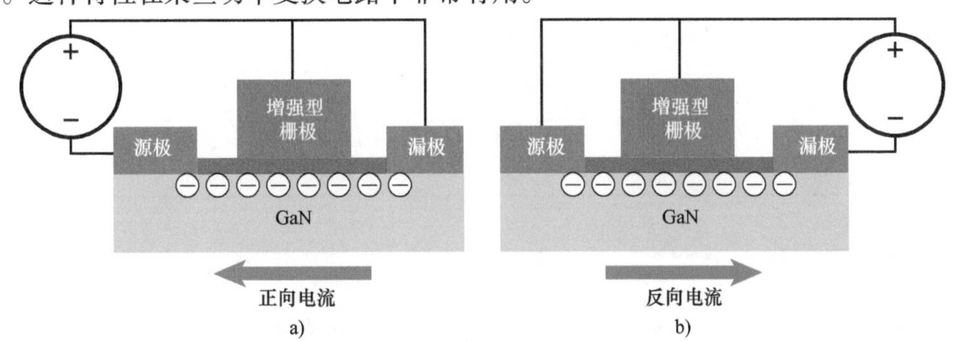

图1.13 增强型HEMT器件可以正向也可以反向传输电流

1.4.4节中讨论的共源共栅型晶体管的导通方式与增强型GaN晶体管相同，不同之处在于MOSFET的二极管传导反向电流，而且必须流过GaN器件。MOSFET二极管的正向电压降导致GaN HEMT栅极到源极产生小的正电压，因此，GaN HEMT正向导通。这种情况下，GaN HEMT导通电阻形成的电压加到了MOSFET的正向电压降中。不同于其他增强型GaN HEMT，共源共栅型晶体管有一定的恢复时间，这是由于硅MOSFET的少数载流子注入引起的。

1.5 GaN晶体管的制备

GaN晶体管的制备从生长GaN/AlGaN异质结的过程开始。GaN HEMT制备过程中通常使用四种不同的衬底，包括GaN晶体、蓝宝石（Al_2O_3）、SiC和硅。

1.5.1 衬底材料的选择

显然，GaN器件的首选衬底材料是GaN晶体材料，生长GaN晶体的工作始于20世纪60年代，但是，高浓度氮空位的本征缺陷使得早期生长的材料不能用于半导体器件的制造。此后，由于技术的不断进步，可以获得小直径、高质量的GaN晶体，这才使得GaN有望用于制造有源器件。

异质外延是在一种类型的晶体结构的顶部生长另一种不同类型晶体结构的过程。因为GaN晶体不容易获得，所以现有的工作重点是在已有的衬底材料，如 Al_2O_3、SiC或硅上外延生长GaN晶体，通过寻找合适物理性质的衬底，试图在不同晶体层上生长GaN晶体。

从表1.2的比较可以看出，所列出的三种衬底材料有一个折中选择。例如，Al_2O_3 与GaN的晶格失配率为16.1%，而且导热性差，热导率对于功率变换用晶体管尤其重要，由于其内部的功耗较大，所以工作期间产生的热量较大。比较而言，SiC（6H－SiC）衬底与GaN的晶格具有良好的晶格匹配和优异的导热性能，缺点就是SiC衬底的成本较高，与相同直径的硅衬底相比，SiC衬底的价格比硅衬底高100倍。对于GaN的异质外延，硅材料由于与GaN晶格的失配和热膨胀系数不匹配，并不是一种理想的选择，然而，硅材料是目前最便宜的半导体材料，容易获得大尺寸，而且在硅衬底上制备器件的工艺设备成熟。

由于上述原因，基于 SiC 衬底的 GaN 外延通常用于高功率密度的器件，例如 RF 应用；基于硅衬底的 GaN 外延用于对成本敏感的商用产品，如 DC－DC 变换、AC－DC 变换、D 类音频放大器和电机控制。

表 1.2　Al_2O_3、SiC 和硅材料的一些重要特性[18]

衬底	晶面	晶格间距/Å	晶格失配率（%）	相对热膨胀率/（$10^{-5}\cdot K^{-1}$）	热导率/［W/（cm·K）］	相对成本
Al_2O_3	(0001)	4.758	16.1	−1.9	0.42	中等
6H－SiC	(0001)	3.08	3.5	1.4	3.8	最高
硅	(111)	3.84	−17	3	1.5	最低

1.5.2　异质外延技术

有关文献已经报道了在不同衬底上生长 GaN 的几种技术[19,21−23]。最常用的两种技术是金属有机化学气相淀积（MOCVD）和分子束外延（MBE）。MOCVD 生长速度快，成本低；而 MBE 技术可以生长层与层之间突然转换的均匀多层外延。对于用于功率变换的 GaN HEMT 器件，由于低成本的需求，MOCVD 是使用最广的技术。

MOCVD 的外延生长发生在感应式或辐射加热式反应器中，将高活性的前驱气体通入到反应室中，气体被过热的衬底“分解”，进而发生反应形成所需要的化合物。对于 GaN 的生长，前驱气体是氨气（NH_3）和三甲基镓（TMG）。对于 AlGaN 的生长，前驱气体是三甲基铝（TMA）或三乙基铝（TEA）。除了前驱气体，还有如 H_2 和 N_2 的承载气体，用于增强气体的混合，并控制反应室内气体的流动。MOCVD 的外延生长温度范围为 900～1100℃。

GaN 异质外延至少包括四个生长阶段，图 1.14 说明了这个工艺过程：首先在反应室中加热如 SiC 或硅的衬底材料（见图 1.14a）；然后生长适合 AlGaN 纤锌矿晶体结构的 AlN 成核层（见图 1.14b）；AlGaN 缓冲层作为过渡层（见图 1.14c）；然后生长 GaN 层（见图 1.14d）；最后，在

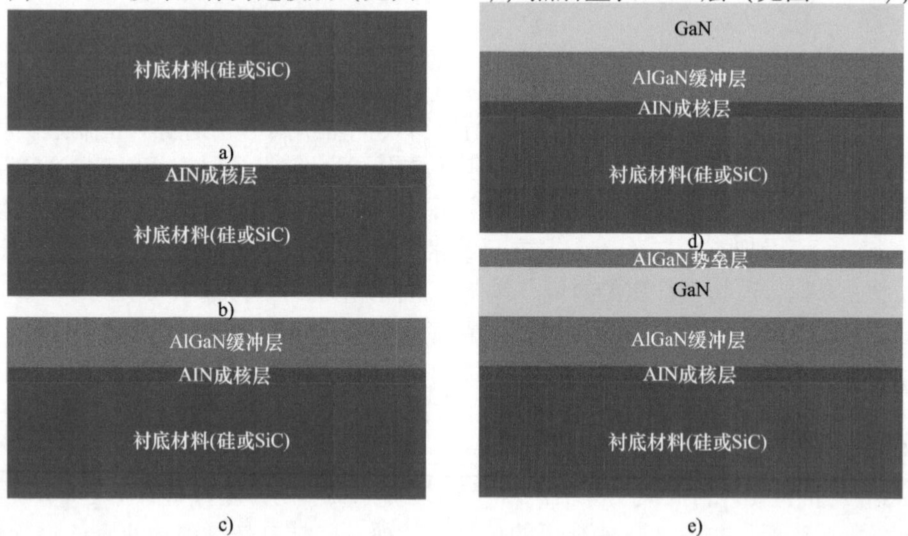

图 1.14　生长 GaN 异质外延的基本工艺过程示意图（各层未按比例画出）

GaN 层顶部生长薄的 AlGaN 势垒层（见图 1.14e）作为应变层感应产生 2DEG。

本章节的前半部分讨论了几种实现增强型 GaN 晶体管的方法，其中一种方法为 pGaN 增强型（见图 1.10），这种结构需要在 AlGaN 势垒层的顶部生长一层额外的 GaN 层，通常该层为 P 型掺杂，杂质为 Mg 或 Fe。这种 pGaN 增强型异质结的横截面示意图如图 1.15所示。

pGaN
AlGaN势垒层
GaN
AlGaN缓冲层
AIN成核层
衬底材料(硅或SiC)

图 1.15 P 型掺杂 GaN 层结构，形成图 1.10 所示的 pGaN 增强型器件

1.5.3 晶圆处理

从异质外延的衬底制造 HEMT 由各种连续的工艺步骤来完成。图 1.16 为制作 pGaN 栅增强

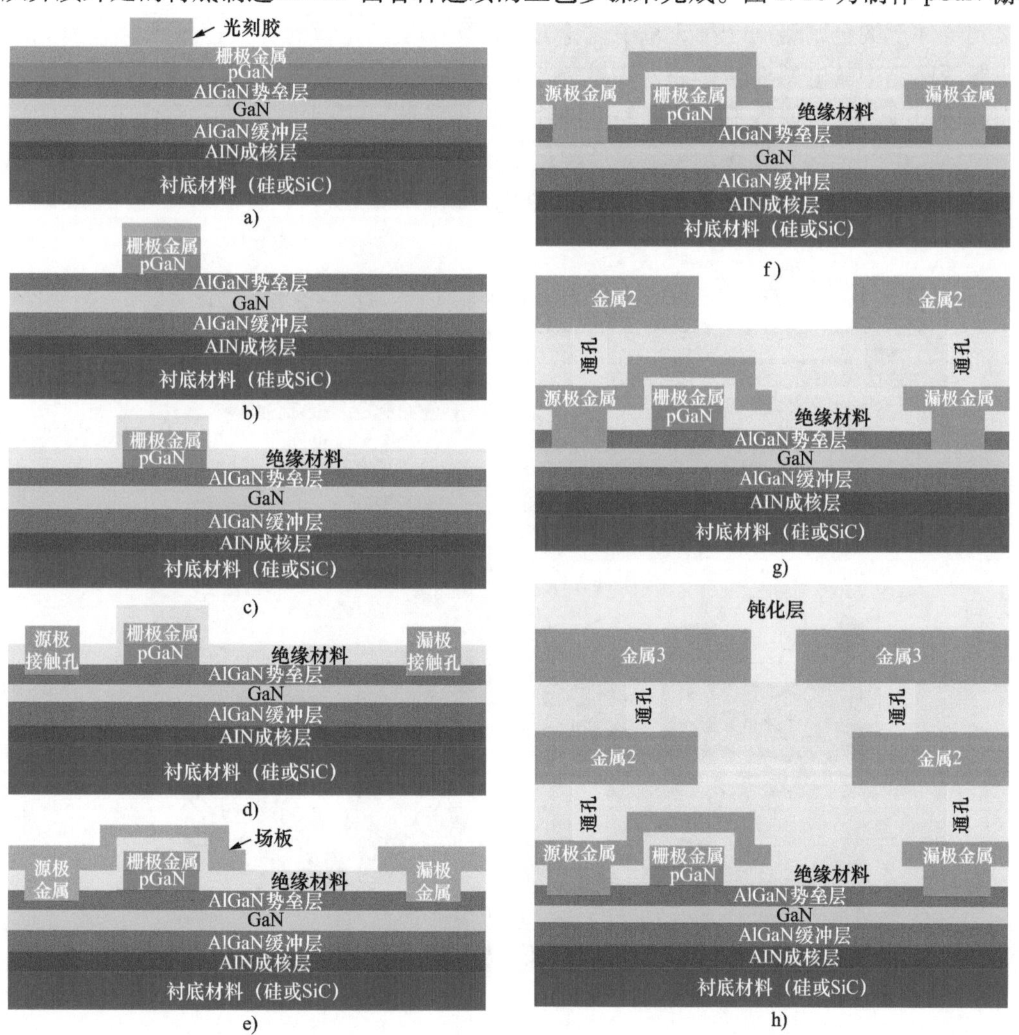

图 1.16 用于制造增强型 GaN HEMT（未按比例画出）的典型工艺[24,25]。工艺过程包括：a）使用光刻胶作为保护层淀积栅极金属并定义栅极；b）刻蚀栅极金属和 pGaN 外延层；c）淀积绝缘材料；d）形成源极、漏极和栅极的接触孔（栅极接触未示意）；e）沉积第一层铝金属并定义出金属图形；f）淀积层间介质；g）在金属层之间形成钨通孔，淀积并定义第二层铝金属；h）淀积并定义第三层铝金属和最终的钝化层

型 HEMT 的简单工艺流程实例图，使用这一过程完成的器件横截面示意图如图 1.17 所示。

1.5.4　器件与外部的电气连接

器件制造完成之后，需要为器件的电极提供电气连接。有两种常用的方法：①在器件的金属焊盘和金属柱之间形成接合线，金属柱是塑料或陶瓷封装的形式；②在晶圆上形成可直接焊接到器件上的金属触点（第 3 章中讨论）。由于 GaN 晶体管的开关速度很快，因此对功率回路或栅源回路中的电感非常敏感。引线键合有明显的电感存在，限制了 GaN 器件的开关特性。而且，引线键合也使得不良键合的可能性增加，降低了 GaN 器件的可靠性[25-29]。正是由于这个原因，电气连接的优选方法是通过触点直接和器件连接。常用的方法如图 1.18所示，焊料可以是 Pb - Sn 化合物或 Ag - Cu - Sn 的无铅化合物。

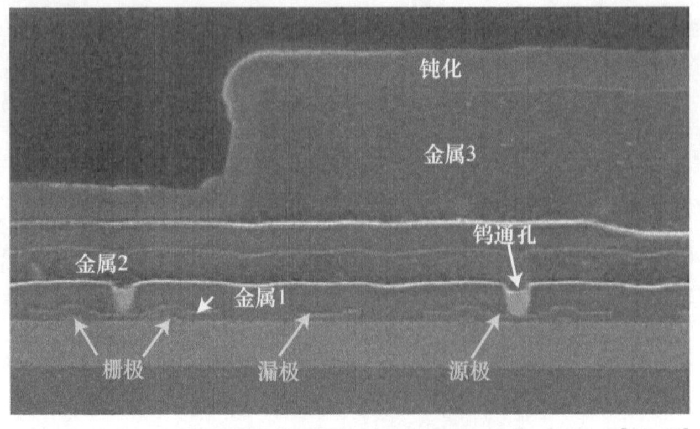

图 1.17　EPC 公司制造的增强型 GaN HEMT SEM 照片[24-26]

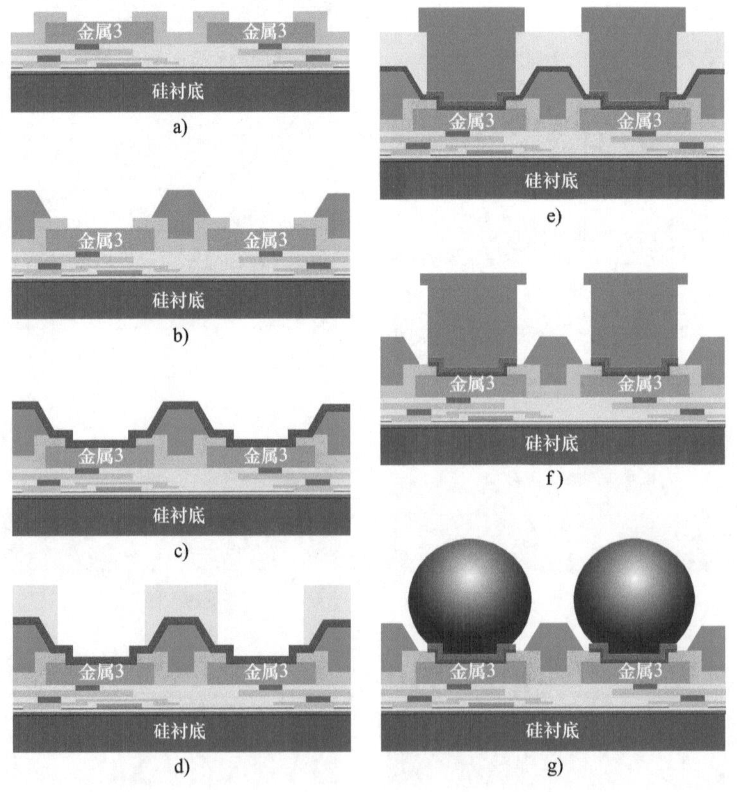

图 1.18　增强型 GaN HEMT（未按比例画出）上形成焊锡条的典型工艺。基本流程步骤如下：a）制备完成具有钝化层孔的晶圆，金属层 3 部分暴露；b）沉积聚酰亚胺并且在形成焊条的区域移除；c）沉积下凹点金属，形成铝层和焊接金属的接触面；d）利用光刻胶刻蚀形成焊接区域；e）铜和焊料在开口处形成焊条；f）去除光刻胶，刻蚀凹点金属；g）焊料回流形成可伸长的焊条

焊接形成之后的晶圆如图1.19所示。单个器件的最终形式如图1.20所示。这时的器件可以焊接到印制电路板（PCB）或引线框上，并放置到塑料模制的封装中。

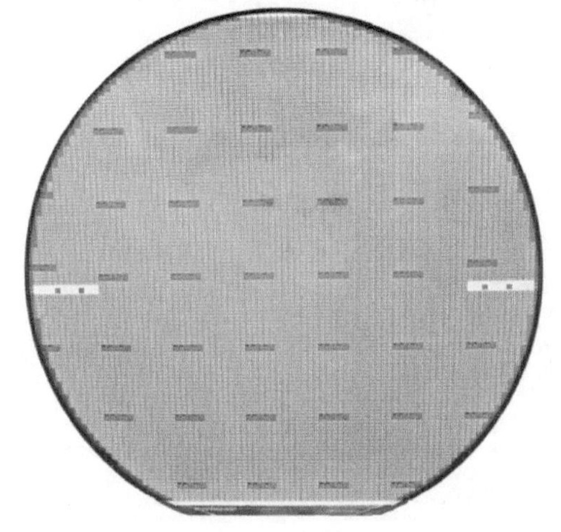

图1.19 直径为150mm的完整增强型GaN HEMT晶圆，单个功率晶体管约为20000个

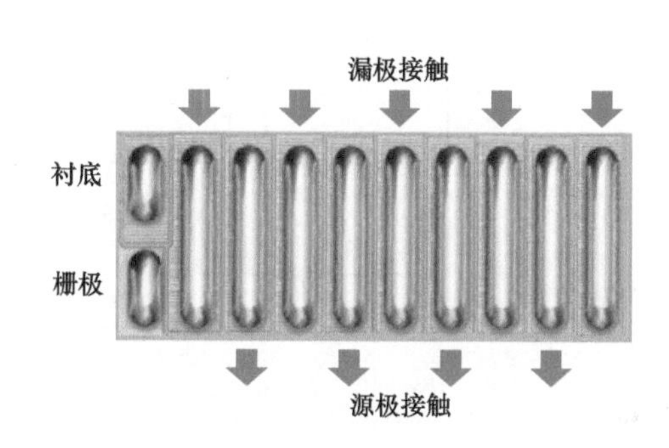

图1.20 基板栅格阵列（LGA）封装的带焊料的成品芯片级器件，该器件尺寸约为4mm×1.6mm

1.6 GaN集成电路

因为源极和漏极之间需要较大的间隔，所以额定电压大于20V的硅基功率器件需要具有垂直传输路径。而GaN有较高的临界电场（见1.3节），GaN-on-Si器件与硅MOSFET相比具有横向传输路径，同时保持非常小的尺寸。因此，将多个GaN-on-Si功率晶体管与信号级元件进行单片集成是很简单的。这种单片集成的早期实例如图1.21[30]所示。

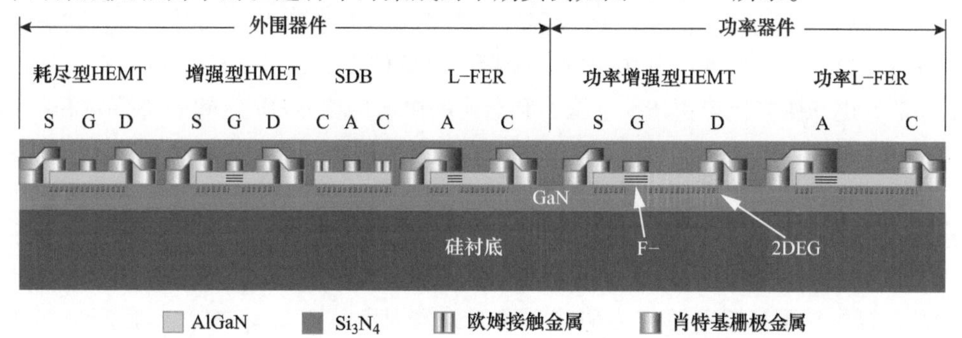

图1.21 在同一芯片上包括多个功率器件和信号电平器件的GaN-on-Si集成电路的早期实例[30]（来源：香港科技大学Kevin Chen提供）

单片集成多种功能的器件使技术人员有望在单个GaN-on-Si芯片上形成一个完整的功率变换系统，这一旦实现将大大降低功率变换的成本和效率。

集成过程的步骤包括，第一步是将多个功率器件以半桥结构放置在单个芯片上，如图1.22所示。这一步骤尤其关键，因为大部分功率变换应用都围绕这种半桥拓扑结构展开。图1.23

显示了一个早期的单片半桥电路实例。

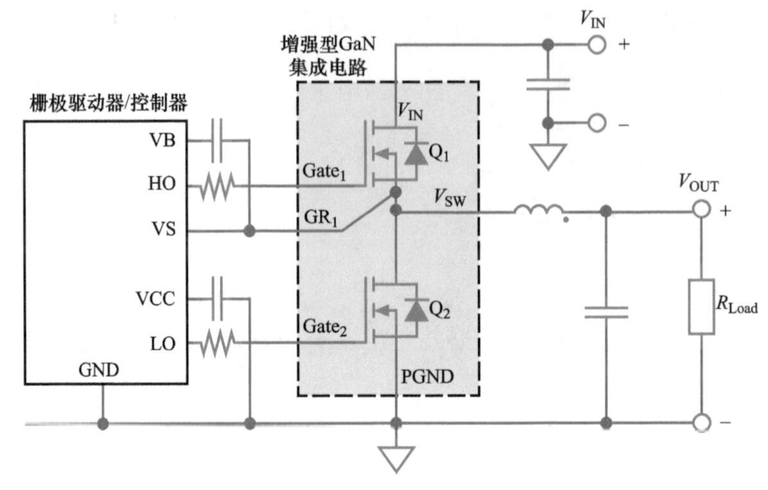

图1.22　半桥电路是功率变换中最常见的电路拓扑之一。这里显示的是降压变换器中的半桥电路，虚线内的组件（增强型GaN集成电路）可以单片集成

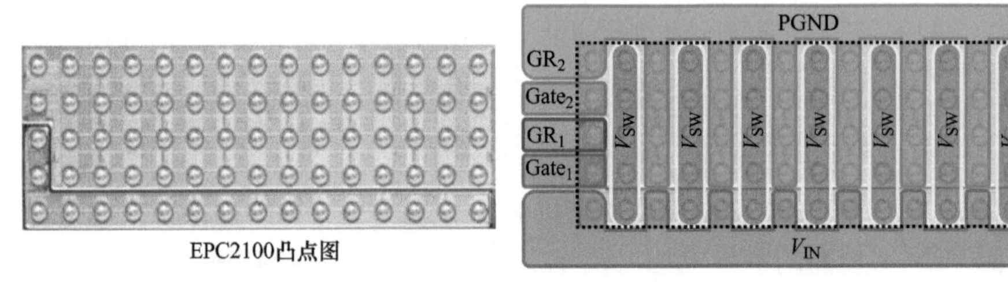

图1.23　第一款单片增强型GaN-on-Si半桥IC是2014年推出的EPC2100。该器件尺寸为6mm×2.3mm，在高端和低端晶体管上的BV_{DSS}=30V[31]。左边是芯片的照片，右边是图1.22所示的引脚分配

本书第4章中，我们将讨论使用GaN器件时需要注意的电路布局细节。电路布局需要特别低的寄生电感，这是由于极快的开关速度与少量的电感结合时，开关损耗可能会增加，并且会产生不需要的高电压尖峰。电感L、电压V和电流的快速变化di/dt之间的关系如下：

$$V=L\mathrm{d}i/\mathrm{d}t \tag{1.5}$$

单片半桥结构包括几个优点：具有较大长宽比的小晶体管可以位于大晶体管旁边，通过消除两个分立器件在PCB上的空间，以及消除分立器件之间的铜寄生电感可以减小整个系统的面积。图1.24中可以更清楚地看到后者的优点。在一个简单的降压变换器中，较高输出电流下（见第7章），寄生功率回路电感成为功率损耗的关键因素。图1.24中，具有两个并联的单片半桥12V-1V降压变换器在1MHz和40A下的效率约为87.5%，而对于尺寸和导通电阻相同的分立器件效率约为85%。

实现单片半桥之后，在芯片上实现GaN-on-Si功率系统的下一个逻辑步骤是向功率晶体管添加驱动器。这个驱动器可以提供与逻辑器件（如微控制器）的接口，并且可以消除第3章和第4章中讨论的一些敏感设计和布局要求。图1.25为最常用的GaN功率变换系统中驱动电路的框图，而图1.26是球栅阵列（BGA）格式的芯片级集成电路，实现了图1.25虚线内的功能。

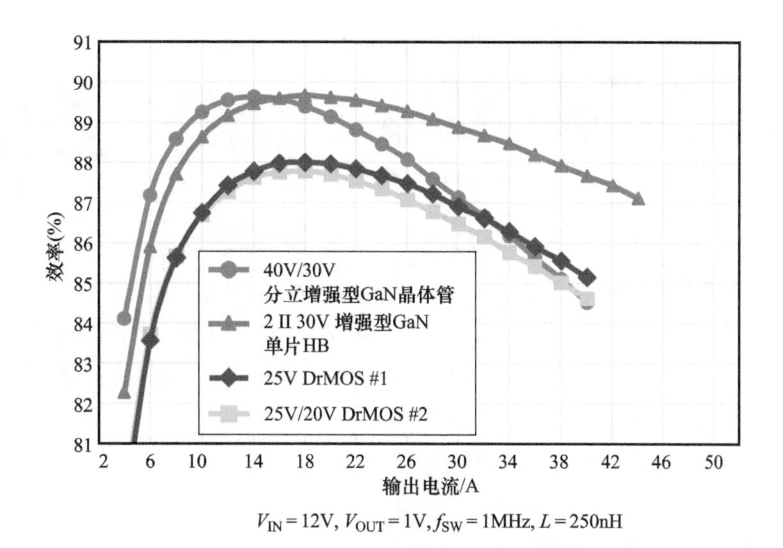

图 1.24　EPC2100 半桥与分立 GaN 晶体管和分立 MOSFET 相比的总降压变换器效率[32]

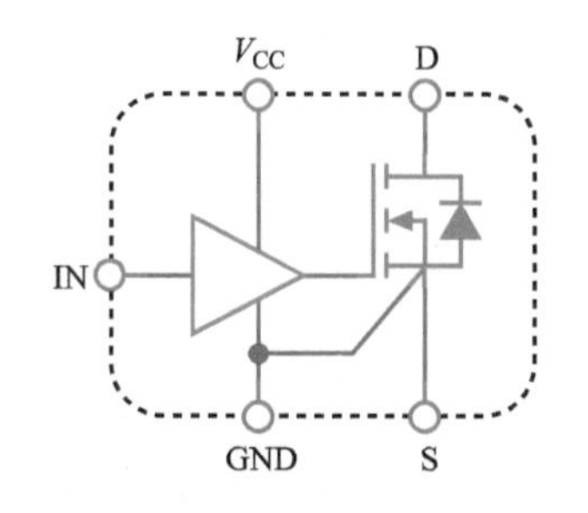

图 1.25　功率变换系统中最常用的驱动电路和功率晶体管框图

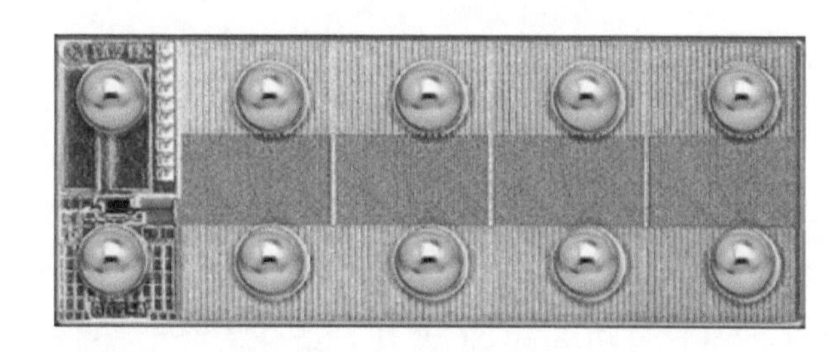

图 1.26　2018 年 3 月推出的 EPC2112 集成电路[33]具有与 200V、40mΩ 增强型晶体管单片集成的驱动器。该器件尺寸为 BGA 2.9mm × 1.1mm

正如本书第 3 ~ 17 章所讨论的，大多数功率变换应用系统的核心都是某种形式的半桥。这种半桥需要驱动器和电平转换器来驱动并同步高压侧晶体管。图 1.27 显示了带驱动器和电平

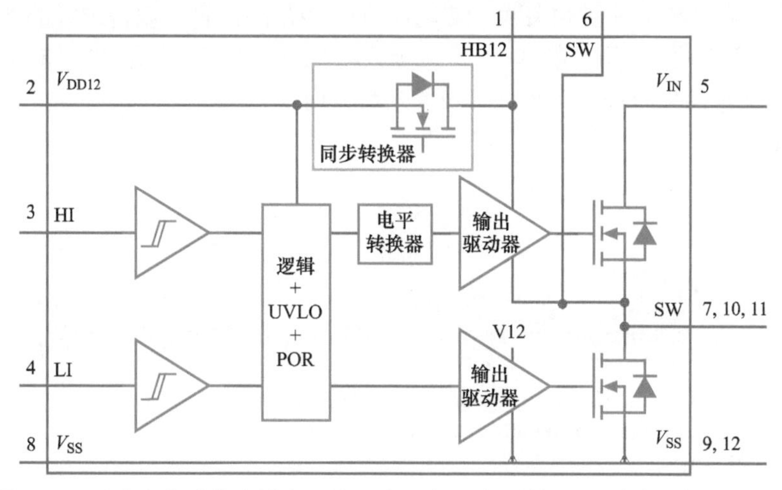

图 1.27　功率变换系统中最常用的驱动电路、电平转换器和功率晶体管的框图

转换器的半桥电路基本框图，而图1.28是实现图1.27所示功能的BGA格式的芯片级集成电路。

一旦开发出带有驱动器和电平转换器的半桥结构模块，就可以实现各种集成电路，如全桥变换器和三相功率级。此外，增加其他功能和特性（如模拟或数字接口和控件）也很简单。

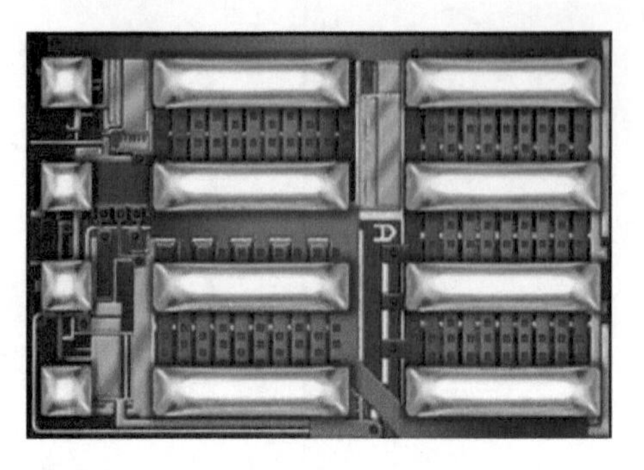

图1.28 EPC2151集成电路具有集成在一个芯片的驱动器和电平转换器，两个100V增强型晶体管采用半桥结构。该器件尺寸为3.9mm×2.6mm，在1MHz下导通电流为10A，输入和输出电压分别为48V和12V

然而，进一步发展集成功能的一个挑战是，尚无法解决制造与增强型HEMT配合使用的互补p沟道晶体管技术。正如1.2节所讨论的，因为能够产生一个二维空穴气（2DHG）[34]，GaN是HEMT的一个很好的材料，但是总体的空穴迁移率太低［通常小于$20cm^2/(V \cdot s)$］，无法制作具有竞争力的互补MOS（CMOS）电路。许多其他替代方案，包括在GaN外延层下方或旁边的硅衬底创建硅基p沟道器件，截至本书发行之日，都尚未实现商业化器件。

1.7 本章小结

本章介绍了在硅衬底异质外延生长GaN，并制备开关功率晶体管的方法和过程。增强型GaN晶体管具有类似于硅功率MOSFET的特性，但比硅功率MOSFET的开关速度快，导通电阻低，而且尺寸比硅功率MOSFET小。结合芯片尺寸和高密度封装的优势，GaN晶体管的优良特性使得功率变换设计师能够降低功率损耗，减小系统尺寸，提高效率，并最终降低系统的成本。

第2章将把GaN晶体管的基本物理特性与设计功率变换系统最重要的电气特性联系起来。通过将这些特性与现有的硅MOSFET相比较，说明两者具有的相似性和细微差异。第3~16章将这些特性与电路和系统的性能相关联，使设计师从GaN晶体管中获得最好的性能。

最后，第17章将讨论GaN晶体管“为什么？何时？如何？”取代硅基MOSFET，包括2014~2020年的成本变化轨迹、可靠性和技术发展方向。

这些都是开启一个伟大新技术早期需要做的工作。

参考文献

1 Sze, S.M. (1981). *Physics of Semiconductor Devices*, 2e. Hoboken, NJ: Wiley.
2 Baliga, B.J. (1996). *Power Semiconductor Devices*, 373. Boston, MA: PWS Publishing Company.
3 Mitani, E., Haematsu, H., Yokogawa, S., Nikaido, J., and Tateno, Y. (2006). Mass production of high voltage GaAs and GaN devices. *CS Mantech Conference*, Vancouver, BC, Canada (24–27 April 2006).
4 Mimura, T., Tokoyama, N., Kusakawa, H., Suyama, K., and Fukuta, M. (1979). GaAs

MOSFET for low-power high-speed logic applications. *37th Device Research Conference*, University of Colorado, Boulder, CO (25–27 June 1979).

5 Khan, M.A., Kuznia, J.N., and Olson, D.T. (1991). High electron mobility transistor based on a GaN-$Al_xGa_{1-x}N$ heterojunction. *Appl. Phys. Lett.* 65 (9): 1121–1123, 29.

6 Baliga, B.J. (2005). *Silicon Carbide Power Devices.* World Scientific Publishing Co. Pte. Ltd.

7 Bykhovski, A., Gelmont, B., and Shur, M. (1993). The influence of the strain induced electric field on the charge distribution in GaNAlNGaN structure. *J. Appl. Phys.* 74: 6734.

8 Yu, E., Sullivan, G., Asbeck, P. et al. (1997). Measurement of piezoelectrically induced charge in GaN/AlGaN heterostructure field-effect transistors. *Appl. Phys. Lett.* 71: 2794.

9 Asbeck, P., Yu, E., Lau, S. et al. (1997). Piezoelectric charge densities in AlGaN/GaN HFETs. *Electron. Lett.* 33: 1230.

10 Liu, Q.Z. and Lau, S.S. (1998). A review of the metal-GaN contact technology. *Solid State Electron.* 42 (5): 677–691.

11 Javorka, P., Alam, A., Wolter, M. et al. (2002). AlGaN/GaN HEMTs on (111) silicon substrates. *IEEE Electron Device Lett.* 23 (1): 4–6.

12 Liu, Q.Z., Yu, L.S., Lau, S.S. et al. (1997). Thermally stable PtSi Schottky contact on n-GaN. *Appl. Phys. Lett.* 70 (1): 1275–1277.

13 Kordoš, P., Heidelberger, G., Bernát, J. et al. (2005). High-power SiO_2/AlGaN/GaN metal-oxide-semiconductor heterostructure field-effect transistors. *Appl. Phys. Lett.* 87: 143501–143504.

14 Lanford, W.B., Tanaka, T., Otoki, Y., and Adesida, I. (2005). Recessed-gate enhancement-mode GaN HEMT with high threshold voltage. *Electron. Lett.* 41 (7): 449–450.

15 Cai, Y., Zhou, Y., Lau, K.M., and Chen, K.J. (2006). Control of threshold voltage of AlGaN/GaN HEMTs by fluoride-based plasma treatment: from depletion-mode to enhancement-mode. *IEEE Trans. Electron Devices* 53 (9): 2207–2215.

16 Davis, S. (2010). Enhancement-mode GaN MOSFET delivers impressive performance. *Power Electron. Technol.* (March).

17 Hu, X., Simin, G., Yang, J. et al. (2000). Enhancement-mode AIGaN/GaN HFET with selectively grown pn junction gate. *Electron. Lett.* 36 (8): 753–754.

18 Strite, S. and Morkoç, H. (1992). GaN, AlN, and InN: a review. *J. Vac. Sci. Technol.* B 10 (4): 1237–1266.

19 Nakamura, S. (1991). GaN growth using GaN buffer layer. *Jpn. J. Appl. Phys.* 30 (10A): L1705–L1707.

20 Brohlin, P.L., Ramadass, Y.K., and Kaya, C. (2018). Direct-drive configurations for GaN devices. Texas Instruments Application note, November 2018. http://www.ti.com/lit/wp/slpy008a/slpy008a.pdf.

21 Nakamura, S., Iwasa, N., Senoh, M., and Mukai, T. (1992). Hole compensation mechanism of p-type GaN films. *J. Appl. Phys.* 31: 1258–1266.

22 Amano, H., Sawaki, N., Akasaki, I., and Toyoda, Y. (1986). Metalorganic vapor phase epitaxial growth of a high quality GaN film using an AlN buffer layer. *Appl. Phys. Lett.* 48: 353–355.

23 Hughes, W.C., Rowland, W.H. Jr., Johnson, M.A.L. et al. (1995). Molecular beam epitaxy growth and properties of GaN films on GaN/SiC substrates. *J. Vac. Sci. Technol.* B 13 (4): 1571–1577.

24 Lidow, A., Beach, R., Nakata, A., Cao, J., and Zhao, G.Y. (2013). Enhancement mode GaN HEMT device and method for fabricating the same. US Patent 8,404,508, 26 March 2013.

25 Lidow, A., Beach, R., Nakata, A., Cao, J., and Zhao, G.Y. (2013). Compensated gate MISFET and method for fabricating the same. US Patent 8,350,294, 8 January 2013.

26 Lidow, A., Strydom, J., de Rooij, M., and Ma, Y. (2012). *GaN Transistors for Efficient Power Conversion*, 1e, 9. El Segundo: Power Conversion Press.

27 Harman, G. (2010). *Wire Bonding in Microelectronics*, 3e. New York: McGraw-Hill Companies Inc.

28 Coucoulas, A. (1970). Compliant bonding. *Proceedings 1970 IEEE 20th Electronic Components Conference*, Washington, DC (1970), 380–389.

29 Heleine, T.L., Murcko, R.M., and Wang, S.C. (1991). A wire bond reliability model. *Proceedings of the 41st Electronic Components and Technology Conference*, Atlanta, GA.

30 Wong, K.Y., Chen, W.J., and Chen, K.J. (June 2009). Integrated voltage reference and comparator circuits for GaN smart power chip technology. *ISPSD 2009*, Barcelona, Spain.

31 Efficient Power Conversion Corporation (September 2018). EPC2100 – enhancement-mode power transistor half-bridge. EPC2100 datasheet. http://epc-co.com/epc/Portals/0/epc/documents/datasheets/epc2100_datasheet.pdf.

32 Reusch, D., Strydom, J., and Glaser, J. (2015). Improving high frequency DC–DC converter performance with monolithic half bridge GaN ICs. *Proceedings of the Seventh Annual IEEE Energy Conservation Congress and Expo*, Montreal, Canada (September 2015).

33 Efficient Power Conversion Corporation (2018). EPC2112–200 V, 10 A integrated gate driver eGaN® IC. EPC2112 datasheet, March 2018. http://epc-co.com/epc/Portals/0/epc/documents/datasheets/epc2112_preliminary.pdf.

34 Nakajima, A., Sumida, Y., Dhyani, M.H. et al. (2010). *High Density Two-Dimensional Hole Gas Induced by Negative Polarization at GaN/AlGaN Heterointerface*, Published 10 December. ©2010 The Japan Society of Applied Physics.

第 2 章

GaN 晶体管的电气特性

2.1 引言

本章将第 1 章所讨论的 GaN 晶体管基本物理特性和电气特性结合起来，讨论了 GaN 晶体管在发展高效电路和系统方面的重要性。GaN 晶体管的关键参数和额定值包括供设计者设计出具有可预测系统的大量信息。最基本的静态参数包括导通电阻和阈值电压。此外，为了了解 GaN 晶体管开关时如何工作，还讨论了电容和反向传导特性。

这些电气特性可以用于比较 GaN 功率 MOSFET 和硅功率 MOSFET 的异同。认识这两种器件的异同，可以更具体地理解现有功率变换系统通过 GaN 技术进行改进的重要性。

2.2 器件的额定值

对于功率开关晶体管，主要的器件额定值包括电压、电流和温度。本节对功率变换系统确定工作范围内的这些器件参数变化进行了分析。

2.2.1 漏源电压

GaN 晶体管的源极和漏极之间的击穿电压由以下几个因素决定[1]：第 1 章所讨论的 GaN 晶体管的临界电场 E_{crit}；器件的特殊设计；材料的异质结构；器件结构中位于栅极、源极和漏极之上的绝缘层；沟道下面的衬底材料特性等。当器件中的电场超过了形成器件的任何材料的临界电场时，都会发生击穿并传导大量电流 I_{DSS}，而且可能在这一过程中彻底损坏晶体管。

为了描述晶体管中的电场，图 2.1 显示了基本的 GaN 晶体管器件结构。从漏极到源极施加的电压使晶体管处于反向偏置（漏极与源极相比为正极）。对于增强型晶体管，通过将栅极到源极短路来关断晶体管。而对于耗尽型器件，需要一个从栅极到源极的负电压来关断晶体管。

图 2.2 所示为器件二维电力线分布，表示了器件中任一点的电场分布。可以看出，在漏极和栅极附近高电场的地方，电力线比较聚集。当器件结构中任何位置的电场超过临界电场 E_{crit} 时，器件将发生击穿并形成大的泄漏电流。

击穿也会发生在器件金属布线层之间。如第 1 章中图 1.17 所示的增强型晶体管，三层金属布线承担了源极电流和漏极电流，并且这三层金属布线和外面电路连接。当器件处于反偏时（有时被称为“阻断状态”），这些层中的一层可能会和源极相连，与此同时，相邻的层（更高

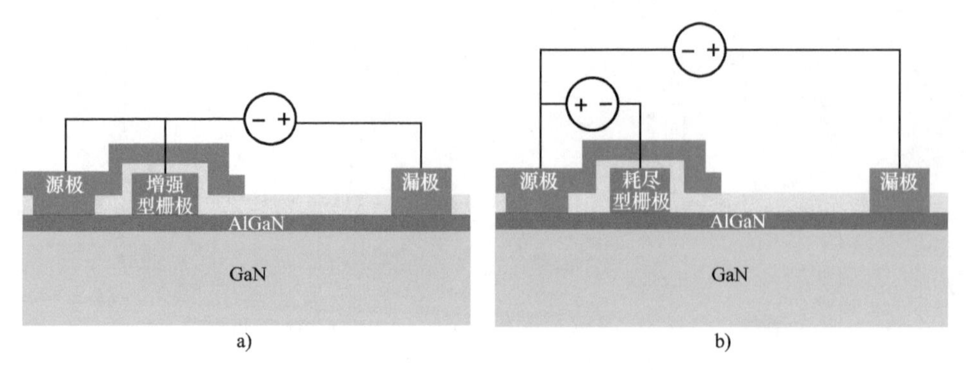

图 2.1 a）施加反向偏压的基本增强型 GaN 晶体管；b）栅极关断并施加反向偏压的耗尽型 GaN 晶体管

层或者更低层）可能和漏极相连，如果器件内部的电场超过了这两层之间介质的临界电场 E_{crit} 时，器件也会发生击穿。所以，可以通过增加介质层之间的厚度或利用具有更高临界电场的绝缘层材料来阻止这种击穿的发生。

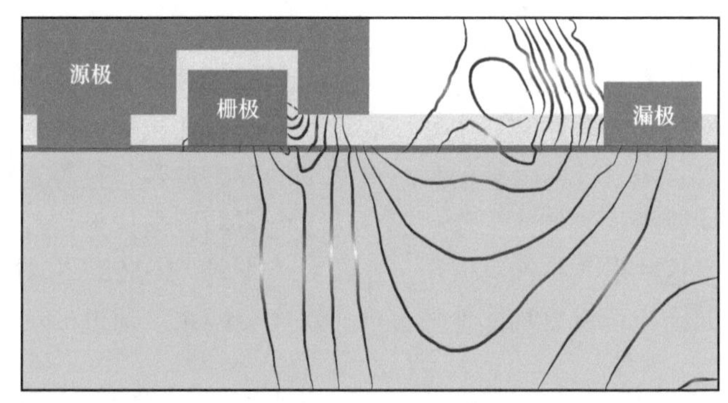

图 2.2 GaN 晶体管应用反向偏压时的电场分布

如果 HEMT 器件发生击穿，无论是最高电场超过 GaN 的临界电场 E_{crit} 还是超过绝缘层的临界电场，最终都会导致器件因击穿而毁坏。如果是绝缘层承担的阻断电压能力被突破，电介质材料将会发生物理性破坏。电场越接近绝缘材料的临界电场 $E_{crit(insulator)}$，这种破坏就发生得越快。这种效应称为“时间依赖性电介质失效（TDDB）”，参考文献［2］中广泛讨论了这种情况。当 GaN 层承担的电场超过 GaN 的临界电场 $E_{crit(GaN)}$ 时，器件失效的机理是不同的。如果击穿发生在 GaN 或 AlGaN 区域，所产生的离化电子会影响二维电子气（2DEG）的分布，减小 2DEG 的密度并导致器件的导通电阻大大增加[3]。

当晶体管处于阻断状态时，仍然存在小的泄漏电流 I_{DSS} 流过电极之间。对于一个晶体管，泄漏电流包括从漏极到源极、从漏极到栅极和从漏极到衬底三种电流。这三种泄漏电流的总和在电路中通过漏极和源极之间总的 I_{DSS} 表示。

图 2.3 所示为这三种泄漏电流的大小，这是在高于 700V 击穿电压的增强型晶体管上测量的结果。在该实例中，衬底材料是硅，并且与源极相连接。电流已经归一化为 1mm 宽的栅极结构。

设计功率变换系统时，I_{DSS} 可能是重要的功率损耗来源。例如，如果耐压 100V 的器件具有 100μA 的 I_{DSS} 泄漏电流，则由于泄漏电流而导致的总功率损耗将为 10 mW。对于某些需要非常低待机功率损耗的应用，这个损耗量可能变得不可接受。

漏源泄漏电流也随温度发生变化。图 2.4 显示了具有 1m 栅极宽度的商用增强型晶体管（EPC2045）的泄漏电流曲线，可以看出不同温度下的泄漏电流。图 2.4a 描述了单个器件在不同温度下的 V_{DS}；图 2.4b 比较了相同类型的 13 个不同器件的泄漏电流与温度的关系，说明器件性能之间是有差异的。每个器件的测量斜率给出了一致的激活能 $E_A = -0.4eV$。文献报道了

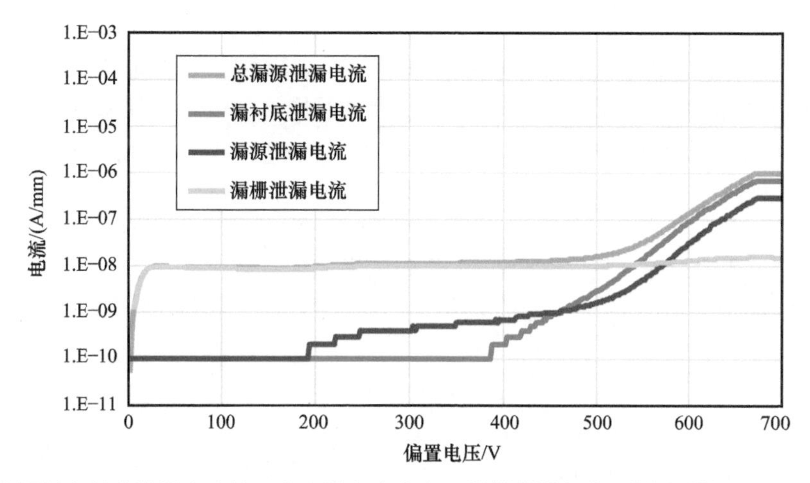

图 2.3　漏极和源极之间总泄漏电流的三个主要电流分布：漏栅泄漏电流、漏源泄漏电流和漏衬底泄漏电流

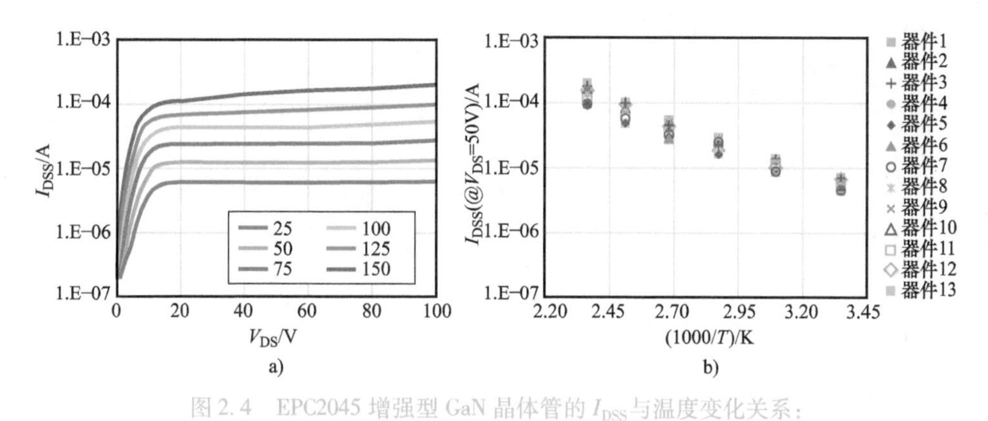

图 2.4　EPC2045 增强型 GaN 晶体管的 I_{DSS}与温度变化关系：
a）单个器件的 I_{DSS}与温度的关系；b）V_{DS} =50V 时测量的 13 个不同器件的 I_{DSS}

商用器件 -0.2eV 的激活能是由于表面相关陷阱[4,5]引起的，-0.99eV 的激活能归因于温度辅助隧穿机制[4]。

通常，使用一些数据表描述商业晶体管的性能。这些数据表因供应商而异，并不总是遵循一致的测量方法。对于 BV_{DSS}和 I_{DSS}，可以通过分析数据表中几个相关的数据来比较不同制造商的器件性能。

表 2.1 和表 2.2 列出了两个不同制造商 EPC 和 GaN Systems 公司的 GaN 晶体管数据。表 2.1给出了 EPC 公司的增强型晶体管参数，额定最大源漏电压 V_{DS}为 100V；表 2.2 给出了 GaN Systems 公司的共源共栅配置的 GaN 晶体管参数，额定最大 V_{DS}为 650V。在这两种情况下，还存在高于最大 V_{DS}的瞬态电压。这种瞬态电压承受能力意味着在短时间内，器件可以承受比额定最大值更高的电压。对于成熟的 100V 硅 MOSFET，表 2.3 中没有瞬态电压额定值。然而，规定了雪崩能力，这个可以让用户将器件应用于具有一定能量（以 mJ 为单位）完全漏源击穿的情况。虽然 MOSFET 用户很少利用这种雪崩能力，但是，随着器件设计的改进和相关技术的发展，GaN 晶体管也将趋于成熟，除了具有瞬态过电压能力外，还可以用于雪崩而不会引起大

的失效的情况。

表2.1和表2.2还列出了这些器件的静态（DC）I_{DSS}特性。对于每种情况，实验条件略有不同。EPC2045分别给出了25℃时80V和BV_{DSS}情况下的I_{DSS}和I_D；而GS66508B列出了25℃时最大V_{DS}下的I_{DSS}。来自英飞凌公司的硅MOSFET BSC060N10NS3G在第三组测试条件下具有BV_{DSS}和I_{DSS}规格。这再次强调了对类似器件的操作需要规范标准化条件。

表2.1 来自EPC公司的EPC2045数据表，显示了与I_{DSS}和BV_{DSS}相关的数据[6]

最大额定值						
符号	参数				数值	单位
V_{DS}	漏源电压（连续）				100	V
	漏源电压（125℃时高达10000 5ms脉冲）				120	
静态特性（T_J=25℃，除非另有说明）						
符号	参数	测试条件	最小值	典型值	最大值	单位
BV_{DSS}	漏源电压	V_{GS}=0V，I_D=300μA	100			
I_{DSS}	漏源漏电流	V_{GS}=0V，V_{DS}=80V		40	250	μA

表2.2 来自GaN Systems公司的数据表，显示了与I_{DSS}和BV_{DSS}有关的数据[7]

静态特性（T_J=25℃，除非另有说明）						
符号	参数	最小值	典型值	最大值	单位	条件
BV_{DSS}	漏源击穿电压	650			V	V_{GS}=0V，I_{DSS}=50μA
I_{DSS}	漏源漏电流		2	50	μA	V_{DS}=650V，V_{GS}=0V，T_J=25℃

最大额定值			
符　号	参　数	数　值	单　位
V_{DS}	漏源电压	650	V
$V_{DS(transient)}$	漏源电压-瞬态①	750	

① 为1μs。

表2.3 来自英飞凌公司的BSC060N10NS3G硅MOSFET数据表，显示了与I_{DSS}和BV_{DSS}以及雪崩能量有关的数据[8]

最大额定值（T_J=25℃，除非另有说明）						
符　号	参　数	条　件		数　值		单　位
E_{AS}	雪崩能量，单脉冲	I_D=50A，R_{GS}=25Ω		230		mJ
静态特性（T_J=25℃，除非另有说明）						
符　号	参　数	条　件	最小值	典型值	最大值	单　位
$V_{(BR)DSS}$	漏源击穿电压	V_{GS}=0V，I_D=1mA	100			V

（续）

静态特性（$T_J=25℃$，除非另有说明）						
符　号	参　数	条　件	最小值	典型值	最大值	单　位
I_{DSS}	零栅电压漏电流	$V_{GS}=0V$， $V_{DS}=100V$， $T_J=25℃$		0.01	1	μA
		$V_{GS}=0V$， $V_{DS}=100V$， $T_J=125℃$		10	100	

2.3 导通电阻 $R_{DS(on)}$

晶体管的导通电阻 $R_{DS(on)}$ 是指组成器件的所有电阻之和，如图 2.5 所示。源极和漏极金属必须通过 AlGaN 势垒层连接到 2DEG，这部分的电阻称为接触电阻 R_C。电子在具有电阻 R_{2DEG} 的 2DEG 中流动，这个电阻由电子的迁移率 μ_{2DEG}、2DEG 产生的电子数目 N_{2DEG}、电子运行的距离 L_{2DEG}、2DEG 的宽度 W_{2DEG} 和通用电荷常数 $q(1.6\times10^{19}C)$ 等因素决定。这个电阻可以表示如下[9]：

$$R_{2DEG}=L_{2DEG}/(q\mu_{2DEG}N_{2DEG}W_{2DEG}) \qquad (2.1)$$

第 1 章中讨论了 2DEG 的电子数取决于由 AlGaN 势垒形成的应变。然而，在栅极下方 2DEG 的浓度可能低于栅极和漏极之间区域的浓度。这取决于栅极的类型（如凹栅、MOS 栅、肖特基或 pGaN 栅），以及所使用的特定工艺和异质结构，还取决于施加到栅极上的电压。完全增强型栅比部分增强型栅具有更高的电子浓度。图 2.5 所示的晶体管的电阻可以近似由下式表示：

$$R_{HEMT}=2R_C+R_{2DEG}+R_{2DEG(gate)} \qquad (2.2)$$

额外的寄生电阻 $R_{寄生}$ 由多个金属线的金属电阻组成，通过寄生电阻将电流从单个源极和漏极传输到晶体管的端口。在功率变换电路中，晶体管的传导损耗非常大，因此器件通常完全导通（欧姆特性）或完全关断。所以，功率晶体管的关键参数之一的导通电阻 $R_{DS(on)}$ 可以被定义为

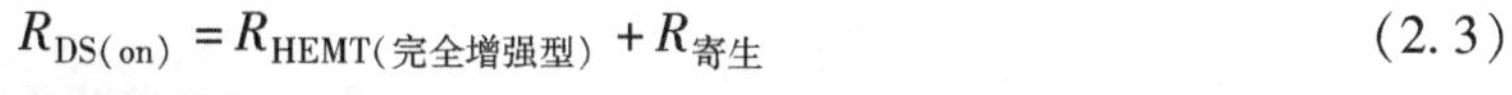

$$R_{DS(on)}=R_{HEMT(完全增强型)}+R_{寄生} \qquad (2.3)$$

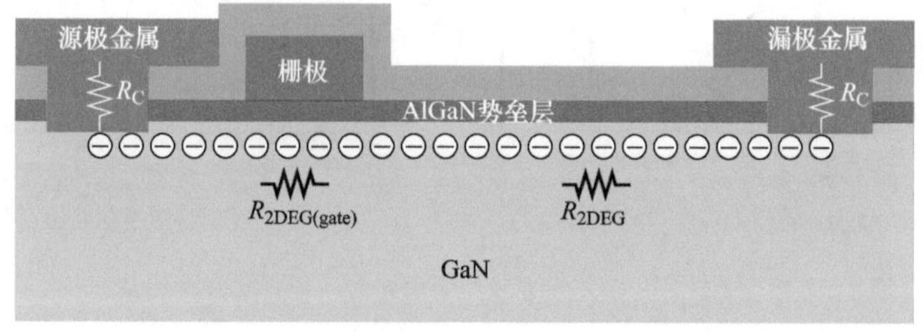

图 2.5　GaN 晶体管的横截面，显示了 $R_{DS(on)}$ 的主要组成部分

$R_{DS(on)}$的每个组成部分都随温度变化。金属层通常由铜铝合金制成，$R_{DS(on)}$对于铜具有$3.8\times10^{-3}/℃$[10]的电阻率温度系数，对于铝具有$3.9\times10^{-3}/℃$[11]的电阻率温度系数。相反，2DEG的电阻率温度系数在$1.3\times10^{-2}/℃$[12,13]范围内更高，接触电阻R_C的温度系数在$4.7\times10^{-3}/℃$[12]范围变化。晶体管的总电阻$R_{DS(on)}$作为温度的函数可以近似为

$$R_{DS(on)}(T)=R_{寄生}(T)+2R_C(T)+(R_{2DEG}+R_{2DEG(gate)})(T) \tag{2.4}$$

$R_{DS(on)}$的最终温度变化将取决于器件的设计，即$R_{DS(on)}$有多少比例由2DEG决定，有多少比例由接触电阻或寄生金属电阻决定。然而，对于商用器件，$R_{DS(on)}$随温度的变化与硅MOSFET大致相同，如图2.6所示。对于设计更高击穿电压BV_{DSS}的器件，2DEG形成的电阻将占总$R_{DS(on)}$的更大部分，并且由于2DEG的温度系数高于寄生元件和接触电阻的温度系数，所以总电阻的温度系数将更高（见图2.6）。

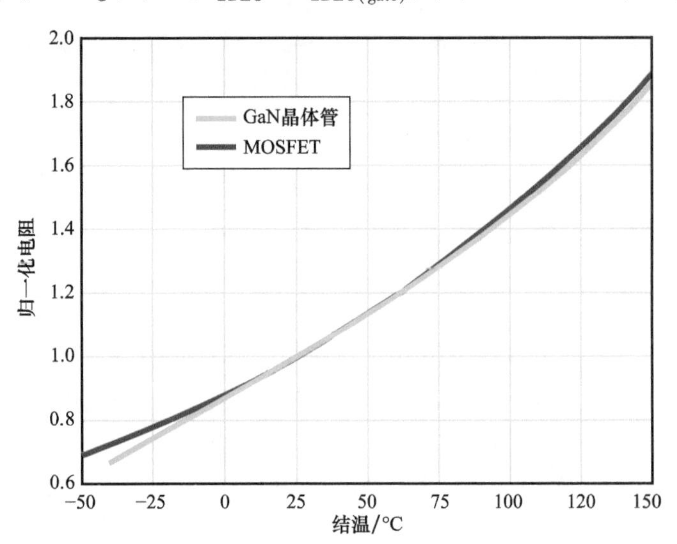

图2.6　与具有相似参数的硅功率MOSFET相比[6,8]，100V增强型GaN晶体管（EPC2045）的归一化$R_{DS(on)}$与温度的关系

式（2.2）将2DEG的电阻分为两个部分，即在漏极和栅极之间的2DEG以及在栅极之下的2DEG。栅极下2DEG的电阻从器件处于关断状态的高阻值变化到器件处于导通状态时的低阻值。这种转变取决于栅极的具体设计，并且对开关电路中的器件性能具有显著影响。

图2.7显示了增强型GaN晶体管$R_{DS(on)}$在不同漏极电流I_D和不同温度条件下与栅源电压

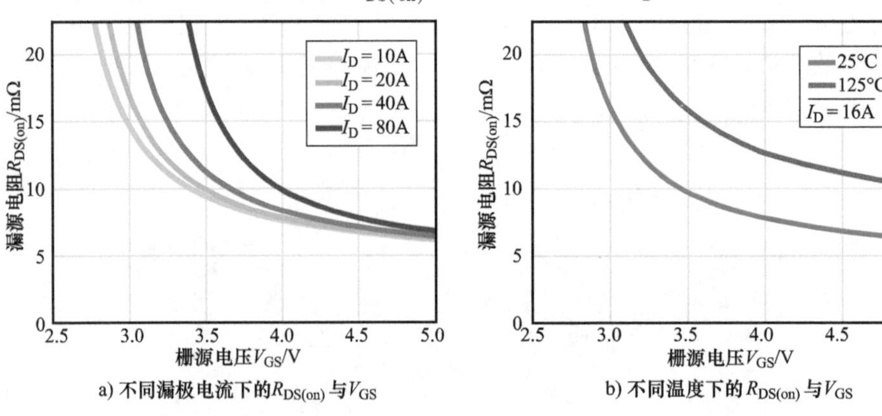

图2.7　增强型GaN晶体管（EPC2045）的总电阻$R_{DS(on)}$在a）不同漏极电流和b）不同温度下与栅极电压的关系[6]

的关系。其中，栅极 2DEG 的电阻快速减小，直到 $V_{GS}=4.5V$ 时器件完全变成增强型。超过这个栅极电压，总器件 $R_{DS(on)}$ 将减小。

增强型 GaN 晶体管的数据表通常是在完全增强栅极以及最大额定直流漏极电流下指定导通电阻。表 2.4 给出了额定电压为 100V 增强型晶体管的参数，规定了该晶体管在 25℃、栅极电压为 5V 时的最大 $R_{DS(on)}$ 为 7 mΩ，表 2.5 中给出了 650V 额定共源共栅晶体管的参数，规定了在 25℃时最大 $R_{DS(on)}$ 为 63mΩ。该数据表中还显示了 150℃时典型的 $R_{DS(on)}$ 为 129mΩ。两个测量值均在栅源电压为 6V 条件下测得。

表 2.4　来自 EPC 公司的 EPC2045 数据表，显示了与 $R_{DS(on)}$ 有关的数据[6]

静态特性（$T_J=25℃$，除非另有说明）						
符号	参数	测试条件	最小值	典型值	最大值	单位
$R_{DS(on)}$	漏源导通电阻	$V_{GS}=5V$，$I_D=16A$		5.6	7	mΩ

表 2.5　来自 GaN Systems 公司的 GS66508B 数据表，显示了与 $R_{DS(on)}$ 有关的数据[7]

电气特性						
符号	参数	条件	最小值	典型值	最大值	单位
$R_{DS(on)}$	漏源导通电阻	$V_{GS}=6V$，$I_{DS}=9A$，$T_J=25℃$		50	63	mΩ
		$V_{GS}=6V$，$I_{DS}=9A$，$T_J=150℃$		129		

2.4　阈值电压

对于功率器件，阈值电压 $V_{GS(th)}$ 或 V_{th} 为施加到栅极和源极使器件传导电流所需的电压。换句话说，阈值电压定义了低于该阈值时器件关断的电压。增强型或共源共栅器件具有正的阈值电压，而耗尽型器件具有负的阈值电压。

对于 GaN 功率器件，阈值电压是当栅极下方的 2DEG 被栅极的电压完全耗尽时的电压值[13]。该电压由两部分组成，即压电应变产生的电压（定义为 $V_{Gstrain}$）和栅极冶金结的内建电压。对于肖特基栅器件，内建电压由 AlGaN 势垒顶部栅极金属的肖特基势垒高度决定[14]。对于 pGaN 栅器件，该内建电压是由靠近 n 型材料的 p 型半导体材料引起的内建场产生的电压。

因为 AlGaN 势垒中的应变不随温度变化，所以内部冶金结产生的电压以及 GaN 晶体管中的阈值电压也都基本不随温度变化，如图 2.8 所示。相反，硅 MOSFET 的阈值电压随着温度的升高而下降。

表 2.6 为 100V 增强型 GaN 晶体管的参数。1.4V 的典型值是在 5mA 时测得，5mA 与该同

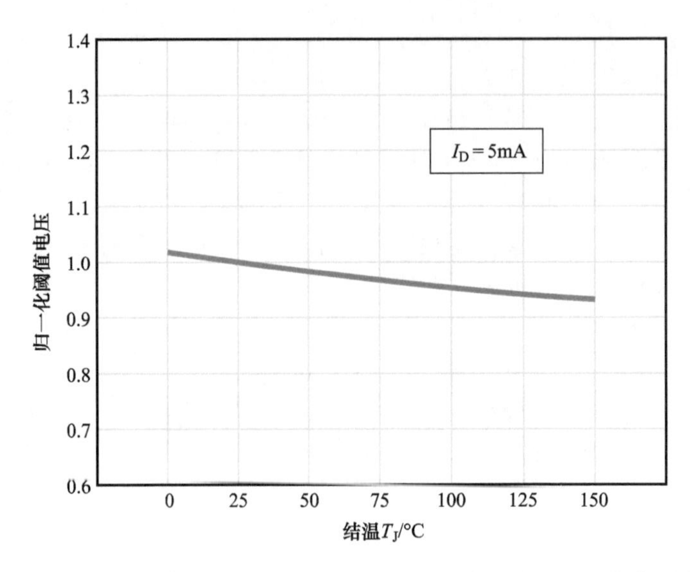

图 2.8 EPC2045 归一化阈值电压与温度的关系，只显示该器件正常工作范围内 8% 的变化

类晶体管的 16A 直流额定值相比较小。

表 2.6 来自 EPC 公司的 EPC2045 数据表，显示了与 V_{th} 有关的数据[6]

静态特性（T_J = 25℃，除非另有说明）						
符号	参数	测试条件	最小值	典型值	最大值	单位
$V_{GS(th)}$	栅极阈值电压	$V_{DS}=V_{GS}$，I_D = 5mA	0.8	1.4	2.5	V

表 2.7 给出了额定 650V GaN 晶体管的参数。V_{th} 为 7mA 时栅极电压值，7mA 与 30A 直流额定值相比是一个很小的值。该表没有给出该器件的阈值电压随温度的变化。然而，图 2.9 显示了英飞凌 100V BSC060N10NS3G[8] 功率 MOSFET 的阈值电压与温度的关系曲线。当温度从 25℃变化到 125℃时，增强型 GaN 晶体管的阈值电压下降了 8%，而硅器件的阈值电压从约 2.75V 降低到约 2V，变化了 38%。

表 2.7 来自 GaN Systems 公司的 GS66508B 数据表，显示了与 V_{th} 相关的数据[7]

电气特性（T_J = 25℃，除非另有说明）						
符号	参数	条件	最小值	典型值	最大值	单位
$V_{GS(th)}$	栅源阈值电压	$V_{DS}=V_{GS}$，I_{DS} = 7mA	1.1	1.7	2.6	V

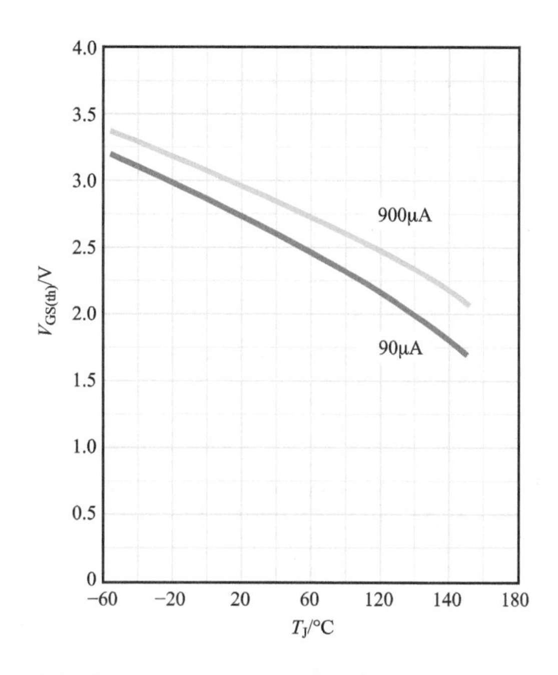

图 2.9　来自英飞凌公司的 BSC060N10NS3G 数据表，显示了 V_{th} 与温度的变化数据[8]

2.5　电容和电荷

晶体管的电容是表征器件从导通状态到关断状态转换期间，器件中损失的能量的一个重要参数。电容（C）决定了电荷量（Q），这些电荷是需要提供给器件的各电极以改变电极上的电压（$Q = CV$）。电荷提供得越快，器件的电压改变越快。

与场效应晶体管（FET）相关的三个主要电容包括①栅源电容 C_{GS}、②栅漏电容 C_{GD} 和③漏源电容 C_{DS}。图 2.10 显示了这些电容在器件中的具体结构。设计人员只需计算输入端总的戴维南等效电容（$C_{ISS} = C_{GD} + C_{GS}$）或输出端电容（$C_{OSS} = C_{GD} + C_{DS}$）。

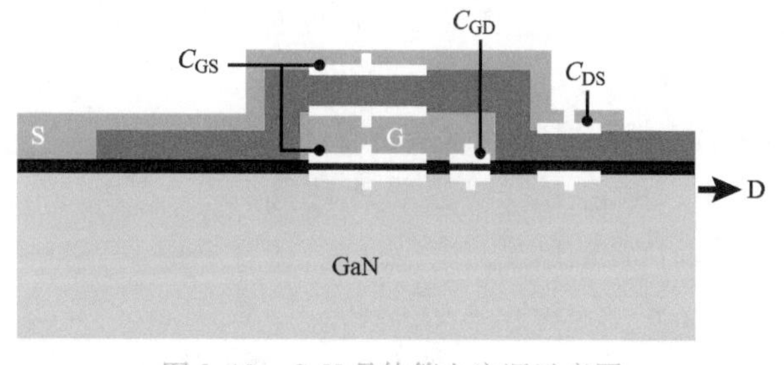

图 2.10　GaN 晶体管电容源示意图

这些电容是施加到各端电极电压的函数。图 2.11 显示了增强型 HEMT 的电容随漏源电压的变化而变化。V_{DS} 增加时电容下降的原因是 GaN 晶体管中的自由电子被耗尽。例如，C_{OSS} 开始阶跃下降是由于表面附近的 2DEG 耗尽引起的。较高的 V_{DS} 值从场板边缘到漏极拓展了耗尽区，进一步耗尽了 2DEG 并减小电容分量。

在相同端口上的电压范围内，对两个端口之间的电容进行积分，其结果等于存储在电容中的电荷量 Q。因为电流对时间的积分结果等于电荷，所以计算 GaN 晶体管中各电极端电压变化所需的电荷量非常方便。图 2.12 显示了栅极电荷 Q_G，Q_G 必须能够将栅源电压增加到所需的电

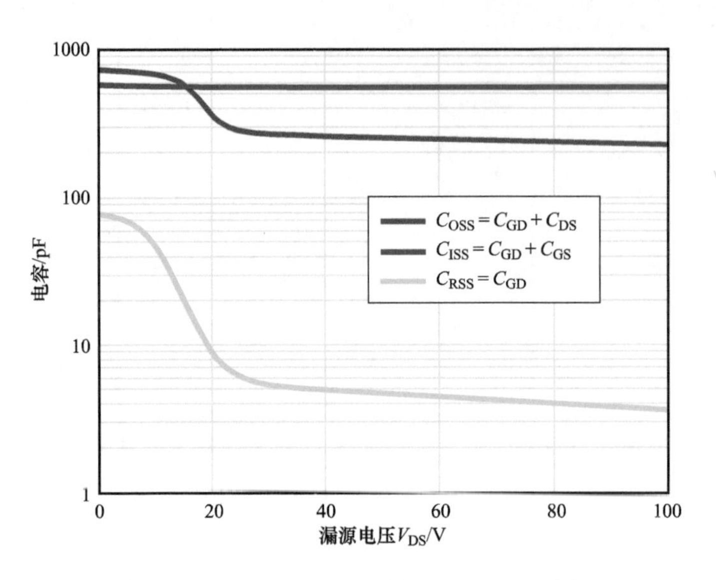

图 2.11　EPC2045 电容与漏源电压的关系[6]

压。Q_G 是 C_{ISS} 在栅源电压从关断状态 V_{GS} 到导通状态 V_{GS} 的积分值。从图 2.12可以看出，栅极施加 5V 电压，确保器件完全导通需要大约 5nC 的电荷。如果栅极能够提供 1A 电流，则需要大约 5ns 来实现该电压。

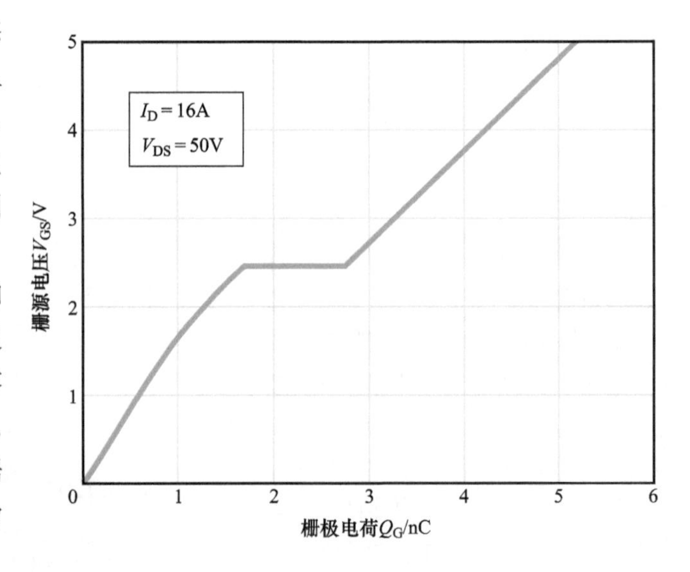

图 2.12　EPC2045 栅极电荷与栅源电压的关系[6]

需要注意的是，栅源电容 C_{GS} 和总输入电容 C_{ISS} 随栅极电压的变化通常比漏极电压大，图 2.11 中的电容特性显示了 $V_{GS}=0V$ 时的 C_{ISS}。$C_{ISS}-V_{GS}$ 特性通常不包括在器件数据手册中，但它可以很容易地计算为 Q_G-V_{GS} 特性的斜率。

Q_{GD} 和 Q_{GS}（$Q_G=Q_{GD}+Q_{GS}$）也是分别确定的，因为它们分别影响电压和电流开关转换速度。这两个值的比值 Q_{GD}/Q_{GS} 称为米勒比，是一个重要的参数；米勒比用于确定器件漏极和源极之间电压瞬变而导通的点。米勒比将在第 3 章中详细讨论。

表 2.8 列出了增强型 GaN 晶体管的电容和电荷。栅漏电荷及对应的电容 C_{RSS}（或 C_{GD}）将随漏源电压而改变。表 2.8 给出的源漏电压值为 50V，这是 BV_{DSS} 额定值的一半。这种规定是因为在功率变换设计中，晶体管的工作电压大约是最大额定电压的一半，而最大额定电压提供开关期间引起过冲的安全裕量。此外，还规定了内栅电阻 R_G，它是限制器件最终开关速度的电

阻，以及栅极驱动电路中的任何附加电阻。如果表 2.8 中的器件由一个理想的栅极驱动电路驱动，该电路在规定的条件下运行，则栅极电压转换的最小上升时间可计算如下：

$$t_{\text{rise,min}} = \frac{Q_G R_G}{V_{GS}} = \frac{(5.9\text{n}C)(0.6\Omega)}{5V} = 708\text{ps} \tag{2.5}$$

表 2.8 来自 EPC 公司的 EPC2045 数据表，显示了与电容、电荷和栅极电阻有关的数据[6]

动态特性（T_J = 25℃，除非另有说明）						
符号	参数	测试条件	最小值	典型值	最大值	单位
C_{ISS}	输入电容①	V_{GS} = 0V，V_{DS} = 50V		737	884	pF
C_{RSS}	反向转移电容			3		
C_{OSS}	输出电容①			295	443	
$C_{OSS(ER)}$	有效输出电容，与能量相关②	V_{GS} = 0V，V_{DS} = 50V		383		
$C_{OSS(TR)}$	有效输出电容，与时间相关③			500		
R_G	栅极电阻			0.6		Ω
Q_G	总栅极电荷①	V_{GS} = 0V，V_{DS} = 50V，I_D = 16A		5.9	7.4	nC
Q_{GS}	栅源电荷	V_{DS} = 50V，I_D = 16A		1.9		
Q_{GD}	栅漏电荷			0.8		
$Q_{G(TH)}$	临界栅极电荷	V_{GS} = 0V，V_{DS} = 50V		1.3		
Q_{OSS}	输出电荷①			25	38	
Q_{RR}	源漏恢复电荷			0		

注：所有的测量都是在与源极相连的衬底上进行的。

① 由设计定义。未经生产试验。

② $C_{OSS(ER)}$ 是一种固定电容，当 V_{DS} 从 0% 上升到 50% BV_{DSS} 时，它能提供与 C_{OSS} 相同的储能。

③ $C_{OSS(TR)}$ 是一种固定电容，当 V_{DS} 从 0% 上升到 50% BV_{DSS} 时，其充电时间与 C_{OSS} 相同。

2.6 反向传输

当电流流入晶体管的源极时，被认为是反向传输。如果栅源电压足够高，足以完全增强

2DEG，晶体管将在其欧姆工作区域内传输反向电流，其导通电阻与正向传输大致相同。然而，当栅源电压低于阈值电压时，GaN 晶体管也可以在另一种工作模式下传输反向电流。

对于硅 MOSFET，从沟道到晶体管的漏极形成了 p－n 结二极管，称为体－漏二极管，或者简称体二极管。如第 1 章所讨论的，增强型 GaN 晶体管没有 p－n 结二极管，但是它们以反向二极管类似的方式导电。图 2.13 显示了这种“体二极管”正向电压降如何随源漏电流变化。应当注意，因为该体二极管通过利用正的栅漏电压在相反方向上导通 2DEG 而形成，所以，如果栅极电压降到 0V 以下，则该正向电压将成正比例增加。例如，如果电路的栅极驱动通过向栅极施加 0V 电压来关断 GaN 晶体管，则 0.5A 处的 V_{SD}将为 1.8V。如果电路的栅极驱动通过向栅极施加－1V 来关闭 GaN 晶体管，则 0.5A 处的 V_{SD}将为 2.8V。

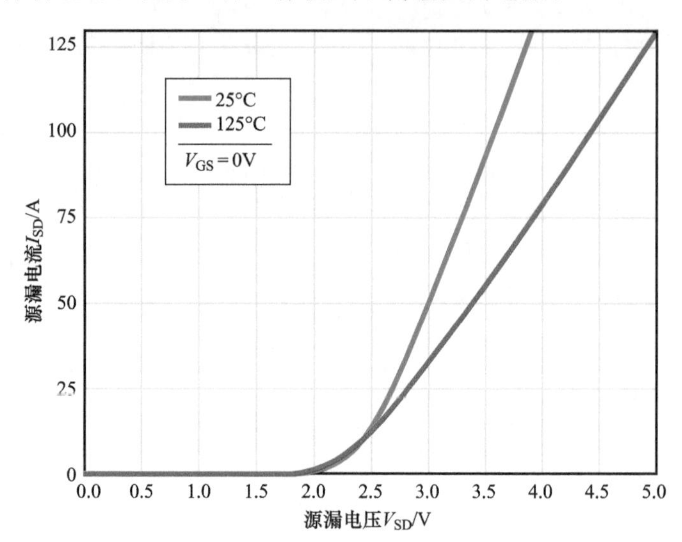

图 2.13　EPC2045 体二极管正向电压降与源漏电流和温度的关系[6]

因为 GaN 晶体管中的反向导电是由于 2DEG 的导通，所以正向电压降随温度改变而改变，与 $R_{DS(on)}$ 随温度变化大致相同。相反，硅 MOSFET 中的体二极管电压随温度的升高而降低。当增强型 GaN 晶体管在相反方向导通时，器件在 100V 下的电压如表 2.9 所示[6]。

表 2.9　来自 EPC 公司的 EPC2045 数据表，显示了与晶体管反向导通时的电压降有关的数据[6]

静态特性（T_J = 25℃，除非另有说明）						
符号	参数	测试条件	最小值	典型值	最大值	单位
V_{SD}	源漏正向电压	V_{GS} = 0V， I_S = 0.5A		1.7		V

反向恢复电荷 Q_{RR}是一种与反向传导机制有关的电荷，是当体二极管关断时耗散的电荷量。反向恢复电荷与先前讨论的增强型 GaN 晶体管的电容没有直接关系。这种电荷来自 MOSFET 的 p－n 结中二极管导通期间剩余的少数载流子。因为在增强型 GaN 晶体管中没有涉及少数载流子的传导，所以没有反向恢复损耗。因此，Q_{RR} 为 0，这是与功率 MOSFET 相比的一个显著优势，这部分内容将在第 3 章和第 6 章中详细讨论。

为了比较，表 2.10 所示为英飞凌公司的 100V OptiMOS™3 参数[8]，这个 MOSFET 最大的 $R_{DS(on)}$ 为 6mΩ。相比而言，EPC2045 器件的最大 $R_{DS(on)}$ 为 7mΩ。然而，MOSFET 具有 100nC 的

存储电荷 Q_{RR}，而 EPC2045 器件的存储电荷 Q_{RR} 为 0。

表 2.10　来自英飞凌公司的 BSC060N10NS3G OptiMOS™3 数据表，显示了与反向传导有关的数据[8]

反向二极管						
符号	参数	测试条件	最小值	典型值	最大值	单位
V_{SD}	二极管正向电压	$V_{GS}=0V$，$I_F=50A$，$T_J=25℃$		1	1.2	V
t_{RR}	反向恢复时间	$V_R=50V$，$I_F=25A$，$di_F/dt=100A/\mu s$		61		ns
Q_{RR}	反向恢复电荷			109		nC

2.7　本章小结

本章讨论了 GaN 晶体管的基本电气特性和器件的物理特性。描述电路中传导和开关行为的特性为导通电阻 $R_{DS(on)}$、阈值电压 $V_{GS(th)}$、电容和反向传导特性。

接下来的两章是关于 GaN 晶体管的电路和版图设计。随着开关速度和功率密度的进一步改进，设计者需要更好地设计驱动器件的栅极结构，并减少周围电路中的寄生元件。

参 考 文 献

1 Lu, B., Piner, E.L., and Palacios, T. (2010). Breakdown mechanism in AlGaN/GaN HEMTs on Si substrate. *Proceedings of the Device Research Conference (DRC)*, 193–194.

2 McPherson, J.W. (1998). Underlying physics of the thermochemical Emodel in describing low-field time-dependent dielectric breakdown in SiO_2 thin films. *J. Appl. Phys.* 84 (3), 1513–1523.

3 Joh, J. and del Alamo, J.A. (2008). Critical voltage for electrical degradation of GaN high-electron mobility transistors. *IEEE Electron. Device Lett.* 29 (4), 287–289.

4 Arulkumaran, S., Egawa, T., Ishikawa, H., and Jimbo, T. (2003). Temperature dependence of gate-leakage current in AlGaN/GaN high-electron-mobility transistors. *Appl. Phys. Lett.* 82 (18), 3110.

5 Tan, W.S., Houston, P.A., Parbrook, P.J. et al. (2002). Gate leakage effects and breakdown voltage in metal organic vapor phase epitaxy AlGaN/GaN heterostructure field-effect transistors. *Appl. Phys. Lett.* 80 (17), 3207–3209.

6 Efficient Power Conversion Corporation (2017). EPC2045 – enhancement-mode power transistor. EPC2045 datasheet, March 2017. http://epc-co.com/epc/Portals/0/epc/documents/datasheets/epc2045_datasheet.pdf.

7 GaN Systems (2018). 650V enhancement mode GaN transistor. GS66508B datasheet, September 2018. https://gansystems.com/wp-content/uploads/2018/07/GS66508B-DS-Rev-180709.pdf.

8 Infineon (2009). OptiMOS™ power-transistor. BSC060N10NS3 G datasheet, October 2009 [Revision 2.4]. https://www.infineon.com/dgdl/Infineon-BSC060N10NS3-DS-v02_04-en.pdf?fileId=db3a30431ce5fb52011d1aab7f90133a.
9 Sze, S.M. (1981). *Physics of Semiconductor Devices*, 2e, 31. Hoboken, NJ: Wiley.
10 Giancoli, D. (2009 [1984]). Electric currents and resistance. In: *Physics for Scientists and Engineers with Modern Physics*, 4e (ed. J. Phillips), 658. Upper Saddle River, New Jersey: Prentice Hall.
11 Serway, R.A., with contributions by Jewett, Jr., J.W. (1998). Principles of Physics. In: *Fort Worth*, 2e, 602. Texas, London: Saunders College Pub.
12 Cuerdo, R., Pedros, J., Navarro, A., and Braña de Cal, A.F. (2008). High temperature assessment of nitride-based devices. *J. Mater. Sci. Mater. Electron.* 19 (2): 189–193.
13 Rashmi, A.K., Haldar, S., and Gupta, R.S. (2002). An accurate charge control model for spontaneous and piezoelectric polarization dependent two-dimensional electron gas sheet charge density of lattice-mismatched. *Solid-State Electron.* 46: 621–630.
14 Liu, Q.Z. and Lau, S.S. (1998). A review of the metal-GaN contact technology. *Solid-State Electron.* 42 (5), 677–691.

第3章

GaN晶体管的驱动特性

3.1 引言

本章讨论了在高性能功率变换电路中使用GaN晶体管的基本技术。GaN晶体管的作用通常类似功率MOSFET，但是它具有更高的开关速度和功率密度。人们充分了解这些相似性和差异性，可以更好地理解通过GaN技术如何改进现有功率变换系统。接下来的三章内容重点介绍了GaN技术的优势、最高性能的设计技术以及常见的避免由GaN新性能带来的弊端。重点强调的技术包括：

1）如何驱动一个GaN晶体管；

2）如何设计一个高效的GaN晶体管电路；

3）如何建模和测量基于高功率密度GaN晶体管电路的热学特性和电学特性。

为了理解这些速度更快的开关器件的优缺点，需要对GaN晶体管结构进行独立分析。本章将分析第1章中所讨论的两种结构：使用pGaN型栅极的增强型晶体管，以及共源共栅晶体管。这两种结构的栅极都具有非常高的输入阻抗，因此通过从栅极提供或移除一定量的电荷来实现对器件的控制。

使用MOSFET的经典模型来进行GaN晶体管和MOSFET之间开关特性的比较。在第7章中，这些模型将用于GaN晶体管的分析。表3.1中列出了器件各种开关特性的电荷定义。在图3.1a中，这些定义用于将晶体管开关分为4个区域：①使栅极达到器件阈值所需的电荷；②完成电流上升跃迁时间t_{cr}并达到台阶电压V_{pl}所需的电荷；③完成电压下降跃迁时间t_{vf}所需的电荷；④将栅极驱动到稳态栅极电压所提供的电荷。图3.1b显示了具有各种栅极电荷的GaN晶体管的栅极电荷曲线。

为了更好地理解为什么GaN晶体管开关速度比MOSFET快得多，可以使用品质因数（FOM）对这两种晶体管进行定量比较。如第1章所述，在相同阻断电压下，GaN晶体管的理论导通电阻比硅的理论导通电阻至少低三个数量级，并且第一代制备的GaN功率晶体管已经超出了硅极限[2]。通常，与硅MOSFET相比，这些较小的器件具有较小的电容。$R_{DS(on)}Q_G$乘积通常用于比较不同的MOSFET技术[3]。本书使用FOM定量比较GaN和硅功率晶体管（见图3.2），FOM的提高几乎是硅的3~10倍以上，在更高的电压下具有更大的优势。与之前出版的第2版相比，这些优势一直在扩大。

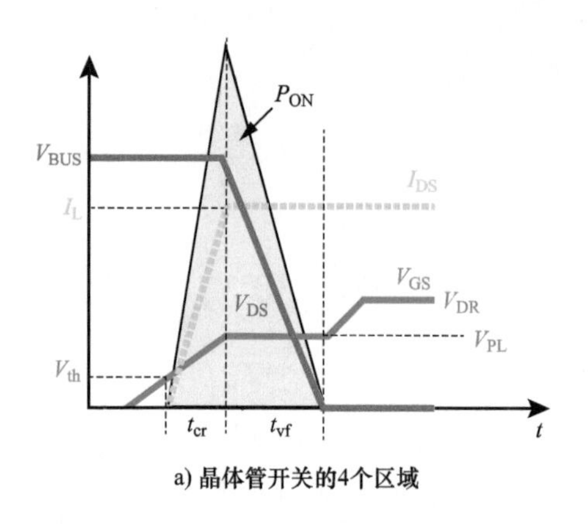

a) 晶体管开关的4个区域

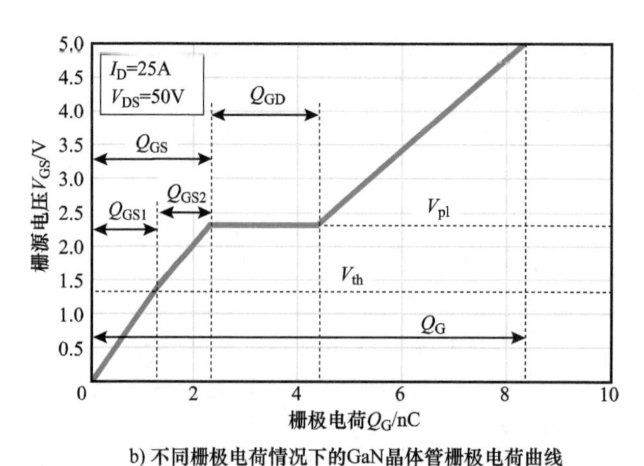

b) 不同栅极电荷情况下的GaN晶体管栅极电荷曲线

图3.1　EPC2001C GaN晶体管在不同栅极电荷组成下栅极电荷与栅极电压的关系[1]

表3.1　栅极电荷组成及其定义

栅极电荷组成	定　义
Q_{GS}	将栅极电压从零增加到台阶电压所需的电荷（$Q_{GS}=Q_{GS1}+Q_{GS2}$）
Q_{GS1}	将栅极电压从零增加到阈值电压所需的电荷
Q_{GS2}	转换器件电流所需的电荷
Q_{GD}	器件进入线性区域时，转换器件电压所需的电荷

3.2　栅极驱动电压

所有GaN晶体管，包括增强型、直接驱动[4]耗尽模式和共源共栅GaN晶体管栅极上施加的电压都具有最大正电压和最小负电压限值。对于共源共栅型器件，例如TPH3006PD[5]，最大电压为±18V，这与硅MOSFET类似。对于增强型器件，有的制造商[6]将电压范围设计为+6V/-4V，而其他制造商[7,8]分别设定为+7V/-10V和+4.5V/-10V。目前没有关于直接

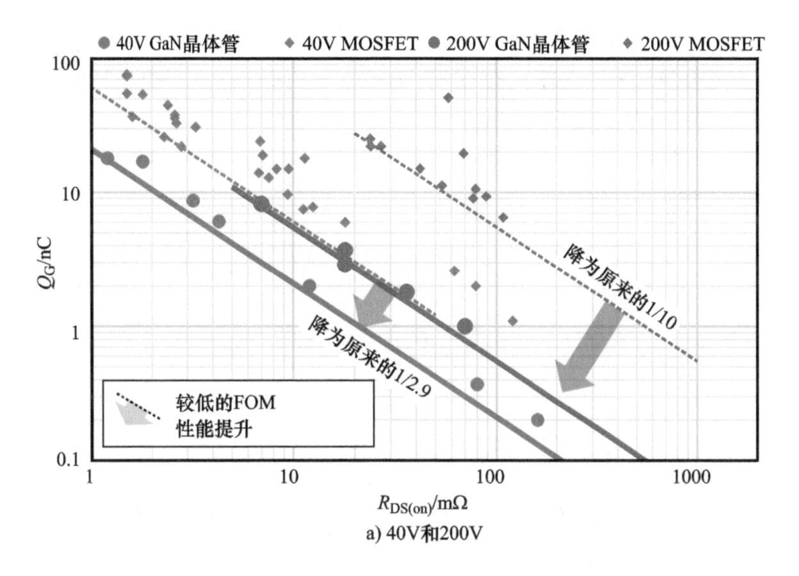

a) 40V和200V

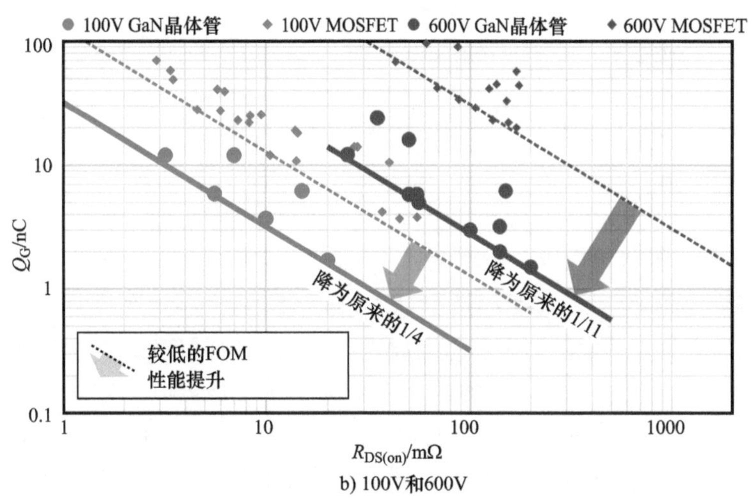

b) 100V和600V

图 3.2　硅基和 GaN 基功率器件的导通电阻与总栅极电荷比较：a）40V 和 200V 器件；b）100V 和 600V 器件

驱动耗尽型器件的相关研究成果，但是与增强型器件相比，它们可能具有更宽的限制条件（请注意：不同的工艺和不同制造商对它们的器件进行评估的方式不同）。超过最大电压可能会使器件永久损坏，因此必须避免。幸运的是，将器件驱动到导通状态所需的栅极电压显著低于允许的最大电压。但是当开关速度非常快时，必须避免电压过冲，电压过冲可能会无意中使栅极电压高于最大的电压限制。对于 pGaN 增强型晶体管，数据表中规定了器件 $R_{DS(on)}$ 的使用电压，该电压通常比绝对最大额定值低约 1V。

由于这个要求比较严格，我们将首先讨论特定增强型 GaN 制造商的栅极驱动要求，同时这些基本原理也适用于其他增强型和直接驱动型器件。

如图 3.3 中的矩形框区域所示，可以用低至 4V 的栅极电压驱动这些增强型器件，而不会

显著增加 $R_{DS(on)}$。此外，建议将栅极驱动电压保持在5.25V以下，以便在栅极电压和绝对最大栅极电压之间留有足够的裕量。这种推荐使用的栅极驱动电压可以通过栅极驱动器以近临界阻尼的方式接通功率环路轻松实现。

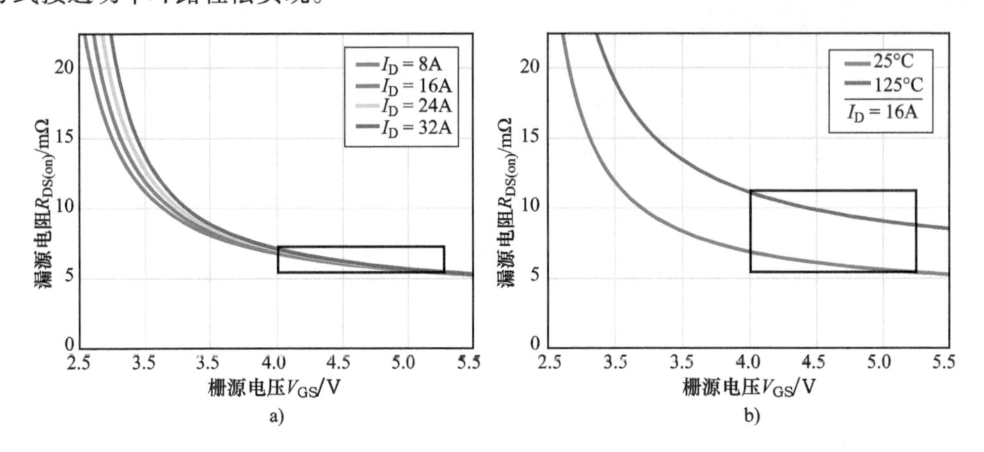

图3.3 a）不同漏极电流和b）不同温度下增强型GaN晶体管（EPC2045）的 $R_{DS(on)}$ 与栅极电压的关系，表明了栅极驱动电压的范围[6]

3.3 栅极驱动电阻

栅极驱动器、晶体管、栅极驱动旁路电容 C_{VDD} 以及它们之间的互连电感 L_G 形成了LCR串联谐振回路，如图3.4a所示。这种等效电阻包括晶体管栅极电阻 R_G、栅极驱动上拉电阻 R_{Source}、组件之间的高频互连电阻以及栅极驱动电源电容的等效串联电阻（ESR）。为了最大限度地减少开关时间，最好尽可能减小总电阻，但是为了避免栅极电压过冲，这个电阻也不能太小。为了严格抑制该回路，总的栅极回路电阻 $R_{G(eq)}$（$R_{G(eq)} = R_G + R_{Source}$）必须大于式（3.1）中给出的值，通过最小化栅极回路电感 L_G（在第4章中将讨论最小栅极电感的布局布线技术）和调整栅极串联电阻以限制过冲。阻尼栅极导通电压[9]如图3.5所示。

$$R_{G(eq)} \geqslant \sqrt{\frac{4L_G}{C_{GS}}} \tag{3.1}$$

对于栅极驱动电压下降沿，负电压不存在实际限制。因此，可以在关断时更快地驱动GaN晶体管，并允许一些负振荡。此外，图3.4b所示的栅极驱动关断功率回路具有较小的电感，因为该回路不包括栅极驱动旁路电容。然而，仍然应该避免随后的栅极电压正向振荡超过器件的栅极阈值电压，因为这将导致器件再次导通。图3.5显示了一个阻尼不足的导通和关断，后续正向振荡小于0.5V。由于导通和关断的阻尼要求不同，因此最小的栅极回路电阻也会不同。解决这些差异的最佳方法是在驱动器输出端分离上拉和下拉栅极驱动器电阻（形成两个独立的驱动器输出），从而允许使用两个独立的栅极电阻来独立调整导通和关断栅极回路的阻尼。

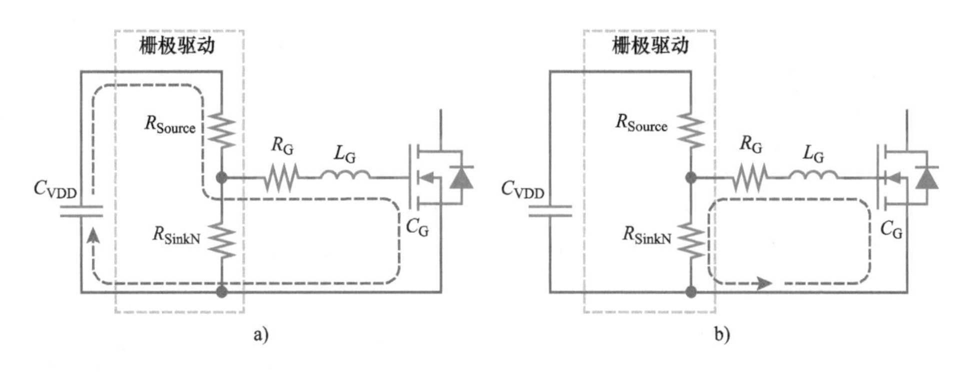

图 3.4　a）导通和 b）关断期间栅极驱动器和 GaN 晶体管之间形成的谐振回路

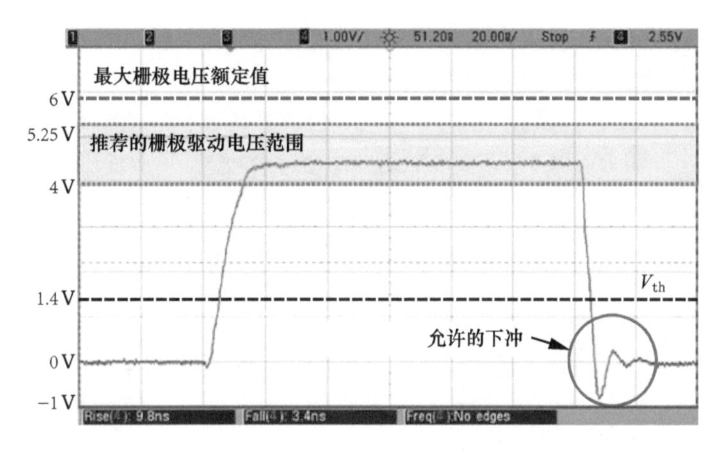

图 3.5　增强型晶体管栅极驱动电压实例，显示临界阻尼电压上升和轻微欠阻尼电压下降

3.4　用于栅极注入晶体管的电容电流式栅极驱动电路

一些 GaN 晶体管，如栅极注入晶体管（GIT），在增强型栅极中嵌入了二极管。驱动 GIT 的栅极主要受动态和稳态电流额定值限制，而不是电压额定值。在稳态运行期间，仅需几 mA 就可以保持嵌入式栅极二极管的正向偏置并使器件保持在导通状态。在这种模式下，栅极电压被钳制到一个相对较低的电压范围（通常在 3 ~ 4V 内）。然而，导通和关断晶体管需要更大的动态电流。因此建议使用电容式栅极驱动电路在 GIT 中产生单独的动态和稳态栅极电流[10-12]。

图 3.6 给出了 GIT 制造商推荐的两种电容式栅极驱动电路实例。参考文献［10］中使用了一个定制的栅极驱动器 IC 来实现这一方案，它具有三个独立的栅极输出：动态开启电压模式输出、稳态电流模式输出和动态关断电压模式输出。当逻辑输入为高电平时，两个导通输出都接通，但与来自动态输出的大电流相比，稳态输出的电流通常可以忽略不计。动态开启输出的栅极电阻与“加速电容”C_{SU}串联，该电容用于调节动态电流脉冲的时间常数。当电容充电时，动态电流衰减到零，只有较小的稳态栅极电流保持不变。之后，当逻辑输入被驱动为低电平

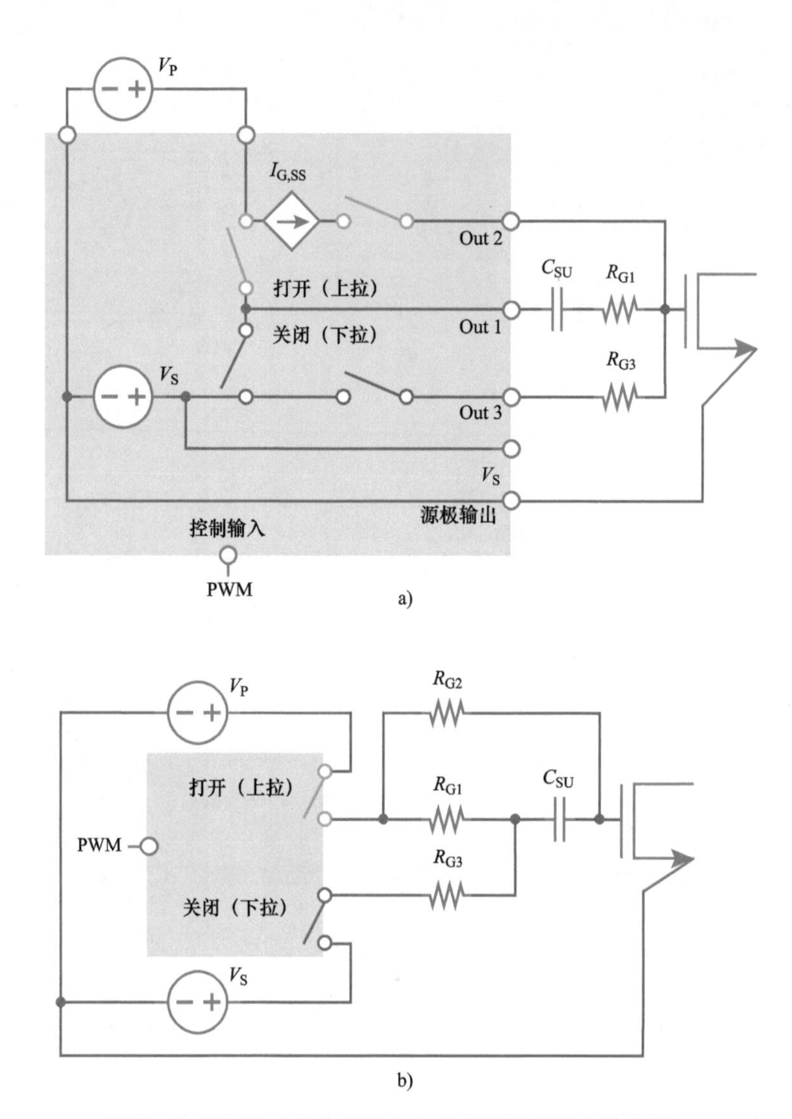

图 3.6　栅极注入晶体管电容电流式栅极驱动电路实例：
a）采用具有稳态电流模式输出的栅极驱动器 IC 实现；b）使用传统电压模式栅极驱动器 IC 实现

时，栅极驱动器 IC 对 C_{SU} 放电，在关断期间也会增加栅极电流。参考文献［11］中建议使用传统的电压模式栅极驱动器替代电容式栅极驱动电路。这种电路与替代电路非常相似，只是用典型的电压模式输出和很高的栅极电阻代替了 mA 级的电流模式输出。由于 GIT 的栅极电压是由嵌入式二极管控制的，因此可以选择该栅极电阻 R_{G2} 上的电压降来产生相对稳定的 mA 级电流。

图 3.7 展示了电容式栅极驱动电路的导通瞬态特性。与传统的电压模式栅极驱动电路相比，这种栅极驱动方案增加了设计的复杂性。器件开启速度根据 R_{G1}、C_{SU}、V_P 和 V_S 的组合进行调节。调节关闭速度更为复杂，因为它与以上四个变量以及 R_{G3} 相关[12]。

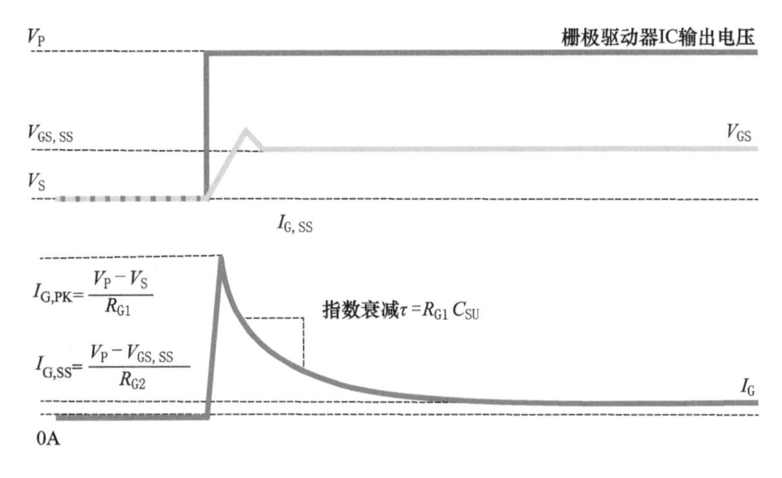

图 3.7　图 3.6b 中给出的实例电路的导通瞬态栅极电压波形

3.5　dv/dt 抗扰度

GaN 功率器件通常用于较高电压和电流转换速率的环境下，这可能影响晶体管的性能。为了充分利用 GaN 功率器件技术，需要很好地理解这些条件。本节将讨论栅极驱动对产生的 dv/dt 的影响，以及开关 dv/dt 对栅极驱动和 GaN 器件的影响。

3.5.1　导通时 dv/dt 控制

对于与硅 MOSFET 类似的 GaN 晶体管，如图 3.8 所示，器件平台电压是器件电流的函数。因此，对于给定的总栅极回路电阻，该电阻上的电压降是栅极驱动电源电压和平台电压之间的差值，因此与负载电流有关。由于该电压降决定了栅极驱动电流，因此平台间隔的长度（即 dv/dt）也与负载电流有关，在较高负载下栅极驱动电流减小。这意味着，对于电压源栅极驱动来说，开关损耗随着负载电流的增加而不成比例地增加，因为栅极驱动实际上变得越来越弱。这方面详细的介绍将在第 7 章中展开。

为了解决这个问题，可以用恒流驱动代替电压源栅极驱动。这种方法用于直接驱动耗尽模式 GaN 晶体管[14]。这使得功率级具有恒定的 dv/dt，而不考虑负载电流，并且通过允许外部设置该电流，可以直接控制器件的 dv/dt。应注意的是，由于这些 GaN 器件的跨导要高得多，不同负载条件下平台电压之间的变化相对较小，但在相对较小的电流下，阈值电压和平台电压之间仍存在较大的电压变化。图 3.8 给出了最好的说明，16 ~ 100A 之间的平台电压变化要比 80mA ~ 16A 之间的电压变化小得多，因此，恒流栅极驱动对 dv/dt 控制的改善在负载较小时将更为明显。

3.5.2　互补器件导通

处于关断状态时，器件漏极上的正向高压转换速率（dv/dt）可能发生在硬开关和软开关

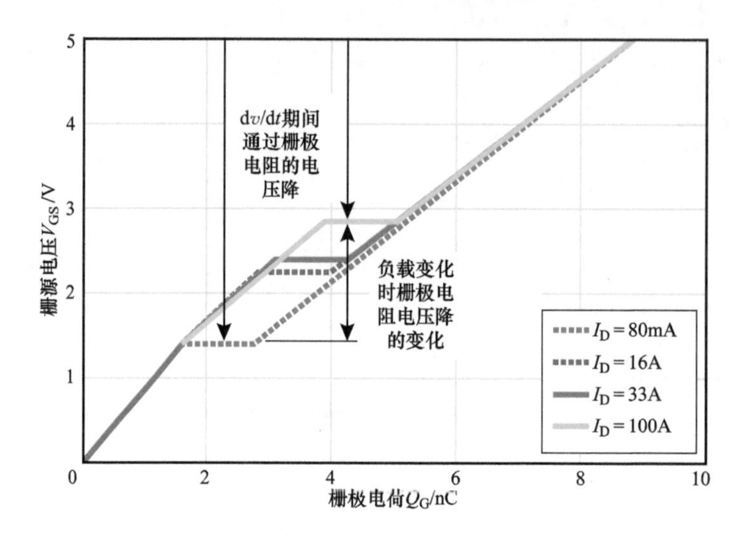

图3.8　EPC2015C整体栅极电阻电压降随漏极电流变化的关系[13]

应用中，其特点是器件电容的快速充电（见图3.9）。在dv/dt期间，漏源电容C_{DS}充电。同时，串联的栅漏电容C_{GD}和栅源电容C_{GS}也被充电。值得关注的是，除非这个问题被解决，否则通过C_{GD}的充电电流将流过器件，并使C_{GS}充电超过V_{th}使器件导通。这个过程有时称为米勒导通，而且非常耗散能量。在C_{GS}之间提供替代的并联路径，C_{GD}充电电流可以流过并联路径，通过这种方式避免意外导通。通过增加栅极驱动器下拉使得器件关断，流经C_{GD}的电流可以通过串联栅极电阻R_G从C_{GS}转移到栅极驱动器下拉电阻R_{Sink}。该附加路径允许对dv/dt导通敏感的器件进行操作。

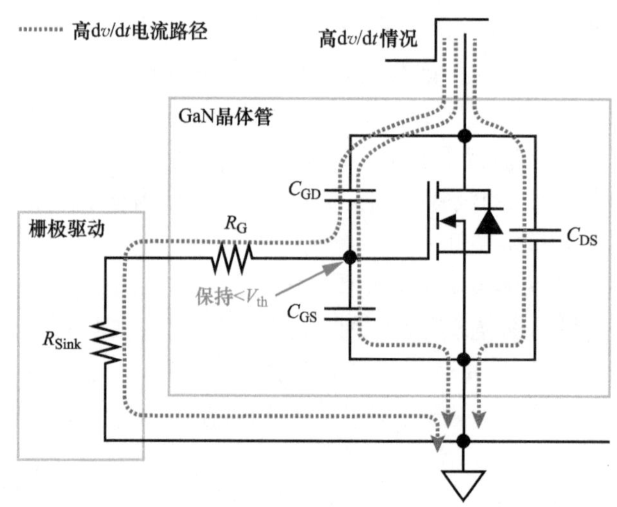

图3.9　dv/dt对关断状态下器件的影响以及为了避免米勒导通的要求

然而，考虑到栅极回路电感影响，这种下拉电阻的有效性会受到质疑[15]，因为在足够高的dv/dt下，电感阻抗可能会变得足够大，以至于替代的下拉路径不再发挥作用，只有改善米勒电荷比才能避免米勒导通，这可以通过 GaN 器件的改进来实现，也可以通过在关断状态时增加一个负栅压实现，这种情况将对器件第三象限的工作产生负面影响。

为了确定功率器件的 dv/dt 敏感度，需要评估作为漏源电压函数的米勒电荷比 Q_{GD}/Q_{GS1}。米勒比小于 1 将保证 dv/dt 具有抗扰度[16]。GaN 晶体管，通常工作在高达额定电压的 80% 状态，尽管参数表往往提供 50% 额定电压下的数据。在这些更高的电压下，米勒电荷比应该保持在 1 以下，在过去几年里，对这个领域的研究已经有了显著的改善成果。举个例子，米勒电荷比作为两个 100V 额定器件漏源电压的函数，如图 3.10 所示。在撰写本书时，EPC2016[17]已经使用了 5 年，这种器件对超过 40% 额定电压的 dv/dt 敏感，而“第 5 代” EPC2045[6]完全不受 dv/dt 影响。然而，这种固有的 dv/dt 抗扰度并非适用于所有的 GaN 器件。例如，图 3.10 所示的 650V 器件[7]在更低的电压下变得对 dv/dt 敏感，因此仍然需要下拉电阻电路和最小化栅极回路电感，并在更高电压下保持器件关断。

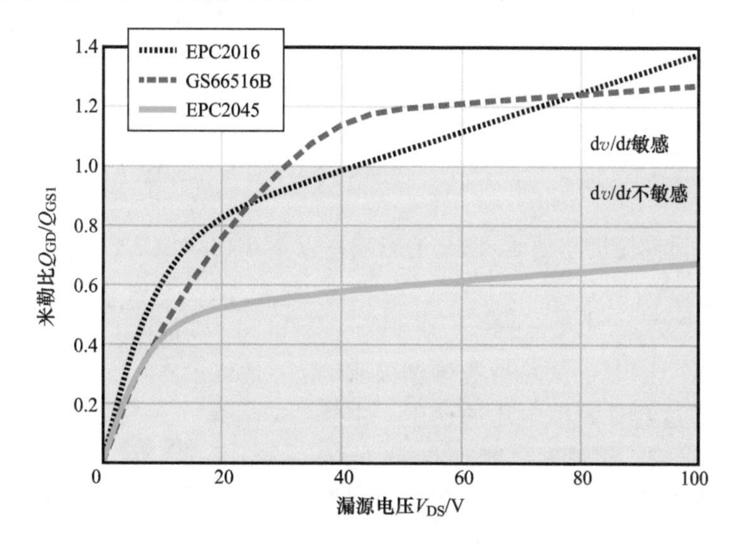

图 3.10　EPC2016[17]、EPC2045[6]和 GS66516B（650V）[7]的米勒电荷比与漏源电压的关系（根据可用的参数表曲线估计结果）

对于互补开关应用情况（例如，一个或另一个开关总是导通的半桥电路），可以通过调节开关器件之间的死区时间人为地改善器件的 dv/dt 抗扰度。从图 3.5 所示的栅极波形可以看出，栅极驱动电压由于栅极回路内部的谐振略显不足而在关断时短暂地变为负值。通过将互补开关的导通时间调整为与器件栅极电压的负电压骤降一致，导致米勒导通所需的有效电荷显著增加。虽然这种技术只适用于器件之间的时序是固定的情况，但该技术允许增加 dv/dt 开关速度，以及使用边缘米勒比器件，而不用担心 dv/dt 引起器件导通。

图 3.11 显示了两种情况，其中具有边缘米勒比的器件被关断，然后承担由互补开关导通引起的高 dv/dt。漏极电压曲线中的实线表示了具有特性“拐点”的 dv/dt 感应导通，其中漏极电压上升时间由于 dv/dt 导通而自限。相反，通过在栅极电压下降（虚线 V_{DS}）期间接通互补器件，避免了 dv/dt 导通，并且实现了更高的 dv/dt 边沿速率。

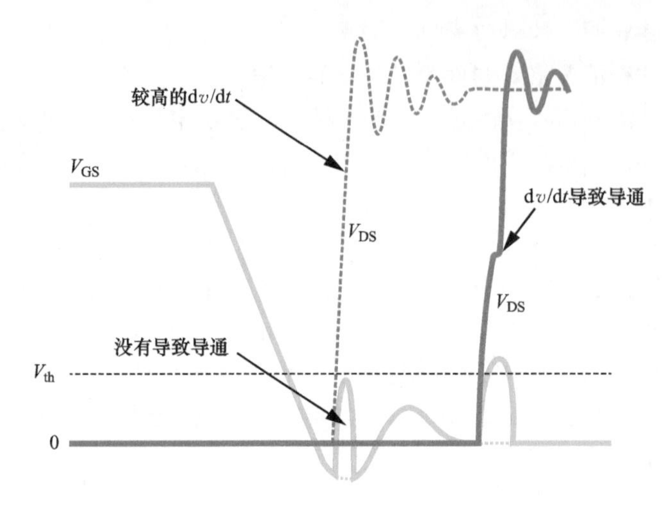

图 3.11　通过使用欠阻尼栅极关断控制栅极时序，以提高 dv/dt 导通抗扰度

3.6　di/dt 抗扰度

这一节中我们将讨论栅极驱动对 di/dt 的影响，以及 di/dt 对 GaN 器件和栅极驱动的影响。

3.6.1　器件导通和共源电感

在器件导通期间，di/dt 的大小取决于栅极驱动将栅极电压提高到超过器件阈值电压的速度。由于共源电感（CSI）的影响，该速率可能比 dv/dt 间隔期间慢得多。CSI 是功率回路（漏源电流）和栅极驱动回路（栅源电流）共用的器件源极电感 L_{CS}，如图 3.12所示。一旦 GaN 器件导通，增加的漏极电流 di/dt 将在 CSI 上产生一个与栅极驱动电压相反的电压，从而减小用于给栅极电容充电的栅极电流。这有效地延长了目前的转换时间。7.3 节将详细讨论这种情况对器件性能和开关损耗的影响，而且将讨论最小化 CSI 是提高 di/dt 能力和系统效率的关键。

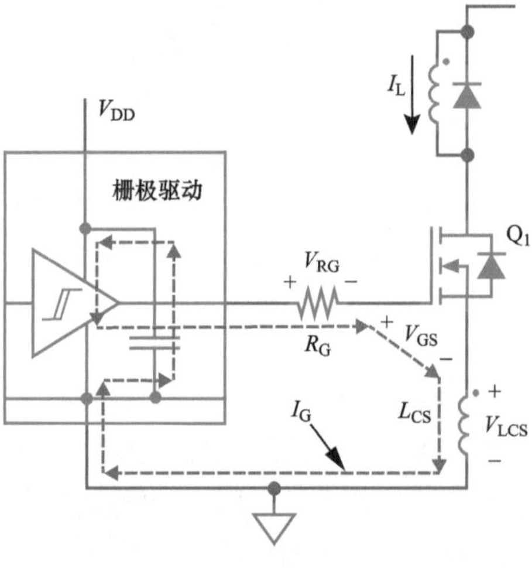

图 3.12　具有共源电感器件关断状态的正 di/dt 影响

对于直接驱动耗尽型器件，如图 3.13 所示，串联 MOSFET 可以成为栅极回路的一部分，因此 MOSFET 及其相关互连也会对 CSI 产生影响。对于增强型和直接驱动器件，可以通过将栅极回路和功率回路分离到尽可能靠近 GaN 器件的位置，并将 GaN 器件的内部源极电感降至最低，从而使 CSI 最小化，这两个回路仍然是共用的（这一点将在第 4 章中详细讨论）。

3.6.2　关断状态器件 di/dt

当关断状态的器件体二极管导通时，在互补器件的导通过程中，通过带有体二极管的关断器件的上升电流 di/dt（见图 3.14），将在其 CSI 上产生一个阶跃电压，类似于上述导通情况。这一电压上升过程将产生栅极回路电流，从而在 C_{GS}上产生负电压。这种负栅极电压有助于提高 dv/dt 抗扰度，在随后的电压阶跃中，一旦通过体二极管的电流减小到零，就会出现这种情况。但是，如果没有足够的关断状态栅极 LCR 谐振阻尼，通过栅极的初始负电压阶跃可能会引起正向振荡，并导致意外的接通和击穿，如图 3.15 所示。

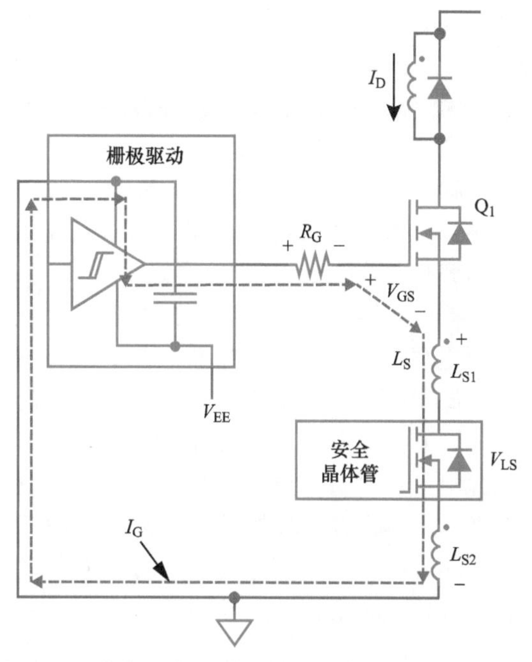

图 3.13　直接驱动型器件的栅极电路（包括共源电感）

可以通过充分地阻尼栅极关断回路来避免这种类型的 di/dt 导通，但通过增加栅极下拉电阻来增加栅极关断功率回路阻尼会对器件开关性能产生负面影响。与导通一样，更好的解决方案是通过改进封装和器件布局来限制 CSI 的大小。

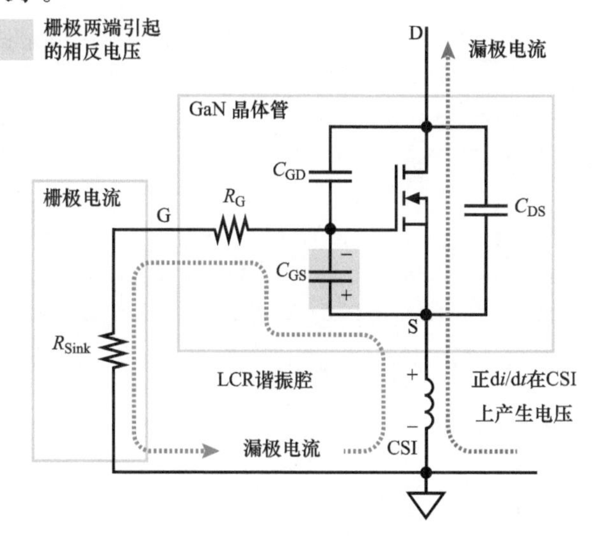

图 3.14　具有自举电源的半桥电路显示了低端二极管导通的影响

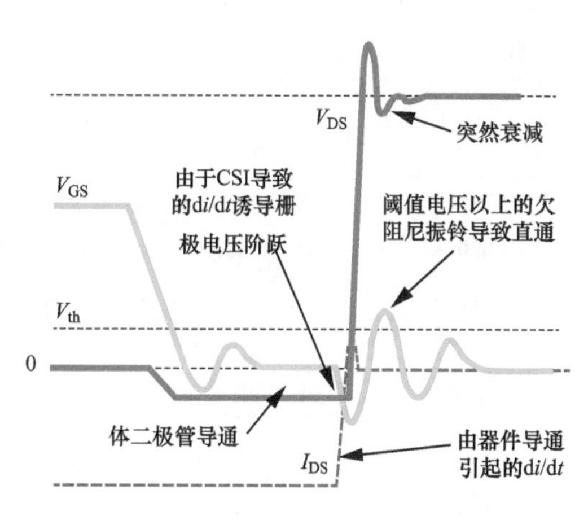

图 3.15　具有欠阻尼栅极关断功率回路的关断状态器件 di/dt 感应导通（直通）

3.7　自举和浮动电源

增强型 GaN 晶体管的有限栅极驱动电源电压范围对半桥应用的浮动型高端电源产生影响，

这种电源的解决方案是使用如图3.16所示的自举电路。该电路通过一个高速自举二极管D_{Boot}在固定低端电源的低端器件接通状态下对浮动高端电源电容C_{Boot}充电。在器件的高端导通状态期间，自举二极管阻断全总线电压，并且浮动电容在自举电容的电压处提供所需的栅极驱动能量。

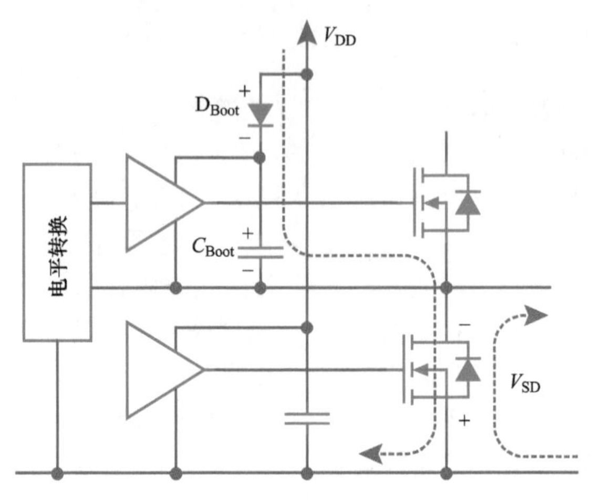

图3.16　具有自举电源的半桥电路，显示了低端二极管导通的影响

从概念上讲，自举电容的充电电压与低端电源电压V_{DD}相同。实际上，自举电容被充电至低端电源电压减去自举二极管两端的电压降，通常约为0.5V，结果导致较低的高端电源电压。当自举电容充满电时，二极管将阻断电流并结束充电周期。然而，由于GaN晶体管的体二极管电压降，低端器件的延长二极管导通将导致自举电源充电至低端总线电压V_{DD}加上反向导通电压降V_{SD}，并减去自举二极管的电压降，这些电压降总体可以高于最大允许栅极电压。

由于在导通过程中通过功率器件的电压降通常远低于体二极管，这种过充电可以通过减少开关死区时间和相关的低端二极管导通间隔，以及通过在功率器件上增加一个反并联肖特基二极管来减少这种附加电压降以改善这种过充电。

这一现象在参考文献［18］中有更详细的讨论，比较表3.2中列出的8种不同的引导解决方案，讨论结果如图3.17所示。由此可以得出如下一些结论：

表3.2　自举过电压管理的设计案例

案　例	描　述
案例1	死区时间长，无电容
案例2	死区时间长，串联自举电阻
案例3	减少死区时间，无电容电压管理
案例4	减少死区时间，齐纳二极管钳位电压5.1V
案例5	减少死区时间，齐纳二极管钳位电压4.7V
案例6	减少死区时间，肖特基二极管反并联低端GaN晶体管
案例7	减小死区时间的同步增强型GaN晶体管自举法
案例8	采用肖特基二极管与低端GaN晶体管反并联的减小死区时间的同步增强型GaN晶体管自举法

1）在自举二极管上增加一个串联电阻可以补偿自举电压的增加，但这在实际中可能很难设计，因为它的影响将取决于负载和开关频率。

2）减少二极管的导通时间，增加肖特基二极管，或两者兼而有之，有利于限制自举电压和降低系统损耗。然而，在半桥中具有小型GaN器件的情况下，添加的肖特基二极管的电容和恢复电荷损耗可能导致整体更高的损耗。

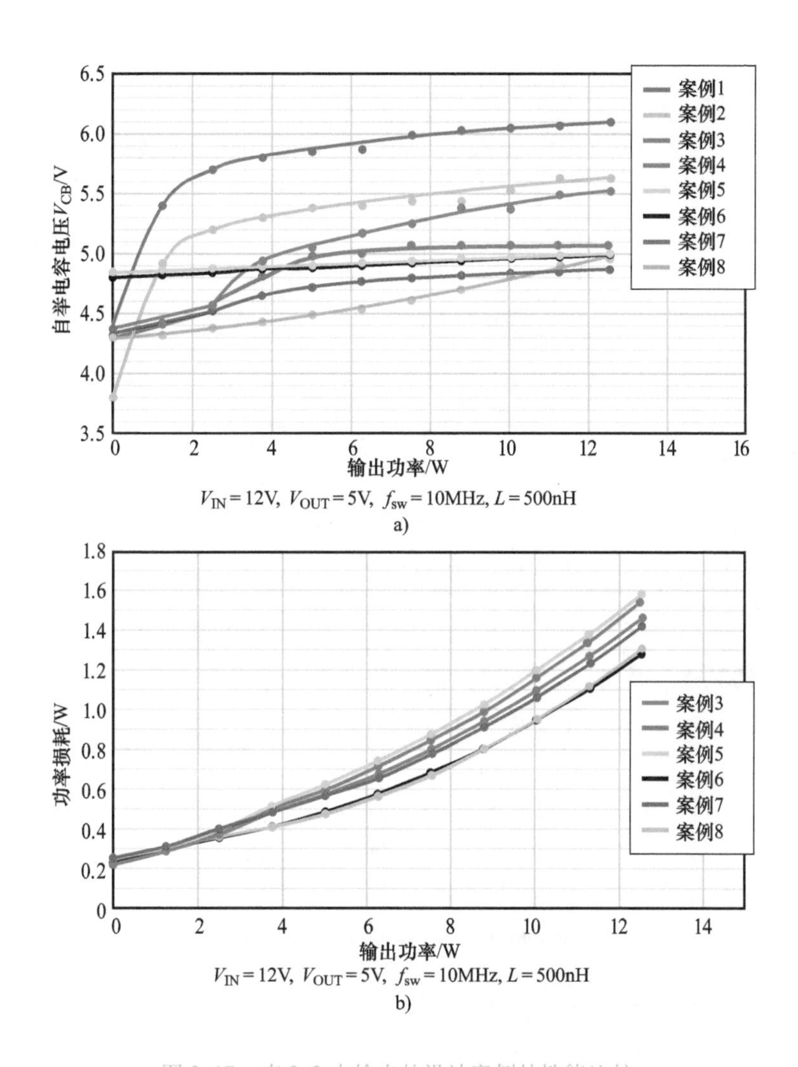

图 3.17 表 3.2 中给出的设计案例的性能比较：
a）自举电容直流电压与输出功率的关系；b）系统总损耗与输出功率的关系

3）使用齐纳二极管钳位自举电压可以有效地限制自举电源电压，但在较高的开关频率下会显著增加系统的损耗。

4）使用同步 GaN 自举器件可以产生最佳的电压调节和系统效率。

一些半桥栅极驱动器 IC（见图 3.18），提供了一个集成的自举电压钳位，以防止电压过度波动[19]。当自举电容的电压超过规定的最大值时，该钳位电路会主动阻断通向自举电容的充电路径。当电压下降到钳位的滞后电压时，钳位电路允许对自举电容再次充电。在半桥器件的开关不互补（延长的死区时间）应用中，应考虑使用高端稳压器和离散解决方案，使用串联稳压器或集成栅极驱动器 IC，如图 3.19[20] 所示。

自举二极管连接到半桥的开关节点，因此它与低端晶体管的输出电容并联。这意味着自举二极管的阱电容和反向恢复电荷可以减缓开关瞬态并增加开关损耗[21,22]。在相对低压半

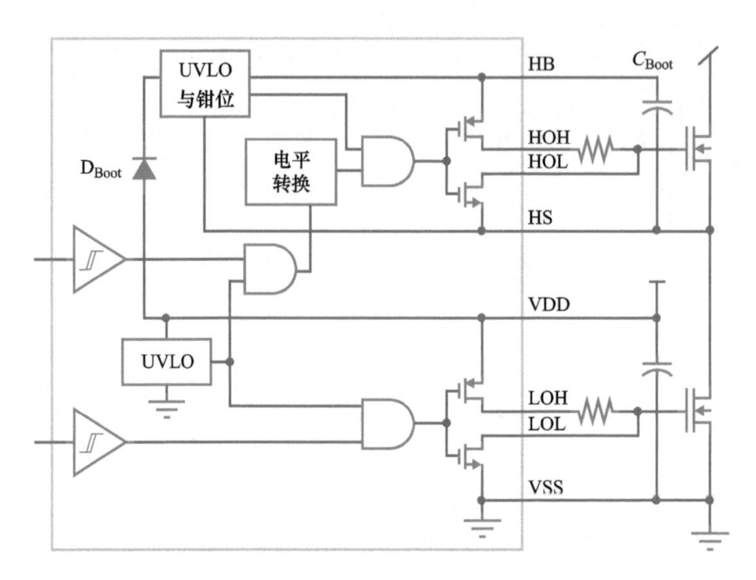

图3.18　集成高端电源调节的半桥GaN晶体管驱动器框图[19]

桥应用中（例如100V），通常不会引起问题，因为肖特基二极管或自举栅极驱动器IC可供选择，对GaN晶体管的开关速度影响很小。然而，在更高电压的应用中，增加二极管可能不再实用，因为符合电压阻断要求的二极管可能体积庞大、损耗大或价格昂贵。在这种情况下，可以使用隔离电源为高端晶体管的浮动栅极驱动器供电。通过浮动电源隔离栅极的电容连接到开关节点。与自举二极管一样，增加的开关节点电容可能会影响开关速度。然而，许多隔离电源的隔离电容非常低，只有几pF。

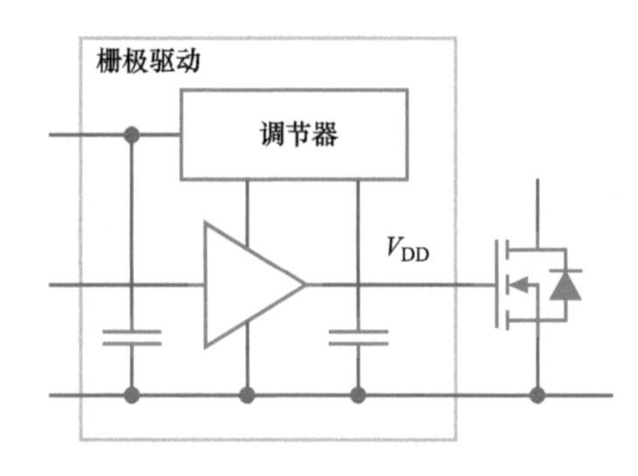

图3.19　集成电源调节的单个GaN晶体管驱动器框图[20]

3.8　瞬态抗扰度

接地反弹是高速逻辑中常见的现象[22,23]。接地反弹的概念是指电容两端的高压摆频产生短暂的大电流脉冲。概念上，这些电流脉冲上升沿和下降沿会产生任何布局电感的动态电压脉冲对。这些接地反弹可能导致器件意外开关和性能下降，并可能损坏器件。图3.20a显示了靠近GaN晶体管的栅极驱动的理想化驱动，以最小化共源电感。通过将栅极驱动器直接返回到GaN器件的源极，源极侧布局电感被推到栅极驱动回路外部。该源极电感上的任何电压脉冲都将导致逻辑和控制器的“地”相对于功率器件的源极“跳动”（因此栅极驱动器相当于“地”）。如果这些脉冲足够大，那么它们会改变栅极驱动器的输入逻辑状态，从而对GaN功率器件产生负面影响。

避免接地反弹的最佳方法是将控制器放置在与栅极驱动器相同的位置，如图 3.20b 所示，这对多个低端开关器件可能不实用。这些情况下，有两种方法来解决接地反弹问题，如图 3.21 所示。首先，通过在控制器和栅极驱动器之间放置一个小型 *RC* 低通滤波器（LPF），可以滤除接地反弹噪声。由于栅极驱动器输入阈值的变化，导致明显的延迟和脉冲宽度失真，从而产生大量滤波。这与没有足够的滤波保持对逻辑毛刺的敏感性之间存在着折中。第二种替代解决方案是在控制器和栅极驱动器之间使用电平转换器或隔离器。这种方法有效地将低端栅极驱动器视为与浮动高端驱动器相同的方式。尽管电平转换器增加了复杂性和元件数量，但是它确实具有改善高端和低端之间的栅极驱动器传播延迟匹配的优点。

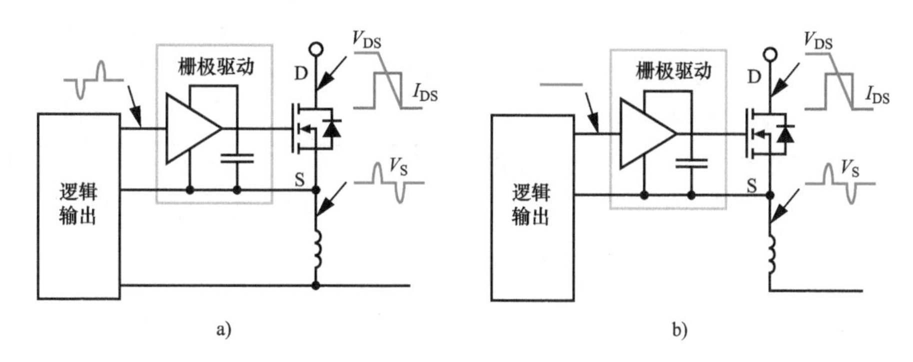

图 3.20　栅极驱动器和电源地之间的电感会导致栅极驱动器接地的“反弹”：a）将控制器连接到电源地；b）将控制器连接到栅极驱动器接地

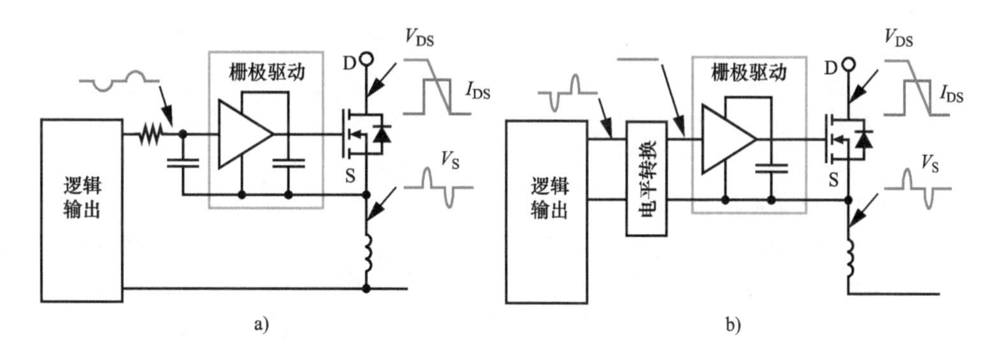

图 3.21　用于滤除来自栅极驱动输入的“反弹”噪声解决方案：a）*RC* 滤波器；b）电平转换器或隔离器

产生逻辑毛刺的另一种机制是通过电平转换器或隔离器的共模电流。在高的正或负开关节点 d*v*/d*t* 期间，半桥应用中的高端器件可能会发生这种情况。对于正 d*v*/d*t*（见图 3.22），隔离器电容上的高电压转换率导致在回路中产生共模电流。共模电流在电平转换器内引起接地反弹，如果共模电流足够大，则会导致逻辑状态的变化。

对于 GaN 晶体管，转换速率可能是每纳秒数百伏。需要解决这个问题，以避免成为电路性能的限制因素。并且由于这是电平转换器问题，所以在 GaN 器件中，具有高压浮动器件是很常见的。解决这个问题需要最大限度地降低高端对地浮动电容，以及提高电平转换器内的 dv/dt 抗扰度。通过避免 PCB 布局在接地和高端之间的重叠，选择具有低固有电容的元件以及限制高端铜的面积，可以使高端到地的电容最小化。

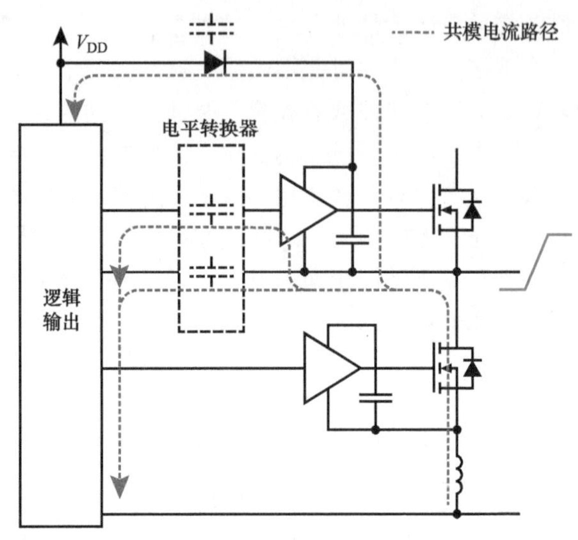

图 3.22　高速开关导致电平转换器和自举二极管电容之间产生大的共模电流

电平转换器、隔离器或隔离栅极驱动器在不发生共模故障的情况下承受高 dv/dt 的能力由其共模瞬态抗扰度（CMTI）规定。为了保证在半桥中安全运行而不出现共模故障，电平转换器/隔离器/驱动器的最小规定 CMTI 必须大于开关节点上预期的最大 dv/dt。

3.9　考虑高频因素

随着 GaN 器件不断发展，器件的电容和品质因数将会继续减小。这意味着前面讨论的式（3.1）中所要求的阻尼阻抗将随着管芯尺寸的减小（$R_{DS(on)}$的增加）以及 GaN 工艺技术的改进而增加。这也意味着栅极充电时间将随着栅极电容的减小而减小，并且导致理论开关时间的减少。但是，为了实现这一点，实际的栅极驱动器的上升时间必须变得更短。这需要最小化栅极驱动器回路电感以及栅极驱动器功率回路，如图 3.23 所示。减少栅极驱动器功率回路，需要通过使用芯片级封装将封装电感降到最低，甚至可以通过在驱动器内集成部分 V_{DD}总线电容 C_{VDD}来进一步改善。此外，栅极驱动器和高速 GaN 器件需要紧密连接，同时互连阻抗最小化。这种互连需要补充栅极驱动器和 GaN 晶体管的引脚和封装选项。通过将栅极驱动器和 GaN 晶体管整体集成在一起[24,25]，这些问题大多可以得到解决，但是如果要最小化栅极驱动器的上升时间，解决方案仍然需要通过外部电容最小化栅极驱动器功率回路。

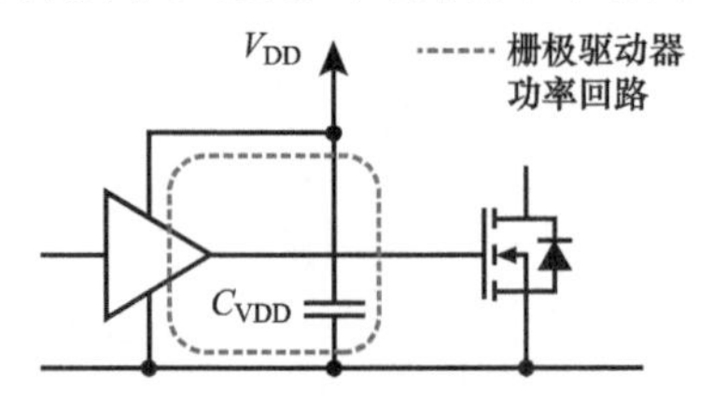

图 3.23　栅极驱动器功率回路的 GaN 晶体管和驱动器示意图

除了直接的栅极驱动器和 GaN 晶体管相互作用之外，将工作频率不断推高还需要降低栅极驱动器的延迟。这意味着更好地传播延迟匹配，既要在单个驱动器的开通和关断时间之间实现最小化脉冲宽度失真，也要在驱动器之间实现更好的传播延迟匹配，因为在互补开关应用中，死区时间无法减少到超出这个驱动器传播延迟变化的范围，而不出现潜在的穿通情况。

3.10　增强型 GaN 晶体管的栅极驱动器

近年来，适用于增强型 GaN 晶体管的栅极驱动器 IC 的系统呈指数级增长。表 3.3 列出了半桥电路商业化解决方案的简要调查，表3.4同样列出了一些非隔离低端器件的可用选择。这些驱动器满足本章中详细介绍的各种要求，许多驱动器专门针对关键的GaN应用。例如，抗辐射的GaN兼容栅极驱动器可用于航空航天系统[26-29]，支持1ns脉冲宽度的驱动器非常适合激光雷达[40]。对于典型的半桥变换器，一些器件是双源兼容的，如德州仪器的LMG1205和UPI半导体公司的uP1966A[34,35]。

表3.3 适用于增强型GaN晶体管的市售半桥和高端栅极驱动器

生产商及型号	工作电压/V	最小脉冲宽度/ns	CMTI /(V/ns)	分离输出	自举电压管理	应　用
Analog AduM4120/1[26]	1092	50	150	否	否	高压
Freebird FBS - GAM02P - C - PSE，FBS - GAM02P - R - PSE[27,28]	50	未给出	未给出	否	否	航空航天抗辐射
pSemi PE29101[29]	100	2	未给出	是	是	最高到33MHz的高频
pSemi PE29102[30]	100	2.8	未给出	是	否	最高到33MHz的高频
Silicon Labs Si8273/4/5[31]	630	未给出	200	否	否	高压
TI LMG1210[32]	200	1.8	300	否	是	通用 <200V
TI LM5113 - Q1[33]	100	10	50	是	是	汽车电气
TI LMG1205[34]	100	10	50	是	是	通用 <100V
uPI uP1966A[35]	80	未给出	未给出	是	是	通用<100V

表3.4 适用于增强型GaN晶体管的市售非隔离低端栅极驱动器

生产商及型号	上升/下降时间/ns	上拉/下拉电阻 /Ω	最小脉冲宽度/ns	分离输出	应　用
Freebird FBS - GAM01P - R - PSE[36]	7/7	2.5/2.5	未给出	否	航空航天抗辐射
IXYS IXD604[37]	9/8	1.3/1.1	未给出	否	双输出 - 用于大型晶体管
IXYS IX4340[38]	7/7	1.0/0.6	未给出	否	双输出 - 用于大型晶体管
Renesas ISL70040SEH，ISL73040SEH[39]	5.5/4.0	0.5/1.7	未给出	是	航空航天抗辐射
TI LMG1020[40]	0.4/0.4	未给出	1	是	支持非常窄的激光雷达脉冲、高频、高转换率
TI LM5114[41]	12/3	2.2/0.3	未给出	是	通用
TI UCC27611[20]	5/5	1/0.35	未给出	是	通用
uPI uP1964[42]	6.7/3.9	2/0.5	未给出	是	通用

3.11 共源共栅、直接驱动和高压配置

3.11.1 共源共栅器件

共源共栅器件具有许多独特的驱动要求。共源共栅器件的主要特征之一是两个分立器件的

混合设计，一个耗尽型 GaN 晶体管与 MOSFET 串联，每个都在需要外部连接的不同工艺上制造。MOSFET 栅极驱动共源共栅器件与增强型器件相比具有许多优点和缺点。优点如下：

1）共源共栅器件栅极终端是 MOSFET 的栅极终端，它具有相同的 MOSFET 栅极额定电压，并且在概念上可以使用传统 MOSFET 驱动器驱动，它不需要过多地避免栅极过冲。

2）一旦 MOSFET 关断，关闭具有正电流的 GaN 晶体管是自换相的。换句话说，负载电流负责产生必要的耗尽栅压，通过对 MOSFET 输出电容充电来关闭器件。栅极负载电流越大，该切换发生得越快，因此导致关断能量在很大程度上与负载电流无关。

缺点如下：

1）有两个回路，其中公共电感很重要。参考图 3.24，在 MOSFET 和耗尽型 GaN 晶体管之间的回路中，存在类似于单个增强型器件的共源电感 L_{CSI}，以及共源共栅电感 L_{CCI}。这两个回路都会对开关速度产生负面影响。

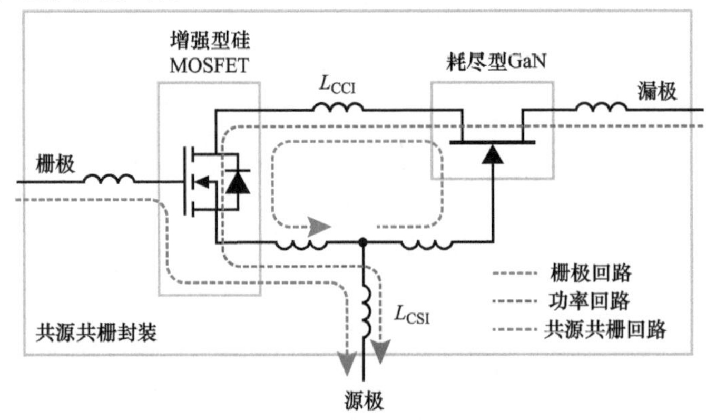

图 3.24　共源共栅 GaN 器件示意图，显示了寄生电感和晶体管之间不同的高频回路

2）使用两个分立器件意味着互连寄生效应大于单个增强型器件。与大多数寄生效应一样，这可以通过更高级别的封装集成来解决[43]。

3）器件的导通速度受限于低压硅 MOSFET 的速度和驱动器与 MOSFET 之间的 CSI。解决这两个问题的一种方法是使用低压 LDMOS 工艺将 MOSFET 和驱动器集成到单个模块中[44]。

4）整个共源共栅器件的尺寸至少是增强型 GaN 晶体管的 2 倍。

5）添加较低电压的串联 MOSFET 器件会对共源共栅器件的 $R_{DS(on)}$ 造成负面影响。这种影响随着器件额定电压的增加而降低，如图 1.12 所示。这使得共源共栅结构不太适合于较低电压的应用。

使用共源共栅结构的另一个问题是在关断期间的静态电压共享以及在关断和导通时的动态电压共享。对于静态共享，耗尽型 GaN 晶体管和 MOSFET 器件必须具有相似的漏电流 I_{DS}。如果它们没有很好地匹配，MOSFET 两端的漏源电压降将保持增加或减小。如果持续增加，将达到低压 MOSFET 的最大电压，此时其 I_{DS} 将由于雪崩击穿而开始增加，直到达到平衡。耗尽型 GaN 晶体管栅源电压将等于 MOSFET 的额定击穿电压。另一方面，如果 MOSFET 的泄漏电流高于耗尽型晶体管的泄漏电流，则 MOSFET 漏源电压将下降到接近零，此时 GaN 器件开始转向导通，泄漏电流增加，并且漏极泄漏平衡恢复。

动态情况下，MOSFET 和耗尽型 GaN 晶体管之间的总输出电容电荷比应该与它们的额定漏极电压比相似。电容的非线性以及器件之间的附加寄生电感使问题变得更复杂，这些因素可以在电流上升和下降间隔期间产生显著的电压。在某些情况下甚至可能使耗尽型 GaN 晶体管的源极到栅极动态过电压。

3.11.2 直接驱动器件

直接驱动器件与共源共栅器件类似，因为它们是一种混合设计，由耗尽型 GaN 晶体管和 MOSFET 串联组成，每一个都采用不同的技术制造，需要外部连接。与直接驱动的主要区别在于耗尽型 GaN 晶体管以类似于增强型器件的方式直接驱动。增加的硅器件仅用于启动时的“安全”，正常运行时完全开启。这意味着直接驱动的栅极驱动要求与增强型器件非常相似，与增强型器件和共源共栅器件相比有一些优缺点。优点如下：

1）与共源共栅器件不同，直接驱动器件不会增加硅 MOSFET 的反向恢复损耗，因此被认为是“零 Q_{RR}”，类似于增强型器件。

2）最小的独立构建模块包括栅极驱动。这也可能是一个缺点，尽管通过将栅极驱动集成到功率级[14]，可以在内部为客户解决栅极驱动器的可变性和布局问题。

3）功率级集成的好处是允许实现恒流驱动、过电流和过热保护，这用分立器件很难实现。

缺点如下：

1）直接驱动方法需要两个电源电压，分别是 GaN 晶体管的负电源和安全 MOSFET 的正电源，必须通过内部隔离的方式产生直流电[27]。

2）与共源共栅器件一样，增加低压串联 MOSFET 器件会对直接驱动的结果 $R_{DS(on)}$ 产生负面影响，因此与使用等效增强型 GaN 器件相比，需要更低导通电阻的 GaN 器件。

3）关断状态的负电压驱动要求意味着关断栅极回路电感增加，因为它必须通过电源去耦电容器（类似于增强型器件的开启），这降低了功率级避免米勒导通的能力。

3.11.3 高压配置

为了支持更高的电压，可以将额外的耗尽型器件与上述两种配置串联起来，以产生稍微不同的超级共源共栅结构[45,46]，如图 3.25 所示。基本的超级共源共栅结构是通过增加额外的串

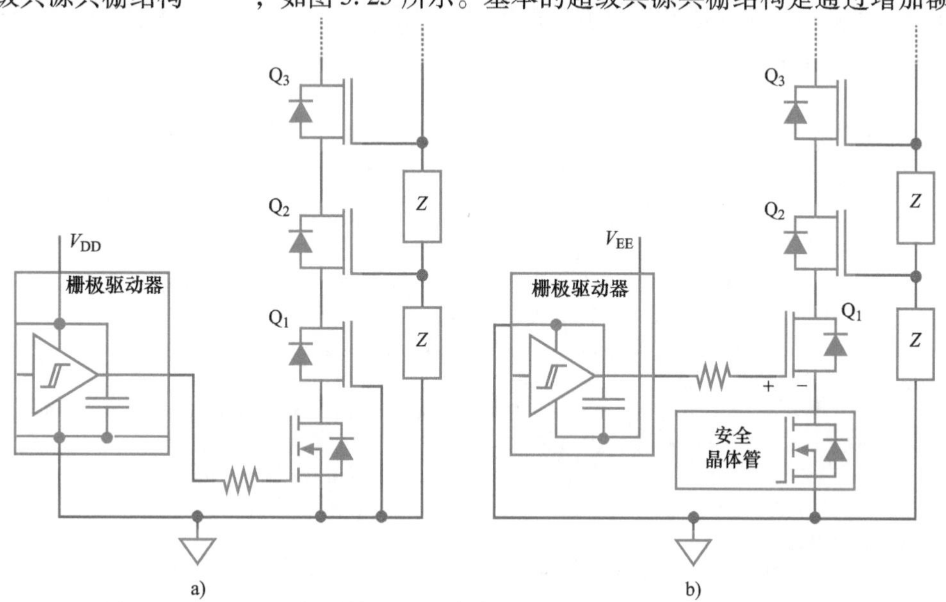

图 3.25 基于 a）共源共栅和 b）直接驱动电路的高压超级共源共栅结构

联器件，并设计栅极连接阻抗网络元件（图3.25中的Z）来创建，以确保开关过程中的动态电压共享[47]。对于基于直接驱动的超级外壳，其结构与超级共源共栅几乎相同，但底部GaN器件仍然是直接驱动的。不管底部器件是如何驱动的，串联器件都是通过栅极阻抗网络驱动。

3.12　本章小结

本章讨论了高速GaN晶体管驱动器的注意事项，包括以下内容：

1）栅极功率回路电感最小化。栅极驱动器应设计使电感最小化，这个电感是V_{DD}电源电容和实际栅极驱动器（接收器和源器件）之间的电感。这将最大限度地降低栅极驱动器的上升时间并最大限度地提高驱动器的di/dt。

2）抗噪声能力。栅极驱动器设计时应假定驱动器“地”和控制器“地”可以有很大的差异，并且输入逻辑引脚必须不受噪声引起的逻辑状态变化的影响。

3）高端驱动的高dv/dt抗扰度。逻辑隔离器或电平转换器用于将控制逻辑信号传输到浮动高端器件，从而免受高dv/dt上升和下降时间的影响，且无须更改逻辑值。

4）单独控制导通和关断。对于通用GaN驱动器，驱动器的速度需要与被驱动器件的大小和速度相匹配。这个灵活性要求低电阻栅极驱动器具有额外的外部选择电阻。此外，为了分别调节导通和关断，优选的是具有导通和关断的独立引脚。

5）栅极驱动电源电压的调节。特别对于增强型晶体管，无论是低端驱动器，还是高端驱动器，都需要调节栅极驱动电源电压，以避免晶体管栅极出现过电压状况，本章比较了一些替代解决方案。

6）高频注意事项。降低开关时间需要优化驱动器封装和引脚输出，改进驱动器延迟和匹配，以及去耦电容集成，甚至需要单片GaN驱动器。

7）介绍并评估了替代器件结构的栅极驱动方法。

第4章将重点介绍布局技术和最小化寄生电感的方法，由于GaN晶体管的开关速度较快，寄生电感变得更为重要。

参考文献

1 Efficient Power Conversion Corporation (2011). EPC2010C datasheet, EPC2010C – enhancement-mode power transistor, March 2011 [Revision October 2018]. http://epc-co.com/epc/Products/eGaNFETs/EPC2010C.aspx.

2 Beach, R. (2010). Master the fundamentals of your gallium-nitride power transistors. *Electronic Design Europe* (29 April). https://www.electronicdesign.com/power/master-fundamentals-your-gallium-nitride-power-transistors.

3 Baliga, B.J. (1989). Power semiconductor device figure-of-merit for high frequency applications. *IEEE Electron Device Lett.* 10: 455–457.

4 Brohlin, P.L., Ramadass, Y., and Kaya, C. Direct-drive configuration for GaN devices. White paper SLPY008A, Texas Instruments, November 2018. http://www.ti.com/lit/wp/slpy008a/slpy008a.pdf.

5 Transphorm (2016). TPH3006PD datasheet, March 2016. https://www.transphormusa.com/wp-content/uploads/2016/04/TPH3006PS-v35.pdf.

6 Efficient Power Conversion Corporation (2017). EPC2045 datasheet, EPC2045 – enhancement-mode power transistor, March 2017 [Revision October 2018]. http://epc-co.com/epc/Products/eGaNFETsandICs/EPC2045.aspx.
7 GaN Systems (2017). GS66516B datasheet. GS66516B – bottom-side cooled 650 V E-mode GaN transistor, March 2017 [Revision August 2018]. https://gansystems.com/wp-content/uploads/2018/08/GS66516B-DS-Rev-180823.pdf.
8 Panasonic (2001). PGA26E07BA datasheet. PGA26E07BA GaN power devices, September 2001 [Revision January 2016]. https://industrial.panasonic.com/ww/products/semiconductors/powerics/ganpower/gan-power-devices/PGA26E07BA.
9 Reusch, D., Gilham, D., Su, Y., and Lee, F. (2012). Gallium nitride based 3D integrated non-isolated point of load module. *Applied Power Electronics Conference and Exposition (APEC), Twenty-Seventh Annual IEEE*, Orlando, FL (February 2012), 38–45.
10 Panasonic (2017). Single channel GaN-Tr high-speed gate driver, March 2017. https://industrial.panasonic.com/content/data/SC/ds/ds8/c2/FLY000070_EN.pdf.
11 Zojer, B. (2018). Driving 600 V CoolGaN™ high electron mobility transistors. AN_201702_PL52_012 Application note, May 2018. https://www.infineon.com/dgdl/Infineon-ApplicationNote_CoolGaN_600V_emode_HEMTs_-Driving_CoolGaN_high_electron_mobility_transistors_with_EiceDRIVER_%201EDI_Compact-AN-v01_00-EN.pdf?fileId=5546d46262b31d2e016368e4d7a90708.
12 Jones, E.A., Yang, Z., Wang, F. et al. Maximizing the voltage and current capability of GaN FETs in a hard-switching inverter, *Proceedings of IEEE International Conference on Power Electronics and Drive Systems (PEDS)*, (December 2017), 740–747.
13 EPC Corporation (2011). EPC2015C datasheet, March 2011 [Revised October 2018]. http://epc-co.com/epc/Portals/0/epc/documents/datasheets/EPC2015C_datasheet.pdf.
14 Texas Instruments (2016). LM5113 5 A, 100 V half-bridge gate driver for enhancement mode GaN FETs. LMG3410R070 datasheet, April 2016 [Revised October 2018]. http://www.ti.com/lit/ds/symlink/lmg3410r070.pdf.
15 Strydom, J.T. (2018). Impact of parasitics on GaN-based power conversion, Chapter 6. In: *Gallium Nitride-enabled High Frequency and High Efficiency Power Conversion* (ed. G. Meneghesso, M. Meneghini and E. Zanoni), 123–152. Cham, Switzerland: Springer.
16 Wu, T. Cdv/dt induced turn-on in synchronous buck regulators. White paper, International Rectifier Corporation.
17 EPC Corporation (2013). EPC2016 datasheet [Revised September 2013]. http://epc-co.com/epc/Products/eGaNFETs/EPC2016.aspx.
18 Reusch, D. and de Rooij, M. (2017). Evaluation of gate drive overvoltage management methods for enhancement mode gallium nitride transistors. *2017 IEEE Applied Power Electronics Conference and Exposition (APEC)*, (2017), 2459–2466.
19 Texas Instruments, LM5113 datasheet. http://www.ti.com/product/lm5113.
20 Texas Instruments, UCC27611 datasheet. http://www.ti.com/product/ucc27611.
21 Mehta, N. (2018). Design considerations for LMG1205 advanced GaN FET driver during high-frequency operation. Application report SNVA723a, May 2018. http://www.ti.com/lit/an/snva723a/snva723a.pdf.
22 King, P. Ground Bounce Basics and Best Practices Agilent Technologies. http://www.home.agilent.com/upload/cmc_upload/All/Ground_Bounce.pdf.
23 Fairchild Semiconductor, Understanding and minimizing ground bounce. Application note AN-640. http://www.fairchildsemi.com/an/AN/AN-640.pdf.

24 EPC, EPC2112 datasheet, http://epc-co.com/epc/Products/eGaNFETs/EPC2112.aspx.

25 Xue, L. and Zhang, J. (2017). Active clamp flyback using GaN power IC for power adapter applications. *Applied Power Electronics Conference and Exposition (APEC)*, (2017), 2441–2448.

26 Analog Devices (2017). Isolated, precision gate drivers with 2 A output, ADuM4120/ADuM4120–1 datasheet, May 2017. https://www.analog.com/media/en/technical-documentation/data-sheets/adum4120-4120-1.pdf.

27 Freebird Semiconductor (2017). FBS-GAM02P-C-PSE datasheet, May 2017. http://www.freebirdsemi.com/wp-content/uploads/2017/05/FBS-GAM02P-C-PSE-Rev-Q5.pdf.

28 Freebird Semiconductor (2018). FBS-GAM02P-R-PSE datasheet, May 2018. http://www.freebirdsemi.com/wp-content/uploads/2018/05/FBS-GAM02P-R-PSE_Rev-2.0.pdf.

29 pSemi, a Muruata Company (2018). PE29101 – UltraCMOS® high-speed FET driver, 40 MHz, November 2018. https://www.psemi.com/pdf/datasheets/pe29101ds.pdf.

30 pSemi, a Muruata Company (2018). PE29102 – UltraCMOS® high-speed FET driver, 40 MHz, November 2018. https://www.psemi.com/pdf/datasheets/pe29102ds.pdf.

31 Silicon Labs (2016). Si827x datasheet, February 2016. Revised May 2018. https://www.silabs.com/documents/public/data-sheets/Si827x.pdf.

32 Texas Instruments (2018). LMG1210 200-V, 1.5-A, 3-A half-bridge MOSFET and GaN FET driver with adjustable dead time for applications up to 50 MHz, November 2018 [Revised December 2018]. http://www.ti.com/lit/ds/symlink/lmg1210.pdf.

33 Texas Instruments (2017). LM5113-Q1 automotive 90-V, 1.2-A, 5-A, half bridge GaN driver, March 2017 [Revised March 2018]. http://www.ti.com/lit/ds/symlink/lm5113-q1.pdf.

34 Texas Instruments (2017). LMG1205 datasheet, March 2017 [Revised February 2018]. http://www.ti.com/lit/ds/symlink/lmg1205.pdf.

35 Micro Power Intellect (2018). uP1966A – Dual-channel gate driver for enhancement mode GaN transistor, June 2018. https://www.upi-semi.com/files/1950/0ba73809-8681-11e8-8ceb-d209b46e0ae5.

36 Freebird Semiconductor (2018). FBS-GAM01P-R-PSE datasheet, April 2018. http://www.freebirdsemi.com/wp-content/uploads/2018/04/FBS-GAM01P-R-PSE_-Rev-Q2.pdf.

37 IXYS, now part of Littelfuse (2017). IXD_604, 4-ampere dual low-side ultrafast MOSFET drivers, October 2017. http://www.ixysic.com/home/pdfs.nsf/www/IXD_604.pdf/$file/IXD_604.pdf.

38 IXYS, now part of Littelfuse (2019). IX4340, 5-Ampere, dual low-side MOSFET driver, January 2019. http://www.ixysic.com/home/pdfs.nsf/www/IX4340.pdf/$file/IX4340.pdf.

39 Intersil, now part of Renesas (2018). ISL70040SEH and ISL73040SEH datasheet, November 2018. https://www.renesas.com/us/en/www/doc/datasheet/isl70040seh-3040seh.pdf.

40 Texas Instruments (2018). LMG1020 datasheet, February 2018 [Revised October 2018]. http://www.ti.com/lit/ds/symlink/lmg1020.pdf.

41 Texas Instruments (2012). LM5114 single 7.6-A peak current low-side gate driver, January 2012 [Revised November 2015]. http://www.ti.com/lit/ds/symlink/lm5114.pdf.

42 Micro Power Intellect, uP1964A – single-channel gate driver for enhancement mode GaN transistor, May 2016. https://www.upi-semi.com/files/1850/0178fb25-6452-11e6-888f-c5d1c773e936.

43 Patterson, G. (2013). GaN switching for efficient converters. *Power Electron. Europe* 5: 18–21. http://www.power-mag.com/pdf/issuearchive/63.pdf.

44 Roberts, J. and Klowak, G. (2013). GaN transistors – drive control, thermal management, and isolation. *Power Electron. Mag.* February: 24–28. http://powerelectronics.com/gan-transistors/gan-transistors-drive-control-thermal-management-and-isolation.

45 Elpelt, R., Friedrichs, P., Schorner, R. et al. (2004). Serial connection of SiC VJFETs – features of a fast high voltage switch. *REE – Revue de l'Electricite et de l'Electronique* (02): 60–68.

46 Apter, S., Shapiro, D., Verpinsky, V. et al. (2018). Industry's first 1200 V half bridge module based on GaN technology. *Industry Presentations, IS01 at Applied Power Electronics Conference and Exposition (APEC).*

47 Biela, J., Aggeler, D., Bortis, D., and Kolar, J.W. (2008). 5 kV/200 ns pulsed power switch based on a SiC JFET super cascode. *IEEE International Power Modulators and High Voltage Conference,* (2008), 358–361.

第 4 章 GaN 晶体管电路布局

4.1 引言

GaN 晶体管具有比硅 MOSFET 更快的开关速度，更快的开关速度同时也增大了寄生电感对器件特性的影响。随着 GaN 技术的成熟和开关速度的提高，为了充分发挥 GaN 晶体管的性能，减少寄生效应成为越来越重要的课题。本章将主要讨论 GaN 晶体管电路的布局技术，通过优化布局减少寄生效应。接下来的章节将按照这些寄生效应在不同应用中对电路特性影响的程度进行逐一分析。

将近 80% 的功率变换电路使用半桥整流方式，主要包括两种功率回路：①由两个开关器件和高频总线电容形成的高频功率回路；②由栅极驱动器、功率器件以及高频栅极驱动电容组成的栅极驱动回路。共源电感（CSI）是栅极驱动回路和功率回路共用的回路电感的一部分（见图 4.1 中的箭头指示部分）。

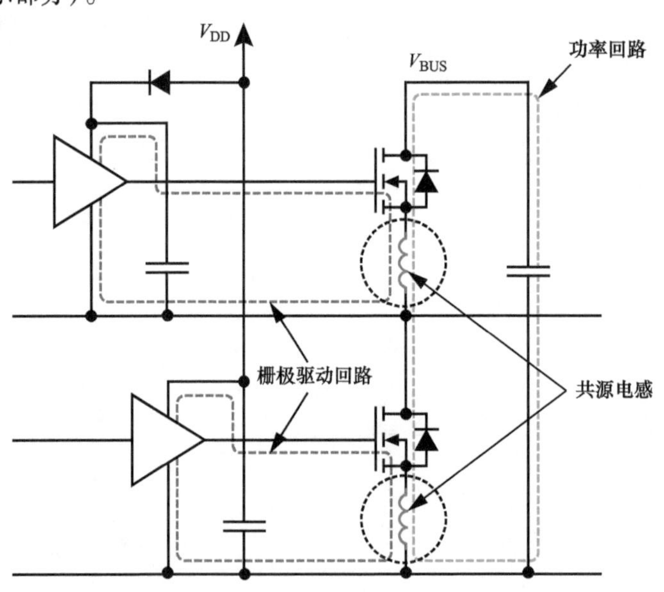

图 4.1　半桥功率电路示意图，显示功率回路和栅极驱动回路，共源电感用虚线圆圈表示

4.2 减小寄生电感

对于高频功率器件的布局，减小寄生电感非常重要。同时减少每一部分的电感是不可能

的，因此只能根据重要性，首先从共源电感开始，然后是功率回路电感，最后再考虑栅极驱动回路电感。第 3 章中讨论了共源电感（CSI）的重要性，但是根据封装条件的不同，实际的版图布局应用也各不相同。第 7 章将进一步讨论 CSI 对电路特性的影响。

对于高电压功率四方扁平无引线（PQFN）MOSFET 结构的封装，众所周知，需要用分立栅控源引脚[1]，并应用于高压 GaN PQFN 结构[2,3]。当利用分立引脚时，栅极驱动回路和功率回路分别封装，不能从外部连接起来。第 3 章栅极驱动电路的讨论中，CSI 的减少是以增加栅极驱动电路外部电感为代价。一旦 CSI 被移除，提高器件的速度将会使外部电感引起对地反弹[4]。

增强型晶体管可以是终端为基板栅格阵列（LGA）或球形栅格阵列（BGA）的晶圆级芯片规模封装（WLCSP）。这些器件中，一些并没有分立栅控源引脚，而是由一些电感非常低的 LGA 焊料条组成，如图 4.2 所示。这些部分可以被当作专用的栅控源引脚或条，把最靠近栅极的源极键合点作为栅极驱动回路和功率回路共同的结合点。将栅极驱动回路和功率回路的版图分开，分别具有相反的或相互垂直的电流方向，如图 4.2 所示。

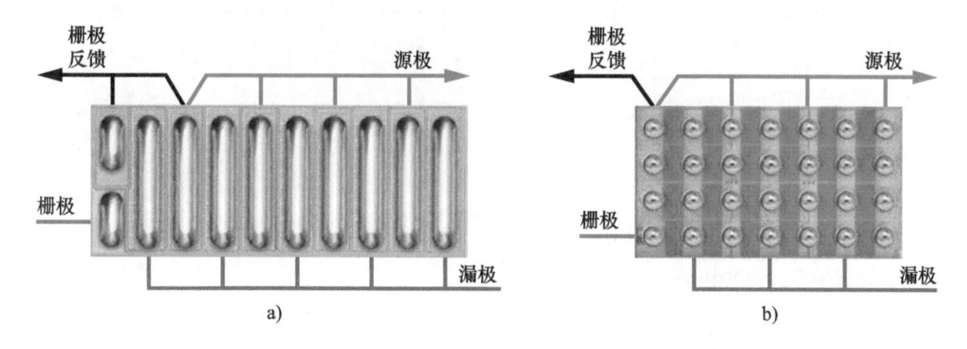

图 4.2　a）LGA 和 b）BGA 格式的 GaN 晶体管显示了器件电流流动方向，该方向使共源电感最小

可用相同的方式来减少两种存在的回路电感。减少每个组成电路单独元件的电感（例如电容 ESL、器件引线电感、PCB 互连电感等）很重要，设计者必须同时考虑减少整个回路的电感。回路的电感由存储的磁能量决定，利用相邻导体的耦合产生磁场自抵消，所以，进一步减少整个电路的电感是可行的。为了形成这样的耦合结构，考虑如图 4.3所示具有端点的理论平行板传输线，此回路从 A 到 B 的电感为

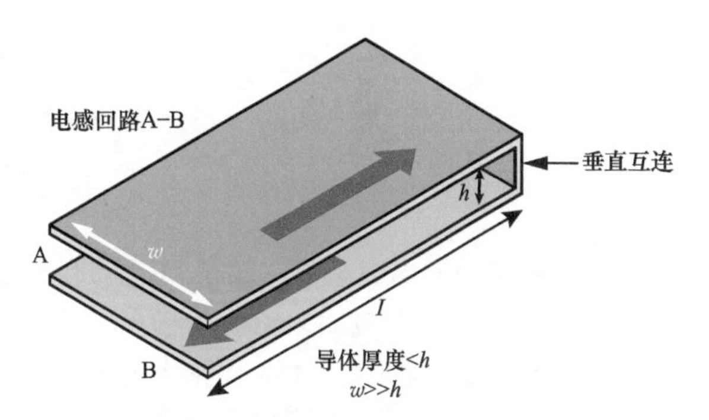

图 4.3　平行板传输线终端形成感应回路示意图

$$L_{A-B}=\mu_R\mu_0(hl)/w \tag{4.1}$$

式中，μ_0是自由空气中的磁导率；μ_R是 PCB 的相对磁导率。式（4.1）表明电感与回路的横截面积成正比（hl），并且与导体的宽度 w 成反比。为了形成这个回路，电流必须在两个相邻层中具有相反方向，这样形成磁场的自抵消来减少电感。回路电感将随着导体间距 h 线性增加。

因此，应该使高频回路尽可能的小而且短，与返回路径尽可能靠近。

应该注意，式（4.1）并不包括层间的垂直相互影响。因此这个近似只能被用在大小相等、方向相反电流的回路电感区域。特别应用在LGA和BGA封装的器件中，如图4.4所示。

通过在一边插入漏极和源极端口，具有相反电流方向小的回路将会通过磁场自抵消而减小整个电路的电感。不仅在图4.4a所示的PCB中，图4.4b中纵向LGA焊料条和层间互连孔也是如此。随着许多小的电感抵消回路产生，整个磁场能量以及电感都将显著减小[5]。将中心线两边流出的源极和漏极电流引出并重复磁场抵消效应是减小部分回路电感的另一种方法。通过减小每个导体的电流来减少能量存储，而且由前面的讨论可知更短的电流路径产生更小的电感。

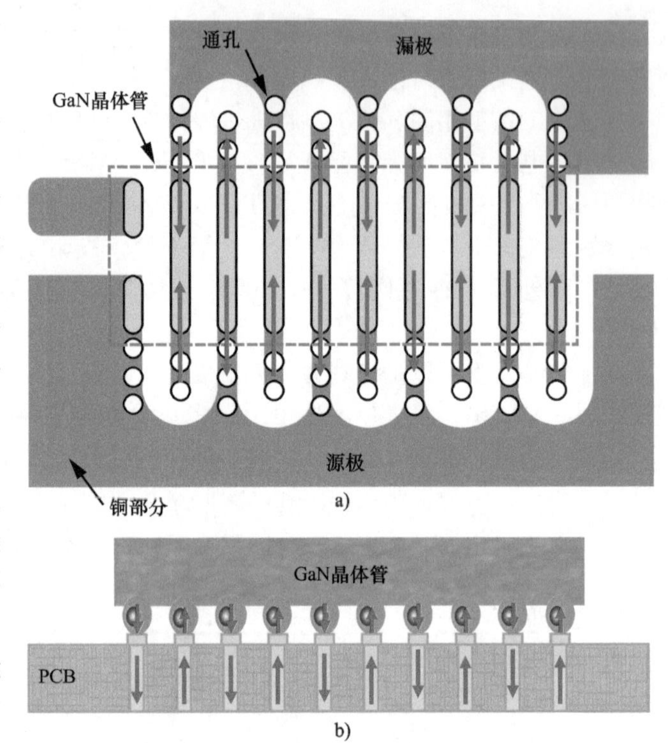

图4.4　LGA GaN晶体管安装在PCB上显示的交流电流：a）俯视图；b）侧视图

4.3　常规功率回路设计

为了了解如何在实际布局中实现功率回路电感最小化，比较了两种传统的功率回路设计方法。这两种方法分别称为“横向”设计法和“垂直”设计法。

4.3.1　横向功率回路设计

横向布局将输入电容和器件放在PCB的同一边，互相接近以减少高频功率回路的尺寸。这样设计在PCB同一边的高频回路称为横向功率回路，因为功率回路电流在同一层PCB上横向流动。图4.5显示了使用LGA晶体管横向布局设计的例子，其中突出显示了高频回路。

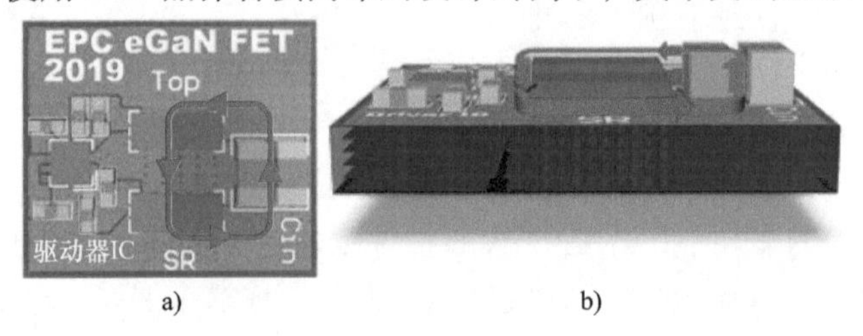

图4.5　用于LGA GaN晶体管变换器的常规横向功率回路：a）俯视图；b）侧视图

尽管最小化回路的物理尺寸对于减小寄生电感很重要，但内层的设计也至关重要。对于横向功率回路设计，第一内层用作“屏蔽层”，该层有一个关键的作用就是高频功率回路产生的屏蔽。功率回路产生磁场，该磁场在屏蔽层中产生电流，该电流在与功率回路相反的方向上流动。屏蔽层中的电流产生磁场以抵消原始功率回路的磁场。最终的结果是通过抵消磁场，以减少功率回路寄生电感。

功率回路附近有一个完整的屏蔽平面使功率回路电感最小。对于横向功率回路设计，由于功率回路完全包含在顶层上，因此高频回路电感几乎不依赖于电路板厚度。然而，横向设计非常依赖于从功率回路到包含第一内层上的屏蔽层距离[6]。

4.3.2 垂直功率回路设计

如图4.6所示，第二种常规布局是将输入电容和晶体管放置在PCB的相对侧，电容器位于器件的正下方，这样可以最小化回路的物理尺寸，这种布局称为垂直功率回路，这是因为回路通过PCB通孔垂直连接。图4.6的LGA晶体管设计显示了垂直功率回路。

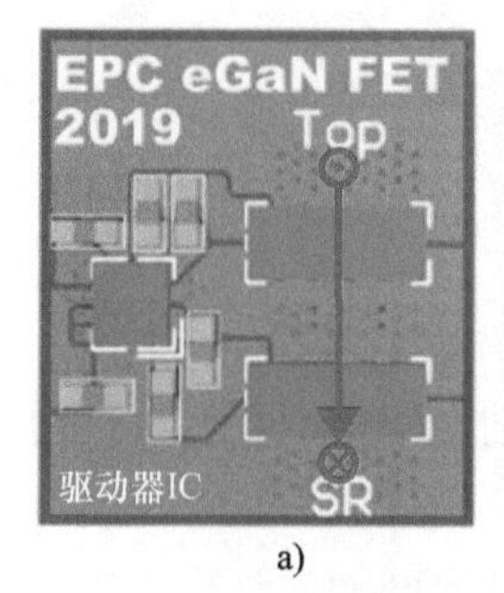

a)

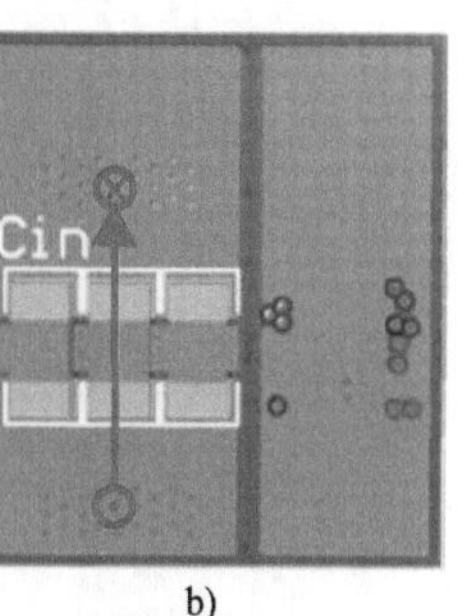

b)

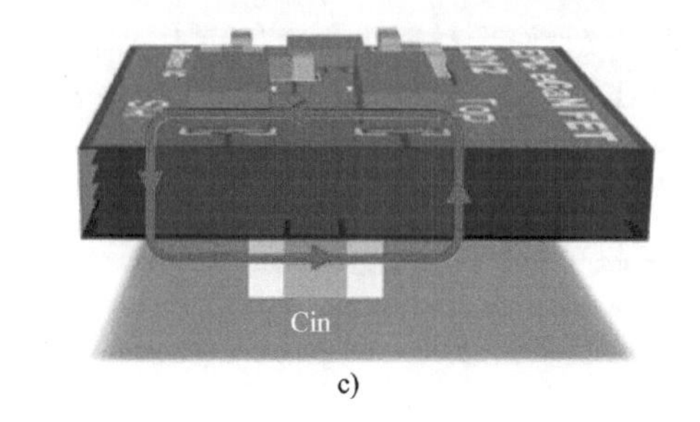

c)

图4.6 用于LGA晶体管变换器的常规垂直功率回路：a）俯视图；b）仰视图；c）侧视图

对于这种垂直功率回路设计，由于垂直结构，所以没有屏蔽层。与使用屏蔽平面相反，垂直功率回路使用磁场自消除方法（电流沿相反方向流动）减少电感。对于PCB布局，板的厚度通常比板的顶部和底部的迹线水平长度更薄。当板厚度减小时，与横向功率回路相比，回路的面积显著收缩，并且在顶层和底层上沿相反方向流动的电流磁场自抵消。为了使垂直功率回路最有效，必须最小化PCB的厚度。

4.4 功率回路的优化

图4.7显示了一种改进的布局设计，其中包括减小回路尺寸、磁场自消除、不依赖电路板厚度的电感、单面PCB设计通过多层结构产生高效率等优点。这种设计利用图4.7b所示的第一内层作为功率回路返回路径。该返回路径位于顶层功率回路的正下方，如图4.7a所示，允许最小物理回路尺寸，并具有磁场自消除功能。侧视图（见图4.7c）说明了在多层PCB结构中产生低侧面磁场自消除环的概念。

这种改进的布局使输入电容靠近顶部器件，正极输入电压端口位于顶部晶体管的漏极连接附近。对于横向和垂直功率回路，GaN器件具有相同的布置。两个晶体管之间是一系列交错的电感节点和布置成匹配LGA节点的接地通孔。交错电感节点和接地通孔也位于同步整流器的底侧。

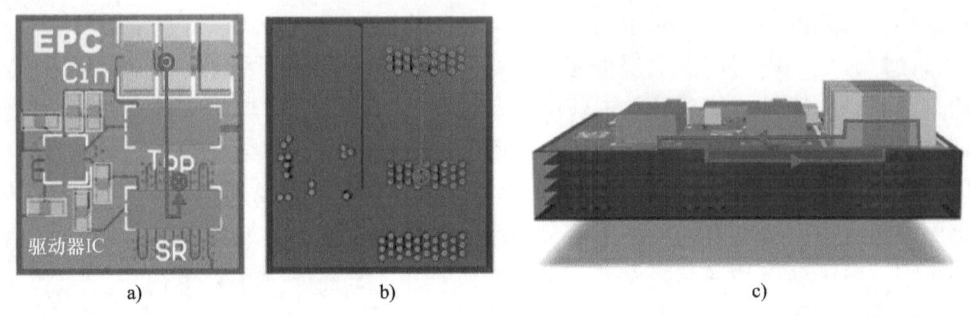

图4.7　LGA晶体管变换器的最佳功率回路：a）俯视图；b）内层俯视图；c）侧视图

这些交错通孔提供了三方面优点：

1）相反方向电流的交错通孔减少了磁能存储，并且有助于磁场消除。这将导致涡流和邻近效应的降低，减少了交流传导损耗。

2）位于两个晶体管之间的通孔提供了较短的高频回路电感路径，降低了寄生电感。

3）位于底部晶体管下方的通孔在晶体管续流期间降低了电阻和导通损耗。

表4.1比较了常规和优化设计的特性。

第10章中的硬开关变换器，说明了通过不同功率回路的适当布局可以改善效率。

表4.1　常规和最佳功率回路设计的特性

	横向回路	垂直回路	最佳回路
单面PCB能力	是	否	是
磁场自消除	否	是	是
与电路板厚度无关的电感	是	否	是
是否需要屏蔽层	是	否	否

4.4.1　集成对于寄生效应的影响

为了进一步减少基于GaN晶体管设计的寄生电感，引入了单片GaN晶体管半桥结构[7]。图4.8显示了不对称单片半桥GaN IC的俯视图引脚配置。$Gate_1$是高栅极引脚；GR_1是高栅极返回引脚；$Gate_2$是低栅极引脚；V_{SW}是半桥的开关节点（由35个焊料凸点组成）；V_{IN}是提供给上部晶体管Q_1漏极的输入电压，由8个焊锡块组成；PGND是下部晶体管Q_2源极上的电源接地连接，具有29个焊料凸点。通过使用单片半桥GaN IC，并在电路布局中的器件下方填充通孔，经实验测量的高频回路电感，约为150pH，比250pH的分立式设计低了40%[7]。

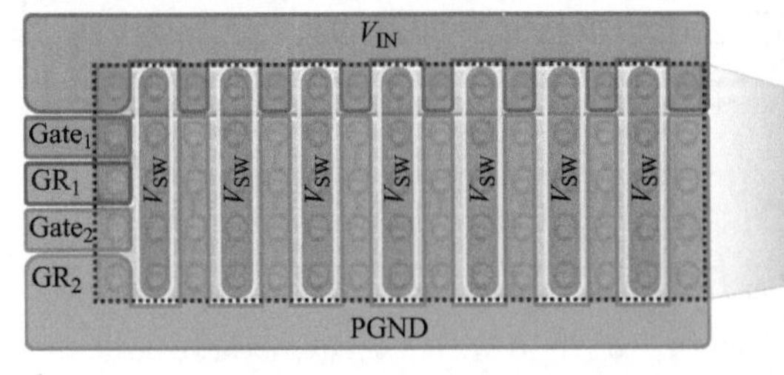

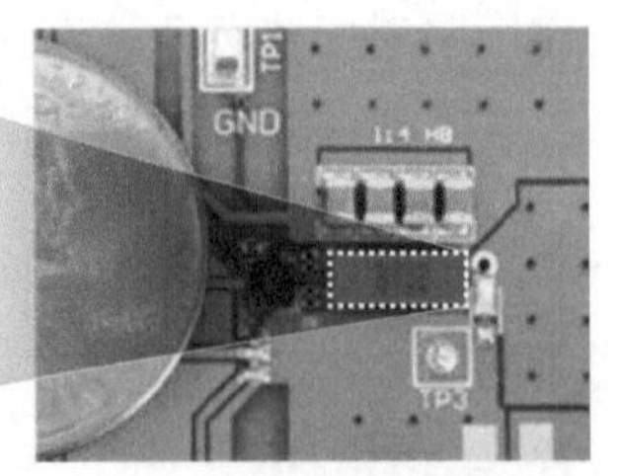

图4.8　a）不对称单片半桥器件和b）不对称单片半桥PCB的顶视图引脚配置，器件与电容一起组装

4.5　并联 GaN 晶体管

前面讨论的布局设计都是针对单个开关应用单个 GaN 器件的情况。为了更高的功率应用，必须并联多个晶体管，并使性能表现的如一个晶体管一样。在单个开关器件中应用多个器件的技术也应用于更复杂的结构，如半桥电路，此时需要考虑更多的电流路径。

4.5.1　单开关应用中的并联 GaN 晶体管

图 4.9 显示了三个器件并联的情况，等效为一系列的电阻和电感元件。为了实现整个电路最好的阻抗匹配，每个器件的源极和漏极对称连接，使每个漏极路径的阻抗不匹配并与源极路径相互抵消。这个结构经常应用在热拔插及与其相似的慢开关中，在这里直流及低频电流共享是关键。这个结构显然不能应用于高速开关变压器中，因为需要考虑在什么地方设置栅极驱动回路连接。选择一个几何对称点，如图 4.9 中的 E，导致回路之间的 CSI 产生严重的不匹配（分别存在于虚线和实线中）。高频应用中 CSI 是最重要的寄生元件，所以每一个高频布局设计都必须解决 CSI 对称问题。

为了符合对称的需求，并且使 GaN 器件有效并联，如图 4.10 所示。功率回路对称、CSI 组件，以及栅极回路电感都是有效并联 GaN 晶体管的关键因素。即使对称性提高，多器件使用时 CSI 也比单个器件要高，因为栅极返回连接点被推得更远。

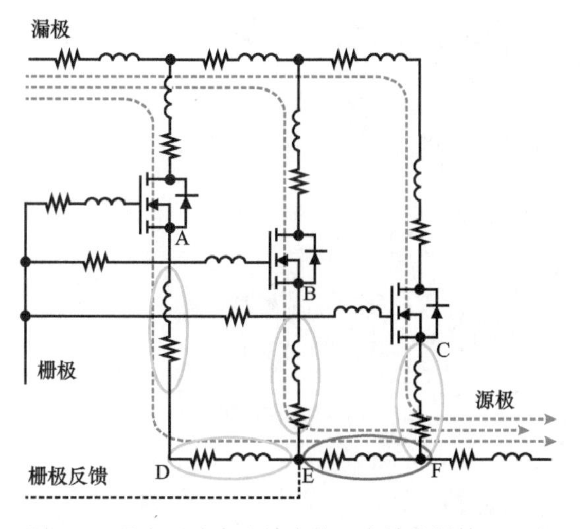

图 4.9　具有互连寄生效应的三个并联器件，三个漏极电流路径（虚线）设计用于匹配的漏源阻抗。正的 CSI 在点线椭圆中，负的 CSI 在实线椭圆中

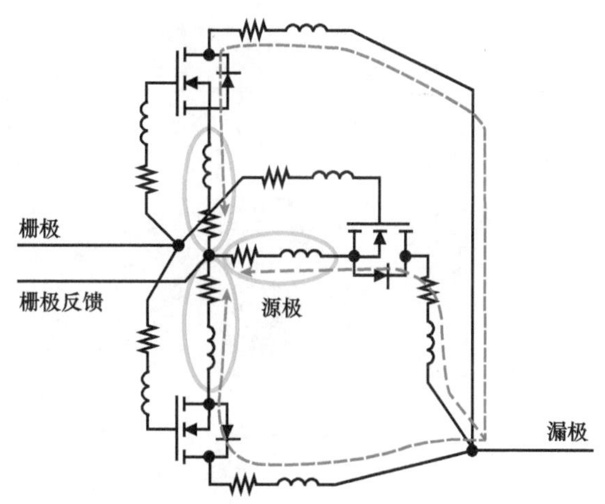

图 4.10　具有互连寄生效应完全对称的三个并联器件示意图。CSI 在点线椭圆中，漏极电流路径在虚线椭圆中

使整个电路的布局全对称很困难。考虑这些不同的寄生组件优先级时，首先应该把 CSI 的对称放在第一位。第二点应该考虑功率回路（或者对于单开关器件，通常为变压器外的漏源电感）。最后是栅极驱动回路电感，栅极驱动速度和功率通常比开关器件自身要低。根据上面提

出的全对称要求，以及在临近 PCB 层中交错通路和相反电流的磁场自抵消，利用 LGA GaN 晶体管提出适当的解决方法是可行的，如图 4.11 所示。

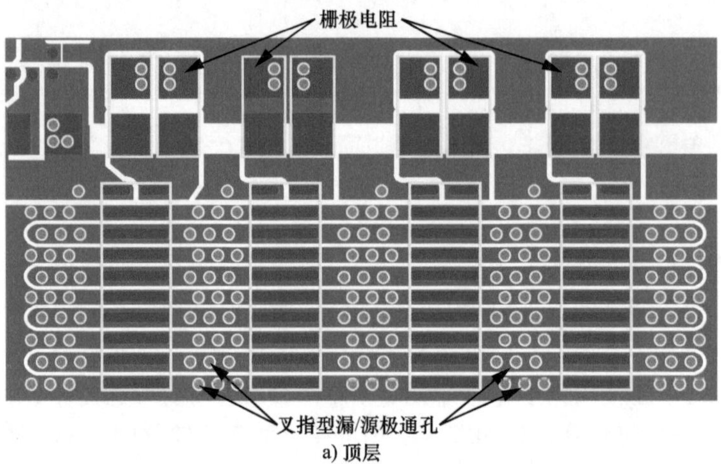

a) 顶层

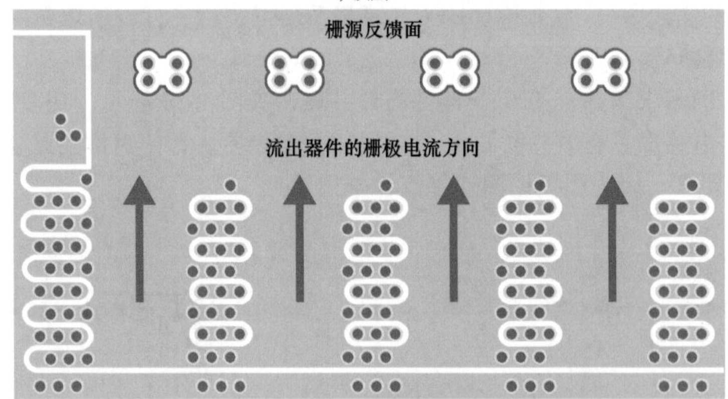

b) 第二层(第一内层)

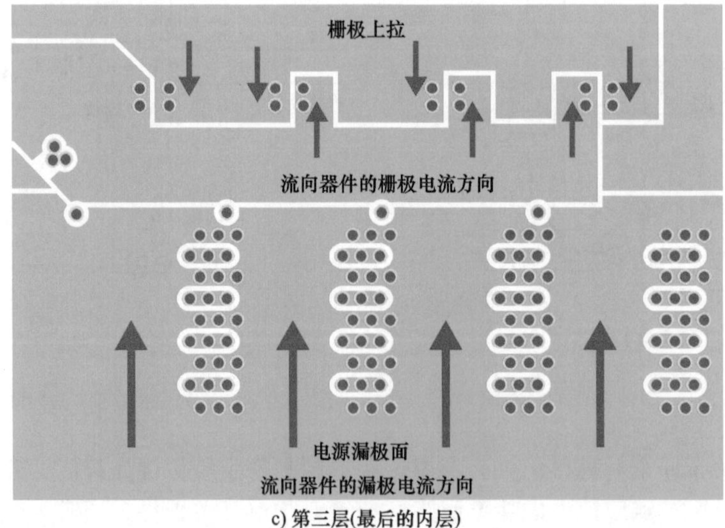

c) 第三层(最后的内层)

图 4.11　四个并联 LGA GaN 器件布局

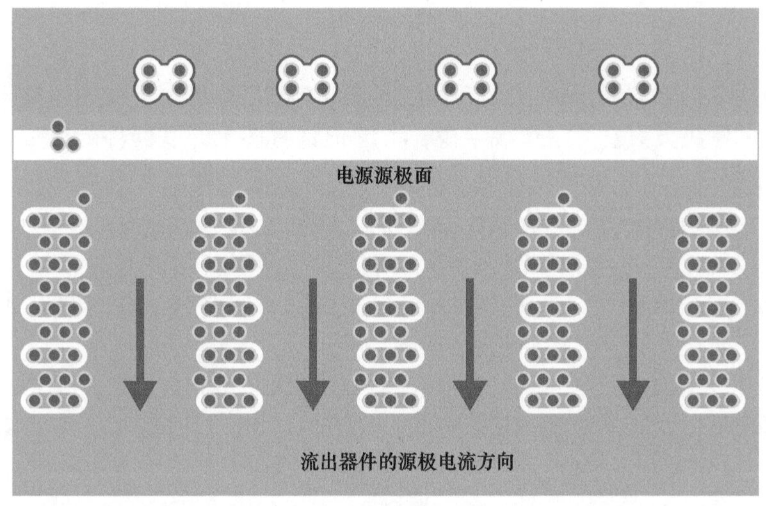

d) 底层

图 4.11 四个并联 LGA GaN 器件布局（续）

当将 GaN 晶体管并联时，GaN 晶体管相比 MOSFET 的一个优点是在整个栅极电压范围内，传输特性具有正温度系数。这意味着传输期间，由于负温度反馈效应，GaN 晶体管的饱和或三极管区域将在一定程度上共享电流。因此，如果一个器件承载过多的电流，则相对于其他器件温度将上升，而且导通电阻和电压将升高，器件的电流自动减小。对于并联开关的 MOSFET，随着温度的增加、阈值电压的减小导致电流增加，因此发生器件之间的不平衡，但这仅适用于小电流。在较大的电流下，g_m 的下降导致了平台电压的增大。

并联集成 4 个 GaN 晶体管作为单开关器件的设计，关键参数可以总结如下：

1）在顶层上，数量最多的 4 个器件放置在一行，将该设计围绕另一个轴镜像设计之前，一个器件被平行放置。

2）所有器件的漏极和源极在器件的两侧延伸，以最小化漏极和源极电感。然后，这些线通过多个平行和交错的通孔被连接到所有后续的 PCB 层，以尽可能地减小电感。

3）每个器件的栅极通过独立的上拉和下拉电阻连接，这可以根据需要独立调整器件的开关速度。

4）在第二层上，栅极返回源极连接直接到达所有源极通孔，并且与功率电路的任何其他部分不做连接。这最小化了 CSI，并将栅极驱动与功率回路隔离。

5）在第三层上，上拉和下拉栅极驱动器输出连接到每个器件，然后通过通孔直到顶层的栅极电阻。因此，第二层上的栅极返回路径夹在两个相邻层上的栅极驱动导体之间。

6）功率回路漏极连接也在第三层上进行。在从漏极通孔到顶层的两个方向上横向分布之前，漏极电流向上流向器件。

7）在底层进行功率回路源极连接。通过源极通孔从顶层沿两个方向横向分布，源极电流向下流出器件。第三层和底层是相邻的，并且这些层中的漏极和源极电流大小相等，磁感应方向相反，使得磁场自消除并使回路电感最小化。

4.5.2　半桥应用中的并联 GaN 晶体管

对于半桥应用中的并联器件，可以应用上述布局方法，但是由于一些实际限制，这种布局并不能提供最佳的解决方案。为了形成半桥，考虑把具有多个并联器件的另一开关器件放置在图 4.11 下方的镜像中。这将导致栅极驱动器位于功率器件布局的相反边缘。该配置不适用于单个半桥栅极驱动电路，但是可以应用在浮置栅极驱动器中，只要可以实现用于引出开关节点对称布局即可。或者，另一个开关器件应沿着布局的左侧或右侧镜像，如图 4.11 所示。这将形成沿着布局顶部边缘的单个栅极驱动器，但是高频功率回路将从左到右（或从右到左）运行，导致 CSI 的不匹配，等效电路如图 4.9 所示。

虽然上述两种方法都是可行的，但是更好的替代方案是用并联完整的半桥功率回路，而不是单独的器件。两个回路的情况如图 4.12 所示。看上去这种设计似乎违反直觉，因为该解决

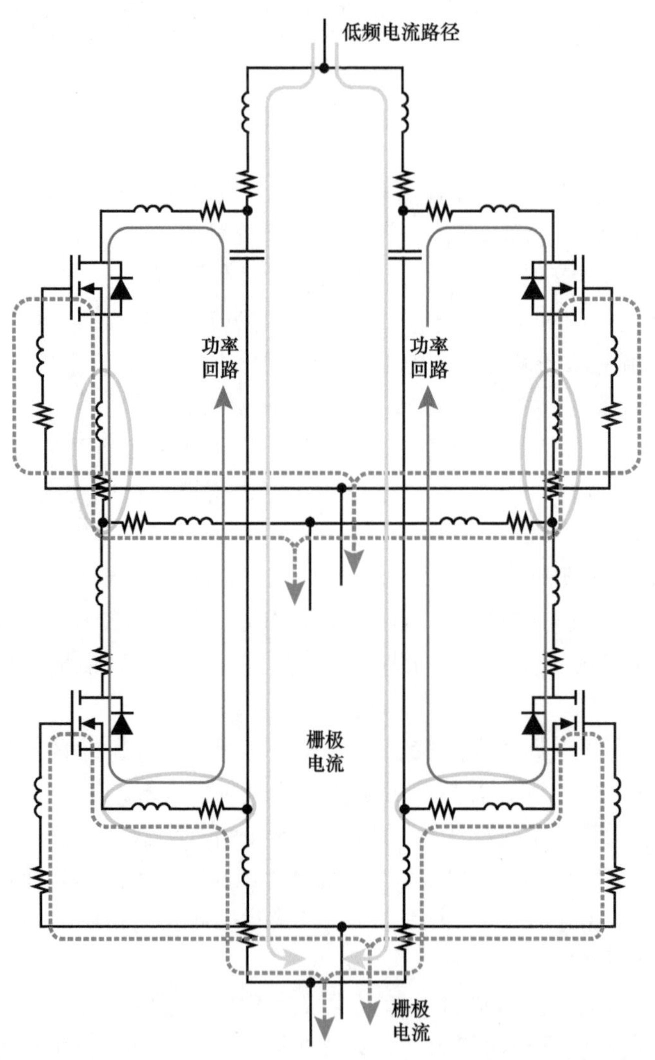

图 4.12　具有共栅极驱动器的两个并联半桥功率回路示意图。点线表示高频电流路径的功率回路，虚线表示栅极驱动回路。低频电流路径以点线 - 虚线表示，CSI 用椭圆表示

方案将导致直流电源端子之间有较大的电感，但是这些附加的电感并不引起任何高频电流。按照前面相同的布局顺序要求，具有四个并联功率回路的完整半桥布局如图 4.13 所示。在第 10 章中将比较这些并联方法并对并联回路的性能优势进行验证。

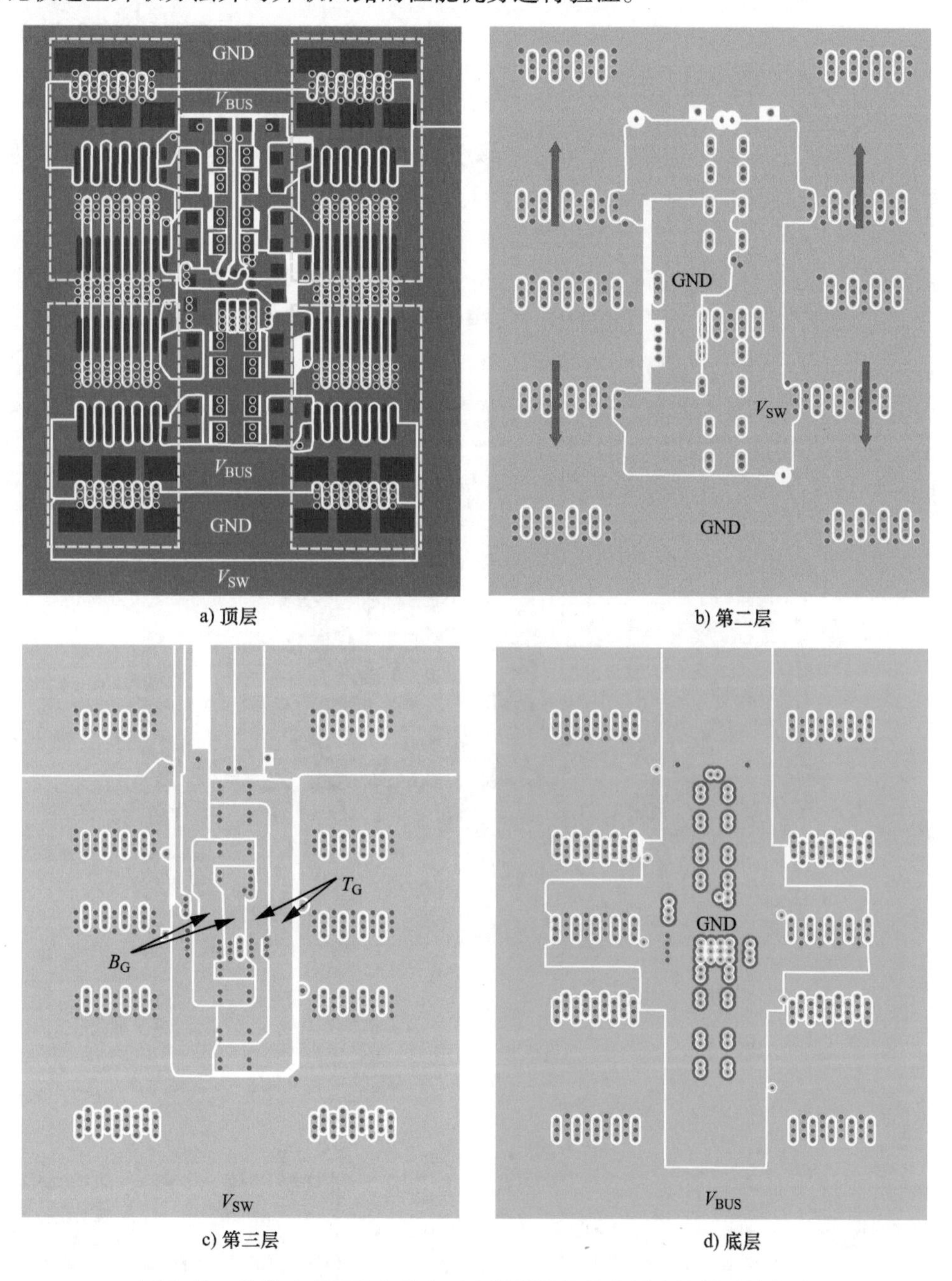

图 4.13　并联功率回路中具有四个并联器件的半桥变换器开关布局

如前所述，设计适用于半桥并联功率回路的四个关键因素如下（见图 4.13）：

1）在顶层，图 4.7 中的最佳布局在 x 轴和 y 轴上都是对称的，单个栅极驱动器位于布局中心驱动所有8个器件。

2）每个器件的栅极通过独立的上拉和下拉电阻连接，每个器件一个。这允许根据需要独立调整器件开关速度。

3）在第二层上，栅极返回源直接通过一组源极通孔连接，并且不连接到电源电路的任何其他部分（注意两个分离的接地层）。这将使CSI最小化，把栅极驱动与功率回路隔离，并保持栅极回路电感对称。

4）此外，在第二层上功率回路地返回是形成最佳布局的基础。箭头所示为高频功率回路电流从底部装置的电源流向陶瓷高频母线电容器。

5）在第三层上，上拉和下拉栅极驱动器输出都向上和向下流入每个器件，然后通过通孔直到顶层的栅极电阻。第二层的高端栅极返回路径夹在两个相邻层的栅极驱动导体之间。

6）开关节点连接也在第三层上进行。在与电感元件（未标示）结合之前，低频开关节点电流从任一侧上的器件向下流动。

7）在底层上，在与第三层低端栅极驱动器输出相邻的层中形成低端栅极返回连接，从而保持回路磁场消除效应。在该层上也进行低频或直流电流总线连接。

图4.14中显示了实际可以实现的并联回路布局的紧凑程度。

图4.14　并联功率回路布局中的每个开关，具有四个并联器件的半桥变换器

4.6　本章小结

本章讨论了使用GaN晶体管时重要的布局寄生效应，即共源电感（CSI）、高频功率回路电感和栅极回路电感。本章总结了许多最小化电感寄生效应的方法，从最基本的单个晶体管开始，通过一个完整的半桥结构，最后将多个器件并联放置表现为单开关器件以及用于单开关器件的半桥应用。

为了了解这些器件在电路中的实际行为，下一步不仅需要精确地测量电路元件的性能，而且还需要对不能直接测量的电学和热力学模型进行建模近似。这些内容将在第5章中讨论。

参 考 文 献

1 Infineon (2010). ThinPAK 8X8 new high voltage SMD-Package, Version 1.0, April 2010. http://www.infineon.com/dgdl/Infineon+ThinPAK+8x8.pdf.
2 Zhou, L., Wu, Y.F., and Mishra, U. (2013). True-bridgeless totem-pole PFC based on GaN HEMTs. *PCIM Europe 2013*, 1017–1022.
3 Efficient Power Conversion Corporation (2011). eGaN FETs in high performance DC–DC conversion. *EDN Innovation Conference*, Shanghai, China (2011), p. 28. http://epc-co.com/epc/documents/presentations/EDN_Innovation_Conference_120111.pdf.
4 Direct Energy, Inc. (1998). The destructive effects of Kelvin leaded packages in high speed, high frequency operation. Fort Collins, Colorado, Technical note 9200–0002-1,1998. http://www.directedenergy.com/index.php?option=com_joomdoc&task=document.download&path=ixysrf%2Fapplication-notes%2Fthe-destructiveeffects-of-kelvin-leaded-packages-in-high-speed-high-frequency-operation.
5 Krausse, G.J. (2002). DE-Series fast power MOSFET, an introduction. Directed Energy, Inc., Fort Collins, Colorado, Technical note 9300–002 [Revision 3], 2002. http://www.directedenergy.com/index.php?option=com_joomdoc&task=document.download&path=ixysrf%2Fapplication-notes%2Fde-series-fast-power-mosfet.
6 Reusch, D. and Strydom, J. (2013). Understanding the effect of PCB layout on circuit performance in a high frequency gallium nitride based point of load converter. *OT Twenty-Eighth Annual IEEE Applied Power Electronics Conference and Exposition (APEC)*, Long Beach, CA (16–21 March 2013), 649–655.
7 Reusch, D., Strydom, J., and Glaser, J. (2015) Improving high frequency DC–DC converter performance with monolithic half bridge GaN ICs. *Energy Conversion Congress and Exposition (ECCE)*, Montreal, QC, Canada (20–24 September 2015), 381–387.

第 5 章

GaN 晶体管的建模和测量

5.1 引言

第 4 章重点讨论了使用 GaN 晶体管时严重的布局寄生效应，并讨论了将各种复杂布局寄生效应最小化的方法。本章将重点分析完成布局后，如何深入了解和预测 GaN 晶体管实际电路的内部行为。虽然测量和建模非常不同，但当试图更好地了解真实规律时它们是互补的。本章开始将集中讨论 GaN 晶体管的电学模型，最后讨论直接测量电路内部特性时的要求和限制。

5.2 电学建模

电路中 GaN 晶体管电学建模的准确性具有一定挑战。除了有源器件特性之外，还需要对高频寄生元件进行建模，例如布局电感、表面和邻近效应等。这些寄生效应中大多数与封装有关，并且难以用通用 GaN 晶体管模型建模。除此之外，共源共栅结构不仅需要两个有源元件的精确模型，而且还需要包括两个器件之间所有寄生互连元件的高频模型。

虽然增强型器件的工作类似于硅 MOSFET，但是它们不能直接用传统的 MOSFET 物理模型（例如 BSIM3 [1]）建模，因为 GaN 晶体管的物理机理明显不同。下面将讨论增强型 GaN 晶体管常用的模型[2] 及其开发中使用的方法。

5.2.1 建模基础

SPICE 模型使用包括各种模块的元器件等效电路，例如电流源、电阻、电容和电感等，用以模拟元器件的实际在线行为。图 1.16 所示的器件结构（横截面）将成为本章讨论的模型基础。

增强型 GaN 晶体管的基本等效电路如图 5.1 所示。主要组件包括：压控电流源 I_D，电容 C_{GD}、C_{GS}和 C_{DS}以及终端电阻 R_S、R_D和 R_G。器件的直流特性取决于压控电流源和等效电路的电阻，而交流特性取决于随器件的偏置条件而变化的寄生电容。因此，等效电路的元器件如下：

1）漏极电流 I_D是内部节点 D、G 和 S 处电压的非线性函数；

2）当 $V_D > V_S$时，$I_D > 0$；当 $V_D < V_S$时，$I_D < 0$；

3）栅源电容 C_{GS}是内部节点 D、G 和 S 处电压的非线性函数；

4）栅漏电容 C_{GD}是内部节点 D、G 和 S 处电压的非线性函数；

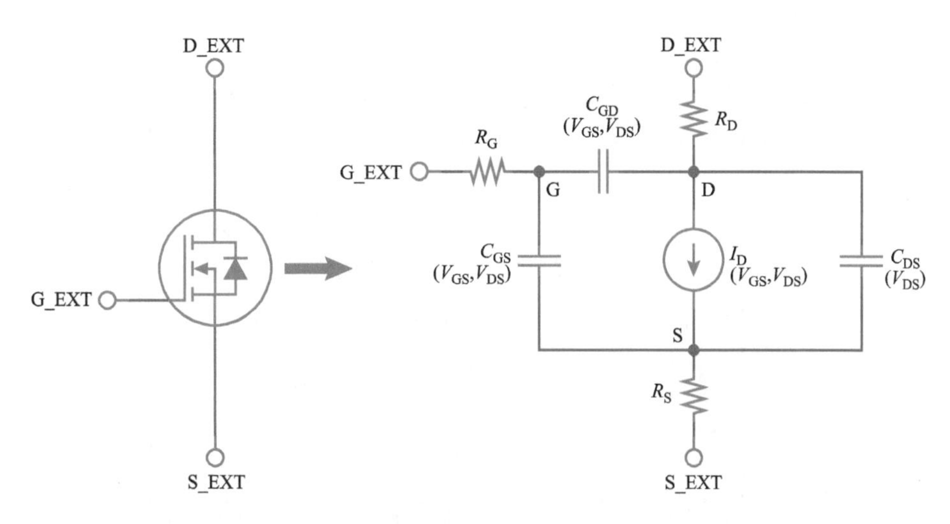

图 5.1　等效电路由参考文献［2］中的 GaN 晶体管模型实现

5）漏源电容 C_{DS}是内部节点 D 和 S 处电压的非线性函数；

6）漏极终端电阻 R_D是恒定电阻，取决于器件和封装终端电阻；

7）源极终端电阻 R_S是恒定电阻，取决于器件和封装终端电阻；

8）栅极终端电阻 R_G是恒定电阻，取决于器件和封装终端电阻。

GaN 晶体管的直流电流 - 电压模型类似于 MOSFET[1]。在电流模型中，非线性电流响应是栅源电压依赖饱和电流的结果，具有漏源电压相关的整形函数。对于 GaN 晶体管模型，通过拟合大量器件的输出曲线获得各种参数，包括电流 - 电压特性的温度依赖性。图 5.2 显示了器件的传输和输出特性。

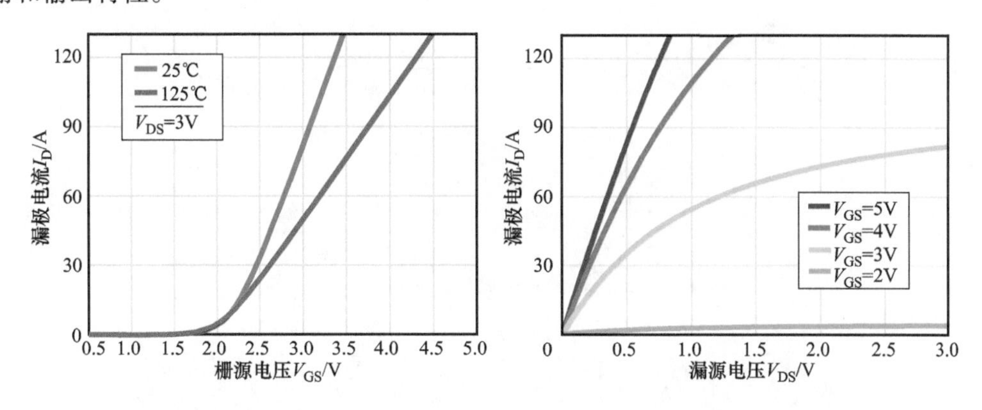

图 5.2　EPC2045 器件模型的传输（左图）和输出（右图）曲线[3]

与硅 MOSFET 不同，增强型 GaN 晶体管不具有常规的体二极管。如第 1 章所述，栅极下的沟道导通能力可以在正向或反向方向上加强，于是产生了与 MOSFET 体二极管类似的电气特性。SPICE 模型通过两个相反方向连接的并联电流源解决。图 5.3 显示了 EPC2045 器件的正向和反向输出曲线。

图 5.1 所示的等效电路中的三个电容取决于几个元件，这几个元件由 GaN 器件的底层几何结

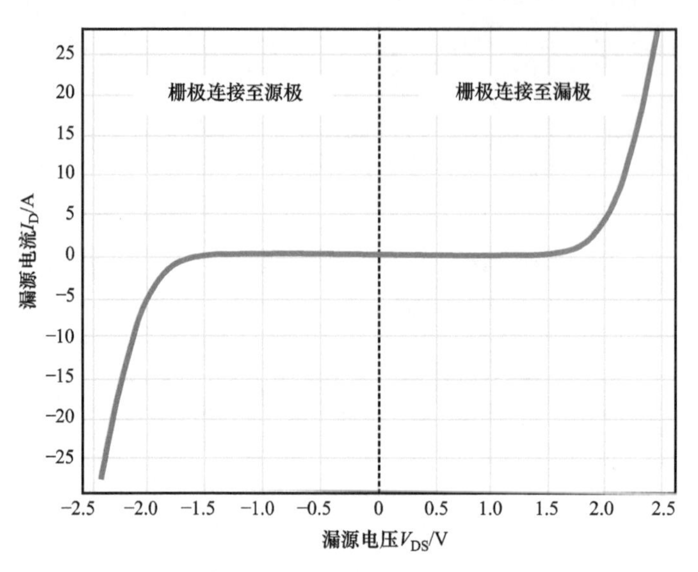

图5.3　正向和反向电流作为漏源电压的函数，显示了EPC2045器件的对称性

构决定，并且电容会根据器件的物理特性变化。这些参数包括金属对金属的恒定电容和沟道层中的2DEG相关电压的电容，如图5.4所示。为了建模，衬底短路到源极，并且各种衬底电容被分配给源端。所有这些独立的寄生电容，通过三个等效电路电容中的两个等效集总电容分量建模：①恒定电容；②非线性电压相关电容。这就产生了六个等效电容用以计算器件中的所有电容。采用半经验拟合方法对非线性等效电容测量值进行建模。这些模型没有使用高阶多项式，而是使用了一组Sigmoid（或Fermi）函数。这些函数在仿真过程中具有较好的稳定性和收敛性。

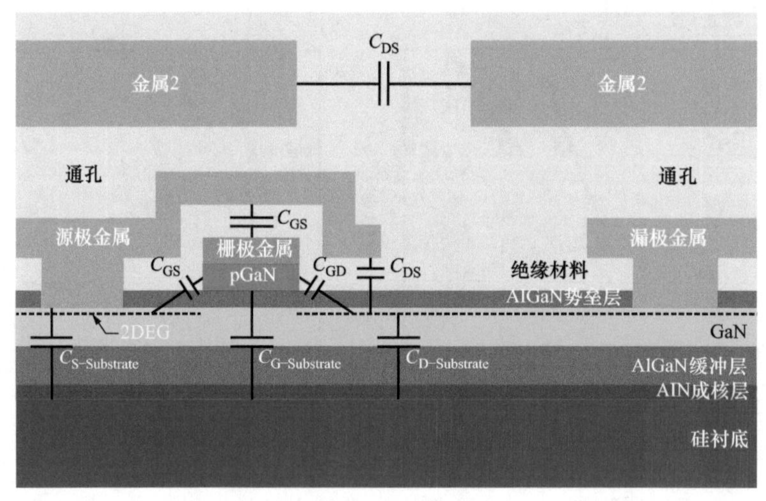

图5.4　增强型GaN晶体管器件中各种电容横截面示意图（为了清楚起见，省略了一些金属层）

5.2.2　基础建模的局限性

等效电路模型仅考虑了与器件频率相关的电容参数。许多情况下，硅功率MOSFET模型为

了准确地表示封装器件的高频端子特性还包括封装电感，这些电感相对于整个布局电感是重要的，因此不能被省略。相反，这意味着忽略外部布局电感对建模精度的影响要小得多。

对于几乎没有封装电感的 LGA 或 BGA 增强型 GaN 晶体管，布局电感是主要的，布局与最终封装电感相互作用的方式如图 5.5 所示。由于寄生电感不能在器件模型级别上考虑，所以在精确系统建模时需要将寄生电感以外元器件的形式添加进去。

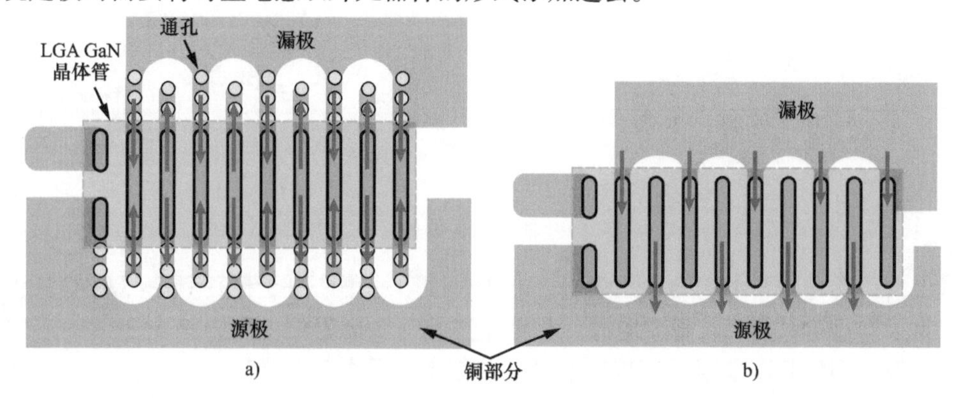

图 5.5　通过 PCB 布局的变化，器件端对封装和布局电感的影响：
a）具有磁通消除的双侧端；b）无磁通消除的单侧端

包含寄生布局电感的仿真模型实例如图 5.6 所示。该模型可以用于匹配基于 GaN 晶体管的降压变换器的开关节点波形与简单功率级的实验结果[4]。

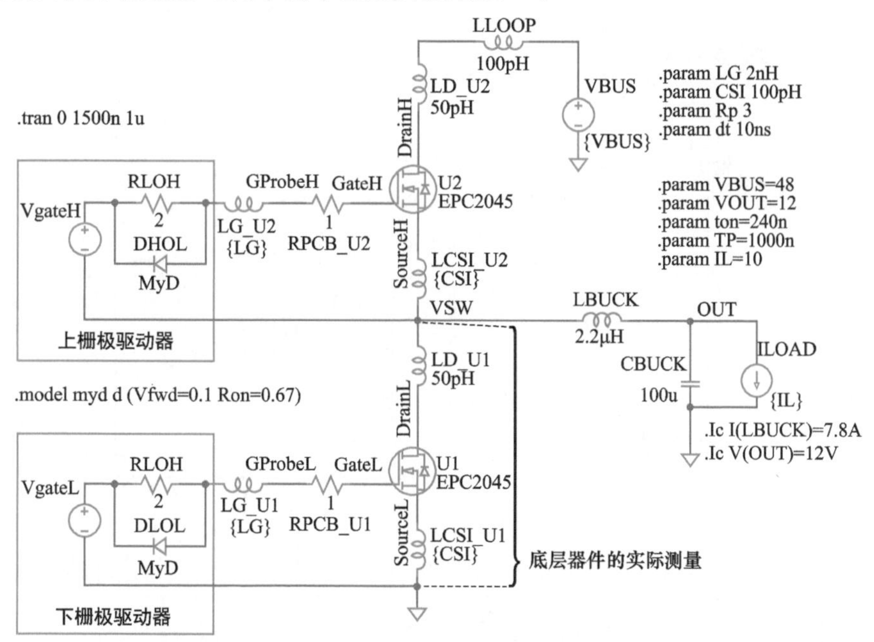

图 5.6　包含布局寄生的降压变换器功率级 SPICE 示意图

然后可以将仿真数据与图 5.7 中所示的实验测量波形进行比较。结果表明，两者存在良好的相关性，特别是振荡频率，振荡频率取决于寄生电感和非线性器件的电容。根据仿真结果，

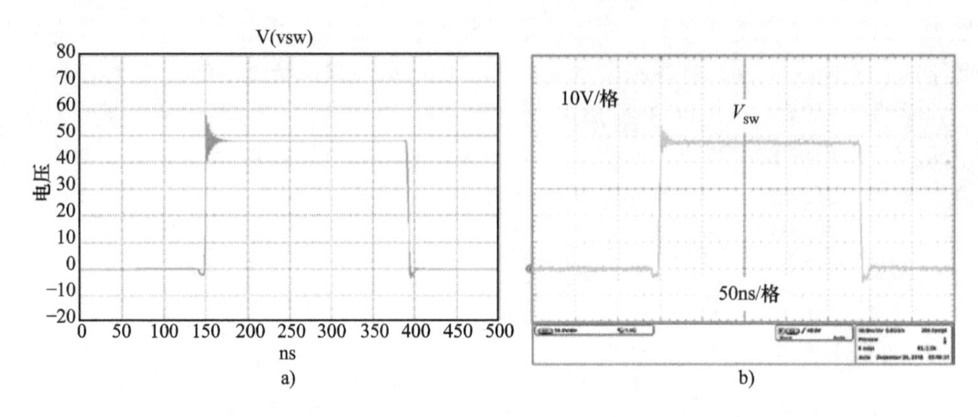

图 5.7　开关节点电压与 10A 时 48V－12V 降压时间的关系：a）仿真波形；b）测量波形[4]

可以估算出电路功率回路电感约为 400pH。电压过冲阻尼率取决于振荡频率处的趋肤和邻近效应损耗。为了接近这一点，在寄生电感元件两端并联 3Ω 的阻尼电阻，该电阻值的选取取决于振荡频率，因为 SPICE 不能通过直接建模确定该频率相关电阻分量。

5.2.3　电路模拟的局限性

电路建模的结果与所使用的电路模型的精度和复杂度有关。为了最好地说明这一点，下面进行了不同复杂程度的模拟，并且相对于负载电流，计算每个模拟的效率结果，与实际的实验结果进行比较（见图 5.8）。通过测量稳态输入和输出功率并在足够大数量的开关周期内对其进行积分来计算模拟的变换器效率。

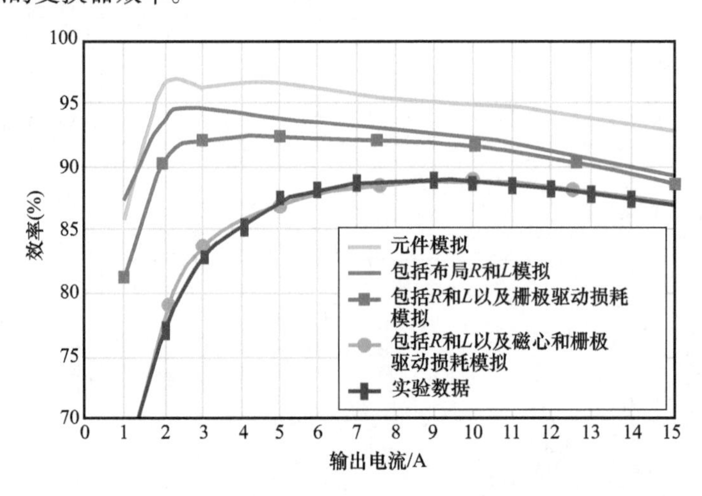

图 5.8　对于不同水平的模型复杂度，1MHz 时 12V－1.2V 降压变换器模拟和测量效率的比较

首先，建立没有寄生布局电阻和电感（完全等效的元件）的模拟电路，所得效率比实验结果提高了 5% 以上。使用这些寄生阻抗分量，该误差在重负载下降低约 2%。然后，将电感磁心和栅极驱动损耗增加到模拟输入功率上，模拟和实验结果之间存在极好的相关性。实际上，如果不借助于有限元分析工具进行损耗估算，是很难实现的。因此，电路级建模对于帮助关联实

验测量值和更好地理解器件操作非常有用，因为正如我们将在下一节中看到的，测量值本身也受到范围和精度的限制。

5.3　GaN 晶体管性能测量

由于 GaN 晶体管开关速度的增加，以及伴随着更快的 di/dt 和 dv/dt 需要，所使用测量设备的带宽将成比例增加。第一代 GaN 晶体管产生的速度接近当时可用的示波器和探针技术的极限，这使得随着 GaN 器件的革命性发展，很可能促使测量技术的相应提升和变化。为了确定对这些测量技术发展需求的程度，将依次评估每个不同的测量方法。如图 5.9 所示，随着高品质因数（FOM）GaN 器件的发展，采用 GaN 器件设计的高性能功率变换器已成为主流。因此，高性能测量系统的研究受到了广泛关注。这就要求我们从宽带隙晶体管的需求角度重新评估可用于硅器件的最新测量系统。

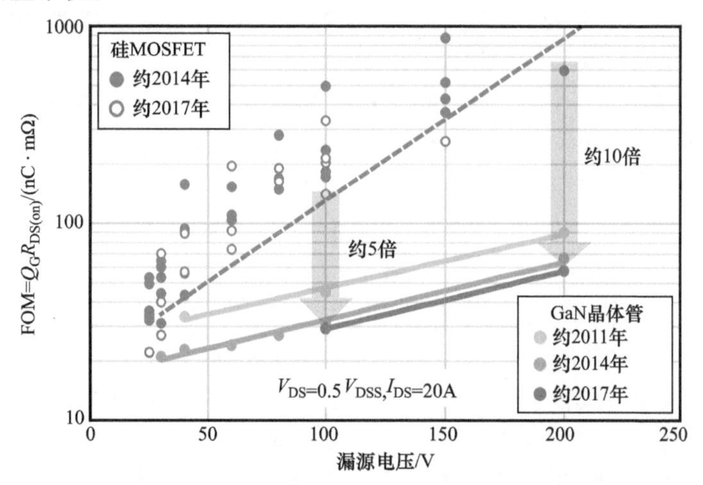

图 5.9　硅和 GaN 器件的硬开关 FOM 比较

在本节中，我们将首先关注无源电压探头，无源电压探头用于表征电力电子领域最常见的波形之一，即半桥的开关节点，如降压变换器中的开关节点。变换器配置如图 5.10 所示。本章讨论了两种涵盖广泛商用 GaN 晶体管的变换器原型：①以 EPC2045[3] 作为 Q_1 和 EPC2022[5] 作为 Q_2 构建的低频、高功率半桥；②以 EPC8009[6] 作为 Q_1 和 Q_2 构建的高频、低功率半桥。

为了了解无源探头的测量能力，我们首先要查看由无源探头和示波器组成的系统的可用测量带宽，该带宽由参考文献［7］给出，如下：

$$BW_{-3dB}=\frac{1}{\sqrt{\frac{1}{BW^2_{-3dB,Scope}}+\frac{1}{BW^2_{-3dB,Probe}}}} \tag{5.1}$$

式中，BW_{-3dB}、$BW_{-3dB,Scope}$ 和 $BW_{-3dB,Probe}$ 分别是系统、示波器和探头可用的最大带宽（Hz）。需要注意的是，系统的真实硬件带宽可能显著低于公布的系统带宽。例如，许多数字存储示波器（DSO）采用内部信号处理（过采样）来增加有效的“带宽”[8]。然而，真正的信号质量只能通过系统的硬件带宽来获得。为了进行分析，我们选择了 Tektronix 公司的通用混合信号示波

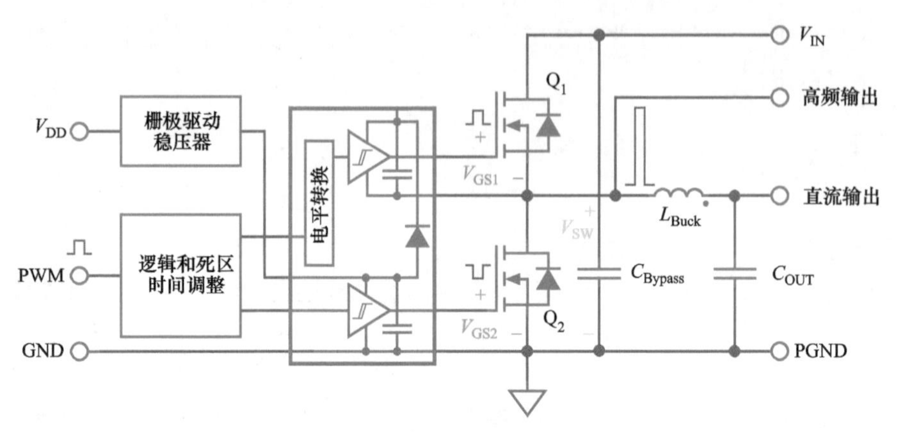

图5.10　GaN基降压变换器的简化示意图

器MSO5204，该示波器的带宽为2GHz，并且该示波器可用最高带宽无源探头TPP1000，其带宽为1GHz。从式（5.1）可以看出，带宽较低的无源探头对整个系统带宽BW_{-3dB}的影响较大。在这种情况下，系统带宽BW_{-3dB}约为1GHz。

当评估半桥的开关节点（V_{SW}）时，衡量GaN晶体管开关速度的典型测量方法包括上升和下降时间、峰值过冲和下冲以及上升沿的振铃频率。观察到的振铃是一种高频效应，受可用系统带宽的影响最大。这个振铃频率由下式给出：

$$f_r = \frac{1}{2\pi\sqrt{L_{Loop}C_{o2}}} \tag{5.2}$$

式中，L_{Loop}是图4.1中所述的高频功率回路电感；$C_{o2}=C_{OSS}+C_{PAR}$，其中C_{OSS}是Q_2在V_{IN}下的输出电容，C_{PAR}是由于PCB铜层之间的层间电容、输出电感并联电容以及探针输出电容而导致的从开关节点到地的寄生电容。此外，半桥驱动集成电路的阱电容包含在用较小的GaN晶体管（如EPC8009）构建的半桥中，因为其值与晶体管C_{OSS}的数量级相同。在低频原型中，EPC2022在$V_{IN}=48V$时的C_{OSS}为700pF，而EPC8009在所需的测试电压范围内，当$V_{IN}=12V$时，C_{OSS}为30pF。在相同的电路板布局下，两个原型都有C_{PAR}约为10pF和相似的L_{Loop}。

接下来我们来看系统带宽的选择是如何影响开关节点波形的。使用我们选择的探头-示波器系统，我们有四种可用带宽：250MHz、350MHz、500MHz和1GHz。在图5.11中，对于低开关频率（$f_{SW}=500kHz$），用这些带宽捕获的波形相互叠加。

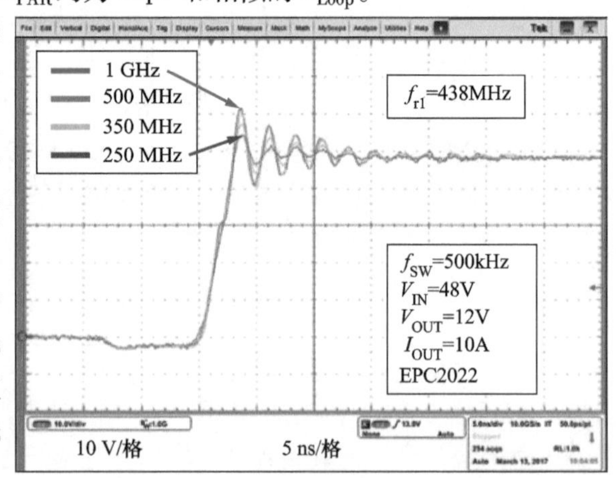

图5.11　系统带宽对捕获波形的影响（低频原型器件）

观察到四种情况下的振铃频率f_{r1}为438MHz。然而，在带宽为250MHz和350MHz时，振铃振幅衰减，而500MHz和1GHz的波形是相同的。这是可以预期的，因为500MHz和1GHz高于测得的438MHz振铃频率，所以可以准确捕获波形。根据观察到的振铃频率和式（5.2），L_{Loop}计算范围为 200～300pH。由于相同的 PCB 布局，高频原型器件的 L_{Loop}值相同。

系统带宽对观测波形的影响如图 5.12 所示。通常，测量系统具有一阶低通滤波器响应，相应的 -3dB 频率为可用硬件带宽。可以观察到，低频原型器件的振铃频率在 500MHz 和 1GHz 单位增益区域内，而在 250MHz 和 350MHz 单位增益区域之外。这意味着可以用 500MHz 或 1GHz 的系统带宽精确捕获波形。

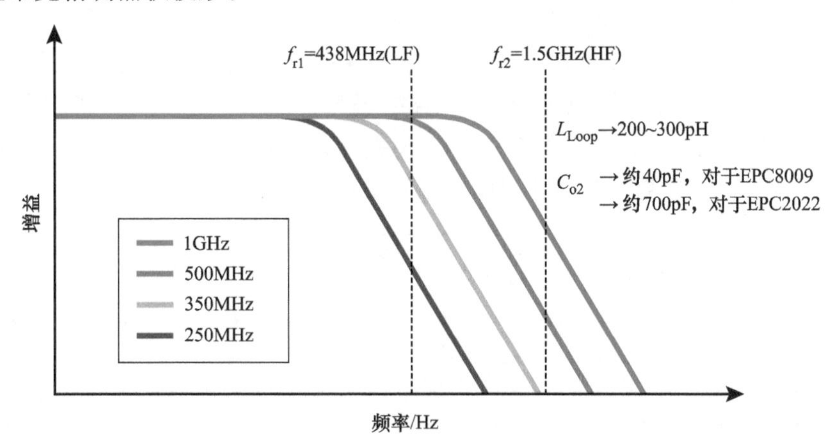

图 5.12　由开关节点、示波器和探头带宽限制（未按比例绘制）组成的测量系统的频率响应

对于第二个高频原型器件实例，工作频率为 10MHz，计算出的振铃频率 f_{r2} 为 1.5GHz，其永远不会落在任何带宽轨迹的单位增益区域内。因此，我们预计示波器波形上所有观察到的轨迹都会失真。图 5.13所示为高开关频率原型器件，任何测量波形均不可见清晰的振铃频率。与低频原型器件图 5.11 相比，整体波形也失真。

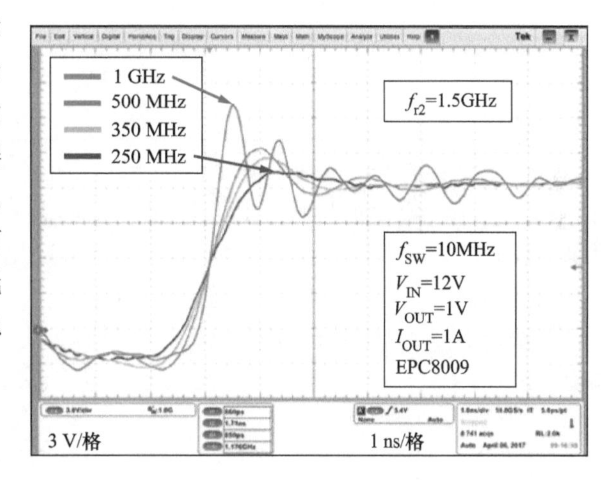

图 5.13　探头和系统带宽对捕获波形的影响（高频原型器件）

5.3.1　电压测量要求

如 5.2 节所示，开关节点振铃和过冲是衡量无源探头测量系统性能最重要的参数。假设为二阶系统，它们与另一个重要的测量系统参数——开关节点上升时间有关，该参数由下式给出：

$$t_{rise(10\%\sim90\%)} \approx \frac{Q_{GD}}{I_{drive}} \tag{5.3}$$

式中，Q_{GD}是提供给顶部开关 Q_1 的总栅漏电荷，用于开关节点（V_{sw}）从 0 到 V_{IN}的电压换相；I_{drive}是电压转换期间的栅极驱动电流，这部分将在第 7 章中详细讨论。同时，系统能够测量的最小开关节点上升时间由参考文献［9］给出如下：

$$t_{\text{rise}(10\%\sim90\%)} \approx \frac{0.35}{\text{BW}_{-3\text{dB}}} \tag{5.4}$$

用于具有高斯频率响应的示波器，对于1GHz系统，$t_{\text{rise}(10\%\sim90\%)}=350\text{ps}$。在图5.11中，低频原型器件的上升时间波形对于所有系统带宽都是相同的。这意味着最小可测量系统的上升时间为1.4ns（对应于250MHz）。因为实际系统上升时间是2.5ns，所以在这种情况下是正确的。然而，对于高频原型情况，四种不同系统带宽的上升时间变化很大，如图5.13所示。因为式（5.3）计算的上升时间低于100ps，即使1GHz测量值（对应350ps的上升时间）也不可接受。

总体而言，低频原型器件的测量结果总结在表5.1中，高频原型器件测量结果总结在表5.2中。由于死区时间是一种低频测量，更多的是一种平均效应，因此即使在高频原型器件上具有一定的带宽，在大多数情况下它也是可以测量的。

表5.1 可测量参数（低频原型情况）

系统带宽	250MHz	350MHz	500MHz	1GHz
死区时间	√	√	√	√
振铃频率	√	√	√	√
过冲	×	×	√	√
上升时间	√	√	√	√

表5.2 可测量参数（高频原型情况）

系统带宽	250MHz	350MHz	500MHz	1GHz
死区时间	×	×	√	√
振铃频率	×	×	×	×
过冲	×	×	×	×
上升时间	×	×	×	×

GaN晶体管的范围包括小电流、高导通电阻（用于激光雷达包络跟踪、无线电源等高频应用）和大电流、低导通电阻（用于DC－DC应用，如服务器和轻型混合动力汽车）。测量系统对每个设计的要求可以用式（5.2）和式（5.4）结合器件的输出电容C_{OSS}（控制振铃频率）以及栅漏电荷Q_{GD}（开关节点电压转换时间的主要参数）估算出来。根据本章前面介绍的测量结果，选择L_{Loop}为250pH，回路电感与振铃频率成反比。表5.3给出了不同尺寸GaN晶体管的关键参数[10]。

表5.3 关键指标比较

芯片尺寸 /mm²	产品编号	C_{OSS} /pF	Q_{GD} /pC	C_{ISS} /pF	R_{G} /Ω	$R_{\text{DS(on)}}$ /mΩ	最小带宽 /GHz	$T_{\text{Rise/Fall}}$ 系统/ns
0.6	EPC2107 Q2	1.6	4	7	0.7	3300	>1	<0.25
0.6	EPC2107 Q1	14	41	21	0.7	390	>1	<0.25
1.74	EPC8010	25	60	43	0.3	160	>1	<0.25
0.8	EPC2036	50	140	75	0.6	73	>1	<0.25
1.85	EPC2007C	110	300	170	0.4	30	>1	<0.25
3.4	EPC2016C	210	550	360	0.4	16	0.5~1	0.5~1
3.75	EPC2045	295	800	737	0.6	7	0.5~1	0.5~1
6.5	EPC2001C	430	1200	770	0.3	7	<0.5	1~2
12	EPC2032	800	2000	1270	0.4	4	<0.5	2~3
13.9	EPC2022	840	2400	1400	0.3	3.2	<0.5	2~3

可以确定，随着芯片尺寸的增加，器件开关时间增加，所需的测量系统带宽减小。对于最大的器件，可以使用由无源探头和示波器组成的更具成本效益的测量系统，系统带宽估计在500MHz 范围内，而对于更小、更快的器件，需要在无源测量技术方面取得进展，以提高测量精度。可以使用非常高带宽的示波器系统（高达 33GHz）[11]，但会在电压能力和成本效益方面受到限制。如今，确实需要带宽超过 1GHz 并且能够承受更高电压的电压探头。

5.3.2　探测和测量技术

接下来将介绍合适的探测技术。无源探头（如 Tektronix TPP1000[12]）最常见的接地解决方案为鳄鱼夹和弹簧夹，如图 5.14 所示。因为用户可以进行一个接地连接，并在接地线范围内探测多个测试点，所以长的接地线提供了方便，但这种情况具有分布电感[13]。分布电感会导致交流信号对高频的阻抗升高，参考文献［14］中将详细讨论这些解决方案的电感。根据式（5.2），接地线的电感与探头输入电容相互作用，为开关节点振铃测量增加了寄生谐振。

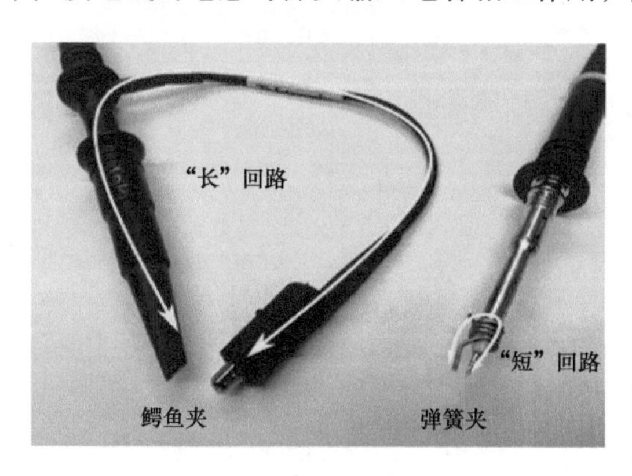

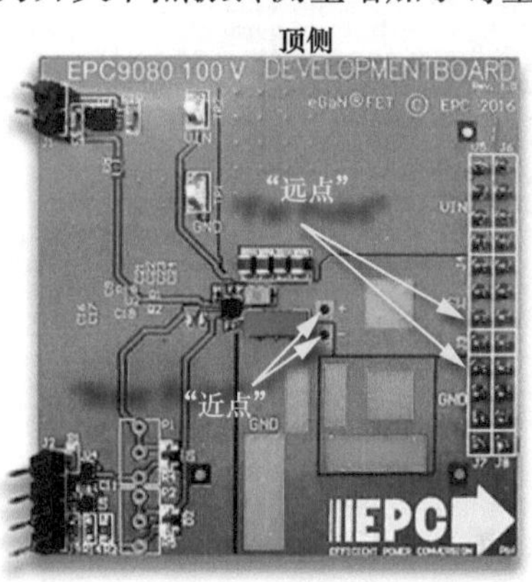

图 5.14　不同的探测技术和测量点的选择

图 5.14 显示了探头定位距离实际电气开关节点的位置。使用 1GHz 带宽系统的低频原型探测技术和位置的影响如图 5.15 所示。探测技术的选择比测量位置的选择更为重要。尽管仔细观察发现两个探头位置波形的衰减略有不同，但它们几乎是相同的。然而，由于分布电感的存在，无论测量点的选择如何，当使用鳄鱼夹时，波形都很不准确，所以建议在测量点附近进行探测时使用弹簧夹。

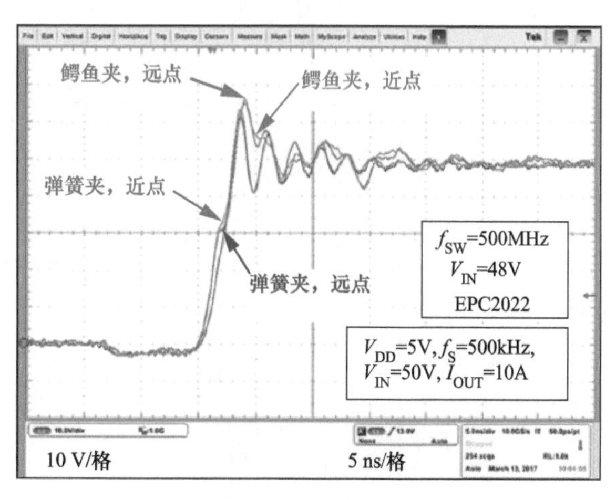

图 5.15　探测技术和测量点位置的影响

不管探头的位置有多“近”，实际的器件电压仍然会不同，因为直接测量芯片内的有源器件是不现实的。为了显示探头位置的影响，需要进行模拟，这样我们就可以得到完整的结果。使用 LGA GaN 晶体管可用的 SPICE 模型，创建具有布局寄生的降压变换器模拟，如

图5.16所示。开关节点对地电压波形（实际电压测量值的估计值）以及有源器件两端的实际电压如图5.17所示。它表明“测量的”电压比有源器件上实际看到的振铃小得多。实际上，根据寄生电感和变化电流的方向，振铃可能更高或更低。其次，在电压上升时间中存在测量的初始突起，这是由测量回路中寄生电感的感应电压降引起的。如图5.17所示，从有源器件的漏极电流开始，凸起与器件中电流上升重合。因此，虽然这种凸起增加了电压上升时间和形状的不确定性，但它间接地增加了有关电流上升时间的信息，因此对于估计开关间隔和相关损耗非常有用。

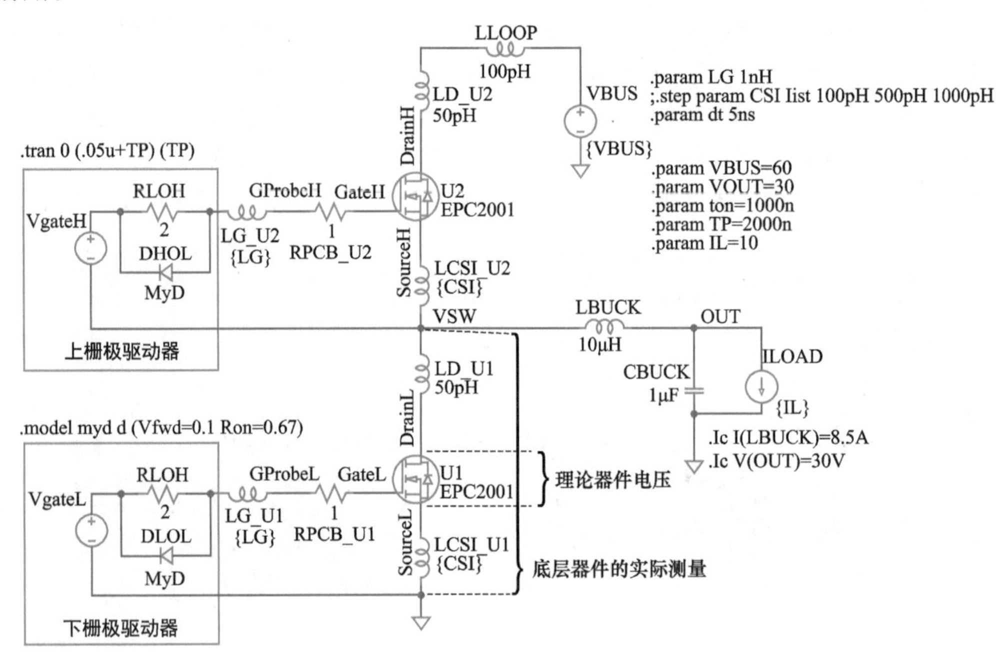

图5.16　创建的SPICE模拟显示探头位置对实际电压测量的影响

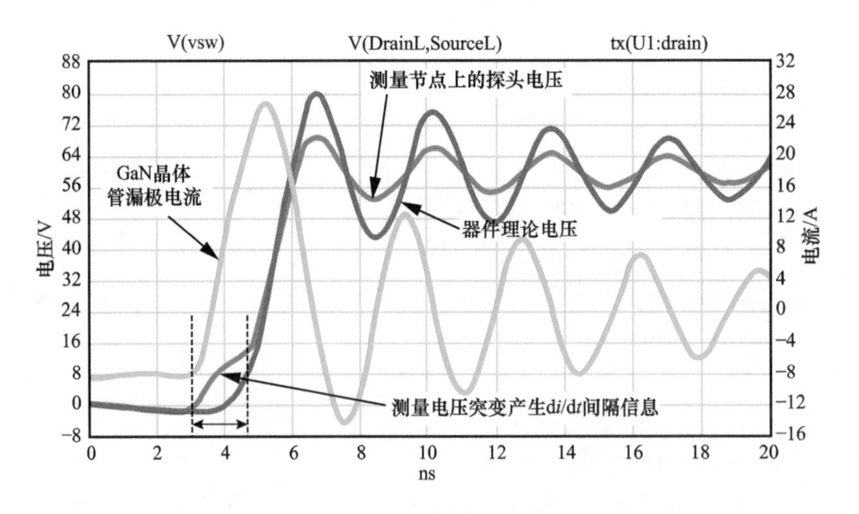

图5.17　SPICE模拟结果显示了探头位置对实际电压测量的影响

5.3.3　测量未接地参考信号

差分测量最常用于在两个没有接地的节点之间进行测量，由于没有合适的探头，常常被忽视。这种测量的主要问题是浮动节点可能具有显著的共模噪声分量。最常见的例子就是半桥的高端栅源测量 V_{GS1}，如图 5.10 所示。由于该测量是参考 V_{SW}，因此存在一个大的共模信号，可能会损坏被测波形。几种常用的测量方法包括如下：

1）使用两个单端探头和示波器工具来测量差异；

2）使用高带宽、高压差分探头；

3）使用隔离测量溶液[15]。

在方法 1 中，使用两个接地参考探头测量两个相关测试点的电压。然后，示波器的数字模式可以用于显示两个电压波形之间的差异，这是一个伪差分测量。虽然性能有限，但这种技术对于一些具有小共模信号的低频测量是经济有效的。如果使用两个输入，必须设置为相同的比例因子，并且探头必须是相同的型号并紧密匹配。另外，两个探头无论是物理上还是电气上，都需要使用相同的参考点，这对于使用宽禁带半导体的电路不断小型化具有挑战性。但是探头的衰减/增益、传播延迟和中高频响应的不匹配会导致测量精度降低。由于所有这些因素，共模抑制比（CMRR）将在更高频率下非常差，并且大的共模信号会使示波器输入过载。

在方法 2 中，使用真差分探头，两个输入端都是高阻抗（高电阻和低电容）。高压差分探头的平衡以及低电容的输入，使得在测试电路中以最小负载安全探测任何点成为可能。然而，由于传统的差分探头共模抑制比、过频电压降额、频率响应和探头长输入引线的限制，通常不能很好地表示实际信号。这些限制在标称共模电压下测试快速开关功率器件（如 GaN 晶体管）时尤其明显。

方法 3 是进行精确差分测量的首选方法，采用了高性能、隔离的测量解决方案，如 Tektronix IsoVu [16]。虽然传统的差分探头在低至几兆赫兹的低频下提供了相对较好的共模抑制性能，但其共模抑制比在几兆赫兹后会大幅降低，因此无法准确测量边沿速率快、共模电压大的 V_{GS1}（见图 5.10）。一个独立系统，如 Tektronix IsoVu，能够在高频下实现高共模抑制比。具有以下特性的探头最适合用于测量 V_{GS1}[14]：

1）电流隔离；

2）高带宽：>500MHz；

3）共模电压大：>输入电源电压；

4）共模抑制比高：100MHz 时 >60dB；

5）输入阻抗大：>10MΩ 且 <2pF。

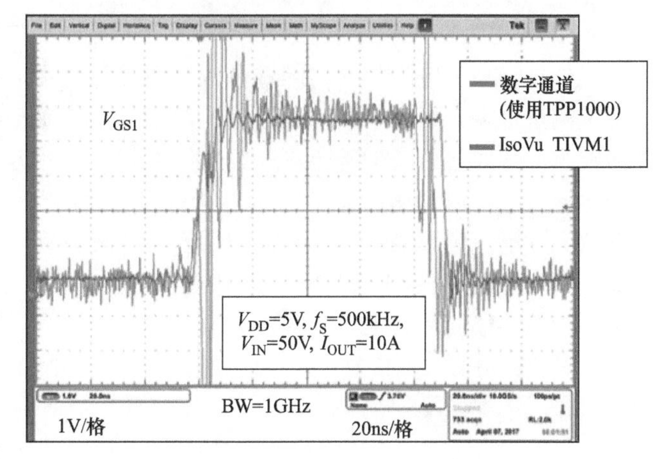

图 5.18　使用 2 个 TPP1000 探头测量的高端 V_{GS1} 波形（蓝色），并使用示波器数学函数进行处理，以及使用 1GHz 带宽的 IsoVu 真差分模式探头进行处理（红色）

图 5.18 显示了本章前面讨论的低频原型方法 1 和 3 之间波形质量的差异。当用电压和电流供电时，会有一个高电平的开关噪声放大两个测量值之间

的差异。由于其高共模抑制比，用IsoVu捕获的波形要干净得多。共模抑制比与传统差分探头的比较如表5.4[14]所示。

表5.4　各种差模探头的共模抑制比比较

探头	带宽	直流共模抑制比	1MHz时共模抑制比	100MHz时共模抑制比	全带宽共模抑制比
Tektronix TIVM1	1GHz	120dB	120dB	120dB	80dB
传统	200MHz	>80dB	50dB	27dB	15dB

5.3.4　电流测量要求

与电压测量一样，电流测量带宽要求由上升时间决定。对于典型的2ns上升时间，如图5.17中的仿真结果所示，使用式（5.2）可知需要大于500MHz的实际电流测量带宽。这远远超出了传统电流探头的能力，诸如霍尔元件[17]和Rogowski线圈[18,19]等，它们的带宽不超过50MHz。因而可以选择使用电流检测电阻或同轴电流分流器，其中一些具有高达2GHz的带宽[20]。然而，足够的带宽只是精确电流测量的标准之一。

大多数情况下，检测电阻或分流器的带宽受电阻和寄生串联电感之间转角频率的限制。对于给定的串联电感，可以通过增加检测电阻的值来改善带宽，但这是以增加电压降和功率损耗为代价。这种情况可以从表5.5所示的同轴分流器中看出。因此，为了测量如图5.18所示的20A电流脉冲，带宽要求意味着不能使用10mΩ分流，必须引起0.5V的最小分流电压降。对于低电压应用，这可能超标了。

表5.5　高带宽同轴分流器的选择[18]

模型	电阻/mΩ	带宽/MHz	20A时的电压降/V	上升时间/ns
SDN-414-01	10	400	0.2	1
SDN-414-025	25	1200	0.5	0.3
SDN-414-05	50	2000	1.0	0.18
SDN-414-10	100	2000	2.0	0.18

此外，与检测电阻相比，同轴电流分流器的主要优点是减少了测量节点之间的寄生电感，增加了测量带宽。由于其尺寸和形状，同轴电流分流器在整个电路增加了大量的电感，而功率回路电感的任何显著增加都会对开关操作不利。一种方法是并联放置大量分流电阻，以降低整体寄生插入电感以及测量节点之间的电感[21]。然而，这可能仍然需要显著降低开关速度以实现有意义的电流波形测量，或者换句话说，电流测量可能仍然没有足够的带宽来精确测量系统电流。这个主题将在13.3.2节中进行更详细的讨论，其中需要一个解决方案来测量激光雷达应用中的短持续时间、大电流脉冲。

5.4　本章小结

本章讨论了高性能功率变换电路中GaN晶体管的建模和测量基本技术。结果表明，GaN晶体管的建模和测量变得越来越困难。在模拟中，无源器件寄生和系统布局的几何结构决定了系统级的电感和阻尼。这些特殊的给定设置，必须针对每种情况进行估计或建模。对于电压测量，现有测量系统所需的带宽、共模抑制比和电压范围被推到了极限，导致了对更高性能系统的需求而且发展缓慢。但是，即使使用这些改进的系统，仍然无法直接测量有源器件，因为探测点不在器件本身上。测量中包含的小而关键的附加电感可以显著地改变产生的波形。对于电流测量，在撰写本章时还没有好的解决方案，也不会对器件性能产生重大影响。因此，为了对系统有进一步的理解，必须将建模、仿真和测量相结合。

第 6 章将讨论 GaN 晶体管的热模型，并讨论基于 GaN 晶体管的整个功率变换系统的热管理。

参考文献

1 Liu, W., Jin, X., Xi, X. et al. (2005). *BSIM3v3.3 MOSFET Model, User's Manual*. Department of Electrical Engineering and Computer Sciences, University of California, Berkeley. http://www-device.eecs.berkeley.edu/~bsim/Files/BSIM3/ftpv330/Mod_doc/b3v33manu.tar.

2 Beach, R., Babakhani, A., and Strittmatter, R. Circuit simulation using EPC device models. http://epc-co.com/epc/documents/product-training/Circuit_Simulations_Using_Device_Models.pdf.

3 Efficient Power Conversion Corporation (2018). EPC2045 – enhancement-mode power transistor. EPC2045 datasheet, October 2018. https://epc-co.com/epc/Portals/0/epc/documents/datasheets/EPC2045_datasheet.pdf.

4 Efficient Power Conversion Corporation, Demonstration board EPC9078 quick start guide. http://epc-co.com/epc/Products/DemoBoards/EPC9078.aspx.

5 Efficient Power Conversion Corporation (2016). EPC2022 – enhancement-mode power transistor. EPC2022 datasheet, August 2016. https://epc-co.com/epc/Portals/0/epc/documents/datasheets/EPC2022_datasheet.pdf.

6 Efficient Power Conversion Corporation (2016). EPC8009 – enhancement-mode power transistor. EPC8009 datasheet, August 2016. https://epc-co.com/epc/Portals/0/epc/documents/datasheets/EPC8009_datasheet.pdf.

7 Sobering, T.J. (1999). Technote 2, Bandwidth and rise time. *SDE Consulting*, 1999. http://www.ksu.edu/ksuedl/publications/Technote%202%20-%20Bandwidth%20and%20Risetime.pdf.

8 Seibt, A. (2017). Don't let your digital storage oscilloscope betray you. *Bodo Power Systems Magazine* (August), 40–49.

9 Tektronix Corporation, Understanding oscilloscope bandwidth, rise time and signal fidelity. Technical brief.

10 Efficient Power Conversion, *Product Selector Guide*. http://epc-co.com/epc/DesignSupport/DeviceModels.aspx.

11 MSOV334A Mixed Signal Oscilloscope, Keysight Technologies. http://literature.cdn.keysight.com/litweb/pdf/5992-0425EN.pdf?id=2572990.

12 Tektronix TPP 0500 and 1000 passive probe: Instruction. www.av.it.pt/medidas/data/Manuais%20&%20Tutoriais/60%20-%20MSO71604C/Product%20Software/Documents/pdf_files/probes/0712809.pdf.

13 Texas Instruments (2011). Ringing reduction techniques for NexFET™ high performance MOSFETs. Application report SLPA010, November 2011.
14 Biswas, S., Reusch, D., de Rooij, M., and Neville T. (2017). Evaluation of measurement techniques for high-speed GaN transistors. *IEEE 5th Workshop on Wide Bandgap Power Devices and Applications (WiPDA)*, Albuquerque, NM (2017), 105–110.
15 Tektronix Inc. (2005). *ABC of Probes: A Primer*. https://faculty.unlv.edu/eelabs/docs/guides/ABC_of_Probes.pdf.
16 Tektronix Inc. (2016). *TIVM Series IsoVu Measurement System: User's Manual*. https://www.tek.cm/isolated-measurement-systems-manual/tivm-series.
17 Teledyne Leroy, *Current Probes*. teledynelecroy.com/probes/probeseries.aspx?mseries=426. https://teledynelecroy.com/probes/probeseries.aspx?mseries=426.
18 Power Electronic Measurement (2013). CWT-current probes. http://www.pemuk.com/products/cwt-current-probe.aspx.
19 Tektronic Inc., Current probes. https://www.tek.com/datasheet/current-probes-0.
20 T & M Research Products, SDN Series Co-Axial Current Shunts. http://www.tandmresearch.com.
21 Danilovic, M., Chen, Z., Wang, R. et al. (September 2011). Evaluation of the switching characteristics of a gallium-nitride transistor. *Energy Conversion Congress and Exposition, ECCE 2011*, 2681–2688.

第6章

散热管理

6.1 引言

器件在工作过程中消耗的功率以热的形式耗散，因此了解器件散热能力非常重要。随着新一代 GaN 晶体管的出现，热设计变得越来越重要，对于这种晶体管，通常使用更小的芯片尺寸和封装来改善其电气性能。一个小 GaN 晶体管或集成电路可提取的热量，可以与从具有良好散热设计的大体积硅 MOSFET 中提取的热量相比拟。本章将回顾传统底部冷却封装、顶部冷却设计和芯片级封装的 GaN 器件的热模型，然后讨论如何为这些不同的热设计方案选择和添加散热片。最后，将讨论整个 GaN 基功率变换系统的热管理，包括等效电路模型、温度测量、实验表征技术以及应用实例等。

6.2 热等效电路

一般来说，GaN 晶体管的热模型与 MOSFET 的热模型建模过程类似。然而，传统底部冷却封装中 GaN 晶体管的热模型与具有多层冷却系统的芯片级 GaN 晶体管的热模型应该分开考虑。

6.2.1 引线框架封装中的热阻

对于高压器件，通常使用传统的引线框架封装，如通孔（例如 TO－220）或表面贴装（例如 PQFN）。这些塑料模压封装在一侧用塑料封装材料进行隔热，散热的主要方向是通过器件的外壳向下传导，这种器件的热流主要是单向的。

图 6.1 显示了安装在铜引线框架上晶体管热路径。可以将器件直接焊接到引线框架上，或插入陶瓷基板进行电气隔离，其中在顶部用密封剂包覆成型。虽然密封剂可能有一定的导热性，但通过底部的导热路径比通过顶部的导热路径效率高得多。这种配置的结－壳热阻抗 $R_{\theta JC}$ 是从芯片顶部、通过底部溶胶表面、通过铜引线框架，再到引线框架和 PCB 或散热

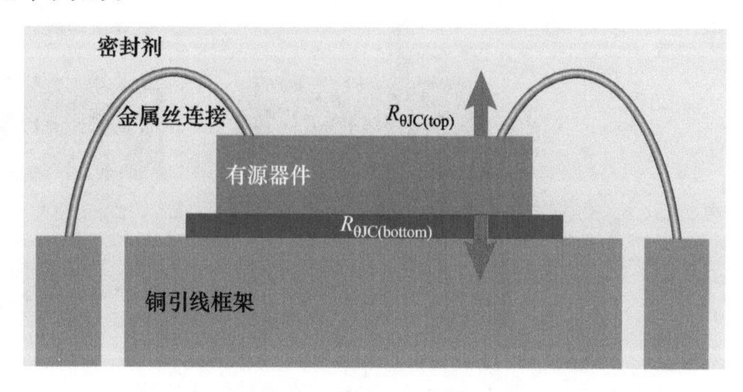

图 6.1　安装在铜引线框架上的晶体管截面

片之间配合表面（在这种封装中定义为“外壳”）的热阻，这个路径是最重要的热流路径。晶体管面积越大，则这个热阻越低。而较厚的基板或外壳到散热片的热路径较长，会导致有较高的 $R_{\theta JC}$。

对于这种类型的封装，从晶体管流出的热量，无论多少，只有一个方向可以流出，即通过引线框架。铜引线框架通常直接焊接到PCB上作为表面贴装组件。此外，还可以通过使用热接口材料（TIM），将散热片连接到PCB上以进行额外的底部侧冷却。通过通孔封装的引线框架，例如TO－220，可以与将提供PCB电气连接的通孔引线独立地连接到散热片上。图6.2给出了一个简单的示意模型，描述了图6.1中所示结构的稳态热阻。图6.2显示了按结构中位置划分的热阻，即从连接点到引线框架底部热阻 $R_{\theta JC}$，然后通过TIM的热阻 $R_{\theta CS}$，最后从散热片的接触面到环境空气的热阻 $R_{\theta SA}$。这三者之和是从结到环境空气的总热阻 $R_{\theta JA}$。

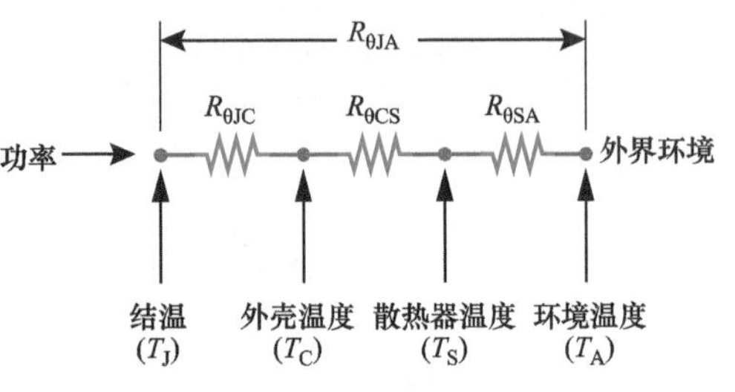

图6.2　物理器件结构的稳态热阻原理模型（图6.1所示）

数据手册中有时将底部结－壳热阻指定为 $R_{\theta JC(bottom)}$，以区别于通过密封剂的顶部热阻，类似地，后者指定为 $R_{\theta JC(top)}$。例如，英飞凌BSC035N10NS5的 $R_{\theta JC(bottom)}$ 为0.8℃/W，$R_{\theta JC(top)}$ 为20℃/W[1]。

6.2.2　芯片级封装中的热阻

对于芯片级规模的器件，如基板栅格阵列（LGA）和球形栅格阵列（BGA）晶体管，器件被颠倒过来，器件的背面（即“外壳”）成为顶部。这种晶圆级芯片尺寸封装（WLCSP）在热性能上与其他“翻转”器件封装（如直接MOSFET）相似[2]。图6.3显示了WLCSP GaN晶体管的横截面图，它有两条不同的散热路径：

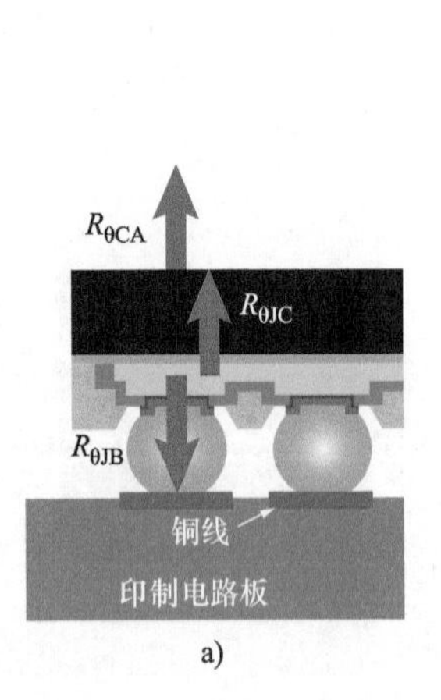

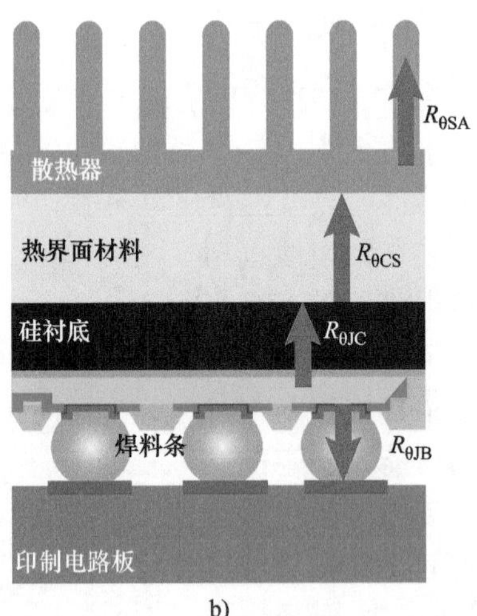

图6.3　芯片级封装GaN晶体管横截面图，突出显示了芯片顶部和底部的主要热流路径：a）没有连接散热片；b）在晶体管顶部安装散热片

1）向下穿过 BGA/LGA 焊盘、焊点，然后进入 PCB。热量可以从 PCB 直接散发到环境空气中，或者通过使用热通孔到达 PCB 的另一侧散热片散发出去。

2）穿过芯片的顶部。如果使用散热片，热量会通过 TIM 和顶部散热片。没有散热片，少量的热量仍然可以通过芯片顶部流动，但只能通过辐射和对流的方式。

图 6.4 显示了图 6.3 中芯片级封装 GaN 晶体管的热阻。在此实例中，GaN 晶体管的有源器件区域面向 PCB，并被器件终端的焊料块或焊料条隔开。$R_{\theta JC}$仍然被定义为从芯片的有源表面到外壳的热阻，外壳是芯片级 GaN 晶体管衬底的上表面。结 - 板热阻 $R_{\theta JB}$是从晶体管有源区表面，通过焊料块或焊料条以及铜走线到 PCB 的热阻。

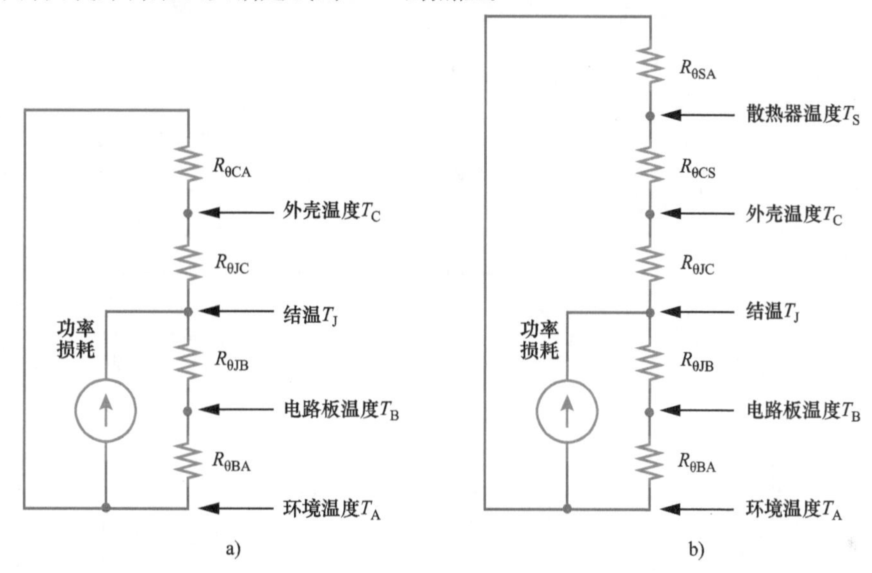

图 6.4 器件结构中稳态热阻示意图：a）没有散热片；b）在晶体管顶部安装散热片（图 6.3 所示结构）

芯片级封装的热阻 $R_{\theta JB}$ 和 $R_{\theta JC}$ 类似于前面提到的引脚框架封装的热阻 $R_{\theta JC(top)}$ 和 $R_{\theta JC(bottom)}$。然而，与引线框架封装相比，芯片级 GaN 晶体管的顶部和底部都是有效的冷却路径。

6.2.3 结 – 环境热阻

器件数据手册中经常列出结和环境之间的整体热阻 $R_{\theta JA}$，并标准化在特定的 PCB 区域（通常为 $1in^2$）[⊖]，且无散热片或强制气流条件下。这包括 PCB 到环境的热阻 $R_{\theta BA}$，以及一些直接从外壳到环境的热阻 $R_{\theta CA}$。然而，晶体管结和环境之间的实际热阻将取决于变换器的设计，包括 PCB 的尺寸和布局、气流、散热片的连接等因素。如果从板到环境和从外壳到环境的热阻非常低，则结 - 环境热阻的最小值等于 $R_{\theta JC}$与 $R_{\theta JB}$并联得到的值。图 6.5a 显示了一些实例 MOSFET 和芯片级 GaN 晶体管的热阻。如图所示，底部冷却热阻 $R_{\theta JB}$与器件尺寸成反比。但是，由于采用了芯片级封装，GaN 晶体管的最上层热阻 $R_{\theta JC}$更低。图 6.5b 证明了芯片级 GaN 晶体管

⊖ 1in = 25.4mm，后同。

可以通过有效的顶部散热片连接实现较低的 $R_{\theta JA}$[3]。本章后面将讨论顶部安装式散热片的一些设计实例。

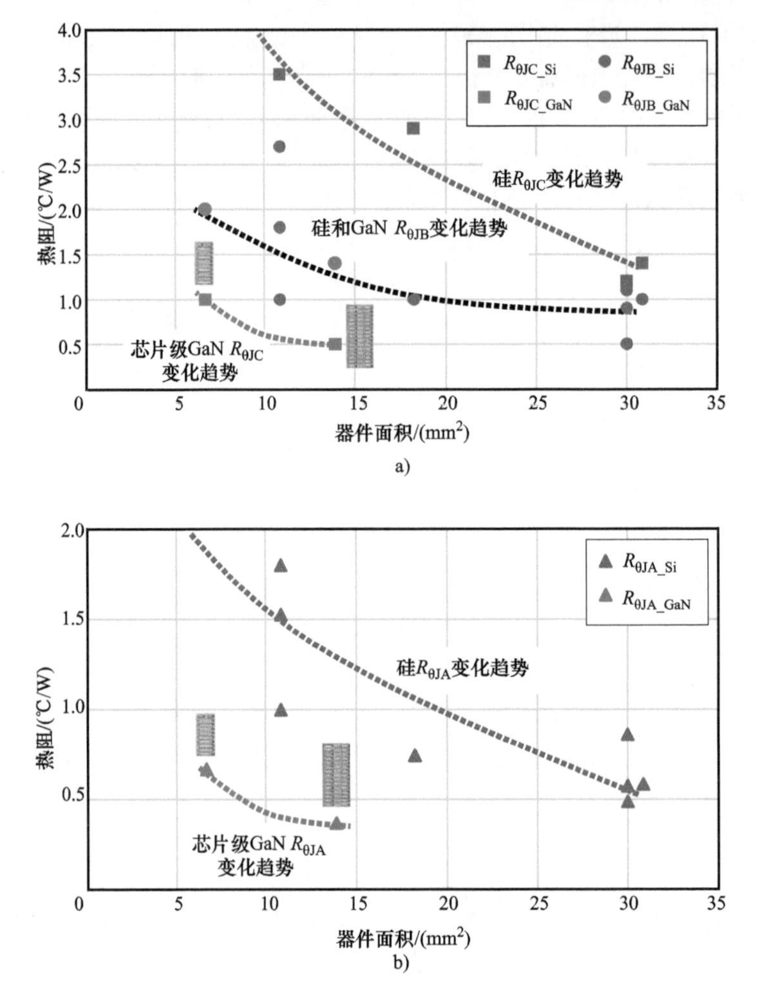

图 6.5 一些典型 LGA GaN 晶体管和封装硅 MOSFET 的热阻：a）结到板（显示为黑色）和结到外壳（显示为红色和蓝色）热阻的规范定义；b）外壳和电路板组合热路径最小的结－环境热阻[1,3-12]

6.2.4 瞬态热阻

GaN 晶体管很少在连续直流电流通过的情况下工作。为了让设计人员能够测量较短脉冲或不同占空比重复脉冲的热影响，数据表通常还会提供瞬态热阻图。

图 6.6 显示了 EPC2001C 数据表[4]中的瞬态热阻图实例。该图提供了标准化的热阻 $R_{\theta JB}$ 和瞬态热阻 $Z_{\theta JB}$。本例中的晶体管安装在 PCB 上，没有连接散热片。电路以 10% 的占空比向晶体管提供 10W 的瞬时功耗脉冲（P_{DM}），脉冲长度为 100μs。如果假定电路板吸收瞬态热通量而几乎没有温度影响，从而保持恒定的稳态温度，则有效热阻和结温分别为

$$R_{\theta JB(\text{effective})} = Z_{\theta JB} R_{\theta JB} = (0.1)(2.0℃/W) = 0.2℃/W \tag{6.1}$$

$$T_J - T_B = R_{\theta JB(\text{effective})} P_{DM} = (0.2℃/W)(10W) = 2.0℃ \tag{6.2}$$

如图6.6所示，由于电路在每个脉冲期间达到热稳态，所以在极低的开关频率（<10Hz）下，归一化热阻收敛到1。如果开关频率在大于100kHz范围内，归一化瞬态热阻通常会收敛到占空比。这相当于稳态热阻乘以脉冲的平均功率。因此，在某些设计中可以忽略瞬态热阻（如输出功率波动最小的DC-DC变换器）。

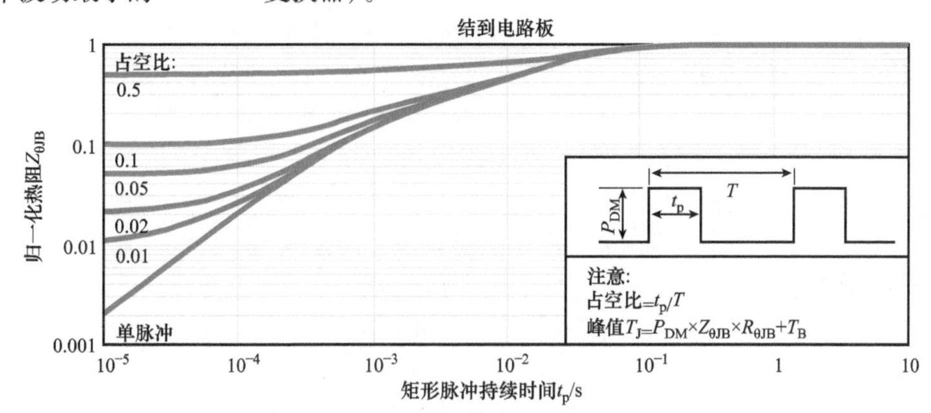

图6.6 EPC2001C GaN晶体管的瞬态热响应曲线[4]

芯片级GaN晶体管的数据表也可以提供连接处结到外壳路径的瞬态热阻$Z_{\theta JB}$图。如果已知电路板和散热片TIM的热阻或稳态温度，则图6.4中的电路也可用于求解瞬态结温。稳态热阻$R_{\theta JB}$和$R_{\theta JC}$简单地乘以归一化瞬态热阻以获得有效热阻，如式（6.1）所示。

6.3 使用散热片提高散热能力

与大多数变换器设计一样，GaN晶体管的散热能力可以通过连接散热片来改善，从而降低结与环境之间的热阻。本节将讨论关键热设计部件的选择，以及底部和顶部或六面冷却的散热片连接方案。

6.3.1 散热片和热界面材料的选择

散热设计的两个主要组成部分是散热片和热界面材料（TIM）。根据功率密度、可用空气流量和成本等设计要求，散热片的材料成分、尺寸和几何形状可能会有所不同。散热片的热阻随体积、材料、气流、基板厚度和散热片几何形状变化很大。散热片鳍的几何形状的关键考虑因素包括高度、宽度，底板的间距、角度和与衬底的连接方法等[13-19]。一些常见的散热片配置包括以下几点：

1）挤压式鳍：线性鳍和底板被制成一个整体，这可能会限制鳍片的宽度和间距的选择[14-16]。

2）粘合式鳍：线性鳍片通过环氧树脂附着在底板上，这可能为鳍片的几何形状提供更多选择[16]。

3）铆齿式鳍：线性鳍片通过型锻连接到衬底底板从而无需环氧树脂[17]。

4）针式或横切式鳍：鳍为圆柱形（针式），或者为从底板上凸出的正方形（横切式），从而改善了表面积和自然对流气流[18]。

散热片几何结构的选择一部分取决于可用的空气流量。散热片的热阻与表面积和气流成反比。更宽的鳍间距可能会减少总表面积，但也可能会改善强制通风结构中的管道气流[15]。在没有来自风扇强制通风的自然对流结构中，热阻与每个散热片长度上的热梯度产生的气流密切相关。自然产生的气流穿过散热片，通过对流散热，辐射也起到了补充作用。对于自然对流散热设计，如果给定散热片体积，垂直定向的针式或横切式鳍的散热片可以提供最佳的热阻[18]。更高级的散热片选项包括嵌入式热管或液冷板，它们利用内部流体流动来提高散热片的性能[17]。

在散热片的底板和热源的接触面之间，导热材料通常用于降低界面的热阻。这种TIM可以是固体垫、液体间隙填充剂、导热油脂或相变材料。在许多应用中，散热片必须与变换器隔离，这就需要高体积电阻率和高介电击穿电场的热绝缘材料。可以使用固体和液体TIM的组合，例如每侧有一层薄层油脂垫片，可提供足够的电绝缘性和机械支撑，同时填充空气间隙以降低热阻。

表6.1列出了这些TIM的一些实例。大多数数据表规定了材料的热导率，可用于计算给定体积材料的热阻。TIM焊盘的数据表还可以根据面积和施加压力来定义热阻，同时还要考虑焊盘两个表面的热粘合（表面润湿）以及机械压缩的影响。表6.1列出了每个实例的规定热导率，以及每$10mm^2$面积和1mm厚度下未压缩和50psi㊀压缩的热阻，还列出了体积电阻率和介电强度。

表6.1 商用热界面材料（TIM）的实例

制造商/产品编号	规格	热导率	$10mm^2$面积、1mm厚度的热阻		体积电阻率	介电强度
			未压缩	50psi压缩		
Bergquist Sil - pad 400[19]	硅胶垫	0.9W/(m·K)	未指定	409℃/W	$10^{11}\Omega\cdot m$	20kV/mm
Wakefield - vette120[20]	硅脂	0.735W/(m·K)	136℃/W	N/A	$5\times10^{12}\Omega\cdot m$	9kV/mm
Bergquist GF4000[21]	液隙填料	4.0W/(m·K)	25℃/W	N/A	$10^{10}\Omega\cdot m$	18kV/mm
t - Global TG - X[22]	超软硅胶垫	12.0W/(m·K)	19℃/W	8℃/W	$10^{9}\Omega\cdot m$	12kV/mm
t - Global TG - S606P[23]	硅脂	8.0W/(m·K)	12.5℃/W	N/A	$10^{12}\Omega\cdot m$	未指定
Silicon Labs Si8273/4/5[24]	相变材料	3.8W/(m·K)	未指定	0.8℃/W	$3\times10^{10}\Omega\cdot m$	未指定

从这些数据中可以清楚地看出，各种TIM适用于不同的应用。即使在硅基导热垫片的选择中，电阻也可以根据材料的特性而变化50倍[19,22]。其他高级解决方案，如相变材料，对于某些应用来说可能是很好的选择，但有些并不能承受高电压[24]。

6.3.2 用于底部冷却的散热片附件

对于传统的底部冷却（如PQFN）器件，向下穿过PCB的热阻是主要的热通量路径。这通

㊀ 1psi = 6.895kPa，后同。

常需要多个导热孔或铜嵌体，以改善通过 PCB 的热流[25]。在另一侧，通常会增加散热片，以降低 PCB 与环境之间的热阻，如图 6.7 所示。

底部冷却技术存在一些技术挑战：首先，对于第 4 章中讨论的最佳垂直功率回路布局，散热孔或铜嵌体可能会阻塞返回路径；第二，散热孔和铜嵌体可能需要更昂贵的 PCB；第三，为了将散热片平齐地安装在 PCB 上，电路板的底部通常没有填充。如果电路板底部的组件干扰散热片的连接，可以铣削散热片以容纳它们，或者可以使用更厚的 TIM 层。这些选项中的任何一个都会影响热设计的成本和性能。

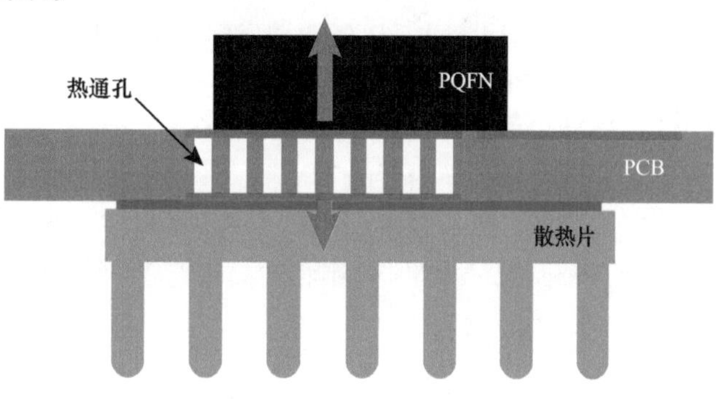

图 6.7 安装在 PCB 上的 PQFN 封装器件的横截面图，该器件带有用于底部冷却的散热片和散热通孔

6.3.3 用于多边冷却的散热片附件

对于芯片级 GaN 晶体管，热量可以从器件的顶部、底部甚至侧面发散。大量热量仍然需要通过焊料条或焊料块散到所连接的铜区域和 PCB 的相邻层。但是在这种情况下，散热片和 TIM 可以直接连接到晶体管外壳的顶部，如图 6.8 所示，这样就提供了一条更直接的散热路径，从而避免增加 PCB 通孔的热阻。

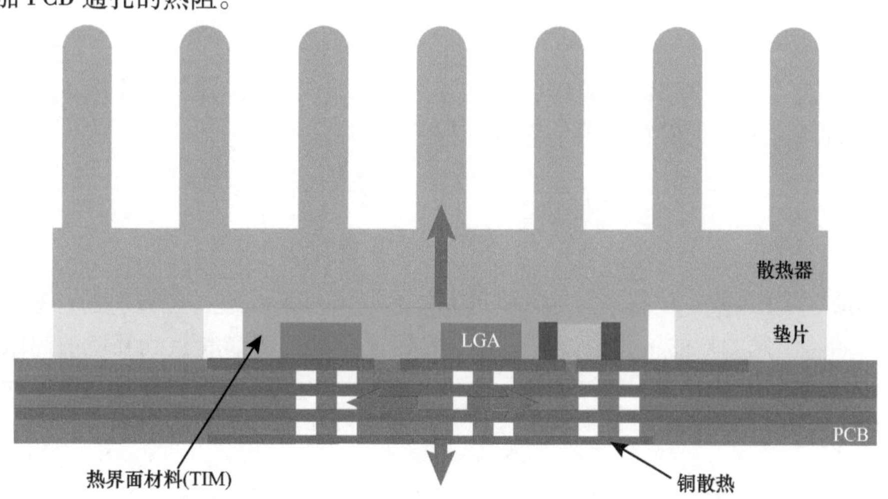

图 6.8 安装在 PCB 上的芯片级 LGA 器件的横截面图，该器件连接有用于顶面或六面冷却的散热片

通常，顶部安装的散热片在散热片和 PCB 之间还要使用软 TIM 以及某种形式的隔离层或填隙片。这些机械方面的考虑因素对于限制过度的力传递到器件上很重要，特别是在组装过程中，间隔层决定了散热片和 GaN 器件之间的最短距离。隔离层的高度应保持最矮，但必须足够高，以满足晶体管、隔离层以及附近其他组件（例如栅极驱动器和电容器）的高度和倾斜度的变化。推荐使用柔软而且高度可压缩的导热垫或液体填充物，因为这会限制机械应力并允许组

件之间有更大的高度公差。

顶部和底部的散热路径均应进行优化。首先，可以通过增加连接内部和外部铜层的散热孔（类似于底部冷却设计），以横向散发热量来降低从底板到环境的热阻。其次，可以通过以下三种方式之一来降低 TIM 电阻：

1）通过减小器件至散热片接口的厚度。

2）通过选择高导热性的 TIM。

3）通过将 TIM 放置在器件的所有侧面，而不仅仅是顶部。如图 6.9 所示，这减小了 $R_{\theta JC}$ 和 $R_{\theta CS}$ 的热阻，因为器件外围侧壁大大增加了器件的总表面积。液体间隙填充剂以这种方式实现六面冷却。

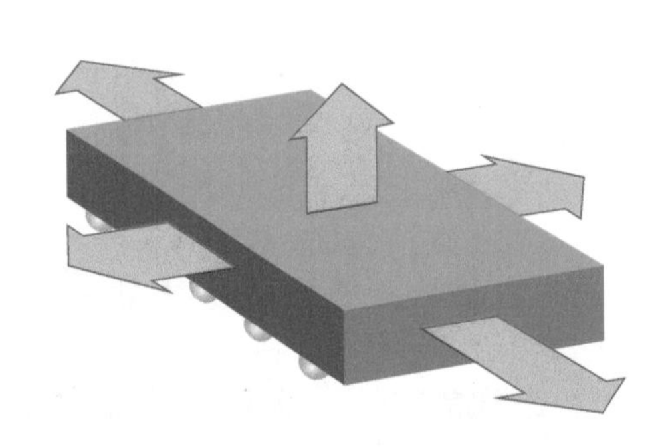

模具周长增加了额外的表面积

产品编号	模具面积/mm²	周界面积/mm²
EPC2001C EPC2015C	6.70	7.86
EPC2007C EPC2014C	1.85	3.82
EPC2010C	5.80	7.10
EPC2012C	1.57	3.60

图 6.9　显示芯片顶部和侧面表面积的 LGA GaN 晶体管示意图

进一步的改进可以通过利用双面散热、强制空气冷却、液体冷却以及使用特殊的 PCB 材料来实现，如直接粘合铜（DBC）[26] 或绝缘金属基板（IMS）。

6.4　系统级热分析

无论使用哪种散热解决方案，都可以使用等效热电路对系统进行建模。器件数据表中给出了器件热阻（$R_{\theta JC}$，$R_{\theta JB}$）的一些值。有些电阻因配置而异，例如底板到环境的热阻 $R_{\theta BA}$。散热片和 TIM 的热阻值可从其数据表中获取，而对流和辐射的热阻则取决于配置和尺寸，以及温度和方向。此外，在一个配置中考虑多个器件和热源会增加模型的整体复杂性。

6.4.1　具有分立 GaN 晶体管的功率级热模型

半桥电路是许多电力电子电路中常见的结构，在此用于 GaN 基功率级热建模实例。半桥电路由两个晶体管 Q_1 和 Q_2 以及辅助组件，例如栅极驱动器、调节器和无源组件组成。使用芯片级 GaN 晶体管的半桥功率级（例如降压变换器）的热行为分析可以用图 6.10 所示的集总参数等效电路建模。该模型包含了代表变换器中大多数重要热流路径的参数，如图 6.11 所示。此实例系统中的三个主要热源来自 Q_1、Q_2 和滤波电感的功率损耗。集总参数模型忽略了一些更复杂的热相互作用，例如将 PCB 温度和散热片温度都视为单个温度节点。实际上，这些元素之间都存在温度梯度。尽管有这些简化，等效电路模型仍可以对分析系统的热设计提供关键帮助。

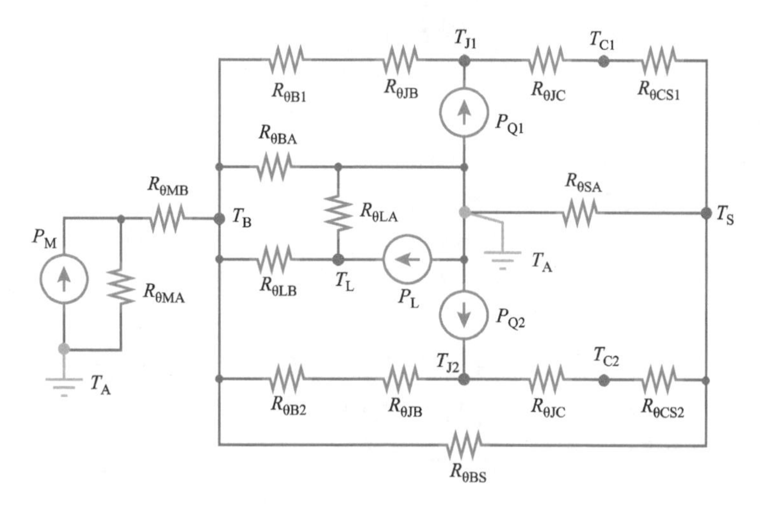

图 6.10　利用顶部冷却的半桥功率级热等效电路，功率损耗由两个分立的 GaN 晶体管、一个滤波电感和周围系统承担

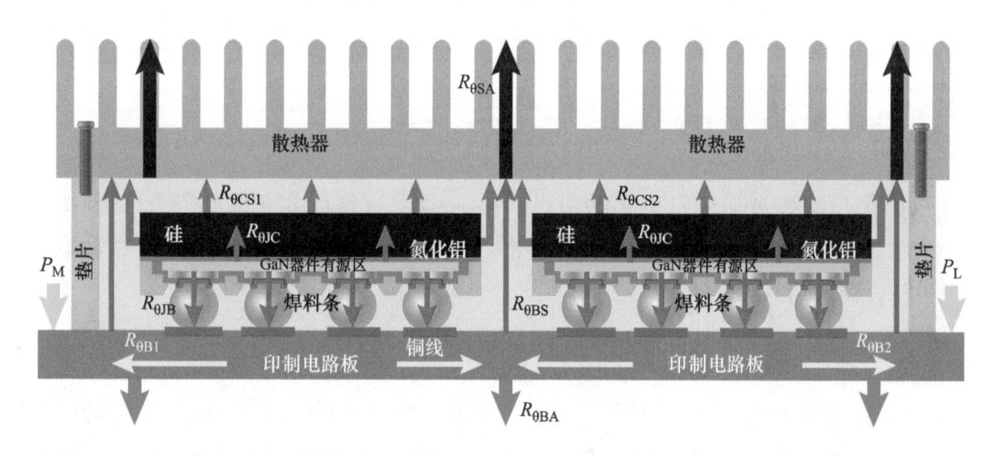

图 6.11　由两个芯片级晶体管和一个散热片组成的半桥电路横截面图，突出显示了对应于图 6.10 中等效电路的两个晶体管的物理热流路径，以及滤波电感和其他系统的热损耗

该模型中的温度节点可描述如下：

1）T_{J1}和 T_{J2}：每个芯片内有源 GaN 器件区域的 Q_1和 Q_2的结温。

2）T_{C1}和 T_{C2}：Q_1和 Q_2衬底顶部和侧面的外壳温度。

3）T_B：靠近两个晶体管的 PCB 上单一位置的电路板温度。这个温度的准确位置取决于它的测量位置，这会影响热阻的计算。

4）T_S：散热片上靠近两个晶体管的单个位置的散热片温度。与电路板温度相似，此决定将影响模型中产生的热阻。大多数散热片都会指定热阻，假设一个热源位于底板的中心，与鳍片相对的一侧。

5）T_L：滤波电感温度。

6）T_A：变换器周围空气的环境温度。

同样，此模型中的热阻表示以下物理热路径：

1）$R_{θJC}$：每个芯片内有源 GaN 器件区域到衬底的外表面之间的热阻。

2）$R_{θJB}$：介于每个芯片内的有源 GaN 器件区域和焊料块/条的正下方的 PCB 之间热阻。

3）$R_{θB1}$和$R_{θB2}$：每个晶体管焊料块或焊料条正下方的 PCB 与 PCB 上指定为T_B的位置之间的热阻。从物理上讲，这些热阻代表热梯度陡峭的焊点附近 PCB 中的热扩散。

4）$R_{θCS1}$和$R_{θCS2}$：每个晶体管衬底和散热片的接触面之间通过 TIM 路径的热阻。

5）$R_{θBS}$：T_B和散热片表面之间路径的热阻，如果存在热路径（如 TIM 沉积在整个 PCB 上）。

6）$R_{θBA}$：T_B和环境之间的热阻。该参数模拟热量如何从焊点扩散到整个 PCB，然后通过对流和来自 PCB 表面积的辐射传递到周围的空气中。

7）$R_{θSA}$：散热片和环境之间的热阻。此参数模拟散热片通过对流和辐射将热量传递给周围空气的效果。

8）$R_{θLB}$：滤波电感通过电感的焊盘到电路板之间的热阻。

9）$R_{θLA}$：过滤感应器通过感应器暴露表面到周围空气之间的热阻。

10）$R_{θMB}$和$R_{θMA}$：这些热阻考虑了功率级和任何其他系统损耗之间通过 PCB 的热耦合。

最后，功率损耗作为电流源，表示如下：

1）P_{Q1}和P_{Q2}：晶体管功率损耗。

2）P_L：滤波电感功率损耗。

3）P_M：如果功率级被集成到更大的板设计中，该参数说明主板上的任何其他损耗源。在分立功率级中，这可能代表控制器、栅极驱动器、传感器和调节器中的损耗，尽管这些损耗在某些设计中可以忽略不计。

6.4.2　具有单片 GaN 集成电路的功率级热模型

对于单片 GaN 集成电路，两个或多个 GaN 晶体管制造在同一衬底上，并且可以共用多个相同的焊料点，从而在$R_{θJC}$和$R_{θJB}$路径中将这些晶体管进行热耦合。图 6.12 显示了与图 6.10 相同的系统模型，该模型经过修改，如果使用半桥集成电路而不是两个分立晶体管，显示了 Q_1 和 Q_2结之间的热耦合。两个晶体管的功率损耗通过相同的热路径耗散，而两者之间的结温偏差非常小。基于 EPC2105 非对称半桥集成电路工作期间的红外（IR）观察结果显示在参考文献［3］中，对这种热耦合进行了实验验证。

图 6.13 显示了在同步降压变换器中，与一对类似的分立晶体管相比，使用半桥集成电路的潜在散热效果。在本例中，Q_1和Q_2的结温理论上是在环境温度为 25℃ 的情况下计算，并假设 PCB、散热片和 TIM 的热阻足够低，可以忽略不计。在图 6.13a 中，EPC2105 在 Q_1和 Q_2中的功率损耗各为 10W，总功率损耗为 20W[27]。作为比较，图 6.13b 显示了相同工作条件下由 EPC2052（Q_1）和 EPC2029（Q_2）晶体管组成的分立半桥集成电路[28,29]。分立晶体管的组合芯片面积和电气参数与 EPC2105 半桥集成电路相似。在分立器件的实例中，Q_1和 Q_2的结温分

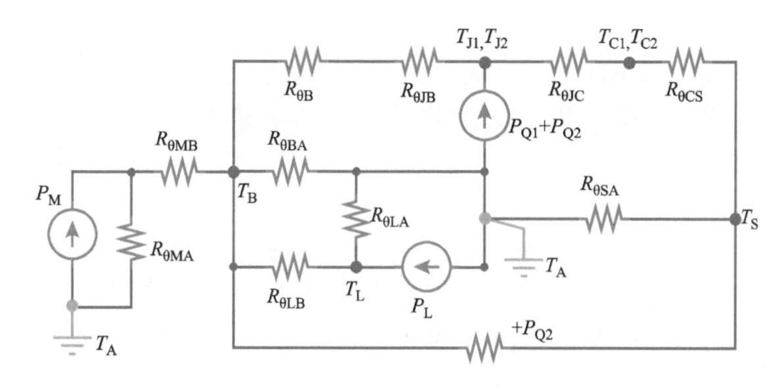

图 6.12 利用顶部冷却的半桥集成电路功率级热等效电路，功率损耗由一个半桥 GaN 集成电路、滤波电感和外围系统耗散组成

别为 43℃和 29℃。对于集成电路示例，两个晶体管结温均为 32℃。尽管同步开关晶体管 Q_2 的工作温度比它高 3℃，但硬开关晶体管 Q_1 的工作温度比它低 11℃，这对系统中的最高芯片温度是一个重大改进。

在实际系统中，PCB、散热片和 TIM 的热阻是不可忽略的，这意味着，因为 PCB（$R_{\theta B1}$ 和 $R_{\theta B2}$）和通过 TIM（$R_{\theta CS1}$ 和 $R_{\theta CS2}$）的热路径不同，两个离散的晶体管结温可能会有更大的差异。此外，如果开关频率相对较高，则硬开关晶体管 Q_1 的功率损耗可能会高于同步开关晶体管 Q_2，并且单片 GaN 集成电路相对于分立晶体管的散热效果会更加明显。

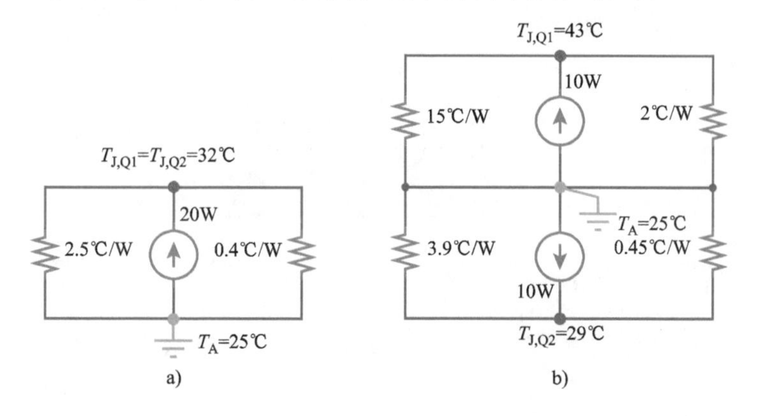

图 6.13 由 a）两个分立的 GaN 晶体管和 b）一个 GaN 集成电路组成的不对称半桥热耦合比较实例，两个分立的晶体管具有相似的总芯片面积和热阻

6.4.3 多相系统的热模型

可以将基于 GaN 半桥的开关变换器扩展到多相系统，以相同功率密度条件下提供更高的功率处理能力。一个例子是参考文献［30］中的 48V－12V 系统，它由五个并行交错的同步降压变换器组成[31]。相比之下，多相解决方案的开关频率较低，滤波电感较大，因此温度升高略低。但是，五相和单相变换器的热极限相似，为每相 10A。

图 6.14 显示了一个五相系统的热等效电路，仅显示了整个系统之间共享的各个相的热参

数。如果未连接散热片，则仅通过 PCB 进行热耦合，每个相都可以使用靠近半桥的 PCB 温度 T_{B-PX}进行建模。每个相还都用其自身的底板对环境热阻建模。只要每个相的铜面积具有相同的几何形状和空气流量，则每个 $R_{\theta BA}$都应当相同，并且大约等于单相作为单独的分立模块的 $R_{\theta BA}$。每个底板温度通过 $R_{\theta B-PP}$热耦合到相邻相。如果在完全对称的系统中所有五个相均以相同的功率损耗运行，则不会有热量流过 $R_{\theta B-PP}$。但是，如果一个相比其他相产生更多的功率损耗，则其中一些热量将扩散到其他相中。同样要注意的是，图 6.14 所示的电路是根据板上的相数确定的，而不是根据工作的相数确定的。因此，即使只有三相起作用，五相系统的等效电路也将相同。在这种情况下，两个非运行状态的相仍将由它们的邻居加热，并且三个运行状态的情况将比五个都运行的情况温度更低。

如果将散热片连接到多相系统的顶部，同样的原理也适用。散热片可以建模为五个独立的散热片，其中每个相的热阻大致相同，但散热片温度 T_{S-PX}将被热阻 $R_{\theta S-PP}$耦合，如图 6.14 所示。该耦合电阻的值在很大程度上取决于散热片的材料成分和底板厚度，就像 $R_{\theta B-PP}$的值取决于 PCB 的成分和布局一样。

实际上，多相系统可能不像图 6.14 所示的那样是热对称的。气流不平衡或连接的铜线差异会导致某些阶段的电路板环境不同。同样，由于表面积和气流的差异，最外面的相可能具有较低的散热片到环境的热阻。

当变换器作为更大主板的一部分时，这种多相缩放更加复杂。如果主板具有固定的面积，则每个增加的相都占用了部分可用的板到环境的热路径，并且可能会增加每个阶段的有效 $R_{\theta BA}$。同样，某些相可能会热耦合到主板上的其他损耗源，具体取决于它们的物理位置和铜线的布局。

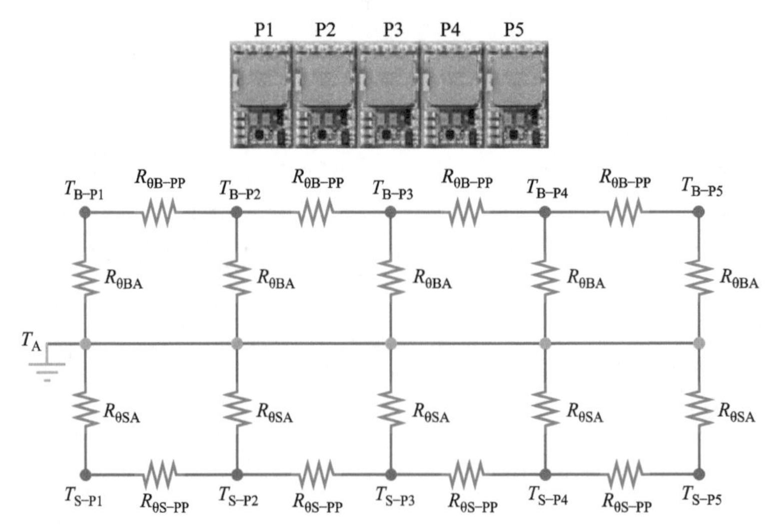

图 6.14　五相降压变换器[30,31]照片及其热等效电路，突出显示了通过 PCB 和散热片的耦合

6.4.4　温度测量

在线温度测量是温度建模和设计的重要数据来源，其中结温通常是最难测量的，其他温度测量包括周围空气的环境温度、每个晶体管的外壳温度、电路板温度和散热片温度。图 6.15

显示了顶部安装散热片的半桥变换器的内在温度测量。

参考文献［32］将电子设备的温度测量分为三类。

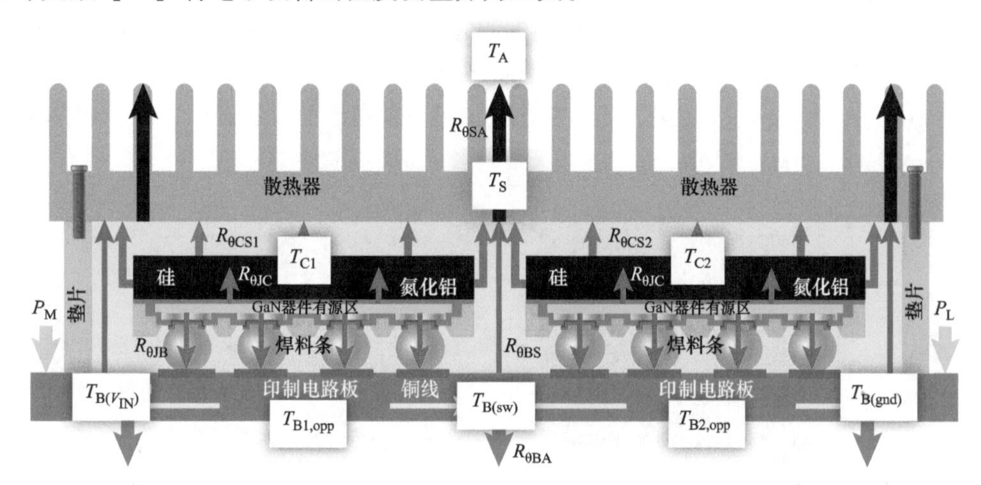

图 6.15 带有散热片的半桥功率级中内在温度传感器位置横截面图

6.4.4.1 光学测量

光学红外热像仪是一种非常常见的温度测量方式。光学红外测量的主要特点是可接近式。如果 PCB 或晶体管埋在 TIM 中或被散热片覆盖，则无法直接使用热像仪进行测量。红外测量的精度很大程度上取决于被测表面的发射率。发光的金属表面的发射率通常为 0.1 或更低，红外测量精度最高的被测目标发射率为 0.7 或更高。为了缓解这个问题，可以向被测物添加各种高发射率材料，例如磨砂的黑色电工胶带、聚酰亚胺薄膜胶带、白色涂改液和非金属涂料。参考文献［33］中演示了发射率误差，其中用热像仪观察了金属封装的专用集成电路（ASIC）。裸封装的读数为 27.5℃，而顶部具有聚酰亚胺胶带的 ASIC 测量值为 43.9℃。假设环境温度为 25℃，则与具有胶带的更高被测目标发射率相比，对 ASIC 直接进行红外测量会低估其 87% 的温升。

6.4.4.2 物理接触测量

物理接触式温度传感器技术可用于电子电路的测量中。热电偶和电阻温度检测器（RTD）可用于环境温度测量。而对于嵌入式 PCB 的温度测量，使用热敏电阻或基于半导体的传感器更为常见。重要的是要注意，传感器测量的是其传感元件的温度，而不是其所附着表面的温度。传感器的安装应确保传感元件与被测目标表面之间紧密的热接触，同时还应限制与其他表面的热接触。一些传感器制造商建议将传感器的接地终端焊接到 PCB 上被测目标测量点上，并在相同温度下用铜将其包围[34,35]。如果使用热通孔，则可以将传感器放置在 PCB 的另一侧，或者直接放置在晶体管旁边，即与器件漏极或源极相同的铜区域上[34-36]。图 6.15 展示了在半桥式电路板上放置接触式传感器的情况：靠近接电源晶体管的漏极焊盘（$T_{B(V_{IN})}$），位于开关节点处（$T_{B(sw)}$），靠近接地晶体管的源极焊盘（$T_{B(gnd)}$），或者位于与任一晶体管相对的 PCB 相对侧。最佳测量点取决于变换器的热设计以及 PCB 的电气布局。图 6.16 显示了一个使用 EPC2206 的 GaN 晶体管，而未连接散热片的五相 48V－14.6V 变换器的 PCB 温度测量实例。板载温度传感器 AD590[37]具有可焊接的温度感应焊盘，该焊盘与其电气输出端进行了电气隔离。

传感器的顶部和侧面也用塑料包裹，以使其与周围环境热隔离。AD590 直接位于接地晶体管的旁边，检测焊盘焊接至接地晶体管源极（接地层）。传感器检测的温度与热像仪测量的传感器外壳温度相同，并且与 V_{in} 和接地层附近的铜也相同。但是，红外（IR）测量测得的 Q_1 和 Q_2 的外壳温度高于测得的电路板温度。这种差异是由于器件功率损耗通过晶体管结到板的热阻 $R_{\theta JB}$ 以及散热热阻 $R_{\theta B1}$ 和 $R_{\theta B2}$ 的损耗造成的，在这种情况下，由于没有连接散热片，散热热阻 $R_{\theta B1}$ 和 $R_{\theta B2}$ 远远大于通过 $R_{\theta JC}$ 的热流。

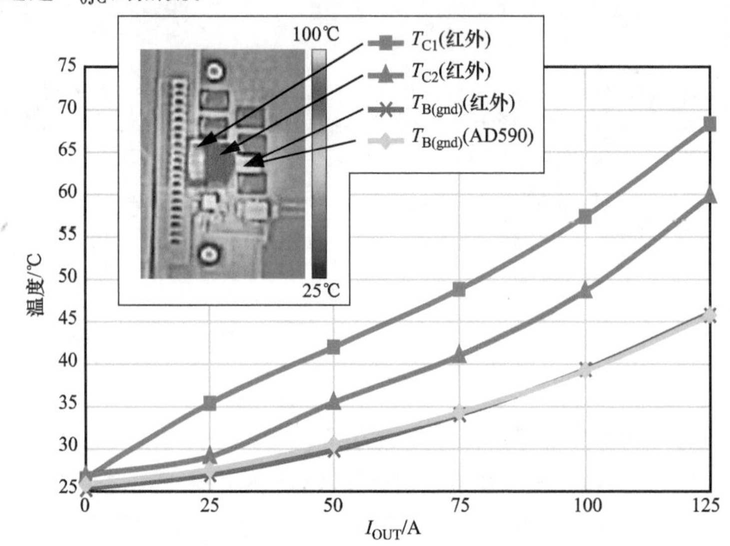

图 6.16 五相降压变换器一相的红外和接触温度测量比较，工作频率为 250kHz，输入电压为 48V，输出电压为 14.6V。插图显示了 125A 条件下的红外图像

6.4.4.3 温度敏感电气参数测量

最后一个温度检测项是对结温的最精确测量，因为它依赖于被测设备（DUT）的温度敏感电气参数（TSEP）[32,38,39]。这些 TSEP 可能包括阈值电压，体二极管的反向电压降或动态开关时间。GaN 晶体管最常用的 TSEP 是导通电阻。在参考文献［39，40］中，发现 $R_{DS(on)}-T_J$ 特性是稳态条件下结温的可靠指标。但是由于 V_{DS} 会经历较大的电压摆幅，因此在工作的变换器中动态测量 $R_{DS(on)}$ 非常具有挑战性，这是使用 $R_{DS(on)}$ 作为温度指示器的最大限制。

这种温度传感检测方案还要求结温和导通电阻之间具有已知关系。如图 2.6 所示，将一个器件放置在受控的热室中并监视 $R_{DS(on)}$ 与温度之间的关系即可得出对应的函数关系。借助每个器件的温度和导通电阻之间的明确关系，可以在稳态条件下对系统进行加热，以便可以检测电路内导通电阻，从而用实验表征热等效电路，这将在下一节中讨论。

6.4.5 实验表征

图 6.17 显示了一个热等效电路实例，该实例以无散热片冷却的方式将两个器件安装在同一个板上。可以使用 6.4.4 节中所述的技术，通过接触式温度传感器或红外热像仪来测量电路板温度和外壳温度。同样，可以使用 TSEP（例如 $R_{DS(on)}$）来计算结温。如果将气流施加到 PCB 的相反侧而不是顶部，则可以完全忽略外壳和环境之间的热路径（$R_{\theta CA}$），并且可以假定

所有热量都流过 $R_{\theta JB}$。因此，结温和外壳温度应相等。该测试可用于校准每个 DUT 的 $R_{DS(on)}-T_J$ 特性。此外，热电阻 $R_{\theta JB}$ 可以通过温度测量和功率损耗实验值计算得出：

$$R_{\theta JB}=\frac{T_{J,Q1}-T_B}{P_{Q1}}-R_{\theta B1}=\frac{T_{J,Q2}-T_B}{P_{Q2}}-R_{\theta B2} \tag{6.3}$$

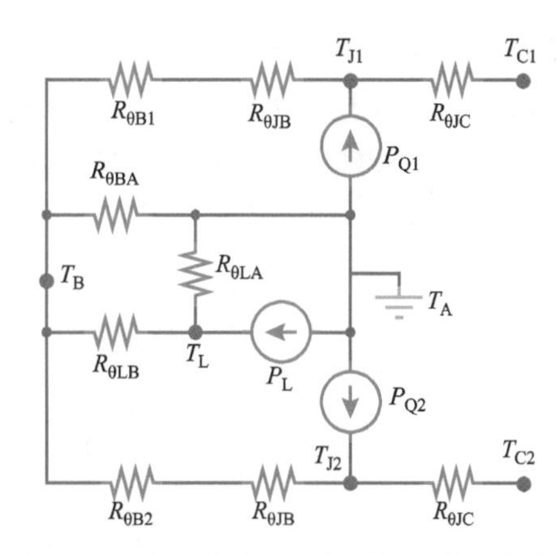

图 6.17 仅具有底部冷却系统的降压变换器热等效电路（顶部没有散热片）

为了提取器件的结到板的热阻，必须在非常靠近 DUT 的漏极和/或源极焊盘的位置测量板温度，以最大限度地减小扩散热阻 $R_{\theta B1}$ 和 $R_{\theta B2}$ 的影响。通过独立地改变电路中三个主要损耗因素（Q_1、Q_2 和滤波电感 L）中的每一个功率损耗，可以采用类似的技术来表征图 6.17 中的剩余热阻。图 6.18 详细说明了用这种方法表征的一个测试实例[40]。在该测试中，两个晶体管 Q_1 和 Q_2 同时导通，并提供稳态栅极电压 $V_{GS,Q1}$ 和 $V_{GS,Q2}$。这些栅极电压的变化会导致两个晶体管之一呈现出比另一个的 $R_{DS(on)}$ 高，因此在相同的输入电流 I_{IN} 下会产生更多的功率损耗。测量每个晶体管的漏源电压以及输入电流，可同时获得每个晶体管的功率损耗（P_{Q1} 和 P_{Q2}）以及导通电阻，从而可以确定结温。在该实例中，两个晶体管之间唯一共享的热阻是 $R_{\theta BA}$。当仅仅另一个晶体管（例如 Q_2）的损耗增加时，可以通过测量一个晶体管（例如 Q_1）的结温升高来确定：

$$R_{\theta BA}=\frac{\Delta T_{J,Q1}}{\Delta P_{Q2}} \tag{6.4}$$

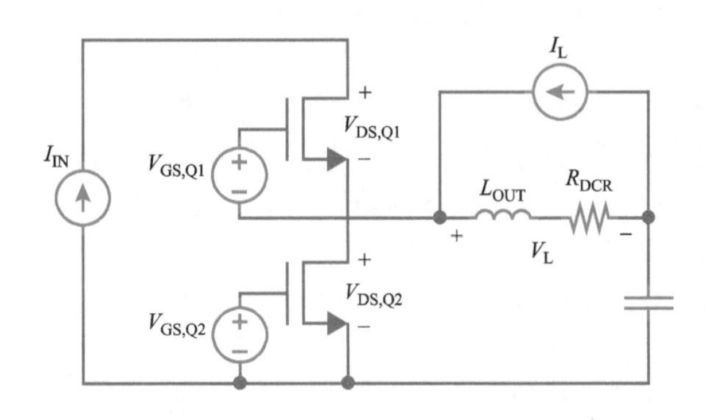

图 6.18 GaN 晶体管降压变换器在线热特性测试电路实例

通过保持 I_{IN} 不变的同时改变 I_L，可以使用相同的技术来确定与滤波器电感有关的热阻。根据可用电流和电压源的数量，可以使用此测试来设置许多变化。

当散热片连接到外壳顶部并从接合处向多个方向散热时，图 6.17 所示的等效电路不再有效，图 6.10 所示的更复杂的等效电路会更好地描述这个系统。表征该系统中的所有参数并不是不可能，但是很困难。向系统中添加许多温度传感器有时会产生不利的影响，如中断热量流动并降低系统的热性能，尤其是在 GaN 的高密度功率级电路中。因此，有时简化版的表征电路更方便，如图 6.19 所示。该电路中的参数与系统的任何物理特性均不相关，并且温度 T_X 并不代表特定位置的温度。但是，仅使用图 6.18 所示的测试电路，而无须使用嵌入式温度测量，就可以根据简化的等效电路，通过实验表征复杂的系统[40]。

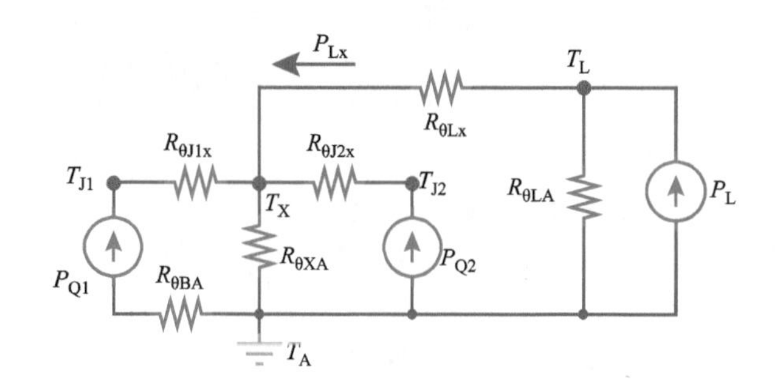

图 6.19　降压变换器的简化热等效电路，其中相对于公共点 T_X 集总所有耦合电阻[40]

6.4.6　应用实例

参考文献［40，41］中介绍了一种将顶侧散热片机械连接到高密度降压变换器的综合方法，分析了具有或不具有散热片的变换器详细热特性。图 6.20 演示了组装该实例热设计的过程。

1）一个薄的塑料垫片被切割环绕功率电路平台的三面。此垫片的高度设置为 1.02mm，略高于晶体管。钻出螺钉孔并在 PCB 上攻丝，以固定垫片和散热片。

2）液体间隙填充剂（GF4000）沉积在垫片包围的区域中。

3）将一个超软导热垫（TG－X）切成垫片的内部尺寸，并连接到 10mm×15mm×15mm 横切式散热片的底面上。

4）将散热片向下压到塑料垫片上，其位置使散热片与垫片齐平安装，并且在散热片和垫片之间没有任何固体或液体 TIM。拧紧螺钉，以将散热片牢固地连接到 PCB 上，同时垫片消除了安装的机械应力。此步骤导致多余的液体间隙填充剂从散热片下方挤出，并且该压力迫使间隙填充剂穿过 PCB 的不平整表面进入空气间隙。

5）从 PCB 上清除多余的间隙填充剂。几个小时后，液态填充剂固化成固态，组装完成。

图 6.21 显示了本例中每个 EPC2045 GaN 晶体管作为 700kHz、48V－12V 同步降压变换器工作时的结温升高情况。使用 800 LFM 强制空气将环境温度保持在 25℃。假设每个晶体管的最高允许温度比环境温度高 100℃，那么增加散热片会使变换器的输出电流能力从 12A 增加到 19A，增加了达 60%。由于与半桥电路的紧密接触，在本实例中，还考虑了 Vishay IHLP 系列输出滤波电感器的热影响[41]。

作为第二个实例，使用两个 EPC2206 GaN 晶体管和一个板外滤波电感器将 45mm×45mm×25mm 横切式散热片连接到较大的功率级。在此实例中，仅使用 TG－X 导热垫连接了散热片，没有液体间隙填充剂。图 6.22 显示了此功率级以及每个晶体管作为 125kHz、48V－12V 同步降压变换器工作时的结温升高情况。在这种情况下，每个晶体管的最大允许温升被限制在仅比环

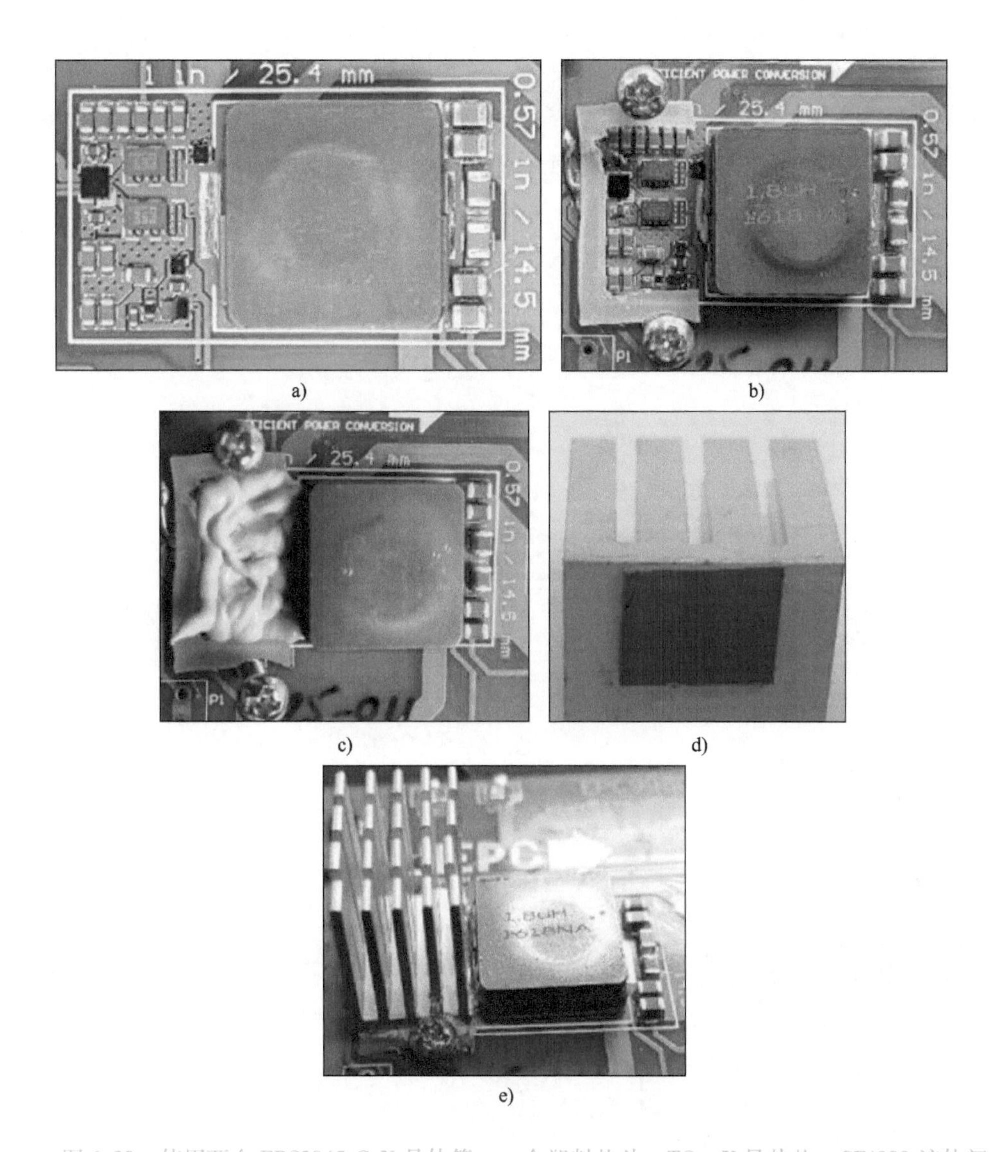

图6.20 使用两个 EPC2045 GaN 晶体管、一个塑料垫片、TG - X 导热垫、GF4000 液体间隙填充剂、10mm×15mm×15mm 横切式散热片和机械连接螺钉的高密度降压变换器模块散热连接实例：a）不具有散热片的 PCB；b）安装塑料垫片和连接螺钉；c）沉积的液态间隙填充剂；d）附着在散热片底部的 TIM 焊盘；e）组装完成[40,41]

境温度高 60℃，并且有 800 线性英尺/min（LFM）的强制空气。散热片的增加使输出电流能力从 25A 增加到 50A[41]。

参考文献［36］给出了顶部散热片附件的第三个实例，如图 6.23 所示。功率级由四个并联的半桥电路组成，每个半桥由两个 EPC2047 GaN 晶体管组合而成（总共八个晶体管）。本实例使用尺寸为 65 mm×64 mm×18 mm 的挤压式散热片，该散热片通过液体间隙填充剂（GF3500S35）和有机硅 RTV 粘合剂混合连接到 PCB 的顶部。PCB 和散热片之间的间距借由

1.55mm 的垫片来设置实现，该垫片在间隙填充剂和 RTV 处于液态时临时安装在散热片的周围。两种材料均固化成固态后，将垫片去掉，并由间隙填充剂和散热片角处的 RTV 保持 1.55mm 间隙。图 6.24 展示了作为 200kHz、140V－28V 同步降压变换器工作时热性能的改善。在约 200 LFM 的强制空气，最高温度比环境温度高 100℃的条件下，安装散热片可使最大输出电流增加 3 倍，即从 11A 增至 34A。

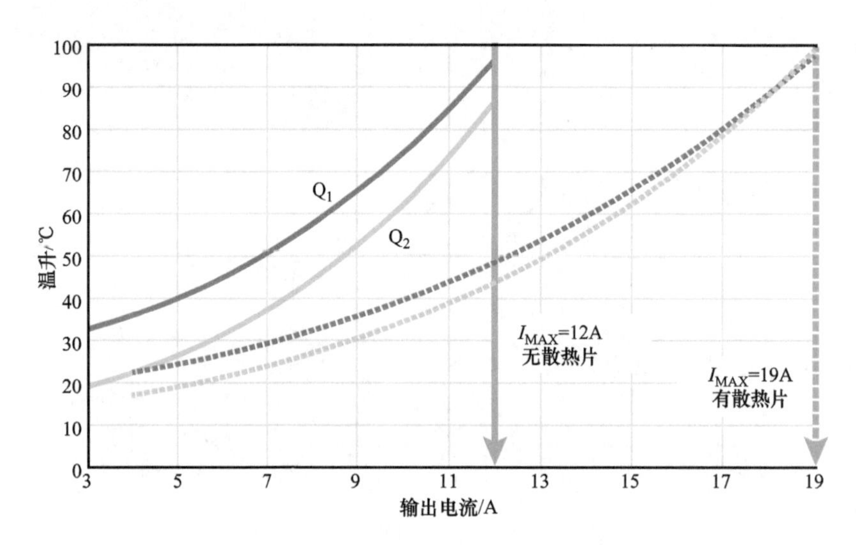

图 6.21　图 6.20 中的晶体管在散热片连接前后的温升，晶体管的截止温度为 100℃[40,41]

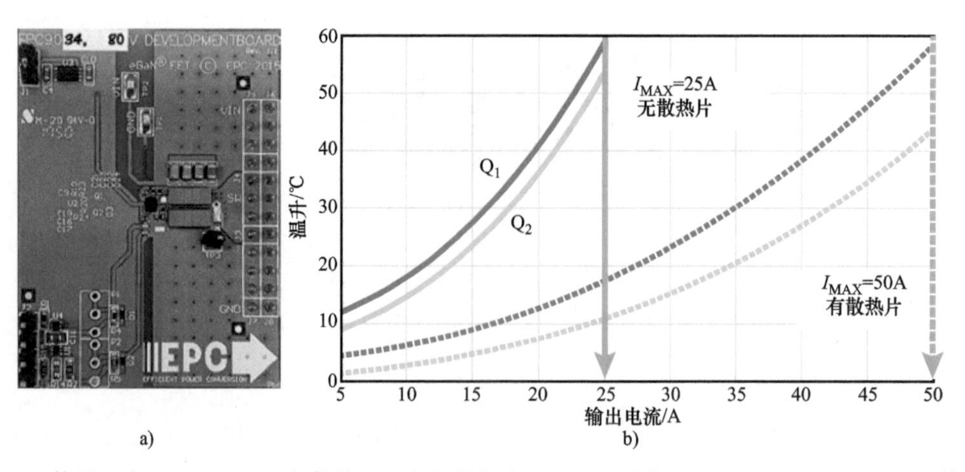

图 6.22　使用两个 EPC2206 GaN 晶体管、一个塑料垫片、TG－X 导热垫和 45mm×45mm×25mm 横切式散热片的连接实例。a）用于热评估的 PCB；b）散热片连接前后的晶体管温升，任一晶体管的截止温升为 60℃[40]

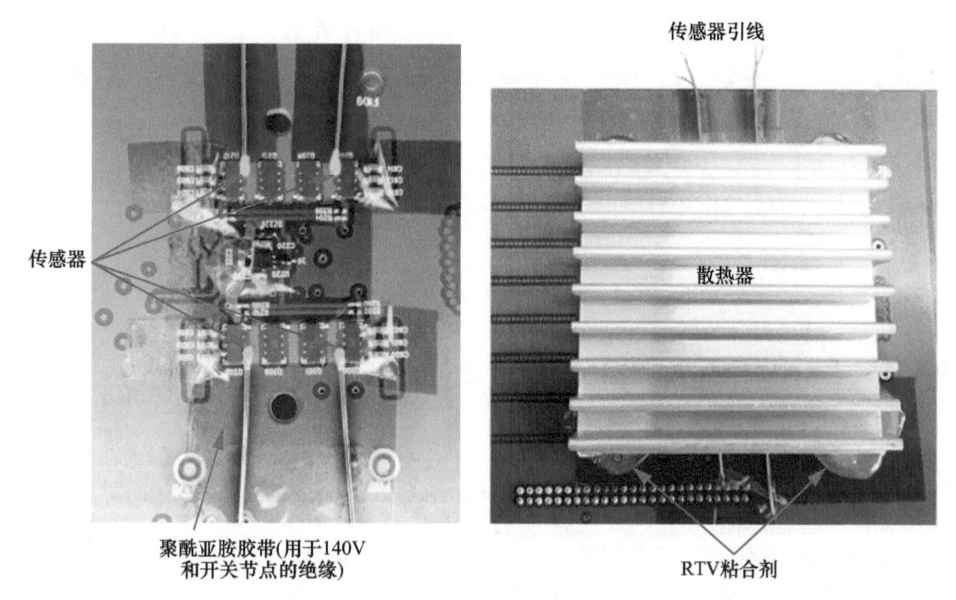

图 6.23 降压变换器模块的散热片连接实例，使用 8 个 EPC2047 GaN 晶体管、GF3500S35 液体间隙填充剂、65mm×64mm×18mm 挤压式散热片和 RTV 粘合剂[36]

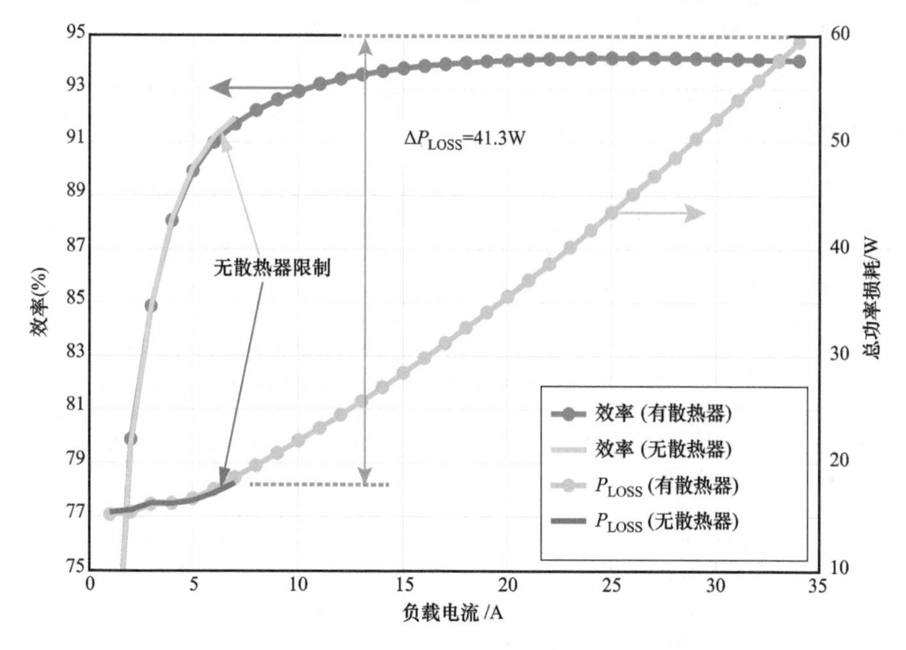

图 6.24 图 6.23 中电路的系统效率和功率损耗，突出显示了有无顶部安装散热片时受热限制最大的输出电流[36]

6.5 本章小结

本章回顾了 GaN 晶体管、集成电路和 GaN 基开关变换器的热管理注意事项，解释了器件数据表中通常包括的热特性，例如热阻和瞬态热阻，讨论了底部冷却和多面冷却的热设计方案，包括散热片和TIM的选择，以及散热片连接的主要设计方案。另外还定义了一些基于GaN器件的变换器的热模型，包括一个单独的功率级和一个带有或不带有散热片的多相变换器。回顾了用于温度测量的典型选项。最后，本章给出了芯片级GaN晶体管热设计的三个应用实例，从单个高密度降压变换器到具有更高电压、更大晶体管和更大散热片的大型变换器。

第7章将详细分析硬开关拓扑，例如使用GaN晶体管的高频降压变换器的硬开关拓扑。

参考文献

1 Infineon (2007). BSC035N10NS5 datasheet, September 2007. https://www.infineon.com/dgdl/Infineon-BSC035N10NS5-DS-v02_01-EN.pdf?fileId=5546d4624ad04ef9014ae8b5f3bc1b6f.

2 International Rectifier (2010). DirectFET© technology thermal model and rating calculator. Application note AN-1059, September 2010. https://www.infineon.com/dgdl/an-1059.pdf?fileId=5546d462533600a401535591e1940fc6.

3 Reusch, D., Strydom, J., and Lidow, A. (September 2016). Thermal Evaluation of Chip-Scale Packaged Gallium Nitride Transistors. *IEEE J. Emerg. Sel. Top. Power Electron.* 4 (3): 738–746.

4 Efficient Power Conversion Corporation (2018). EPC2001C datasheet, October 2018. https://epc-co.com/epc/Portals/0/epc/documents/datasheets/EPC2001C_datasheet.pdf.

5 Efficient Power Conversion Corporation (2018). EPC2014C datasheet, October 2018. https://epc-co.com/epc/Portals/0/epc/documents/datasheets/EPC2014C_datasheet.pdf.

6 Infineon (2014). BSF134N10NJ3 G datasheet, January 2014. https://www.infineon.com/dgdl/Infineon-BSF134N10NJ3_G-DS-v02_06-en.pdf?fileId=db3a30432e779412012e7afa4a6c3834.

7 Infineon (2019). BSB012N03LX3 G datasheet, November 2009. https://media.digikey.com/pdf/Data%20Sheets/Infineon%20PDFs/BSB012N03LX3G.pdf.

8 Alpha & Omega Semiconductor (2012). AON7280 datasheet, December 2012. http://www.aosmd.com/pdfs/datasheet/AON7280.pdf.

9 Infineon (2014). BSZ075N08NS5 datasheet, May 2014. https://www.infineon.com/dgdl/Infineon-BSZ075N08NS5-DS-v02_01-en.pdf?fileId=5546d461454603990145ccd5743e61f8.

10 Texas Instruments (2010). CSD16323Q3C datasheet, August 2010. http://www.ti.com/lit/ds/symlink/csd16323q3c.pdf.

11 Texas Instruments (2010). CSD16321Q5C datasheet, May 2010. http://www.ti.com/lit/ds/symlink/csd16321q5c.pdf.

12 Infineon (2014). BSC010N04LS datasheet, June 2014. https://www.infineon.com/dgdl/Infineon-BSC010N04LS-DS-v02_02-EN.pdf?fileId=db3a3043353fdc16013552c1c63647c4.

13 Texas Instruments (2011). Understanding thermal dissipation and design of a heatsink, May 2011. http://www.ti.com/lit/an/slva462/slva462.pdf.

14 Lee, S. (1995). How to select a heat sink, June 1995. https://www.electronics-cooling.com/1995/06/how-to-select-a-heat-sink#.

15 Edmunds, L. (2018). Heatsink characteristics, AN-1057, December 2018. https://www.infineon.com/dgdl/an-1057.pdf?fileId=5546d462533600a401535591d3170fbd.

16 On Semiconductor (2015). Heat sink selection guide for thermally enhanced S08-FL, AND9016/D, February 2015. https://www.onsemi.com/pub/Collateral/AND9016-D.PDF.

17 Mersen (2018). Cooling of power electronics, June 2018. https://ep-us.mersen.com/

fileadmin/catalog/Literature/Brochures/BR-Cooling-of-Power-Electronics-Brochure.pdf.

18 Advanced Thermal Solutions, Inc. (2010). Heat sink selection methodology in electronics cooling, December 2010. http://www.qats.com/Qpedia-Article/Qpedia_Dec10_HS_Selection_Methodology.

19 Ning, P., Li, G., Wang, F., and Ngo, K. (2008). Selection of heatsink and fan for high-temperature power modules underweight constraint. *Proceedings of the IEEE Applied Power Electronics Conference and Exposition (APEC)*, Austin, TX (2008), 192–198.

20 Bergquist (2015). Sil-pad® 400 datasheet, January 2015. https://thermal.henkel-adhesives.com/files/downloads/datasheets/PDS-SP-400-HENKEL-0615.pdf.

21 Wakefield-vette (2007). Thermal compounds, adhesives and interface materials, June 2007. http://www.wakefield-vette.com/resource-center/downloads/brochures/thermal-management-accessories-wakefield.pdf.

22 Bergquist (2015). Gap Filler 4000 datasheet, January 2015. https://thermal.henkel-adhesives.com/files/downloads/datasheets/PDS-GF-4000-0115-HENKEL-v2.pdf.

23 T-Global Technology (2012). TG-X ultra soft thermal conductive pad, April 2012. https://www.digchip.com/datasheets/parts/datasheet/3133/TGX-150-150-1_0-0-pdf.php and https://performancematerials-dev.s3.us-east-2.amazonaws.com/s3fs-public/2018-11/THR-DS-TPCM580%201112.pdf.

24 Laird Technology (2012). Tpcm™ 580 series phase change material, November 2012. http://www.tglobaltechnology.com/wp-content/uploads/2018/04/TG-S606P.pdf.

25 Infineon (2010). ThinPAK 8X8 new high voltage SMD-package version 1.0. Application note AN 2012-04, April 2010. http://www.infineon.com/dgdl/Infineon+ThinPAK+8x8.pdf?folderId=db3a304314dca3890115-2836c5a412ab&fileId=db3a304327b897500127f6946a286519.

26 Reusch, D. (2012). High frequency, high power density integrated point of load and bus converters. Ph.D. dissertation. Virginia Tech, Blacksburg, VA. http://scholar.lib.vt.edu/theses/available/etd-04162012-151740.

27 Efficient Power Conversion Corporation (2018). EPC2105 datasheet, September 2018. https://epc-co.com/epc/documents/datasheets/EPC2105_datasheet.pdf.

28 Efficient Power Conversion Corporation (2016). EPC2029 datasheet, April 2016. https://epc-co.com/epc/documents/datasheets/EPC2029_datasheet.pdf.

29 Efficient Power Conversion Corporation (2019). EPC2052 datasheet, January 2019. https://epc-co.com/epc/documents/datasheets/EPC2052_datasheet.pdf.

30 Efficient Power Conversion Corporation (2019). Demonstration system EPC9130 quick start guide, July 2018 https://epc-co.com/epc/documents/guides/EPC9130_qsg.pdf.

31 Efficient Power Conversion Corporation (2018). Development board EPC9205 quick start guide, March 2018. https://epc-co.com/epc/Portals/0/epc/documents/guides/EPC9205_qsg.pdf.

32 Blackburn, D.L. (2004). Temperature measurements of semiconductor devices – a review. *Proceedings of the IEEE Semiconductor Thermal Measurement and Management Symposium*, (2004), 70–80.

33 Flir (2015). Use low-cost materials to increase target emissivity, November 2015. https://www.flir.com/discover/rd-science/use-low-cost-materials-to-increase-target-emissivity.

34 McNamara, D. (2006). Temperature measurement theory and practical techniques. AN-892, December 2006. https://www.analog.com/media/en/technical-documentation/application-notes/an_892.pdf.

35 Kasemsadeh, B. and Heng A. (2017). Temperature sensors: PCB guidelines for surface mount devices. Application report SNOA967, July 2017. http://www.ti.com/lit/an/snoa967/snoa967.pdf.

36 de Rooij, M., Zhang, Y., Reusch, D., and Chandrasekaran, S. (2018). High performance

thermal solution for high power GaN FET based power converters. *Proceedings of the International Exhibition and Conference for Power Electronics, Intelligent Motion, Renewable Energy and Energy Management (PCIM Europe)*, (June 2018), 944–950.

37 Analog Devices (2013). AD590 datasheet, January 2013. https://www.analog.com/media/en/technical-documentation/data-sheets/ad590.pdf.

38 Zhang, L., Liu, P., Guo, S., and Huang, A.Q. (2016). Comparative study of temperature sensitive electrical parameters (TSEP) of Si, SiC, and GaN power devices. *Proceedings of the IEEE Workshop on Wide Bandgap Power Devices and Applications*, (2016), 302–307.

39 Worman, J. and Ma, Y. (2011). Thermal performance of EPC eGaN FETs: application note AN011, 2011. https://epc-co.com/epc/Portals/0/epc/documents/product-training/Appnote_Thermal_Performance_of_eGaN_FETs.pdf.

40 Jones, E. and de Rooij, M. (2008). Thermal characterization and design for a high density GaN-based power stage. *Proceedings of the IEEE Wide Bandgap Power Devices and Applications (WiPDA)*, (November 2008).

41 Efficient Power Conversion Corporation (2018). How to get more power out of a high-density eGaN-based converter with a heatsink. How2AppNote 012, November 2018. http://epc-co.com/epc/Portals/0/epc/documents/application-notes/How2AppNote012%20-%20How%20to%20Get%20More%20Power%20Out%20of%20an%20eGaN%20Converter.pdf.

第 7 章

硬开关拓扑

7.1 引言

在硬开关变换器中，晶体管能在器件源漏极承受电压或流过电流的情况下被迅速地导通和关断。这些开关晶体管在器件开关时产生明显的功率损耗。所有变换器的主要性能指标包括：①效率，越高越好；②尺寸，越小越好；③成本，越低越好。通过优化器件在开关过程（动态）以及导通状态（静态）下的特性可以提升效率，以使器件能够在更高开关频率下工作。器件动态特性的改善可以允许更高的工作频率，从而减小了变压器、电感和电容的尺寸。在本章中，将讨论硬开关拓扑结构，并说明 GaN 晶体管的优越性能如何给开关带来显著的性能改善。

7.2 硬开关损耗分析

为了提高硬开关变换器的工作频率，功率器件必须具有非常低的动态功率损耗。大部分功率损耗由硬开关“事件”产生，当开关变换器导通时，电流流过器件，使得器件两端的电压变为 0。器件在关断时该过程逆向进行。开关期间的这些损耗可以细分为两个主要部分：输出电容损耗 P_{OSS}及重叠损耗 $P_{ON_overlap}$和 $P_{OFF\_overlap}$。输出电容损耗与半桥电路中两个晶体管的非线性 C_{OSS}特性直接相关。重叠损耗取决于提供给栅极的动态电流，以及完成开关转换所需的总时间，本章将对此进行说明。

器件中电流和电压的转换并非是产生功率损耗的唯一因素。其他因素包括栅极电荷损耗 P_G、反向传导损耗 P_{SD}和反向恢复损耗 P_{RR}。

栅极电荷损耗与输出电容损耗类似，栅极电荷损耗可以看作与输出电容损耗类似，因为当晶体管导通和关断时，栅源电容充电所需的能量被消散在电容电流路径中的电阻上。电阻路径包括栅极驱动器、栅极驱动电阻、器件串联栅极电阻 R_G和电路中的其他寄生电阻。

在大多数变换器中，器件的漏 - 源极之间存在着反向并联的二极管。某些情况下，这是器件的固有结构，例如在 MOSFET 中。对于共源共栅 GaN 晶体管，硅 MOSFET 中有一个体二极管，该二极管在反向导通期间与 GaN 晶体管的沟道串联。对于增强型 GaN 晶体管，有一种机制可在器件关闭时传导反向电流（通常称为死区时间），从而允许类似于二极管的操作。由于二极管导通发生在每个开关周期中，因此在两个晶体管同时关闭的死区时间内，动态损耗计算还包括这些反向导通损耗 P_{SD}。在硅 MOSFET 中，这些损耗通常称为二极管损耗 P_D。

反向恢复损耗 P_{RR} 基于关闭体二极管所需的电荷量，并且仅在 MOSFET 和共源共栅 GaN 晶体管中存在。它们在增强型 GaN 晶体管中不存在，因为死区电流利用了多数载流子，因此没有反向恢复电荷。由于本章专门讨论 GaN 晶体管，因此将不详细讨论反向恢复。但是，必须注意的是，它是导致硅晶体管开关损耗的主要因素，甚至在某些工作条件下超过了所有其他动态损耗的成分。

7.2.1 GaN 晶体管的硬开关过程

本章通过一个分析模型来估算硬开关半桥电路中的开关损耗。半桥拓扑的实例包括升压变换器和降压变换器，如图 7.1 所示。该电路中的两个晶体管可以定义为控制开关和同步整流器。在典型的硬开关半桥变换器中，控制开关由与电感负载电流 I_L 方向匹配的止漏极电流 i_D 方向来识别。同步开关的漏极电流具有与负载相反的极性，因此在有些操作模式下导通时，会产生负电流并经无损耗的零电压开关（ZVS）转换。控制开关在半桥中承受大部分动态损耗。本章使用的降压变换器实例中，假设电感性负载电流正向流出开关节点，因此将使用 Q_1 来指定控制开关。同样，Q_2 将用于指定同步开关。在负载电流流入开关节点的半桥中（例如升压变换器），这些名称是相反的。

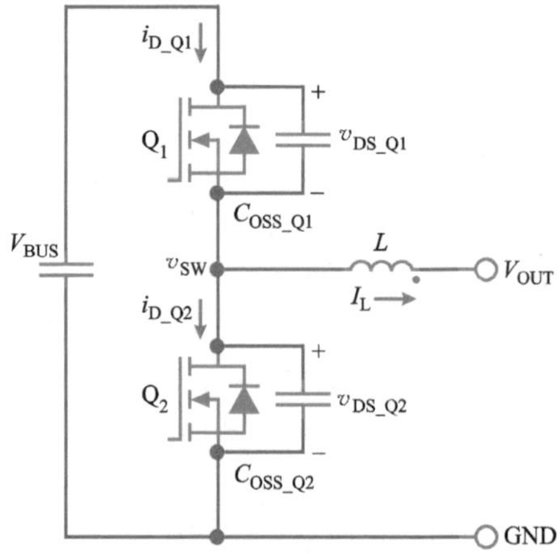

图 7.1 半桥拓扑配置为降压变换器，显示输出电容

在开关转换过程中，控制开关 Q_1 在电压反向状态（截止工作区）到导通状态（欧姆工作区）之间转换，反之亦然。在此转换期间，控制开关必须通过饱和区，同时漏极和源极之间的电流和电压必须同时通过。在截止区域中，沟道电流为零。在饱和区域中，此沟道电流主要由栅极电压确定，而在欧姆区中主要由漏极电压决定。

图 7.2 显示了该半桥电路的等效电路结构，其中总线电压和电感电流视为理想的直流电源，而晶体管通道被视为相关的电流源。由于直流总线的交流阻抗大约为零，因此输出电容及其通道电流和电感性负载电流实际上是并联的。在导通瞬态中，饱和通道必须传导负载电流，同时还为电流流过 Q_1 和 Q_2 的输出电容提供了一个电阻路径，以将电压从一个整流到另一个。在此期间，i_{CH_Q1} 随着栅极电压的增加而上升，i_{CH_Q2} 保持为零。但是，它们的漏极电流还包括流经每个晶体管的输出电容并与其通道并联的电容性充电和放电电流。

图 7.3a 说明了具有慢开关（例如硅 MOSFET）的半桥电路的动态行为。GaN 晶体管在使用非常高的栅极电阻来驱动控制开关时表现相似，通常不推荐用于硬开关应用。在这种情况下，当漏源电压开始变化时，栅极电压将经历米勒台阶，而米勒电容（C_{GD}，也称为 C_{RSS}）吸收几乎所有可用的栅极电流。如图 7.3a 所示，沟道电流没有明显超过 I_L，只剩下很小的电流来置换两个晶体管之间的输出电容电荷。这会产生非常缓慢的开关过程，并且通过分析开关时间可以忽略 C_{OSS} 电荷的影响。

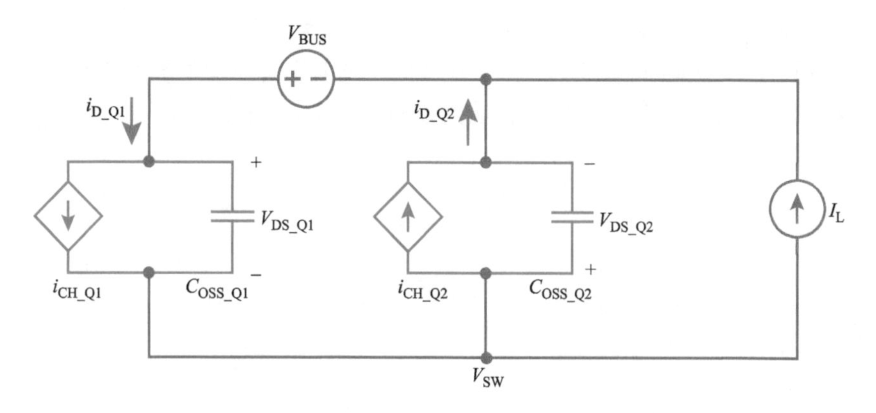

图7.2 半桥拓扑（图7.1）的等效电路，其中总线电压和电感电流视为理想的直流电源

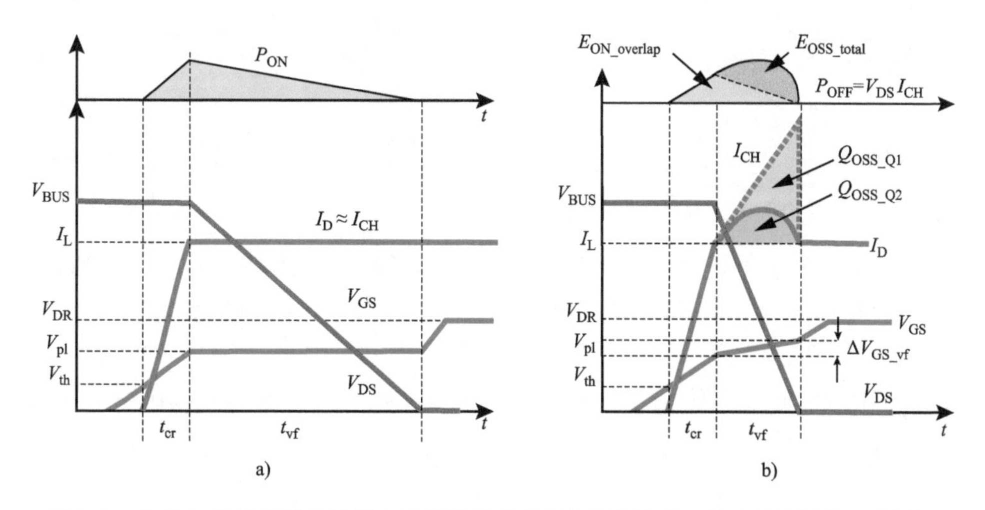

图7.3 具有GaN晶体管的半桥电路导通过程的简化开关波形，其中控制开关Q_1导通：a）具有非常高的栅极电阻；b）具有相对低的栅极电阻的GaN器件典型过程

GaN晶体管更典型的导通过程如图7.3b所示。在这种情况下，由于非常小的输入电容C_{ISS}和米勒电容C_{GD}，栅极电压不会稳定下来。初始电流上升之后，栅极电压继续上升，从而使沟道电流也继续上升。米勒电容仍然具有影响，减小了栅极电压上升的斜率，但是电压下降瞬变的持续时间取决于开关节点上的总电容电荷（$Q_{OSS\_Q1}+Q_{OSS\_Q2}$）。

在这两种情况下，功率损耗都可以分为两个不同的部分：E_{OSS}损耗和重叠损耗。E_{OSS}损耗源自器件的输出电容C_{OSS}，将从7.2.2节开始详细讨论。重叠损耗的产生是由于器件同时在漏极和源极端之间传输电流和电压，将从7.2.3节开始详细讨论。E_{OSS}损耗与开关速度无关，并且仅取决于总线电压以及Q_1和Q_2的非线性输出电容特性。但是，重叠损耗与时间有关，可以通过在开关转换期间提供更大的动态栅极电流来降低重叠损耗。

关断过程可以看作是与导通过程相反的过程，但有一个显著的区别：负载电流具有将Q_1和Q_2中的输出电容电荷置换所需的极性，从而将C_{OSS_Q1}充电至总线电压，将C_{OSS_Q2}放电至零而不会产生任何的电阻功率损耗。但是，在此间隔内，由于负载电流继续流过饱和通道，直到进入截止区域，仍会出现重叠损耗。与开启过程一样，关断重叠损耗的大小取决于栅极驱动器的速度。图7.4a描述了一个关断转换过程，其中控制开关由相对较弱的栅极驱动电流驱动。只要v_{DS_Q1}发生变化，米勒台阶就会再次出现，从而延长了重叠间隔。

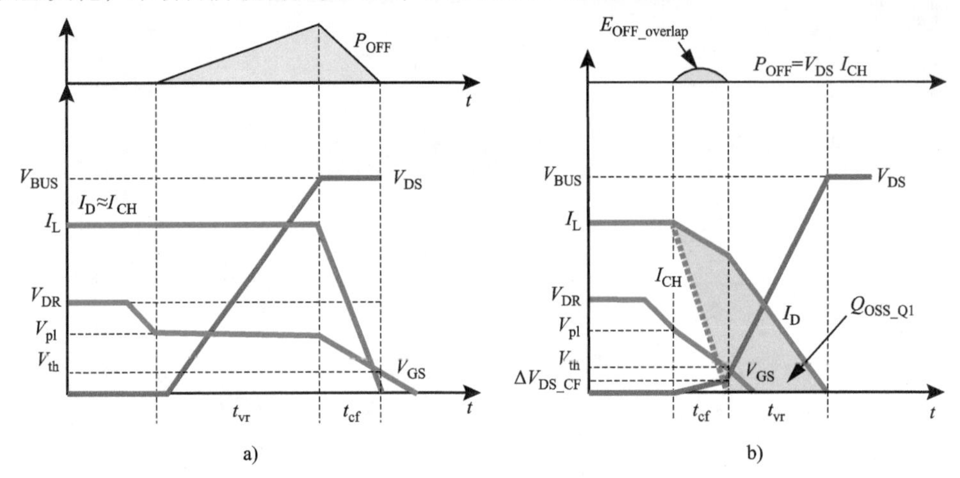

图7.4　具有GaN晶体管半桥电路关断过程简化开关波形，其中控制开关Q_1关断：a）具有非常高的栅极电阻；b）具有相对低的栅极电阻的GaN器件典型过程

但是，GaN晶体管的栅极电压通常在关断期间不会达到平稳状态。取而代之的是，控制开关通道快速通过饱和区域并在其V_{DS}上升之前完全关闭。关断过程的其余部分是无损耗的，因为感性负载电流从放电C_{OSS_Q2}中恢复了能量，同时还提供了对C_{OSS_Q1}充电的路径。关断期间存储在C_{OSS_Q1}中的能量可以在下一个导通过程期间释放，但是此放电已在导通过程中考虑，因此不会产生任何其他损耗。

7.2.2　输出电容C_{OSS}损耗

所有晶体管均具有高度非线性的电压－电容关系，该电容出现在漏极至源极端之间，如图7.5所示，称为输出电容C_{OSS}。GaN晶体管也是如此。由于该输出电容的充电和放电而导致的功率损耗称为输出电容损耗P_{OSS}。

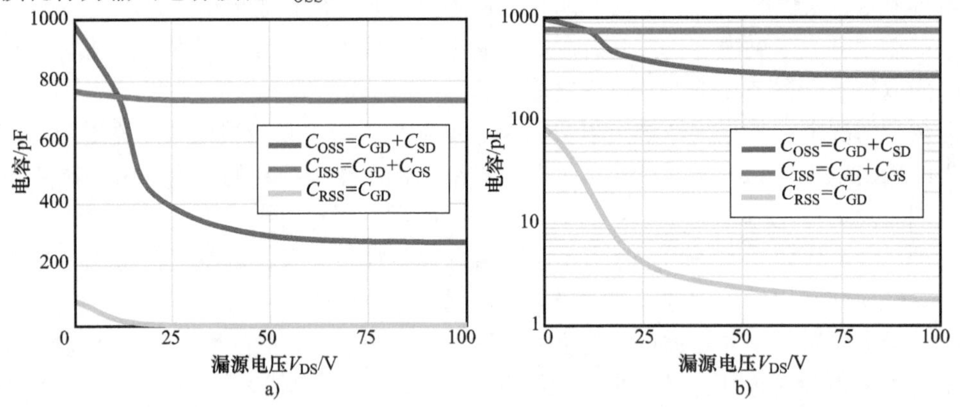

图7.5　EPC2045器件电容与漏源电压函数关系：a）线性尺度；b）半对数标度[1]

由输出电容引起的功率损耗可根据下式计算：

$$P_{OSS} = f_{sw} E_{OSS\_total} \tag{7.1}$$

式中，E_{OSS_total}是一个开关周期内与输出电容相关的总能量。

拓扑和操作条件决定P_{OSS}损耗是否存在。ZVS过程不产生P_{OSS}损耗。这种情况下，负载电流将一个晶体管的C_{OSS}完全充电到总线电压V_{BUS}，而将另一个晶体管的C_{OSS}放电到0V。例如，在半桥电路中，同步晶体管的自换相过程中通常会发生ZVS过程，电感电流流入源极，流出漏极。

由于电容可以存储能量，因此存储的能量可以循环到电源。此操作需要评估输出电容损耗的计算方式，这可以通过分析各种条件下以及在工作总线电压下的输出能量E_{OSS}与输出电荷Q_{OSS}之间的关系来完成。图7.1说明了一个基本的半桥拓扑，其中显示了输出电容，该输出电容将用于解释输出电荷与能量之间的关系，以确定作为降压变换器工作时与输出电容相关的损耗。

对于此讨论，分别使用式（7.2）和式（7.3）确定输出电容电荷Q_{OSS}和能量E_{OSS}为

$$Q_{OSS} = \int_0^{V_{BUS}} C_{OSS}(v_{DS})\mathrm{d}v_{DS} = C_{OSS,tr}V_{BUS} \tag{7.2}$$

$$E_{OSS} = \int_0^{V_{BUS}} v_{DS}C_{OSS}(v_{DS})\mathrm{d}v_{DS} = \frac{1}{2}C_{OSS,er}V_{BUS}^2 \tag{7.3}$$

增量输出电容C_{OSS}（v_{DS}）函数可以从被分析器件提供的数据表中获得。在非对称配置的情况下，必须针对每个晶体管Q_1和Q_2从相应的数据表中选取C_{OSS}（v_{DS}）。图7.5给出了EPC2045数据表的电容特性实例，EPC2045是一种额定100 V的增强型GaN晶体管。

输出电容电荷Q_{OSS}可以从特定总线电压V_{BUS}下与时间相关的等效电容$C_{OSS,tr}$得出。类似地，输出电容能量E_{OSS}也可以从特定总线电压V_{BUS}下与能量相关的等效电容$C_{OSS,er}$得出。这些参数通常在器件数据表中指定，但仅以一个特定的总线电压值指定。如果使用不同的总线电压，则由于C_{OSS}的非线性随漏源电压的变化而变化，因此它们无法线性缩放至更高或更低的电压。在这些情况下，必须使用式（7.2）和式（7.3）的积分形式。在某些器件中，提供了取决于工作电压的Q_{OSS}和E_{OSS}特性，可以直接使用它们而无须进一步集成。

能量守恒和电荷守恒可以用来确定C_{OSS}对开关损耗的影响。这个分析将使用前面描述的相同的降压变换器实例。

首先，将考虑开关节点下降过程，即控制开关Q_1的关闭过程。E_{OSS_Q1}时，能量从电感L转移到C_{OSS_Q1}；E_{OSS_Q2}时，能量从C_{OSS_Q2}中回收。

接下来，将考虑降压变换器开关节点上升转换更为复杂的情况，这是控制开关Q_1的导通转换。随着开关节点电压V_{SW}从接近零转变为V_{BUS}，C_{OSS_Q1}中的能量E_{OSS_Q1}被耗散，但同时对C_{OSS_Q2}充电。由于I_L为正，因此要求$i_{D_Q1} > I_L$，因为正在对C_{OSS_Q2}充电，如图7.6所示。因此，为C_{OSS_Q2}充电所需的电流由总线提供，并流过Q_1的饱和通道，从而导致Q_1产生额外的功率损耗。来自总线的能量计算如下：

$$E_{BUS\_rise} = V_{BUS}Q_{OSS\_Q2} \tag{7.4}$$

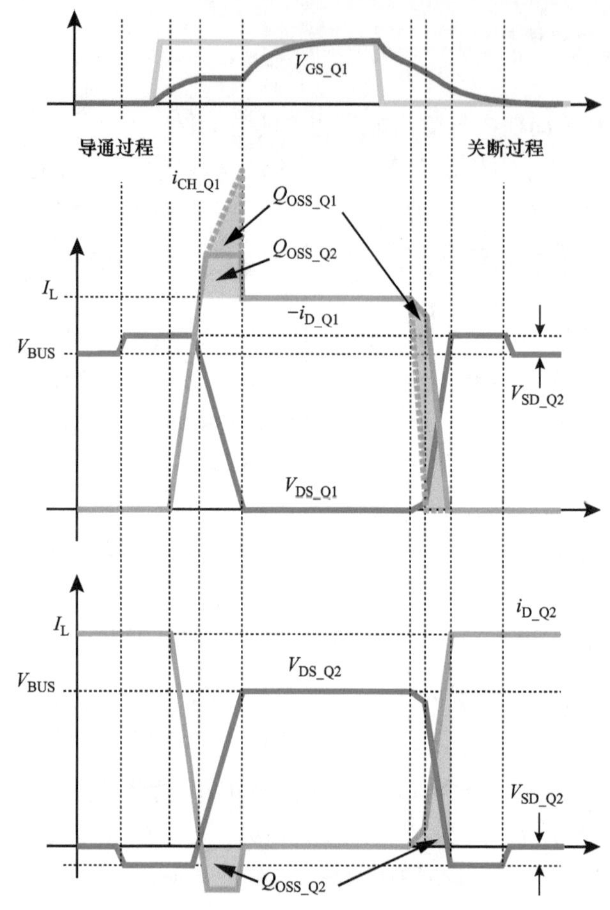

图 7.6　半桥拓扑中两个晶体管理想降压变换器（图 7.1 所示）的开关波形：控制开关 Q_1 和同步整流器 Q_2

并非所有 E_{BUS_rise} 都被耗散，因为式（7.4）还包括实际存储在 C_{OSS_Q2} 中的能量，即 E_{OSS_Q2}，这时并未消失。实际上，该能量在下一个关断期间由负载电感回收。因此，必须从总线上流动的能量中减去该能量。但是，以前存储在 Q_1 中的能量现在将消散到自己的通道中，并且该能量 E_{OSS_Q1} 必须包含在损耗中。综上所述，在导通和关断期间由于输出电容而耗散的总能量可以汇总为

$$E_{OSS\_total} = E_{BUS\_rise} - E_{OSS\_Q2} + E_{OSS\_Q1} \tag{7.5}$$

可以展开为

$$E_{OSS\_total} = V_{BUS} Q_{OSS\_Q2} - E_{OSS\_Q2} + E_{OSS\_Q1} \tag{7.6}$$

对称的半桥电路中，Q_1 和 Q_2 相同，$E_{OSS\_Q1} = E_{OSS\_Q2}$，式（7.6）简化为

$$E_{OSS\_total} = V_{BUS} Q_{OSS\_Q2} \tag{7.7}$$

有关输出电容损耗的更多信息见参考文献［2］。

7.2.3　导通重叠损耗

从图 7.3 可以明显看出，在导通期间会发生额外的功率损耗，超出了由于 C_{OSS} 电荷位移引

起的损耗。在图 7.3b 中，用于置换 Q_{OSS_Q1} 和 Q_{OSS_Q2} 的电荷包含在通道电流 i_{CH_Q1} 的过冲（高于感应负载电流 I_L）范围内。在同一时间间隔内，满负载电流 I_L 也必须流过该饱和通道。在 Q_{OSS} 位移开始之前，通道电流必须上升到 I_L，同时还要阻塞整个总线电压。

由这种重叠能量引起的功率损耗可以计算为

$$P_{ON\_overlap}=f_{sw}E_{ON\_overlap} \tag{7.8}$$

在图 7.3a、b 中，由于这种重叠造成的总能量损耗可以计算为

$$E_{ON\_overlap}=\frac{1}{2}V_{BUS}I_L(t_{cr}+t_{vf}) \tag{7.9}$$

这里必须考虑电感中的纹波电流。对于降压变换器中的瞬态导通，电感电流减少了纹波电流的一半，如图 7.7 所示。同样，在关断瞬态，电感器电流将为 $I_{L,Avg}+0.5I_{Ripple}$。

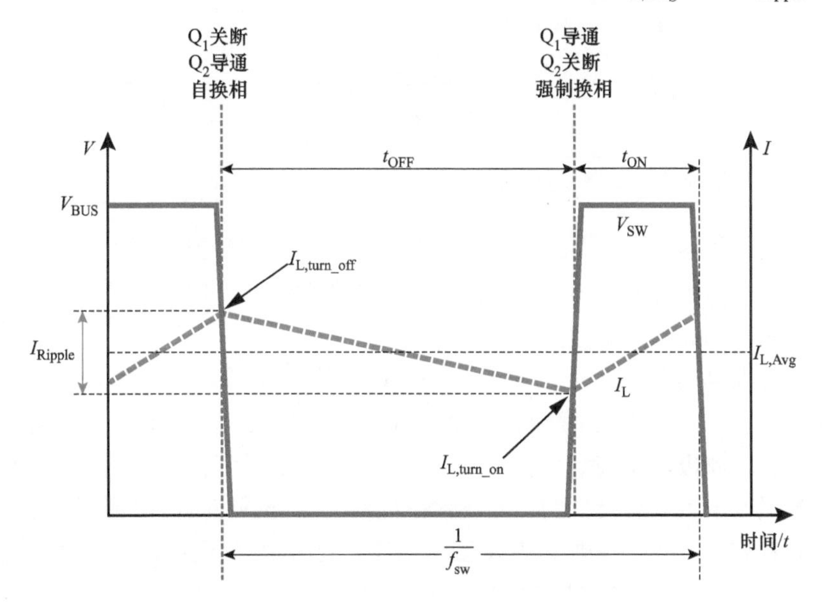

图 7.7　降压变换器的开关节点电流和电压波形实例

为了确定 Q_1 接通时重叠损耗的大小，必须计算图 7.3a、b 所示的电流上升跃迁和电压下降跃迁所需的时间。

7.2.3.1　电流上升时间

GaN 晶体管的驱动方式类似于 MOSFET。栅极具有非常高的输入阻抗，并且通过从栅极上提供或移除一定量的电荷来实现对器件的控制。图 7.8 所示为增强型 GaN 晶体管的栅极电荷特性实例，可分为 4 个区域[3,4]：

1）$Q_{GS(th)}$：使栅极电压达到器件阈值所需的电荷。

2）Q_{GS2}：达到漏极电流 I_D 所需的电荷，它要求栅极电荷在 $V_{GS(th)}$ 和平台电压 V_{PL} 之间跃迁。

3）Q_{GD}：达到漏源电压 V_{DS} 所需的电荷。

4）使栅极充电到其最终电压所需的额外电荷为 $Q_G-(Q_{GS(th)}+Q_{GS2}+Q_{GD})$。

这 4 种栅极相关电荷在 GaN 晶体管中比在硅 MOSFET 中要低得多，这是由于较小的芯片尺

寸和优越的半导体特性。

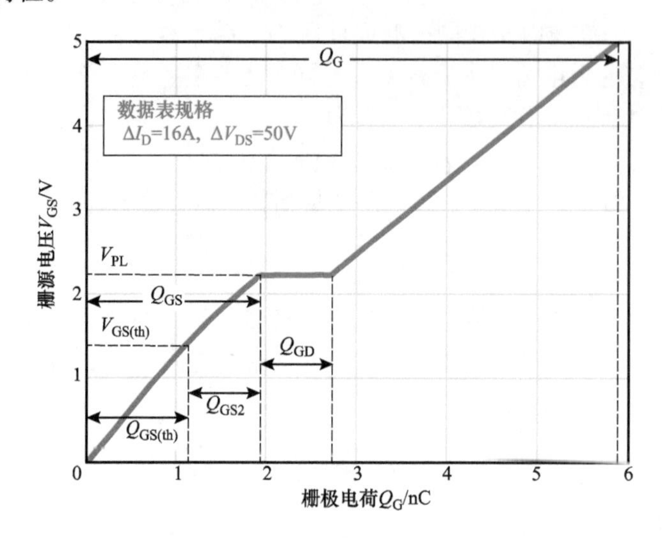

图 7.8 EPC2045 的栅极电荷特性，以及估计开关时间所需的相关电荷和电压[1]

导通是电流上升间隔在栅极电压达到阈值电压后开始，并且电流开始流动。当漏源电压开始转变时，就完成了。电流摆幅越大，转换所需的时间就越长，功率损耗也就越大。确定当前转换时间的电荷为 Q_{GS2}，可用于计算该间隔的持续时间。在特定的工作条件 I_D和 V_{DS}下，器件数据表中给出了栅极电荷特性。在动态操作中，此条件表示给定转换期间电流和电压的变化（分别为 ΔI_D和 ΔV_{DS}）。当与传输特性结合使用时，Q_G特性可用于得出半桥电路中每个晶体管的特定栅极电荷值。栅极电荷特性中的封闭电荷 Q_{GS2}的右侧由台阶电压 V_{PL}（也称为米勒台阶）定义。台阶电压也可以从器件的传输特性中找到，作为感应负载电流下的栅极电压。

图 7.9 所示为 EPC2045 的实例，使用图 7.9 中的栅极电荷曲线和图 7.10 中的传输特性。

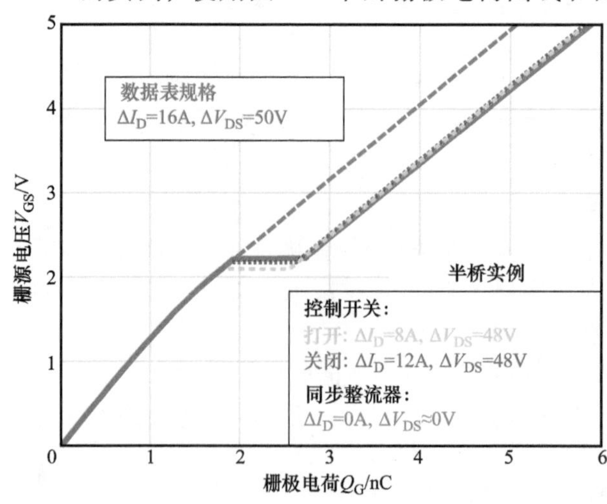

图 7.9 EPC2045 的栅极电荷特性，描绘了对称的半桥拓扑中控制开关和同步整流器经历的实际栅极电荷，总线电压为 48V，感应负载电流为 10A，具有 4 个 A_{pk-pk}纹波[1]

在控制开关打开和关闭的瞬间，必须对整个总线电压 V_{BUS} 以及感应负载电流（考虑纹波）进行换相。在这个例子中，平均电感电流为 10A，纹波电流为 4A。因此，基于 V_{PL} 的栅极电荷曲线可以计算出 Q_{GS2} 在 8A 接通和 12A 关断时的值。从图 7.10 可以看出，这两种电流的台阶电压分别为 2.1V 和 2.2V。因此，可以调整 Q_G 曲线，如图 7.9 所示。

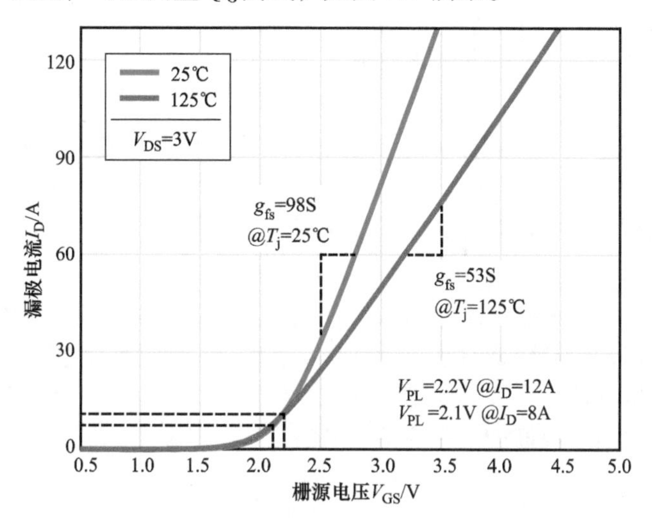

图 7.10　EPC2045 的传输特性，表示在 10A 感性负载电流下的平稳电压和在两个不同温度下的大信号跨导 g_{fs} [1]

为了更容易地估计 Q_{GS2}，可以采用线性近似。很多器件的数据表说明了在特定条件下的 Q_{GS} 和 V_{PL} 值，以及阈值电压 $V_{GS(th)}$。使用这些值，Q_{GS2} 可以用以下方法对任意负载电流进行线性逼近：

$$Q_{GS(th)} = \left(\frac{Q_{GS}}{V_{PL}}\right)V_{GS(th)} \tag{7.10}$$

$$Q_{GS2,spec} = Q_{GS} - Q_{GS(th)} \tag{7.11}$$

$$Q_{GS2} = Q_{GS2,spec}\left(\frac{\Delta I_D}{I_{D,spec}}\right) \tag{7.12}$$

总栅极电荷 Q_G 不依赖于 Q_{GS2}，但它必须由 Q_{GD} 抵消。根据电容特性，可以重新计算 Q_{GD} 的值为

$$Q_{GD} = \int_0^{V_{BUS}} C_{RSS}(v_{DS})\,dv_{DS} \tag{7.13}$$

如 7.2.2 节所述，如果同步整流器 Q_2 满足 ZVS 转换的要求，那么在开关时 v_{DS} 不会发生任何显著变化。如图 7.6 所示，此时 v_{DS} 只有轻微变化，因为它从自换相反向传导过渡到欧姆反向传导。因此，可以在 Q_{GD} 为零时绘制同步整流器 Q_G 曲线，如图 7.9 所示。

一般情况下，将电容器充电到特定电荷 Q 所需的时间 t 为

$$t = \frac{Q}{I} \tag{7.14}$$

式中，I 是电容器充电时的电流，如果在充电时间 t 内它是恒定的。因此电流上升持续时间可以计算为

$$t_{cr}=\frac{Q_{GS2}}{I_{G\_cr}} \tag{7.15}$$

导通期间任何给定时间的动态栅极电流为

$$I_G=\frac{V_{drv\_on}-v_{GS}}{R_{G\_on}} \tag{7.16}$$

式中，V_{drv_on}是器件导通时的正驱动电压，例如5V。导通路径的栅极电阻进一步定义为

$$R_{G\_on}=R_{G\_int}+R_{G\_ext\_on}+R_{pu} \tag{7.17}$$

式中，R_{G_int}是晶体管的内部栅极电阻；$R_{G_ext_on}$是驱动电路中使用的外部栅极电阻；R_{pu}是栅极驱动器IC的内部上拉电阻。

如果使用非常大的外部栅极电阻，则 R_{pu}和 R_{G_int}的值可能相对较小。但是，在现有技术的GaN 晶体管中，此外部栅极电阻通常会降低到0，因此这些电阻不能忽略。

实际上，动态栅极电流在开关期间随着栅极电压的上升而下降。但是，为了求出电流上升时间，可以估算出这段时间内栅极电流的平均值为

$$I_{G\_cr}=\frac{V_{drv\_on}-\left(\frac{V_{GS(th)}+V_{PL}}{2}\right)}{R_{G\_on}} \tag{7.18}$$

7.2.3.2 电压下降时间

为了确定电压下降时间间隔 t_{vf}的持续时间，重要的是首先将图7.3a 所示的传统硬开关导通瞬变与图7.3b 所示更快的导通瞬变区分开，更为典型的是最先进 GaN 晶体管以低栅极电阻驱动。图7.3a 中所示的传统硬开关导通电压换相周期假设栅极电压在电压下降时间内经历了米勒台阶，因此可以根据动态栅极电流充电 Q_{GD}所需的时间来计算其持续时间。关于米勒效应机理的更多介绍可以在参考文献［5］中找到。但是，与传统的 MOSFET 相比，GaN 晶体管的输入和米勒电容要低得多，从而使栅极电压能够继续上升并避免了米勒台阶[6]。在这种情况下，分析会更加复杂。

首先，将回顾基于米勒电荷的传统模型。对于 GaN 晶体管由一个大的栅极电阻驱动的设计，这个简单的模型可以获得一个准确的结果。电压下降时间可估计为

$$t_{vf}=\frac{Q_{GD}}{I_{G\_vf}} \tag{7.19}$$

动态栅极电流 I_{G_vf}可以视为一个定值，因为栅极电压固定在台阶电压上：

$$I_{G\_vf}=\frac{V_{drv\_on}-V_{PL}}{R_{G\_on}} \tag{7.20}$$

Q_{GD}和 V_{PL}的值可以分别使用非线性电容曲线和传输特性，并使用上一节讨论的技术从器件数据表中获取。尽管可以在特定工作条件下在数据表中指定这些参数的值，但通常不建议根据这些值线性推测它们，因为这两个参数均源于非线性器件的特性。

接下来，将分析具有较低栅极电阻的普遍适用情况。图7.3b 说明了沟道电流如何根据栅极电压继续增加，并且超过负载电流 I_L的任何电流都可以用于对电荷 Q_{OSS_Q1}和 Q_{OSS_Q2}进行整

流。这些电荷可以使用式（7.2）根据每个晶体管的输出电容特性来计算。多余的通道电流可以通过下式得到：

$$i_{CH} - I_L = g_{fs}(v_{gs} - V_{PL}) = g_{fs}\Delta v_{GS\_vf} \tag{7.21}$$

式中，g_{fs}是晶体管 Q_1的跨导；Δv_{GS_vf}是在导通电压转换间隔期间栅极电压的总上升值。跨导随温度变化关系类似于 $R_{DS(on)}$，并且也可能随栅极电压和漏极电压而变化。但是，在大多数 GaN 晶体管中，可以根据传输特性的斜率将跨导 g_{fs}估计为恒定参数，如图 7.10 所示。

t_{vf}与总位移电荷 Q_{OSS}的关系可以由图 7.3a 推导如下：

$$t_{vf} = \frac{Q_{OSS\_Q1} + Q_{OSS\_Q2}}{\frac{1}{2}(i_{CH} - I_L)} = \frac{2(Q_{OSS\_Q1} + Q_{OSS\_Q2})}{g_{fs}\Delta v_{GS\_vf}} \tag{7.22}$$

在此间隔内，随着栅极驱动电流在 C_{GS}和 C_{GD}之间共享，栅极电压的斜率会动态变化。C_{GD}所需的电流大小与非线性 C_{RSS}特性以及瞬时 dv_{DS}/dt 有关。根据参考文献［6］，该间隔期间的栅极电压可以用下式表示：

$$\frac{dv_{GS}}{dt} = \left(\frac{I_G}{C_{ISS\_Q1}}\right) - \left(\frac{C_{RSS\_Q1}}{C_{OSS\_Q1} + C_{OSS\_Q2}}\right)\left(\frac{g_{fs}}{C_{ISS\_Q1}}\right)(v_{GS} - V_{PL}) \tag{7.23}$$

C_{OSS_Q1}、C_{OSS_Q2}和 C_{RSS_Q1}随 v_{DS_Q1}的变化而迅速变化。图 7.11 展示了时间间隔内这种关系的实例。从该特性可以明显看出，C_{RSS}在导通瞬态结束时急剧上升，这通常导致 v_{GS}短暂下降。因此，可以通过设置式（7.23）为“0”来估算栅极电压的总上升值。求解如下：

$$\Delta v_{GS\_vf} \approx \left(\frac{I_{G\_vf}}{g_{fs}}\right)\left(\frac{C_{OSS\_Q1}(0V) + C_{OSS\_Q2}(V_{BUS})}{C_{RSS\_Q1}(0V)}\right) \tag{7.24}$$

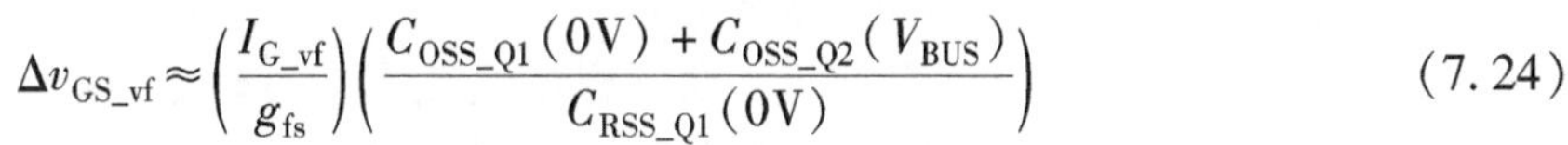

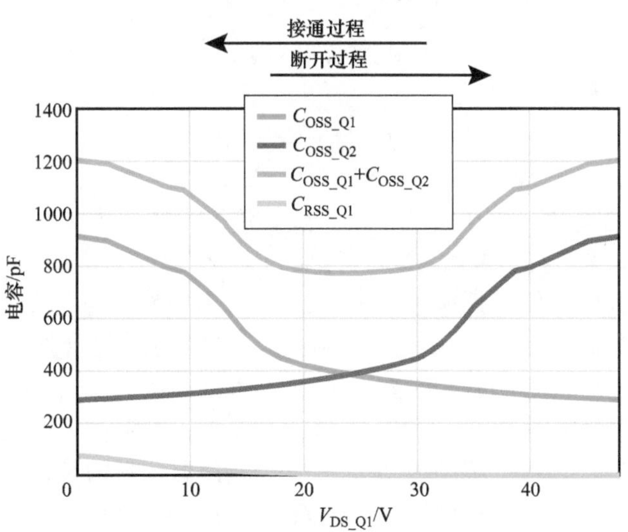

图 7.11　48V 总线电压下，半桥拓扑电容随控制开关 Q_1在硬开关接通或断开过程中的动态电压 v_{DS}变化

这个近似假设栅极电压峰值出现在非常接近结束的位置，即 v_{DS_Q1} = 0V 和 v_{DS_Q2} = V_{BUS}。为完成此计算，此转换期间的平均栅极电流可计算为

$$I_{G\_vf} \approx \frac{V_{drv\_on} - \left(V_{PL} + \frac{\Delta v_{GS\_vf}}{2}\right)}{R_{G\_on}} \tag{7.25}$$

求解式（7.24）和式（7.25），可得栅极电压上升估计值为

$$\Delta v_{GS\_vf} \approx \frac{V_{drv\_on} - V_{PL}}{\frac{1}{2} + \left(\frac{R_{G\_on} g_{fs} C_{RSS\_Q1}(0V)}{C_{OSS\_Q1}(0V) + C_{OSS\_Q2}(V_{BUS})}\right)} \tag{7.26}$$

将式（7.26）代入式（7.22），可计算电压下降时间 t_{vf} 为

$$t_{vf} \approx \left(\frac{Q_{OSS\_Q1} + Q_{OSS\_Q2}}{(V_{drv\_on} - V_{PL})}\right)\left(\frac{1}{g_{fs}} + \frac{2R_{G\_on} C_{RSS\_Q1}(0V)}{C_{OSS\_Q1}(0V) + C_{OSS\_Q2}(V_{BUS})}\right) \tag{7.27}$$

7.2.4　关断重叠损耗

对于图7.4a中的慢速开关情况和图7.4b中所示的典型GaN晶体管快速关断情况，在关断转换期间重叠损耗的分析明显不同。对于图7.4a所示的传统关断过程，在整个电压上升瞬态期间，栅极电压固定为台阶电压，而漏极电流保持相对恒定。通道仅在电压上升完成后才能完全关闭，因此在这种情况下，总的重叠损耗可以用图形计算为

$$E_{OFF\_overlap} = \frac{1}{2}(t_{vr} + t_{cf}) V_{BUS} I_L \tag{7.28}$$

可以使用与方程式中介绍的传统开启模型非常相似的式（7.8）~式（7.20）来建模分析。但有一些关键区别：如7.2.3节所述，必须根据纹波重新考虑电感电流。这需要在 $I_{L,turn\_OFF}$ 时重新计算 Q_{GS2}。这里的驱动电压 V_{drv} 是截止状态驱动电压，对于增强型GaN晶体管，其典型值为0V。在某些情况下，使用负电压，但由于会影响反向传导电压，因此不建议使用。此外，必须根据下式重新计算关断的栅极电阻：

$$R_{G\_off} = R_{G\_int} + R_{G\_ext\_off} + R_{pd} \tag{7.29}$$

式中，$R_{G\_ext\_off}$ 是用于关断驱动电路的外部栅极电阻（可能与 $R_{G\_ext\_on}$ 相同或不同）；R_{pd} 是栅极驱动器IC的内部下拉电阻。除了这些区别之外，传统米勒台阶关断转换分析与相应的导通模型非常相似，因此，本节将不再对其进行讨论。

对于具有强大栅极驱动器（低栅极电阻）的GaN晶体管而言，在更典型的关断过程中，栅极电压在 dv_{DS}/dt 变高之前降至阈值之下，从而完全避免了米勒台阶。图7.5和图7.11所示的非线性电容特性在一定程度上促进了这一点，该特性最初由于 dv_{DS}/dt 较低，而在低 v_{DS} 时具有较高的输出电容，因而限制了 dv_{DS}/dt。在这种情况下，电阻重叠损耗仅在通道打开时才会发生。通道电流降至0A所需的时间在此处定义为 t_{cf}。需要注意的是，在此间隔内，漏极电流不会降至0A，因为电流仍流入 Q_1 的漏极。通道关闭后，所有电感电流都用于对 Q_1 和 Q_2 的 Q_{OSS} 电荷进行整流，如先前在7.2.2节中所述。

接下来的两节将更详细地讨论这些关断间隔，并给出分析近似值，以确定具有强大栅极驱动电流GaN晶体管的重叠损耗。

7.2.4.1　电流下降时间

可以采用与前面介绍的式（7.15）给出的电流上升时间模型相似的方法对电流下降时间进

行建模，因为假定栅极电压在 V_{DS} 快速增加之前降至阈值电压以下。但是，必须注意，此间隔描述的是 Q_1 内部通道电流 i_{CH_Q1} 的下降，而不是外部可测量的漏极电流 i_{D_Q1}。当通道从工作欧姆区域转换到饱和区域时（当 $v_{GS}=V_{PL}$ 时发生），此间隔开始。当通道在截止区域完全关闭时结束，这在 $v_{GS}=V_{GS(th)}$ 时发生。因此，可以根据式（7.30）计算瞬变持续时间：

$$t_{cf}=\frac{Q_{GS2}}{I_{G\_cf}} \tag{7.30}$$

式中，这段时间内的平均栅极电流近似于

$$I_{G\_cf}=\frac{\left(\dfrac{V_{PL}+V_{GS(th)}}{2}\right)-V_{drv\_off}}{R_{G\_off}} \tag{7.31}$$

如前所述，此处的驱动电压通常为 0 V，用于关断过程，但有时也使用负电压。

电流衰减时的重叠损耗可参考图 7.4b 为

$$E_{OFF\_overlap}=\frac{1}{6}t_{cf}I_L\Delta v_{DS\_cf} \tag{7.32}$$

式中，Δv_{DS_cf} 是 v_{DS_Q1} 上升而通道电流降至 0A 时的电压。

为了完成关断重叠损耗的计算，必须估算 t_{cf} 期间 v_{DS} 的上升。根据参考文献［6］的分析，该电压可近似为

$$\Delta v_{DS\_cf}=\int_0^{t_{cf}}\frac{dv_{DS\_Q1}}{dt}dt\approx\int_0^{t_{cf}}\frac{I_L-i_{CH\_Q1}(t)}{C_{OSS\_Q1}(v_{DS\_Q1})+C_{OSS\_Q2}(v_{DS\_Q2})}dt \tag{7.33}$$

通过假设在 t_{cf} 期间通道电流线性下降，可以进一步简化这种近似。此外，如果假定该间隔期间电压增加非常小，则可以假定电容相对恒定。使用这两种简化，可以对电压上升进行近似估算：

$$\Delta v_{DS\_cf}\approx\frac{I_L}{t_{cf}}\int_0^{t_{cf}}\frac{t}{C_{OSS\_Q1}(v_{ds\_Q1})+C_{OSS\_Q2}(v_{ds\_Q2})}dt\approx\frac{\frac{1}{2}t_{cf}I_L}{C_{OSS\_Q1}(0V)+C_{OSS\_Q2}(V_{BUS})} \tag{7.34}$$

如果计算出的电压上升表明 v_{DS_Q1} 实际上并未保持接近 0V，并且 C_{OSS_Q1} 在此间隔内发生显著变化，则无法基于此假设简化积分，并且分析会变得更加复杂。但是，如果这个假设得到了验证，可以组合式（7.30）和式（7.34）来估算关闭瞬态期间的总重叠损耗如下：

$$E_{OFF\_overlap}\approx\frac{\frac{1}{12}(I_Lt_{cf})^2}{C_{OSS\_Q1}(0V)+C_{OSS\_Q2}(V_{BUS})} \tag{7.35}$$

$$P_{OFF\_overlap}\approx E_{OFF\_overlap}f_{sw} \tag{7.36}$$

7.2.4.2　电压上升时间

对于其余的关断瞬态过程，电感电流流过 Q_1 和 Q_2 的输出电容。Q_1 在此间隔截止区域中工作，因此它不会遇到任何电阻性重叠损耗。但是，电压在 Q_1 和 Q_2 之间转换所需的时间仍然是死区时间选择的重要考虑因素，将在 7.2.6 节中进一步讨论。可以参考图 7.4b 来计算此间隔的持续时间如下：

$$t_{vr}=\frac{Q_{OSS\_Q1}+Q_{OSS\_Q2}}{I_{L,turn\_off}}-\frac{t_{cf}}{2} \tag{7.37}$$

7.2.5　栅极电荷 Q_G 损耗

与栅极电荷相关的功率损耗计算如下：

$$P_G=Q_G(V_{drv\_on}-V_{drv\_off})f_{sw} \tag{7.38}$$

在较高工作频率和较低输出功率的情况下，栅极功率损耗成为重点考虑因素。应当注意的是，在充电阶段供给栅极的所有能量，其中一半的能量被耗散，而剩余的一半能量在放电阶段也被耗散。

如7.2.3.1节所述，由于米勒电荷 Q_{GD} 的差异，必须分别计算控制开关 Q_1 和同步整流器 Q_2 的栅极电荷 Q_G。

7.2.6　反向导通损耗 P_{SD}

当器件导通的电流在开关传导电流之前流过体二极管，作为整流器的晶体管发生反向或二极管导通。这通常是在一个器件关闭和互补器件打开之间的死区时间内发生。本章节将讨论与此工艺相关的GaN晶体管的功率损耗。

7.2.6.1　死区时间的选择对反向导通损耗的影响

在图7.1所示的半桥电路和图7.6所示的 V_{SD_Q2} 参考波形中，同步整流器开关在每个开关周期内经历两次反向导通：①控制开关打开之前的死区时间内；②控制开关关闭后的死区时间内。在两个死区时间间隔内，由于通过体二极管的反向导通电压而引起的功率损耗可由下式给出：

$$P_{SD}=(I_{L,turn\_off}V_{SD1}t_{SD1}+I_{L,turn\_on}V_{SD2}t_{SD2})f_{sw} \tag{7.39}$$

使用每个死区时间间隔内电感的 $I_{SD}-V_{SD}$ 特性，可以从器件数据表中获取每个死区时间间隔内的电压降。图7.12显示了一个实例。该特性通常类似于正向导通特性。与 $R_{DS(on)}$ 和 g_{fs} 一样，该特性的斜率取决于温度。

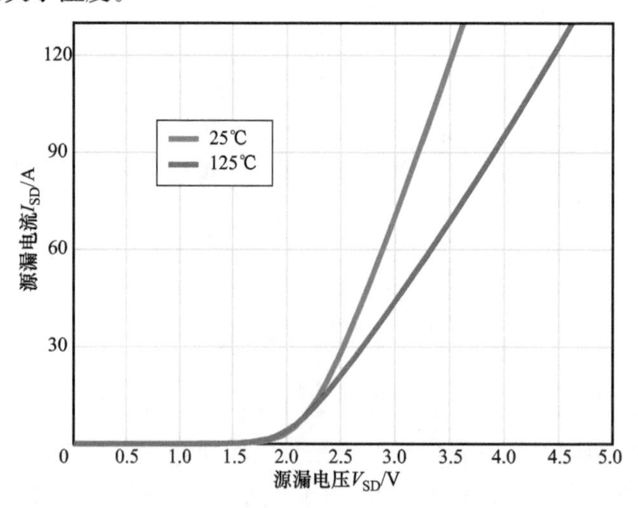

图7.12　EPC2045[1]的反向导通特性

反向导通时间 t_{SD} 需要根据工作条件确定，因为它取决于 7.2.3 节和 7.2.4 节中讨论的电压和电流换相时间。可以使用开关节点上升沿和下降沿的有效死区时间，以及之前计算重叠损耗的转换时间来计算该时间：

$$t_{SD1} = t_{dt1} - t_{vf} - \frac{1}{2}t_{cr} - \frac{1}{2}t_{off\_SR} \tag{7.40}$$

$$t_{SD2} = t_{dt2} - t_{cf} - t_{vr} - \frac{1}{2}t_{on\_SR} \tag{7.41}$$

为了准确计算该时间，需要定义有效死区时间。本次讨论中，有效死区时间定义为：从一个器件的栅极电压降至其平稳电压以下，到互补器件的栅极电压上升至其台阶电压之上的时间。图 7.13 给出了降压变换器的定义。每个反向导通时间（t_{SD1} 和 t_{SD2}）从二极管导通时开始，到器件导通并在欧姆区域中导通电流时结束。式（7.40）和式（7.41）也考虑了同步整流器的换相间隔。在 Q_1 的电流上升时间内，只有部分电感电流流过反向导通机制下的 Q_2。此外，在部分死区时间内，电压 V_{SD} 随着通道的打开或关闭而下降或上升。这些打开和关闭时间可以通过同步整流器的 Q_G 特性计算如下：

$$t_{on\_SR} = \frac{Q_{QS(th)}R_{G\_on}}{V_{drv\_on} - \left(\dfrac{V_{GS(th)} + V_{drv\_off}}{2}\right)} \tag{7.42}$$

$$t_{off\_SR} = \frac{2Q_{GS(th)}R_{G\_off}}{V_{GS(th)} - V_{drv\_off}} \tag{7.43}$$

式（7.39）~式（7.43）假设同步整流器 Q_2 能够在第一个死区时间内完成 ZVS 转换，如图 7.13a所示。为了建立 ZVS，死区时间 t_{dt2} 必须足够长，以允许电感电流完全转换电压，要求 $t_{dt2} \geqslant t_{cf} + t_{vr}$。如果 t_{dt2} 大于此值，则会发生反向导通。如果 t_{dt2} 不满足此要求，则只会发生部分 ZVS，并且 Q_2 将经历与 C_{OSS} 相关的硬开关损耗。图 7.14 说明了同步整流器的栅极导通时序如何影响反向导通损耗。如果 t_{dt2} 恰好等于 $t_{cf} + t_{vr}$，则 Q_2 将不产生反向导通损耗。

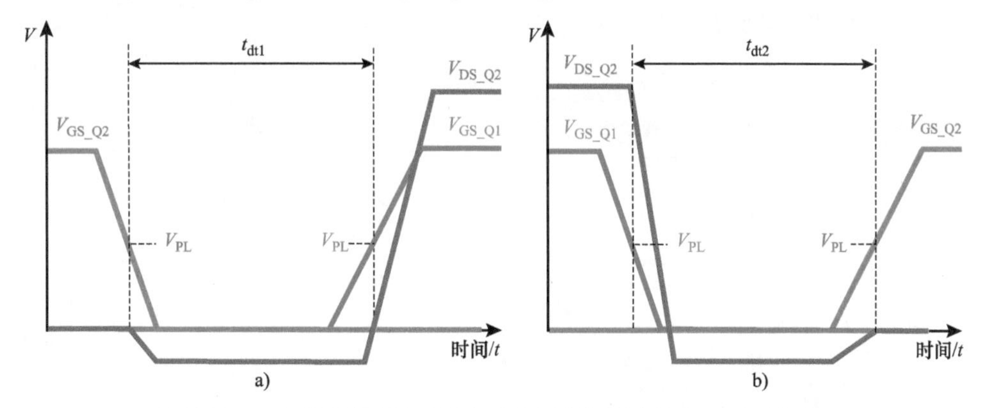

图 7.13　一个开关周期内两个反向导通间隔的有效死区时间定义：
a）关闭控制开关后；b）打开控制开关前

如果 Q_2 经历部分 ZVS 导通，则硬开关瞬变将在低于总线电压的情况下发生。不管器件是 MOSFET 还是 GaN 晶体管，都没有反向恢复损耗，因为没有二极管导电。Q_2 导通时开关节点的

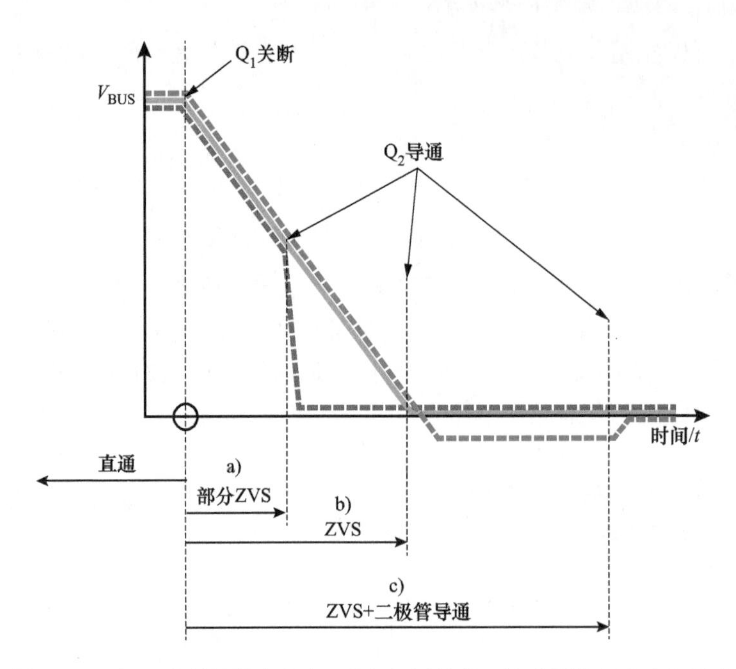

图7.14　对于不同的死区时间，具有相同负载电流的开关节点电压换相

电压 V_{PZVS} 可通过计算相对于电路中总电荷的有效时间传输的电荷量来确定。该电压可以线性近似如下：

$$V_{PZVS} \approx \frac{I_{L,turn\_off} t_{dt1} V_{BUS}}{Q_{OSS\_Q1} + Q_{OSS\_Q2}} \tag{7.44}$$

如图7.15所示，通过积分开关节点的总电荷可以更精确地对该电压建模，但线性近似值可在式（7.44）中给出。式（7.44）简化了分析，对于部分ZVS，Q_2导通期间发生的电压换相将在Q_2的通道中造成一些额外的硬开关损耗。

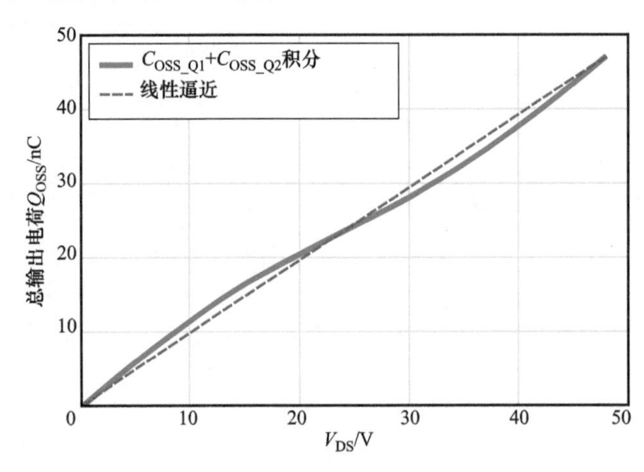

图7.15　作为EPC2045开关节点电压函数的总输出电荷的线性近似

7.2.6.2　添加反并联肖特基二极管

7.2.6.1节中表明，在特定条件下，晶体管之间的最佳时序可以产生非常低的损耗。这些条件是动态的，取决于诸如负载电流和总线电压之类的工作条件。对于大多数电路来说，拥有一种能够将死区时间主动控制到绝对降低损耗所需精度的电路是不切实际的。但是，可以将一个简单的反并联肖特基二极管与GaN晶体管连接，以降低P_{SD}并减少对精确死区时间控制的依赖。

添加反并联肖特基二极管的最关键要求之一是最小化两个器件之间连接的电感。这归结为三个因素：①GaN晶体管的漏极和源极之间的寄生电感；②肖特基二极管的寄生电感；③将GaN晶体管连接到肖特基二极管的布局电感。采用LGA或BGA封装的GaN晶体管低寄生电感使添加外部肖特基二极管变得简单而有效。

对于典型的GaN晶体管和等效MOSFET，前面讨论的有效死区时间与二极管导通相关的功率损耗是函数关系，如图7.16所示。可以看出，由于MOSFET体二极管的正向电压降较低，与有效死区时间有关的损耗，MOSFET以比GaN晶体管低的速率增加。值得注意的是，该比较不包括硅MOSFET的反向恢复损耗，该损耗随着死区时间显著变化[2]。如图7.17所示，在GaN晶体管同步整流器中添加反并联肖特基二极管会降低二极管导通期间的导通电压。对降压变换器进行了各种有效死区时间测试，并测量了添加反并联肖特基二极管的效果。图7.18所示的结果是通过使用V_{BUS}为12V、输出电压为1.2V且开关频率为1MHz的变换器获得的。

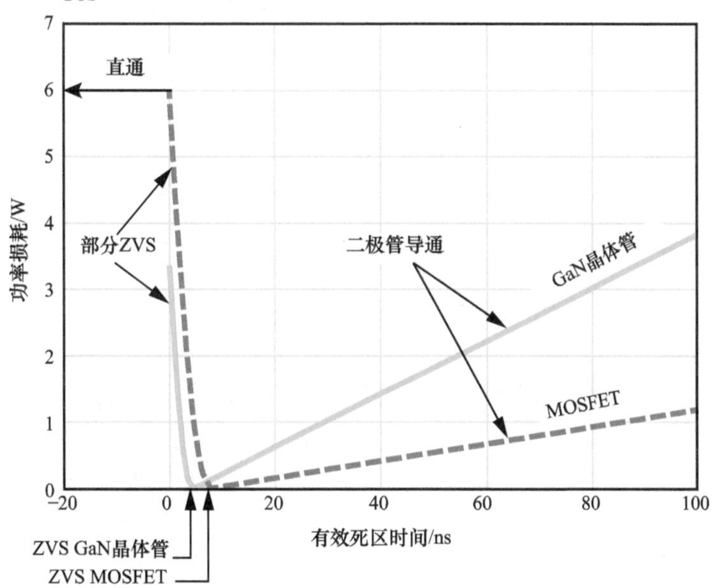

图7.16　GaN晶体管和MOSFET有效死区时间对降压变换器中同步整流器功率损耗影响的比较（V_{BUS}=48V，I_{OUT}=16A，f_{sw}=1MHz）

但是，值得注意的是，增加反并联肖特基二极管确实会增加一些输出电容，并伴随着输出电容损耗的增加。这种差异在图7.17中的0ns死区时间中最为明显，其中二极管增加了相当于其自身E_{C_Diode}的能量损耗。但是，二极管也会增加式（7.6）中给出的Q_1与C_{OSS}相关的损耗。

开关节点电容的整体增加会增加导通电压下降时间内的重叠损耗，如式（7.22）所示。因此，在较高的总线电压下，添加反并联肖特基二极管的净收益可能会减少，在此情况下，二极管的额外电容损耗将变得更加重要。

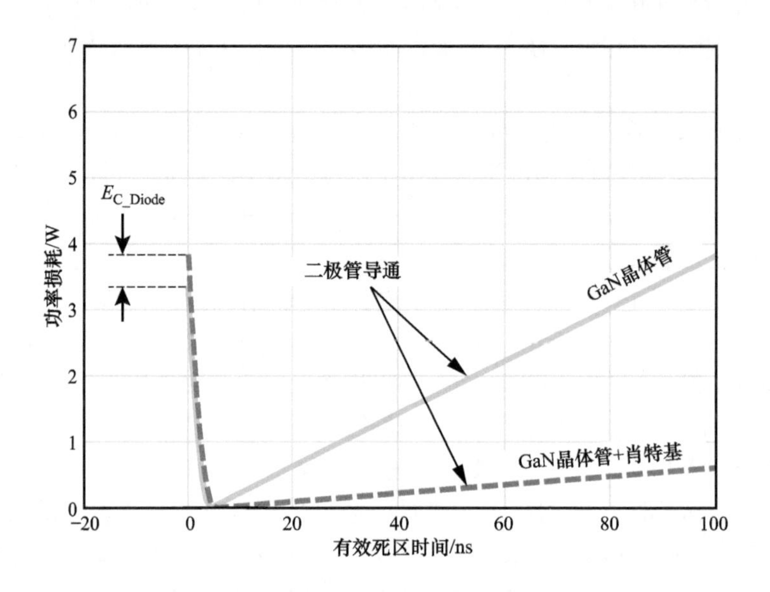

图7.17　有效死区时间对具有和不具有反并联肖特基二极管增强型GaN晶体管降压变换器功率损耗影响的比较（$V_{BUS}=48V$，$I_{OUT}=16A$，$f_{sw}=1MHz$）

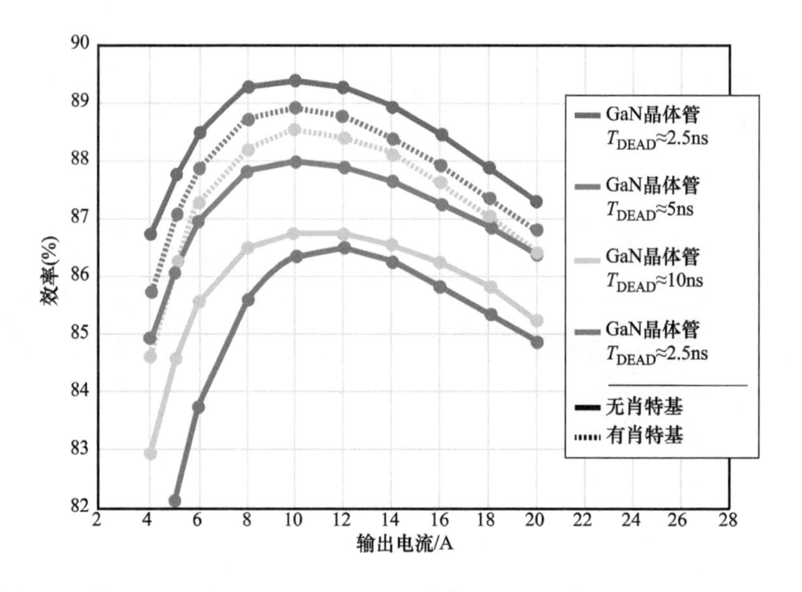

图7.18　增强型晶体管添加了反并联肖特基二极管，降压变换器中死区时间影响的实验验证（$V_{BUS}=12V$，$V_{OUT}=1.2V$，$f_{sw}=1MHz$）

7.2.6.3　与 C_{os} 相关的动态反向导电损耗

大多数与 C_{OSS} 有关的功率损耗都发生在控制开关 Q_1 中，但是少量能量也流失到 Q_2 的通道中。图7.6显示了反向偏置同步开关 Q_2 如何在使“体二极管”电压 v_{SD_Q2} 放电的同时传导负载电流。在每个开关周期内，这种情况发生两次：在电压开始上升（Q_1 导通）和电压下降之后的死区时间（Q_1 关断）。Q_2 内因 C_{OSS} 放电导致的总功率损耗可计算如下：

$$P_{OSS\_SD} = 2E_{OSS\_SD}f_{sw} \tag{7.45}$$

存储在反向偏置同步整流器中的能量可以从输出电容曲线计算获得：

$$E_{OSS\_SD} = \int_0^{V_{SD}} [C_{OSS\_Q1}(v + V_{BUS}) + C_{OSS\_Q2}(v)]v\mathrm{d}v \tag{7.46}$$

但是，数据表通常不提供负电压的输出电容特性。反向导通 GaN 晶体管中的电压降通常很小，因此可以分别使用 V_{BUS}，以及0V时 Q_1 和 Q_2 的输出电容来估算能量损耗：

$$E_{OSS\_SD} \approx \frac{1}{2}(C_{OSS\_Q1}(V_{BUS}) + C_{OSS\_Q2}(0\mathrm{V}))V_{SD}^2 \tag{7.47}$$

当关态驱动电压是0V时，该能量的大小通常可以忽略不计。

7.2.7　反向恢复电荷 Q_{RR} 损耗

当体二极管由导通状态转换为截止状态时，产生体二极管反向恢复损耗。增强型 GaN 晶体管与标准功率 MOSFET 或共源共栅 GaN 器件不同，其结中没有存储少数载流子，因此没有反向恢复电荷。如第2章所述，共源共栅 GaN 晶体管由于串联了较小的硅功率 MOSFET 而具有少量的反向恢复电荷。

由反向恢复电荷和总线电压可以计算出二极管反向恢复功率损耗如下：

$$P_{RR} = E_{RR}f_{sw} = Q_{RR}V_{BUS}f_{sw} \tag{7.48}$$

在典型的工作条件下，器件数据表中提供了反向恢复电荷，但当变换器的工作条件与数据表中给出的偏差较大时，可能会证明不正确。不幸的是，没有简单的方法可以正确计算 Q_{RR}。关于反向恢复的建模和计算的其他信息可以在参考文献［2］中找到。

7.2.8　硬开关品质因数

研究人员已经提出了一些品质因数用于评估晶体管损耗。前面的分析指出了硬开关品质因数应包括的几个方面。下式给出 FOM_{HS}，并在参考文献［7］中进行了讨论：

$$FOM_{HS} = (Q_{GD} + Q_{GS2})R_{DS(on)} \tag{7.49}$$

对于给定的导通电阻和应用，选择具有较低 FOM_{HS} 值的技术，表示具有与功率成正比的较低功率损耗：

$$P_{TOTAL}\alpha\ \sqrt{FOM_{HS}} \tag{7.50}$$

FOM_{HS} 可以用 x 轴 $R_{DS(on)}$ 和 y 轴电荷相关项（$Q_{GS2}+Q_{GD}$）进行绘制，如图7.19所示。

从图7.19中可以看出，200V GaN 晶体管与40V 硅 MOSFET 具有相似的 FOM_{HS}，600V GaN 晶体管与100V MOSFET 具有相似的 FOM_{HS}。

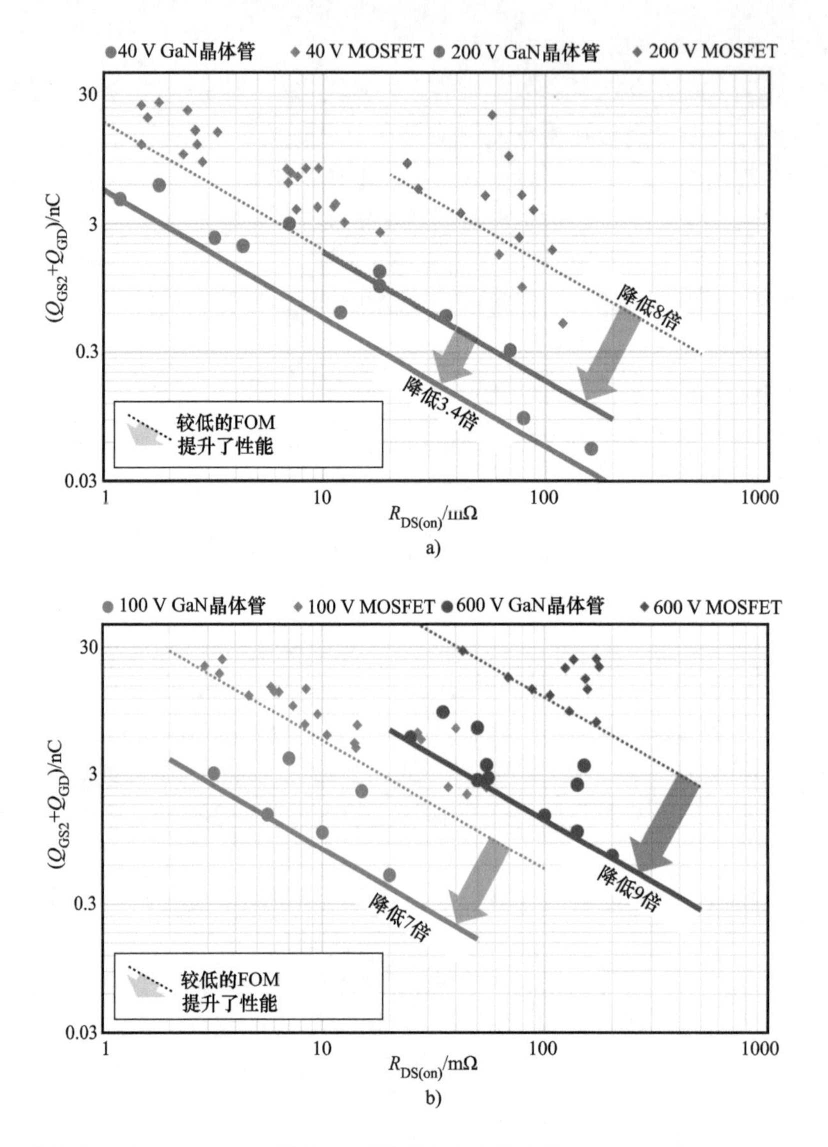

图 7.19 GaN 晶体管和硅 MOSFET 在不同电压下硬开关方式的比较：a）40V 和 200V；b）100V 和 600V

7.3 寄生电感对硬开关损耗的影响

在上一节中，详细推导了硬开关损耗。在实际应用中，这些推导有些不完整，因为还有其他因素会进一步影响硬开关损耗，例如共源电感 L_{CS} 和功率回路电感 L_{Loop}。这些因素出现在实际电路中，由于器件尺寸、封装寄生因素和电路布局寄生因素所带来的物理限制。半桥配置的两个主要电感，即共源电感和高频功率回路电感如图 7.20 所示，之前在第 3 章和第 4 章中讨论过，这部分内容将在第 10 章中对它们进一步讨论。

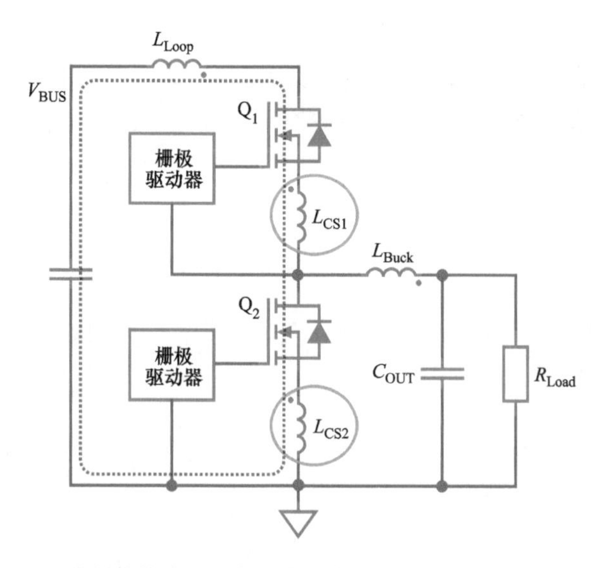

图 7.20　半桥结构中的功率回路电感 L_{Loop} 及共源电感 L_{CS1} 和 L_{CS2}

7.3.1　共源电感 L_{CS}的影响

共源电感对栅极驱动性能的影响已在第 3 章和第 4 章中讨论过，并将在第 10 章中进一步探讨。在本节中，将针对硬开关电流转换来量化其影响。

在电流转换过程中，共源电感两端产生的电压与栅极电压相反，因此减小了对栅极电容充电的栅极电流。这有效地延长了电流转换周期，如图 7.21 所示。

对栅极电路的分析如图 7.22 所示，可用于确定当前转换周期延长的时间量。完整的分析表明某些项具有指数和正弦的分量，因此需要进行一些简化假设。

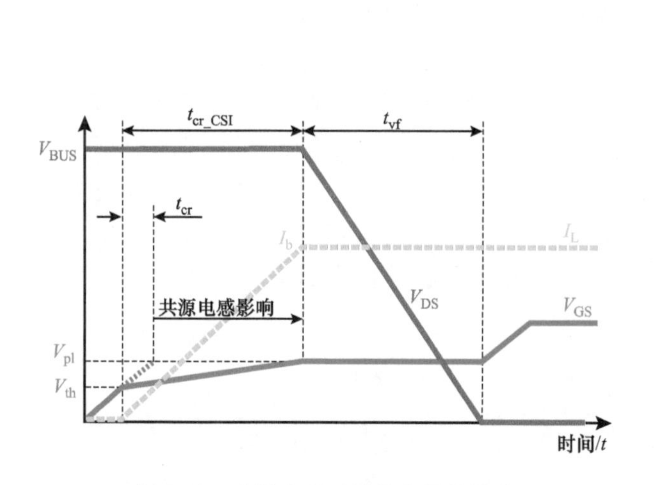

图 7.21　共源电感对栅极电压的影响

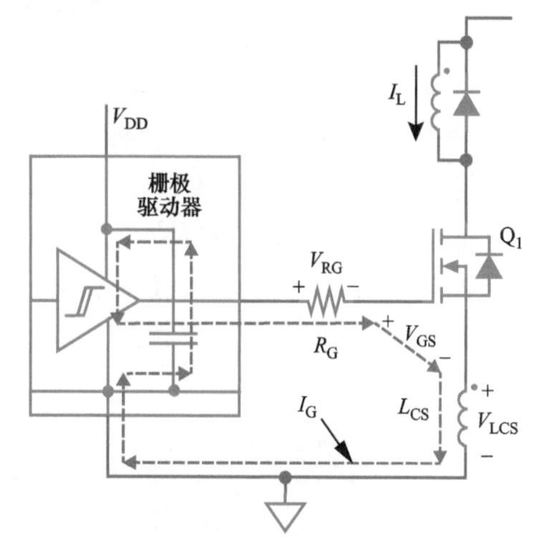

图 7.22　包括共源电感的栅极电路回路

第一个简化假设是，共源电感两端的电压可以认为是与栅极电压同相的电压源，因此在栅极电路中仅影响电压的大小。第二个假设忽略了栅极电路电感的影响，在第4章中已表明该电感对电路开关性能的影响可忽略不计。第三个假设是转换期间外部的漏极电流是恒定的。

通过对栅极驱动等效电路的分析，可以推导出

$$V_{\mathrm{DD}} = V_{\mathrm{RG}} + V_{\mathrm{GS}} + V_{\mathrm{LCS}} \tag{7.51}$$

然后带入栅极和漏极电流，得到

$$V_{\mathrm{DD}} = I_{\mathrm{G}} R_{\mathrm{G\_on}} + V_{\mathrm{GS}} + \frac{L_{\mathrm{CS}} I_{\mathrm{L}}}{t_{\mathrm{cr\_CSI}}} \tag{7.52}$$

式中，$t_{\mathrm{cr_CSI}}$是新的电流上升时间，其中考虑了共源电感。新的动态栅极电流为

$$I_{\mathrm{G}} = \frac{Q_{\mathrm{GS2}}}{t_{\mathrm{cr\_CSI}}} = \frac{C_{\mathrm{GS}} I_{\mathrm{L}}}{t_{\mathrm{cr\_CSI}} g_{\mathrm{m}}} \tag{7.53}$$

式中，g_{m}是电流上升时间内的跨导，可以估计为$V_{\mathrm{GS(th)}}$和V_{PL}之间的传递函数的斜率。

结合式（7.52）和式（7.53），可以确定$t_{\mathrm{cr_CSI}}$为

$$t_{\mathrm{cr\_CSI}} = \left(\frac{I_{\mathrm{L}}}{V_{\mathrm{DD}} - V_{\mathrm{GS}}}\right)\left(\frac{C_{\mathrm{GS}}}{g_{\mathrm{m}}}\right)\left(\frac{L_{\mathrm{CS}} g_{\mathrm{m}}}{C_{\mathrm{GS}}} + R_{\mathrm{G\_on}}\right) \tag{7.54}$$

从式（7.54）中，可提取等效共源电感电阻R_{CSI}为

$$R_{\mathrm{CSI}} = \frac{L_{\mathrm{CS}} g_{\mathrm{m}}}{C_{\mathrm{GS}}} \tag{7.55}$$

鉴于器件输入电容已经很小，共源电感对栅极电路电阻的影响可能很大。因此，L_{CS}必须变得非常小，以最大限度地减少共源电感的影响。例如，在$C_{\mathrm{GS}} = 2900\mathrm{pF}$和$g_{\mathrm{m}} = 60\mathrm{S}$的MOSFET电路中，100pH共源电感导致2Ω等效电阻。在$C_{\mathrm{GS}} = 850\mathrm{pF}$和$g_{\mathrm{m}} = 60\mathrm{S}$的等效GaN晶体管电路中，相同的100pH共源电感会导致7Ω等效电阻。

为了估算共源电感的影响，可以在电流上升时间内将等效电阻简单地添加到$R_{\mathrm{G_on}}$中。由于与C_{OSS}有关的电流过冲，漏极电流在电压下降时间内也会继续上升，但在同一间隔的后半段也会下降。因此，可以忽略电压下降时间内共源电感的净影响。图7.4b中描述的关断瞬变对共源电感也不是很敏感，因为在漏极电流开始迅速下降之前，沟道进入了截止区域。

以1MHz变换器为例，采用固定环电感和改变共源电感对其进行评估，结果如图7.23所示。值得注意的是，损耗随共源电感的增加而迅速增加。

由于L_{CS}的特性，如果电路没有明显的扰动，就不可能进行测量。然而，L_{CS}可以使用商用参数提取模拟程序来估计[12]，该程序可以根据布局和器件设计计算电感。这就需要了解器件内部的设计，而这些知识很少提供。或者可以使用电路仿真软件在模拟中使用理想开关来估计L_{CS}。

7.3.2　功率回路电感对器件损耗的影响

影响高频下硬开关损耗的另一个因素是功率回路电感，这是总线电源以及连接到该总线的器件所包含的电感，如图7.20所示，并在第3章和第4章中进行了讨论，在第10章中将进一步进行研究。组件寄生电感和物理布线电感都是总回路电感的组成部分。

在硬开关关闭期间，功率回路电感对降低总转换时间有负面影响，同时还会在重叠间隔内

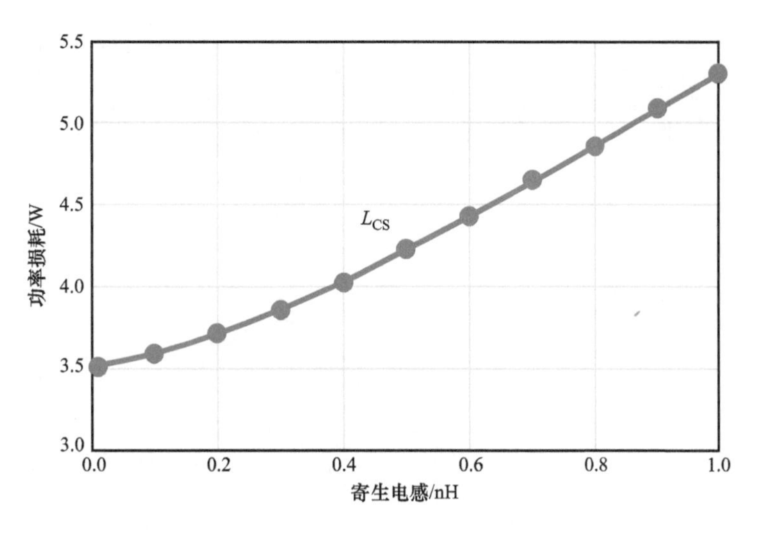

图 7.23　共源电感对功率损耗的影响[8-10]（$V_{BUS}=12V$，$V_{OUT}=1.2V$，$I_{OUT}=20A$，$f_{sw}=1MHz$，控制晶体管为 EPC2015C[11]，同步整流晶体管为 EPC2015C）

增加漏源电压。在器件导通期间，回路电感会降低器件漏源电压，从而降低损耗。但是，回路电感的总体影响通常是增加开关损耗。图 7.24 给出了一个实例，其中在 12V－1.2V 变换器中回路电感逐渐增加，图 7.24 分析了其对总功率损耗的影响。理想情况下，3nH 的回路电感增加会使损耗增加 30%。

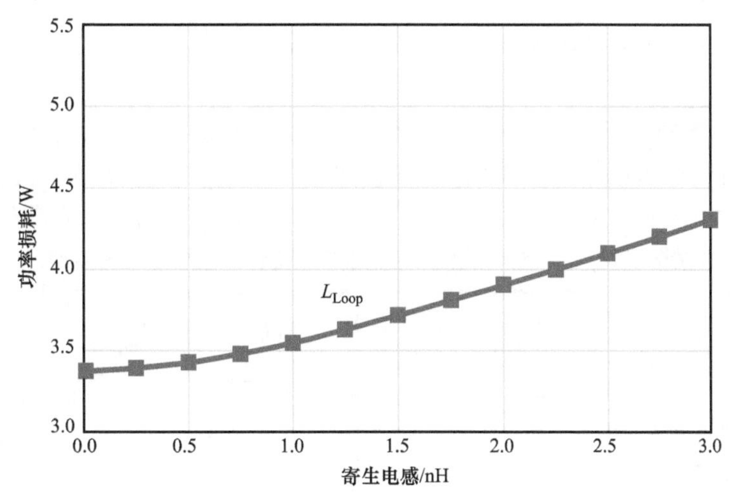

图 7.24　回路电感对功率损耗的影响[8-10]（$V_{BUS}=12V$，$V_{OUT}=1.2V$，$I_{OUT}=20A$，$f_{sw}=1MHz$，控制晶体管为 EPC2015C[11]，同步整流晶体管为 EPC2015C）

为了进一步说明回路电感对系统效率的影响，我们比较了一系列输出电流的实验结果，如图 7.25 所示。此处显示了回路电感对 1MHz 降压变换器中各种布局变化的效率影响，且共源电感处于可实现的最低水平。对于采用塑料封装的 MOSFET 和某些 GaN 器件，由于其封装，共源电感会更大。高频回路电感从大约 0.4nH 增加到 2.9nH，会使效率降低 4% 以上。

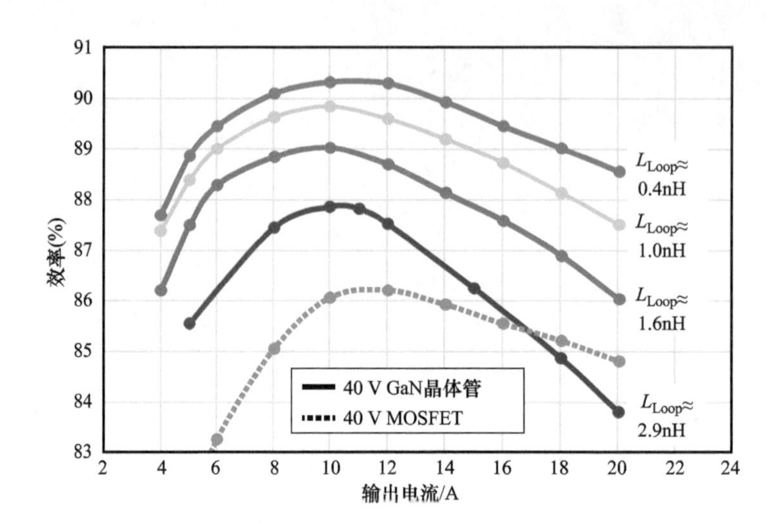

图7.25　高频回路电感对具有相似共源电感设计效率的影响（$V_{BUS}=12V$，$V_{OUT}=1.2\ V$，$I_{OUT}=20A$，$f_{sw}=1MHz$，控制晶体管为EPC2015C[11]，同步整流晶体管为EPC2015C，控制MOSFET为BSZ097N04LSG[13]，同步整流MOSFET为BSZ040N04LSG）[14]

为了分析寄生电感对性能的影响，GaN晶体管设计人员必须将降低封装和电路板电感作为首要任务，由于横向增强型HEMT的所有连接都位于管芯的同一侧，因此可以将管芯直接安装到印制电路板（PCB）上，从而最大程度减少内部总线和外部焊料凸点的总电感。为了进一步降低电感，可以将漏极和源极连接布置成交错的基板栅格阵列，从而通过管芯提供与PCB的多个并行连接[15]。

由于GaN晶体管的快速开关，即使很小的高频回路电感也会增加电压过冲。因此，减小高频回路电感可以降低电压过冲，增大输入电压，并减小电磁干扰（EMI）。图7.26显示了高频回路电感为1.6nH（不是0.4nH的设计）的开关节点电压波形。同步整流器开关上的电压过冲分别从输入电压的100%降低到25%。此过冲发生在控制开关的接通瞬变期间。

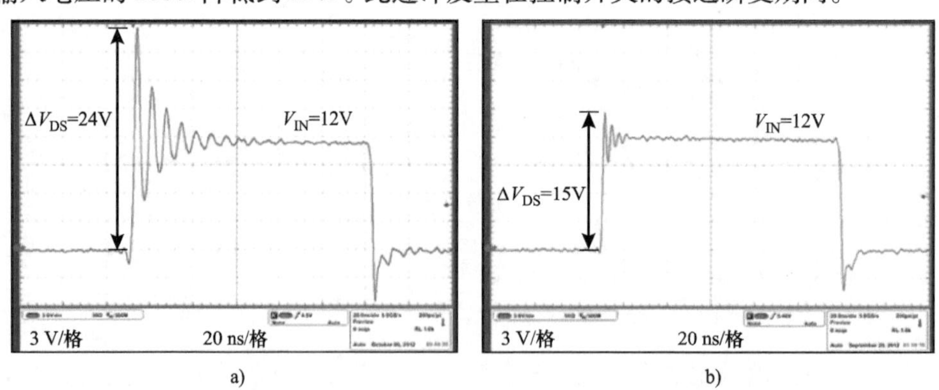

图7.26　a）$L_{LOOP}\approx1.6nH$和b）$L_{LOOP}\approx0.4nH$的同步整流器开关波形（$V_{BUS}=12V$，$V_{OUT}=1.2V$，$I_{OUT}=20A$，$f_{sw}=1MHz$，$L=150nH$，控制晶体管为EPC2015C[11]，同步整流晶体管为EPC2015C）

参考文献［16］分析并确定导通和关断期间的过冲电压是对基于 GaN 晶体管变换器的输入电压和输出电流能力的关键限制。在 Q_1 导通瞬态期间，发现 Q_2 的过冲电压主要是回路电感和开关速度（即栅极驱动强度）的函数。但是，在 Q_1 关断期间，Q_1 的过冲电压在很大程度上取决于电感负载电流，而不是栅极驱动强度。某些非常大电流的设计中，此关断过冲电压可能会超过器件的额定电压，从而在给定工作电压下对变换器的电流处理能力施加了固有限制。这样，除输入电压能力外，更小的功率回路电感还可以提高变换器的电流处理能力。

7.4 频率对磁特性的影响

诸如变压器和电感器之类的磁性组件是产生开关变换器功率损耗的另一个重要因素。

7.4.1 变压器

对于具有一定横截面积的磁心和特定绕组窗口面积的磁心，通常使用磁心面积乘积（横截面积乘以特定绕组窗口面积）来设计磁性组件的结构[17]，并与磁心的体积直接相关。对于给定的工作频率，恒定的磁心面积乘积会导致一定的功率损耗，并因此形成一定的变换器效率。

同一材料，随着开关频率在应用范围内增大，相比于频率变化的速率，磁心的功率损耗会以更快的速率下降。这是由于这些功率损耗是关于磁心磁通密度的非线性函数[18,19]，与硅 MOSFET 相比，这是使用 GaN 晶体管变换器的一个优势。由于频率的增大，选用具有较低磁心损耗密度的磁性材料将带来好处。

例如，考虑当开关频率从 300kHz 增加到 500kHz 时可能会发生的情况。当磁通密度相同时，相比为 300kHz 设计的磁心横截面积，500kHz 下设计的磁心横截面积将减小，其面积为 300kHz 的 60%，如图 7.27 所示。这种新的磁心设计带来额外的效果包括：

1）磁心体积约降至初始值的 60%。

2）每单位体积的磁心功率损耗可能会增加，但这取决于磁心材料和开关频率。

3）绕组体积和每匝平均长度也降低到 85%～90%［取决于长（L）宽（w）比］。这降低了直流绕线电阻和铜导线传输损耗。

4）由于趋肤深度降低，每单位长度的交流绕线电阻增加，这与电路的设计和导体厚度有关。此外，交流绕线电阻的变化与直流绕线电阻的减小成正比。

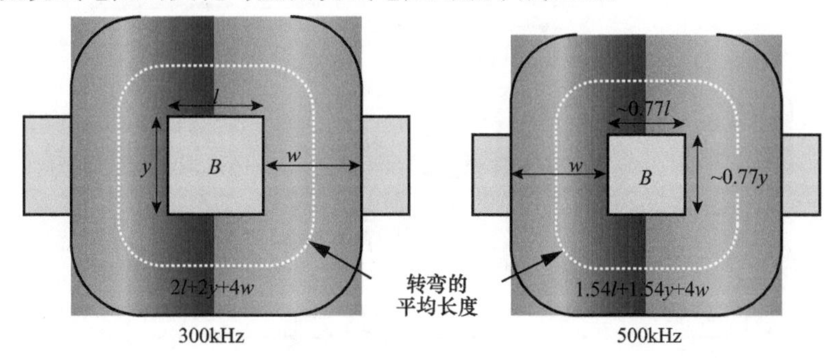

图 7.27 不同开关频率下两个等效的变压器结构（恒定磁通密度下）横截面示意图

通常，1）较2）更显著，3）的效果明显于4）。因此，变压器在500kHz时将比在300kHz时具有更高的效率。频率可增加的程度与材料有关，随着工作频率提高到超出材料预期的频率范围，通过增加频率得到的任何好处将不存在。替换磁心材料或许能拓展频率范围，但可能降低获得的增益。在MHz工作频率范围内，许多磁心材料都运行于其频率上限，在某些情况下，需要研究使用空气磁心的方法。

7.4.2　电感

GaN晶体管具有更高开关频率的能力，因此与同类的硅基器件设计相比，其滤波电感要低得多。对于给定的纹波电流，将开关频率加倍可使滤波器电感减半，以达到相同的纹波电流。较低的电感意味着可以对滤波器电感进行重新优化，以实现更小尺寸、更低功率损耗或两者兼而有之。商业电感的功率损耗模型通常可从其制造商处获得[20]。

磁性尺寸变化的影响与变压器相似，但是由于机制略有不同。变压器中的铁心材料会由于电压激励而经历完整的磁通量摆动，但是对于电感，绕组中的电流具有直流分量。这意味着在相同频率下，磁通激励和相关损耗要比变压器的低，但是由于直流分量的影响，电感的导通损耗会更高。使用与变压器相同的分析方法，效率更高的电感由于1）大于2），并且3）大于4）的原因，将再次以较高的频率产生。电感的上限工作频率与变压器相同。

7.5　降压变换器实例

现在可以将本章中的分析应用于实际的变换器设计实例中。选择降压变换器是因为它的电路简单，该电路包括一个硬开关器件和一个用作同步整流的晶体管，如图7.28所示。在该实例中，降压变换器工作在700kHz频率下，并向12V负载提供高达10A的电流，电源电压为48V。硬开关损耗分析基于控制开关Q_1和同步整流器Q_2的EPC2045[1]。输出电感为4.7μH，指定的直流串联电阻为13mΩ。两种器件均由5V电源驱动，具有0Ω的外部栅极电阻，用于开启

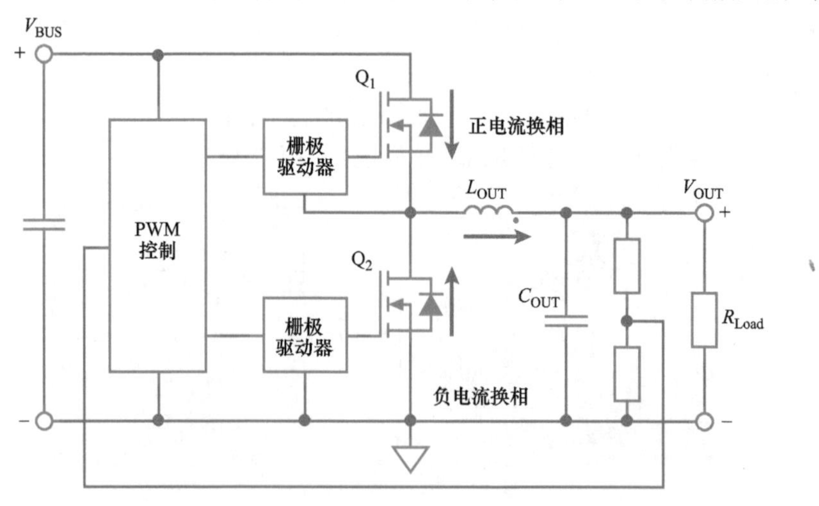

图7.28　基本降压变换器电路

和关闭。栅极驱动器的上拉和下拉电阻分别为 0.7Ω 和 0.4Ω。每个开关沿的死区时间设置为 12ns。这里将使用前面介绍的公式来分析 10 A 时的总损耗计算。对于初始估计，忽略了寄生电感的影响。

控制开关占空比 D 由下式给出：

$$D = \frac{V_{\mathrm{OUT}}}{V_{\mathrm{BUS}}} = \frac{12}{48} = 0.25 \tag{7.56}$$

使用此占空比，可以计算出电感的峰 - 峰值纹波电流为

$$I_{\mathrm{ripple}} = \frac{(V_{\mathrm{BUS}} - V_{\mathrm{OUT}})D}{f_{\mathrm{sw}} L_{\mathrm{OUT}}} = \frac{(48\mathrm{V} - 12\mathrm{V}) \times 0.25}{700\mathrm{kHz} \times 4.7\mu\mathrm{H}} = 2.8\mathrm{A} \tag{7.57}$$

开关时刻的电感电流可计算如下：

$$I_{\mathrm{L,turn\_on}} = I_{\mathrm{OUT}} - \frac{I_{\mathrm{ripple}}}{2} = 10\mathrm{A} - \frac{2.8\mathrm{A}}{2} = 8.6\mathrm{A} \tag{7.58}$$

$$I_{\mathrm{L,turn\_off}} = I_{\mathrm{OUT}} + \frac{I_{\mathrm{ripple}}}{2} = 10\mathrm{A} + \frac{2.8\mathrm{A}}{2} = 11.4\mathrm{A} \tag{7.59}$$

首先计算该对称变换器的 C_{OSS} 相关损耗

$$Q_{\mathrm{OSS\_Q1}} = Q_{\mathrm{OSS\_Q2}} = \int_0^{V_{\mathrm{BUS}}} C_{\mathrm{OSS}}(v_{\mathrm{DS}})\mathrm{d}v_{\mathrm{DS}} = 23.5\mathrm{nC} \tag{7.60}$$

$$E_{\mathrm{OSS\_total}} = V_{\mathrm{BUS}} Q_{\mathrm{OSS\_Q2}} = 48\mathrm{V} \times 23.5\mathrm{nC} = 1.13\mu\mathrm{J} \tag{7.61}$$

$$P_{\mathrm{OSS}} = f_{\mathrm{sw}} E_{\mathrm{OSS\_total}} = 700\mathrm{kHz} \times 1.13\mu\mathrm{J} = 0.79\mathrm{W} \tag{7.62}$$

图 7.29 显示了每个开关周期中与该实例降压变换器相关的 C_{OSS} 能量与工作直流总线电压的关系。尽管当每个晶体管的输出电容完全充电到总线电压，它们存储的能量等于 E_{OSS}，但是在转换期间损耗的总能量大于 $2E_{\mathrm{OSS}}$。对于本例中的 48V 总线，与 C_{OSS} 相关的总能量 $E_{\mathrm{OSS\_total}}$ 为 1.13μJ。

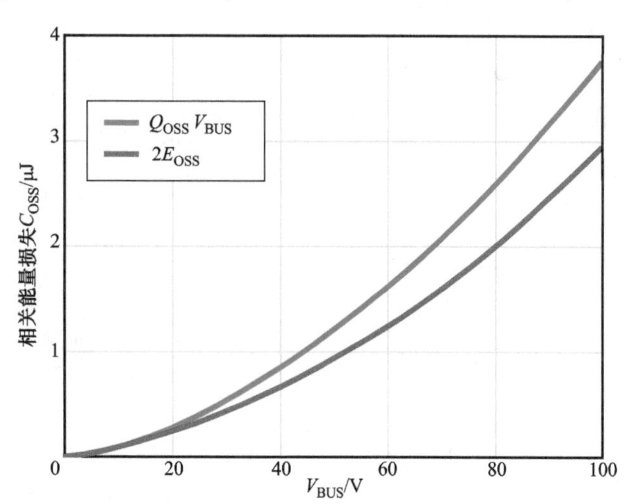

图 7.29　实例半桥中 $E_{\mathrm{OSS\_total}}$ 的计算与存储能量总和 $2E_{\mathrm{OSS}}$ 的比较

使用图 7.9 和图 7.10 所示的特性曲线，可计算出 8.6A 电感电流的导通开关转换时间。此计算需要提取结点温度为 Q_1 时依赖于温度的跨导 g_{fs}，如图 7.10 所示。必须根据总损耗和热等效电路迭代进行结温的计算，这将在本节的后面部分进行讨论。

$$t_{\mathrm{cr}} = \frac{Q_{\mathrm{GS2}}(R_{\mathrm{G\_int}} + R_{\mathrm{G\_ext}} + R_{\mathrm{pu}})}{V_{\mathrm{drv\_on}} - \left(\frac{V_{\mathrm{GS(th)}} + V_{\mathrm{PL}}}{2}\right)} = \frac{0.38\mathrm{nC} \times (0.6\Omega + 0\Omega + 0.7\Omega)}{5\mathrm{V} - \left(\frac{1.4\mathrm{V} + 2.12\mathrm{V}}{2}\right)} = 0.15\mathrm{ns} \tag{7.63}$$

$$\Delta v_{\mathrm{GS,vf}} \approx \frac{V_{\mathrm{drv\_on}} - V_{\mathrm{PL}}}{\frac{1}{2} + \left(\frac{(R_{\mathrm{G\_int}} + R_{\mathrm{G\_ext}} + R_{\mathrm{pu}}) g_{\mathrm{fs}} C_{\mathrm{RSS\_Q1}}(0\mathrm{V})}{C_{\mathrm{OSS\_Q1}}(0\mathrm{V}) + C_{\mathrm{OSS\_Q2}}(V_{\mathrm{BUS}})}\right)}$$

$$= \frac{5\mathrm{V} - 2.12\mathrm{V}}{\frac{1}{2} + \left(\frac{(0.6\Omega + 0\Omega + 0.7\Omega) \times 67\Omega^{-1} \times 75\mathrm{pF}}{914\mathrm{pF} + 291\mathrm{pF}}\right)} = 0.49\mathrm{V} \quad (7.64)$$

$$t_{\mathrm{vf}} = \left(\frac{Q_{\mathrm{OSS\_Q1}+Q_{\mathrm{OSS\_Q2}}}}{(V_{\mathrm{drv\_on}} - V_{\mathrm{p1}})}\right)\left(\frac{1}{g_{\mathrm{fs}}} + \frac{2(R_{\mathrm{G\_int}} + R_{\mathrm{G\_ext}} + R_{\mathrm{pu}}) C_{\mathrm{RSS\_Q1}}(0\mathrm{V})}{C_{\mathrm{OSS\_Q1}}(0\mathrm{V}) + C_{\mathrm{OSS\_Q2}}(V_{\mathrm{BUS}})}\right)$$

$$= \left(\frac{23.5\mathrm{nC} + 23.5\mathrm{nC}}{5\mathrm{V} - 2.12\mathrm{V}}\right)\left(\frac{1}{67\Omega^{-1}} + \frac{2 \times (0.6\Omega + 0\Omega + 0.7\Omega) \times (75\mathrm{pF})}{914\mathrm{pF} + 291\mathrm{pF}}\right)$$

$$= 2.9\mathrm{ns} \quad (7.65)$$

接下来，使用图 7.9 和图 7.10 所示的特性计算 11.4A 电感电流时的关断开关转换时间如下：

$$t_{\mathrm{cf}} = \frac{Q_{\mathrm{GS2}}(R_{\mathrm{G\_int}} + R_{\mathrm{G\_ext}} + R_{\mathrm{pd}})}{\left(\frac{V_{\mathrm{PL}} + V_{\mathrm{GS(th)}}}{2}\right) - V_{\mathrm{drv\_off}}}$$

$$= \frac{0.51\mathrm{nC} \times (0.6\Omega + 0\Omega + 0.4\Omega)}{\left(\frac{2.18\mathrm{V} + 1.4\mathrm{V}}{2}\right) - 0\mathrm{V}} = 0.28\mathrm{ns} \quad (7.66)$$

$$\Delta v_{\mathrm{DS,cf}} \approx \frac{\frac{1}{2} t_{\mathrm{cf}} I_{\mathrm{L,turn\_off}}}{C_{\mathrm{OSS\_Q1}}(0\mathrm{V}) + C_{\mathrm{OSS\_Q2}}(V_{\mathrm{BUS}})}$$

$$= \frac{\frac{1}{2} \times (0.28\mathrm{ns}) \times (11.4)}{914\mathrm{pF} + 291\mathrm{pF}} = 1.3\mathrm{V} \quad (7.67)$$

$$t_{\mathrm{vr}} = \frac{Q_{\mathrm{OSS\_Q1}} + Q_{\mathrm{OSS\_Q2}}}{I_{\mathrm{L,rutn\_off}}} - \frac{t_{\mathrm{cf}}}{2}$$

$$= \frac{23.5\mathrm{nC} + 23.5\mathrm{nC}}{11.4\mathrm{A}} - \frac{0.28\mathrm{ns}}{2} = 4.0\mathrm{ns} \quad (7.68)$$

降压变换器的典型工作模式导致控制开关 Q_1 的正电流换相和同步整流器 Q_2 的负电流换相。但是，在该实例中，当输出电流降至 1.4A 以下时，开关节点电流在开关节点上升沿转换时为负，控制开关经历了部分 ZVS 开通转换，而不是完全硬开关。在这一点以下，损耗分析变得更加复杂。此外，将有效死区时间设置为 12ns 的情况下，同步整流器开关需要最少 3.8A 的电感电流才能在该死区时间内实现 ZVS 转换，这意味着输出电流必须至少为 2.4A（2.8A 峰 - 峰值纹波）。这会导致 Q_2 输出低于 2.4A 时产生一些开关损耗。因此，本例中的计算将集中在 3 ~ 10A 的完全硬开关输出电流范围内。图 7.30 显示了计算出的开关转换时间。

根据这些开关转换时间，可以计算出与导通重叠相关的开关损耗，计算公式如下：

$$E_{\text{ON\_overlap}} = \frac{1}{2}V_{\text{BUS}}I_{\text{L,turn\_on}}(t_{\text{cr}} + t_{\text{vf}})$$
$$= \frac{1}{2} \times 48\text{V} \times 8.6\text{A} \times (0.15\text{ns} + 0.49\text{ns})$$
$$= 0.63\mu\text{J} \tag{7.69}$$

$$P_{\text{ON\_overlap}} = f_{\text{sw}} \cdot E_{\text{ON\_overlap}}$$
$$= 700\text{kHz} \times 0.63\mu\text{J}$$
$$= 0.44\text{W} \tag{7.70}$$

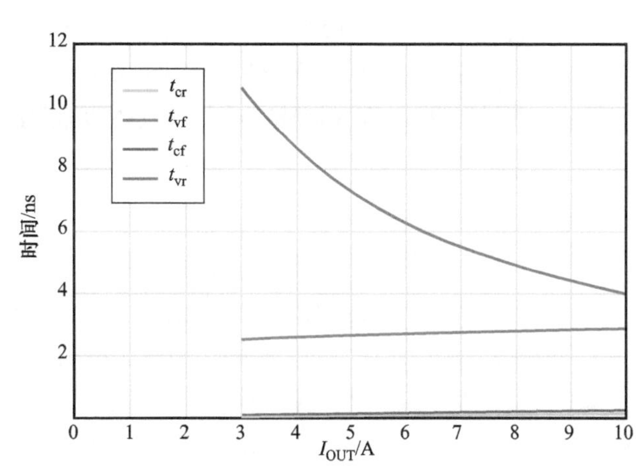

图7.30 使用本章介绍模型，利用48V－12V EPC2045降压变换器计算的开关转换时间

确认关闭重叠损耗遵循图7.4b所示的快速关闭模型。发现在式（7.67）中v_{DS_Q1}的增加仅为1.3V，这表明关断重叠损耗应该很小。这种低电压上升也证实了式（7.34）中的简化积分适用于此实例，因为输出电容在0～1.3V之间变化不大。电感电流为11.4A时的关断重叠损耗计算如下：

$$E_{\text{OFF\_overlap}} = \frac{1}{6}t_{\text{cf}}I_{\text{L,turn\_off}}\Delta v_{\text{ds\_cf}}$$
$$= \frac{1}{6} \times 0.28\text{ns} \times 11.4\text{A} \times 1.3\text{V} = 0.7\text{nJ} \tag{7.71}$$

$$P_{\text{OFF\_overlap}} = f_{\text{sw}}E_{\text{OFF\_overlap}}$$
$$= 7000\text{kHz} \times 0.7\text{nJ} = 0.5\text{mW} \tag{7.72}$$

根据这些开关转换时间，还可以计算出反向导通时间和损耗，具体如下：

$$t_{\text{on\_SR}} = \frac{Q_{\text{GS(th)}}(R_{\text{G\_int}} + R_{\text{G\_ext\_on}} + R_{\text{pu}})}{V_{\text{drv\_on}} - \left(\dfrac{V_{\text{GS(th)}} + V_{\text{drv\_off}}}{2}\right)}$$
$$= \frac{1.1\text{nC} \times (0.6\Omega + 0\Omega + 0.7\Omega)}{5\text{V} - \left(\dfrac{1.4\text{V} + 0\text{V}}{2}\right)} = 0.4\text{ns} \tag{7.73}$$

$$t_{\text{off\_SR}} = \frac{2Q_{\text{GS(th)}}(R_{\text{G\_int}} + R_{\text{G\_ext\_off}} + R_{\text{pd}})}{V_{\text{GS(th)}} - V_{\text{drv\_off}}}$$
$$= \frac{2 \times 1.1\text{nC} \times (0.6\Omega + 0\Omega + 0.4\Omega)}{1.4\text{V} - 0\text{V}} = 1.7\text{ns} \tag{7.74}$$

$$t_{\text{SD1}} = t_{\text{dt1}} - t_{\text{cf}} - t_{\text{vr}} - \frac{1}{2}t_{\text{on\_SR}}$$
$$= 12\text{ns} - 0.28\text{ns} - 4.0\text{ns} - \frac{1}{2} \times 0.4\text{ns} = 7.5\text{ns} \tag{7.75}$$

$$t_{\text{SD2}} = t_{\text{dt2}} - t_{\text{vf}} - \frac{1}{2}t_{\text{cr}} - \frac{1}{2}t_{\text{off\_SR}}$$
$$= 12\text{ns} - 2.9\text{ns} - \frac{1}{2} \times 0.15\text{ns} - \frac{1}{2} \times 1.7\text{ns} = 8.2\text{ns} \tag{7.76}$$

$$
\begin{aligned}
P_{\mathrm{SD}} &= (I_{\mathrm{L,turn\_OFF}} V_{\mathrm{SD1}} t_{\mathrm{SD1}} + I_{\mathrm{L,turn\_ON}} V_{\mathrm{SD2}} t_{\mathrm{SD2}}) f_{\mathrm{sw}} \\
&= (11.4\mathrm{A} \times 2.3\mathrm{V} \times 7.5\mathrm{ns} + 8.6\mathrm{A} \times 2.3\mathrm{V} \times 8.2\mathrm{ns}) \times 700\mathrm{kHz} = 0.25\mathrm{W}
\end{aligned} \tag{7.77}
$$

与 C_{OSS} 相关的反向传导损耗并不是该变换器损耗的重要部分，可以确认如下：

$$
\begin{aligned}
E_{\mathrm{OSS\_SD}} &\approx \frac{1}{2}(C_{\mathrm{OSS\_Q1}}(V_{\mathrm{BUS}}) + C_{\mathrm{OSS\_Q2}}(0\mathrm{V}))V_{\mathrm{SD}}^2 \\
&= \frac{1}{2} \times (914\mathrm{pF} + 291\mathrm{pF}) \times (2.3\mathrm{V})^2 = 3\mathrm{nJ}
\end{aligned} \tag{7.78}
$$

$$
\begin{aligned}
P_{\mathrm{OSS\_SD}} &= 2E_{\mathrm{OSS\_SD}} f_{\mathrm{sw}} \\
&= 2 \times 3\mathrm{nJ} \times 700\mathrm{kHz} = 4.5\mathrm{mW}
\end{aligned} \tag{7.79}
$$

每个晶体管的栅极电荷损耗计算如下：

$$
\begin{aligned}
P_{\mathrm{G\_Q1}} &= Q_{\mathrm{G\_Q1}}(V_{\mathrm{drv\_on}} - V_{\mathrm{drv\_off}}) f_{\mathrm{sw}} \\
&= 5.8\mathrm{nC} \times (5\mathrm{V} - 0\mathrm{V}) \times 700\mathrm{kHz} = 20\mathrm{mW}
\end{aligned} \tag{7.80}
$$

$$
\begin{aligned}
P_{\mathrm{G\_Q2}} &= Q_{\mathrm{G\_Q2}}(V_{\mathrm{drv\_on}} - V_{\mathrm{drv\_off}}) f_{\mathrm{sw}} \\
&= 5.0\mathrm{nC} \times (5\mathrm{V} - 0\mathrm{V}) \times 700\mathrm{kHz} = 18\mathrm{mW}
\end{aligned} \tag{7.81}
$$

实验设置先前已在第6章和参考文献［21］中进行了讨论，因此使用相同的热等效电路和 $R_{\mathrm{DS(on)}} - T_{\mathrm{j}}$ 特性来计算传导损耗。为了确定结温，必须计算每一个晶体管的总功率损耗。然而，结温是计算传导损耗的一个重要参数。求解 T_{j} 和 $R_{\mathrm{DS(on)}}$ 的最简单方法是迭代方法，首先对结温进行初始估计，然后将所得的 $R_{\mathrm{DS(on)}}$ 反馈回传导损耗计算中，然后必须重新计算结温。重复此过程几次，直到解收敛为止。传导损耗方程还必须考虑死区时间，因为在死区时间间隔内的损耗已经在 P_{SD}、$P_{\mathrm{on\_overlap}}$ 和 $P_{\mathrm{off\_overlap}}$ 中得到了考虑。每个晶体管的导通损耗可通过式（7.82）和式（7.83）计算，并使用参考文献［5］计算器件的RMS电流：

$$
\begin{aligned}
P_{\mathrm{cond\_Q1}} &= \left(I_{\mathrm{OUT}}^2 + \frac{I_{\mathrm{ripple}}^2}{12}\right)(D - t_{\mathrm{dt1}} f_{\mathrm{sw}}) R_{\mathrm{DS(on)\_Q1}} \\
&= \left[(10\mathrm{A})^2 + \frac{(2.8\mathrm{A})^2}{12}\right] \times (0.25 - 12\mathrm{ns} \times 700\mathrm{kHz}) \times 10.5\mathrm{m\Omega} \\
&= 0.25\mathrm{W}
\end{aligned} \tag{7.82}
$$

$$
\begin{aligned}
P_{\mathrm{cond\_Q2}} &= \left(I_{\mathrm{OUT}}^2 + \frac{I_{\mathrm{ripple}}^2}{12}\right)(1 - D - t_{\mathrm{dt2}} f_{\mathrm{sw}}) R_{\mathrm{DS(on)\_Q2}} \\
&= \left[(10\mathrm{A})^2 + \frac{(2.8\mathrm{A})^2}{12}\right] \times (1 - 0.25 - 12\mathrm{ns} \times 700\mathrm{kHz}) \times 9.8\mathrm{m\Omega} \\
&= 0.73\mathrm{W}
\end{aligned} \tag{7.83}
$$

为了计算这种迭代方法的结温，可以应用图6.19和参考文献［21］中的热模型。该计算需要每个晶体管的总功率损耗

$$
\begin{aligned}
P_{\mathrm{Q1}} &= P_{\mathrm{cond\_Q1}} + P_{\mathrm{OSS}} + P_{\mathrm{on\_overlap}} + P_{\mathrm{off\_overlap}} + P_{\mathrm{g\_Q1}} \\
&= 0.25\mathrm{W} + 0.79\mathrm{W} + 0.44\mathrm{W} + 0.5\mathrm{mW} + 20\mathrm{mW} = 1.50W
\end{aligned} \tag{7.84}
$$

$$
\begin{aligned}
P_{\mathrm{Q2}} &= P_{\mathrm{cond\_Q2}} + P_{\mathrm{OSS\_sd}} + P_{\mathrm{sd}} + P_{\mathrm{g\_Q1}} \\
&= 0.73\mathrm{W} + 4.5\mathrm{mW} + 0.25\mathrm{W} + 18\mathrm{mW} = 1.00\mathrm{W}
\end{aligned} \tag{7.85}
$$

对于该实例电路，此计算还需要电感的功率损耗，因为电感和晶体管位置非常接近，并且会

相互发热。电感中的功率损耗通过量热计测量进行实验表征，可用于计算 10A 下的损耗如下：

$$P_{\mathrm{L}} = 0.60 + 0.015\left(I_{\mathrm{OUT}}^2 + \frac{I_{\mathrm{ripple}}^2}{12}\right)$$
$$= 0.60 + 0.015 \times \left[(10\mathrm{A})^2 + \frac{(2.8\mathrm{A})^2}{12}\right] = 2.11\mathrm{W} \tag{7.86}$$

该模型与该电感规定的 13mΩ 直流等效串联电阻匹配良好。0.60W 的恒定分量由磁心损耗以及交流等效串联电阻中的传导损耗组成，该传导损耗由纹波电流引起。

图 7.31 显示了该实例中所有这些单个晶体管的功率损耗。Q_1 中最重要的损耗成分是导通重叠损耗 P_{OSS}（特别是在电压下降时间内）和传导损耗。对于 Q_2，传导损耗占主导地位，其次是反向传导损耗。

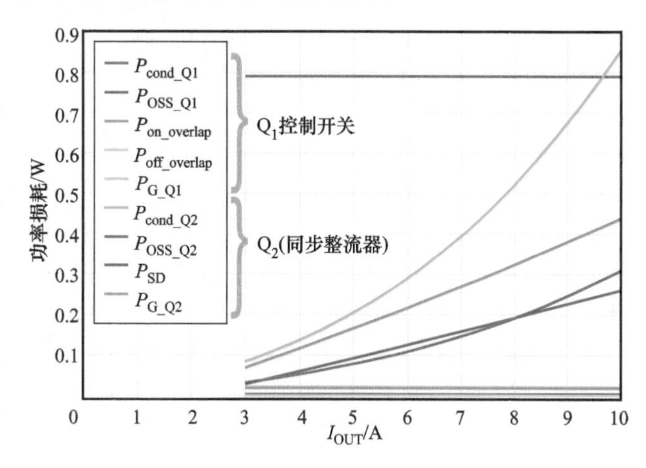

图 7.31　使用第 6 章和第 7 章中介绍的功率损耗和热模型，计算的 48V－12V EPC2045 降压变换器晶体管功率损耗分量

7.5.1　与实验测量值比较

通过在最大输出电流为 10A 的条件下检查开关节点波形，可以实验验证开关时间。降压变换器中的开关节点电压上升时间代表控制开关 Q_1 的关断电压下降过程，而开关节点电压下降时间代表 Q_1 的电压上升过程。实验测得的跃迁时间分别约为 3ns 和 4ns，与图 7.30 中给出的建模跃迁时间非常吻合。重要的是要注意，这些波形显示的是同步整流器 Q_2 而非控制开关 Q_1 两端的电压。图 7.32a 中可以观察到 Q_1 的电压下降时间，该间隔从 $v_{\mathrm{DS\_Q2}}$ 开始上升到 $v_{\mathrm{DS\_Q2}}$ 达到其电压过冲峰值时结束。类似地，从图 7.32b 可以观察到 Q_1 的电压上升时间，该间隔从 $v_{\mathrm{DS\_Q2}}$ 开始下降到 $v_{\mathrm{DS\_Q2}}$ 达到 0V 结束为止。

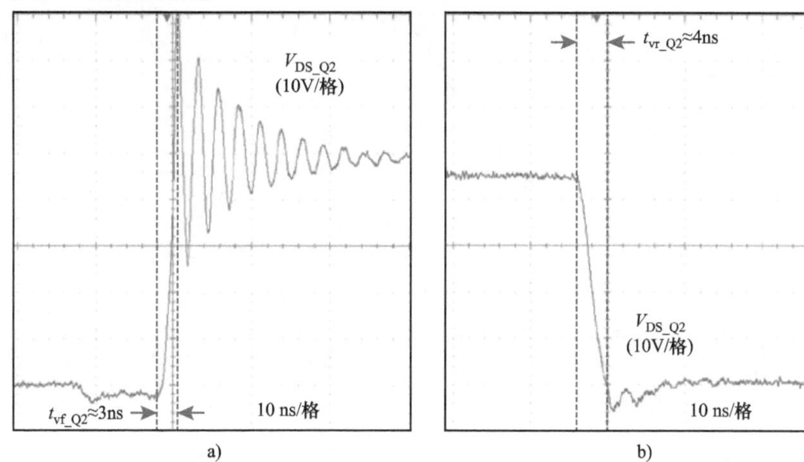

图 7.32　在 48V－12V EPC2045 降压变换器中测量的开关节点波形，其中 EPC2045 以 700kHz 工作，输出电流为 10A：a）控制开关 Q_1 的导通瞬态；b）控制开关 Q_1 的关断瞬态

然后，降压变换器在热稳态下的0～10A输出电流下工作，并使用红外热像仪测量每个晶体管以及电感的温度。然后，使用第6章的热等效电路估算这三个组件的各个功率损耗。还测量了系统总功率损耗，并将其用于提高量热损耗模型的准确率。测得的温度和量热提取的功率损耗如图7.33所示，与分析损耗模型的结果相叠加。

图7.33和图7.34表明，此处介绍的功率损耗和热模型与实验结果非常吻合。在整个输出电流范围内，分析模型与实验测量值之间的系统效率差异小于0.14%，最大偏差发生在10A。从图7.33可以看出，该偏差似乎是由于控制开关Q_1中低估的损耗引起的，下一节将对此进行进一步研究。

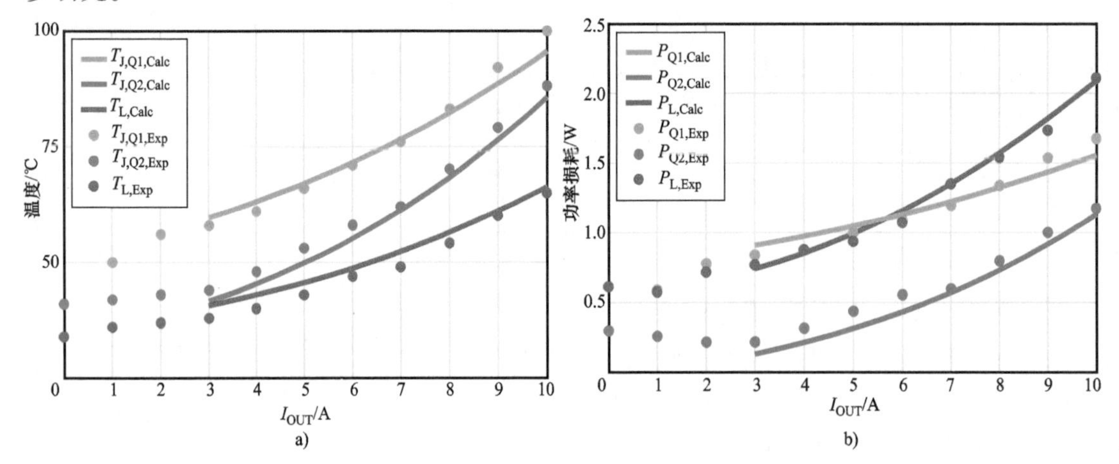

图7.33　48V－12V EPC2045降压变换器晶体管和电感的a）温度以及b）功率损耗，将实验测量值（点）与基于模型的计算值（实线）进行比较，功率损耗根据第6章中所述的测得温度和热表征技术量热确定

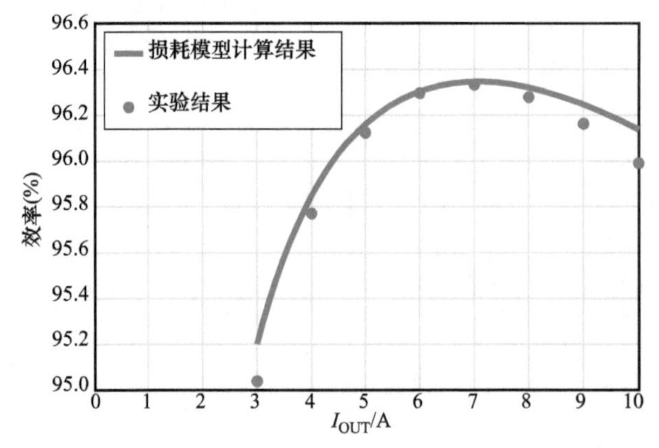

图7.34　48V－12V EPC2045降压变换器总系统效率，将实验测量值（点）和基于模型的计算值（实线）进行比较

7.5.2　考虑寄生电感

忽略共源电感L_{CS}的影响会导致人为的低损耗预测。因此，在本节中，将重新计算开关损

耗以包括 L_{CS} 的影响。该实验电路中共源电感的估计值为 0.3nH。电流上升期间的等效导通栅极电阻可以通过下式估算：

$$R_{CSI} = \frac{L_{CS}g_m}{C_{GS}} = \frac{0.3\text{nH} \times 13\Omega^{-1}}{865\text{pF}} = 4.5\Omega \tag{7.87}$$

现在，可以使用与导通栅极电阻路径串联的附加等效电阻来重新计算电流上升时间

$$t_{cr} = \frac{Q_{GS2}(R_{G\_int} + R_{G\_ext} + R_{pu} + R_{CSI})}{V_{drv\_on} - \left(\frac{V_{GS(th)} + V_{PL}}{2}\right)}$$
$$= \frac{0.38\text{nC} \times (0.6\Omega + 0\Omega + 0.7\Omega + 4.5\Omega)}{5\text{V} - \left(\frac{1.4\text{V} + 2.12\text{V}}{2}\right)} = 0.7\text{ns} \tag{7.88}$$

输出电流为 10 A 时，Q_1 导通瞬态期间的电流上升时间从 0.1ns 增加到 0.7ns，从而在此间隔内重叠损耗从 29mW 增加到 202mW。在此导通瞬变之前的死区时间内，还可以将反向传导时间减少 0.3ns，从而将 Q_2 的损耗降低 4mW。图 7.35 ~ 图 7.38 显示了该电感对 3 ~ 10A 输出电流损耗模型计算结果的影响。在 10A 时，模型效率与实验结果之间的系统效率偏差减小了一半，从 0.14 降低至 0.07%。Q_1 的结温也与实验测量值更加接近。

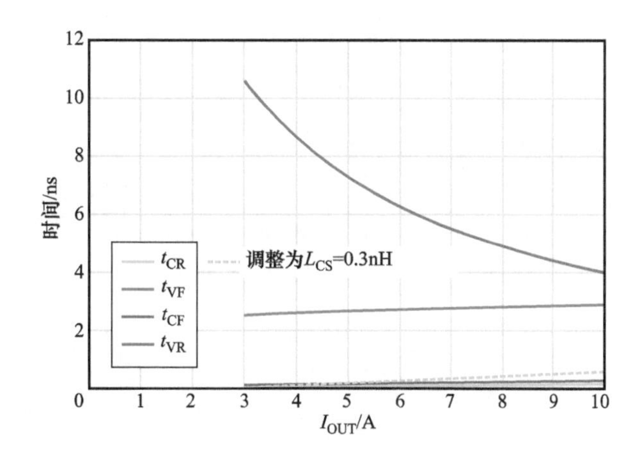

图 7.35　48V－12V EPC2045 降压变换器开关转换时间（包括共源电感的影响）

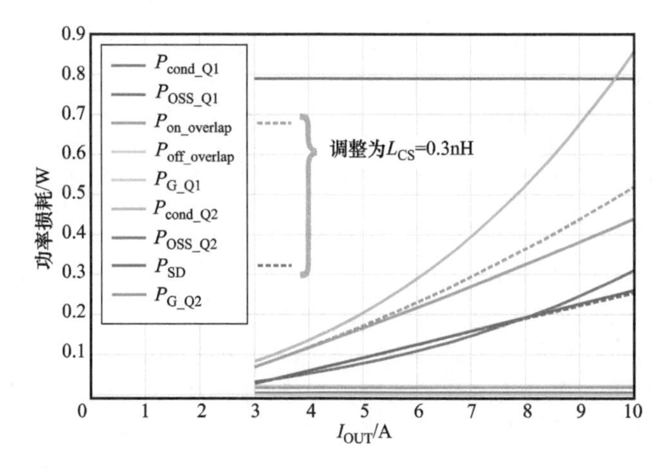

图 7.36　48V－12V EPC2045 降压变换器晶体管的功率损耗（包括共源电感的影响）

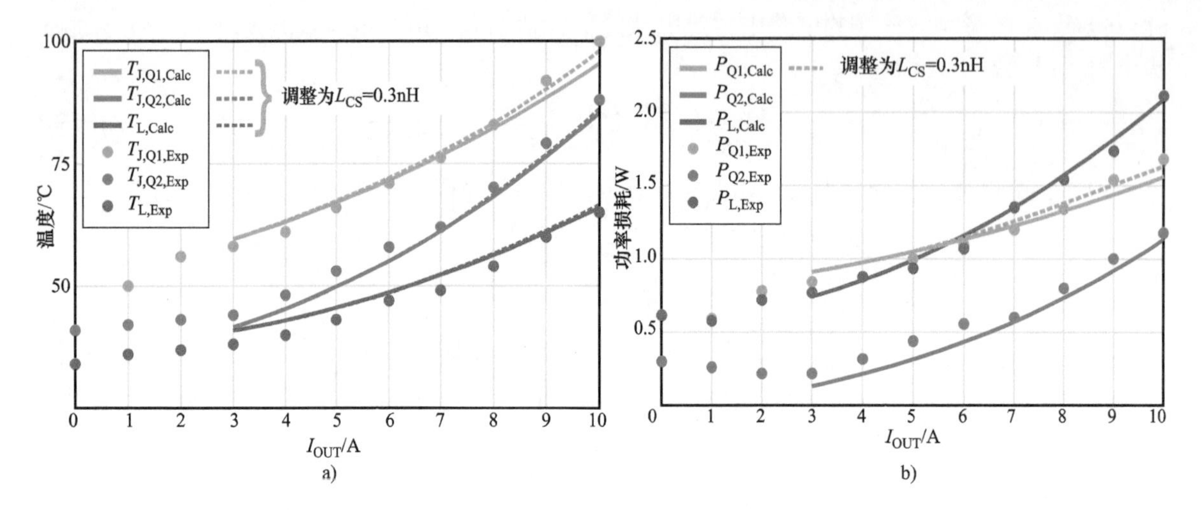

图 7.37　48V－12V EPC2045 降压变换器晶体管和电感的 a）温度以及 b）功率损耗，将实验测量值（点）与基于模型的计算值（实线）进行比较，包括共源电感的影响

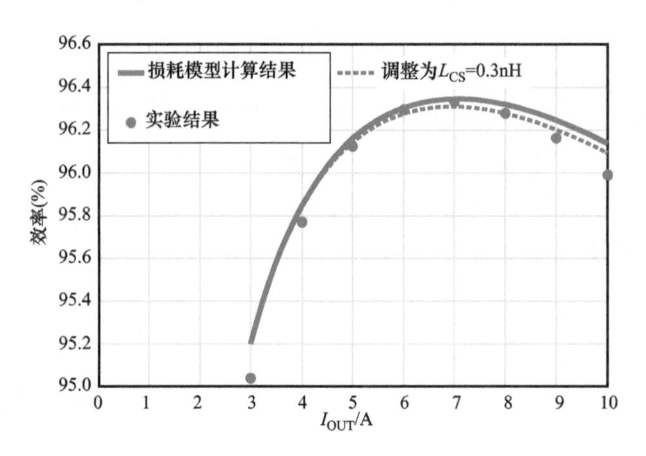

图 7.38　48V－12V EPC2045 降压变换器的总系统效率，将实验测量值（点）与基于模型的计算值（实线）进行比较，包括共源电感的影响

接下来，将分析功率回路电感的影响。从图 7.32 可以看出，在 Q_1 导通之后（开关节点电压上升），功率回路中的谐振频率为 400MHz。因此，可以使用下式将回路电感提取为 0.5nH：

$$I_{\text{Loop}} = \frac{1}{\sqrt{2\pi f_r} C_{\text{OSS\_Q2}}(V_{\text{BUS}})} = \frac{1}{\sqrt{2\pi \times 400\text{MHz}} \times 291\text{pF}} = 0.5\text{nH} \tag{7.89}$$

在考虑了共源电感之后，最大电流为 10A 时，导通电流跃迁的上升时间 t_{cr} 为 0.7ns。这将产生大约 7A/ns 的 di_D/dt。在电流上升时间内，由该回路电感引起的电压降小于 4V，这对使用此模型进行损耗估计没有大的影响。但是，值得注意的是，由于图 7.32a 中该回路电感而导致的电压过冲大约比 V_{BUS} 高 30V，在选择器件的额定电压时必须考虑这一点。这种情况下，EPC2045 的额定电压为 100V，因此可接受 80V 的峰值瞬态电压。

7.6 本章小结

在本章中，讨论了造成 GaN 晶体管硬开关损耗的机制和关键因素。GaN 晶体管的快速开关能力使其开关损耗的动态行为建模变得更加复杂。但是，本章开发了估算损耗最大情况所需的分析工具。此外，通过具体实例演示了如何在实际设计中利用这些方程式。

第 8 章将讨论软开关和谐振开关技术。

参考文献

1 Efficient Power Conversion Corporation (2018). EPC2045 datasheet, October 2018. http://epc-co.com/epc/Portals/0/epc/documents/datasheets/EPC2045_datasheet.pdf.

2 Glaser, J.S. and Reusch, D. (2016). Comparison of deadtime effects on the performance of DC–DC converters with GaN FETs and silicon MOSFETs, *2016 IEEE Energy Conversion Congress and Exposition* (ECCE).

3 Vishay (December 2004). Power MOSFET basics: Understanding gate charge and using it to assess switching performance. Application note AN608.

4 On-Semiconductor (April 2012). MOSFET gate-charge origin and its applications. Application note AND9083/D.

5 Erickson, R.W. and Maksimović, D. (January 2001). *Fundamentals of Power Electronics*, 2e. Springer.

6 Jones, E.A., Wang, F., and Zhang Z. (2017). Analysis of the d*v*/d*t* transient of enhancement-mode GaN FETs. *Proceedings of the IEEE Applied Power Electronics Conference (APEC)*, (March 2017), 2692–2699.

7 Reusch, D. (October 2013). Improving system performance with eGaN® FETs in DC–DC applications. *46th International Symposium on Microelectronics*, iMAPS.

8 Reusch, D. (2012). High frequency, high power density integrated point of load and bus converters. PhD dissertation. Virginia Tech, Blacksburg, VA. http://scholar.lib.vt.edu/theses/available/etd-04162012-151740/.

9 Reusch, D. (March 2013). eGaN® FET-silicon power shoot-out, Vol. 13, Part 1: Impact of parasitics, *Power Electronics Technology*. http://powerelectronics.com/gan-transistors/egan-fet-silicon-power-shoot-out-vol-13-part-1-impact-parasitics#!.

10 Reusch, D. (April 2013). eGaN® FET-silicon power shoot-out, Vol. 13, Part 2: Optimal PCB Layout, *Power Electronics Technology*. http://powerelectronics.com/gan-transistors/egan-fet-silicon-power-shoot-out-vol-13-part-2-optimal-pcb-layout#!.

11 Efficient Power Conversion Corporation (2018). EPC2015C – Enhancement-mode power transistor. EPC2015C datasheet, October 2018 [Revised April 2016]. http://epc-co.com/epc/documents/datasheets/EPC2015C_datasheet.pdf.

12 Ansys, Ansys Q3D extractor. http://www.ansys.com/Products/Simulation+Technology/Electromagnetics/Signal+Integrity/ANSYS+Q3D+Extractor.

13 InfineonOptiMOS™3 (2010). Power-transistor. BSZ097N04 datasheet, March 18, 2010.

14 Infineon (2009). OptiMOS™3 power-transistor. BSZ040N04 datasheet, November 2009.

15 Reusch, D., Gilham, D., Su, Y., and Lee, F. (2012) Gallium nitride based 3D integrated non-isolated point of load module. *Applied Power Electronics Conference and Exposition (APEC), Twenty-Seventh Annual IEEE*, Orlando, FL (February 2012), 38–45.

16 Jones, E.A., Williford, P., Yang, Z. et al. (2017). Maximizing the voltage and current capability of GaN FETs in a hard-switching inverter. *Proceedings of the IEEE International Conference on Power Electronics and Drive Systems (PEDS)*, (December 2017), 740–747.

17 Colonel, W. and McLyman, T. (2004). *Transformer and Inductor Design Handbook.* CRC Press.

18 Steinmetz, C.P. (1892). On the law of hysteresis. *AIEE Transactions* 9: 3–64. Reprinted under the title "A Steinmetz contribution to the AC power revolution", introduction by J.E. Brittain (1984) in *Proceedings of the IEEE* 72 (2): 196–221.

19 Reinert, J., Brockmeyer, A., and De Doncker, R.W. (July 2001). Calculation of losses in ferro- and ferrimagnetic materials based on the modified steinmetz equation. *IEEE Trans. Ind. Appl.* 37 (4): 1055–1061.

20 Coilcraft (2012). Coilcraft core and conductor loss calculator [Updated July 20, 2012]. http://www.coilcraft.com/apps/loss/loss_1.cfm.

21 Jones, E.A. and de Rooij, M. (2018). Thermal characterization and design for a high density GaN-based power stage. *Proceedings of the IEEE Workshop on Wide Bandgap Power Devices and Applications (WiPDA)*, Atlanta, GA (November 2018).

第 8 章

谐振和软开关变换器

8.1 引言

第 7 章讨论了 GaN 开关晶体管在硬开关功率变换器中的应用，并且比较分析了 GaN 晶体管与现有最先进的硅功率 MOSFET 相比的优势。本章将讨论谐振和软开关应用的基本原理，并评估 GaN 晶体管在这些应用中优于硅 MOSFET 的卓越性能。本章将通过隔离、高频 48V 且利用 1.2MHz 工作的谐振拓扑结构，输出为 12V 的中间总线变换器（IBC）为设计实例，来比较 GaN 晶体管和硅 MOSFET 并得出结论。

8.2 谐振与软开关技术

与传统硬开关变换器相比，谐振和软开关技术可以通过减少与开关相关的损耗来提高变换器的性能，这是通过建立工作条件来实现的，晶体管在开关换相期间不会同时出现高电压和大电流。现有许多不同的谐振和软开关技术[1-4]存在的两个共同条件是零电压开关（ZVS）和零电流开关（ZCS）。

8.2.1 零电压开关和零电流开关

ZVS 用于消除开关器件中的导通整流损耗。在晶体管导通前，当漏源电压降低到 0V 时 ZVS 得以实现。为了在大多数谐振和软开关拓扑中减小晶体管两端的漏源电压，必须去除器件输出电荷 Q_{OSS}，这里通过利用输出电容 C_{OSS}将电流从源极传导到漏极，直到漏源电压达到 0V 来实现。传统的硬开关和 ZVS 软开关的开通转换开关过程如图 8.1a 所示，其中 x 轴的 V_{DS}代表开关电压，y 轴的 I_{DS}代表开关电流。对于硬开关转换，首先电流上升到负载电流，然后电压下降到 0V。这导致大的电压和电流在晶体管中同时整流，并产生损耗以及造成如第 7 章所述的 C_{OSS}损耗。对于 ZVS 转换，在晶体管电流上升到负载电流之前，负电流驱使漏源电压至 0V，产生软导通条件。器件不能同时对高电压和大电流进行整流，从而将器件的导通整流损耗降至 0W，并消除了 E_{OSS}损耗。

通过上述机制，ZVS 可以消除导通换相损耗，但对导通损耗有很小的影响。实际的晶体管也可能表现出准 ZVS 切换的形式，这种情况发生在晶体管的输出电容将电压的上升速率减慢到足以使晶体管通道可以在电压上升到全总线电压之前进行切换的时候。第 7 章对此进行了讨论。如图 8.1b 所示，ZCS 在器件关断期间提供了真正的软交换。如图 8.1b 所示，对于硬开关

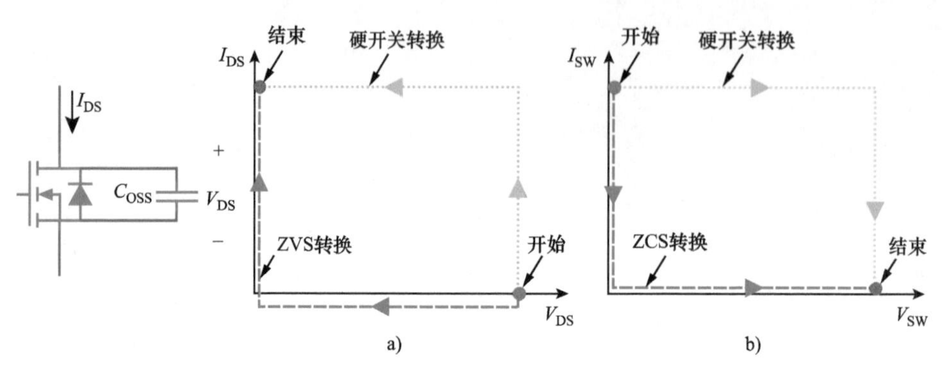

图8.1　理想的开关转换：a）零电压开关开通转换；b）零电流开关关断转换

关断过程，电压首先上升到总线电压，然后电流下降到0A。这导致在晶体管中同时对高电压和大电流进行整流，从而产生损耗。ZCS发生在晶体管关断之前漏源电流减小到0A的时候。为了实现ZCS，使用谐振网络将电流整形为正弦脉冲。当开关电流谐振到0A时，器件可以利用ZCS关断。在ZCS关断转换期间，大的电压和电流在晶体管中不能被同时整流，实质上消除了晶体管中的关断损耗。对于ZCS谐振变换器，硬开关开通换相仍然保持，开关开通转换和C_{oss}损耗在器件中被耗散。

对于在ZVS和ZCS下操作的谐振和软开关拓扑，需要无源网络对晶体管的电压和电流进行整流。通常，可以通过器件内部的寄生效应和电路中的元件（如封装和PCB电感）来避免附加的无源谐振元件。这可以减小硬开关变换器的寄生效应，并用于有效地实现谐振和软开关变换器中的软开关换相。对于大多数谐振和软开关DC－DC功率变换器，由于C_{OSS}损耗的减少仅发生在开关开通转换期间，ZVS优于ZCS。

8.2.2　谐振DC－DC变换器

图8.2给出了用于DC－DC功率变换的谐振变换器传统组成结构。输入电压源V_{IN}连接到开关网络，将脉冲波形输出到谐振网络。然后谐振网络对电压或电流进行整形以实现开关网络功率器件的软开关。谐振网络之后是整流网络，其对电压和电流进行整流和滤波，将直流功率输送到负载。

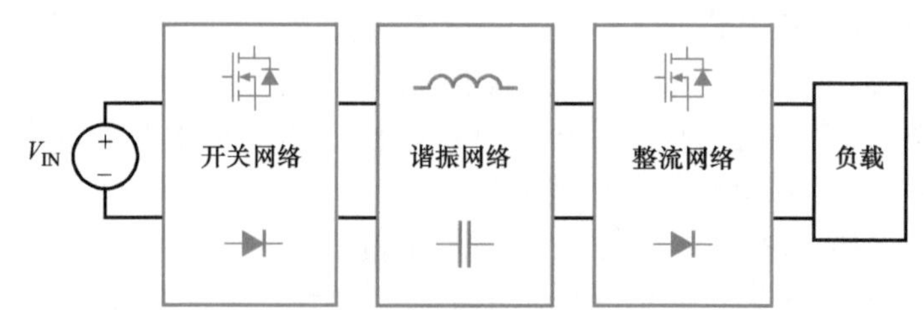

图8.2　由开关网络、谐振网络和整流网络组成的谐振DC－DC变换器框图

8.2.3　谐振网络组合

最基本的谐振网络包括如图8.3a所示的负载与谐振电容C_S，两者串联形成串联网络，以及如图8.3b所示的负载与谐振电容C_P，两者并联形成并联网络，或者如图8.3c所示的串联和

并联网络的组合（也称为串并联网络）。另一种常见的谐振网络是 *LLC*，其中串并联网络的并联电容 C_P 被并联电感 L_P 代替，并且 L_R 和 C_S 重新排列，如图 8.3d 所示。这些不同的谐振网络可以与 ZVS 或 ZCS 一起工作，并且可以提供独有的优势，同时与传统的硬开关变换器相比也存在一些缺点[1-3,5,6]。还有较不常用的谐振网络拓扑以及可以用作谐振槽的多元件谐振网络[5,7,8]。

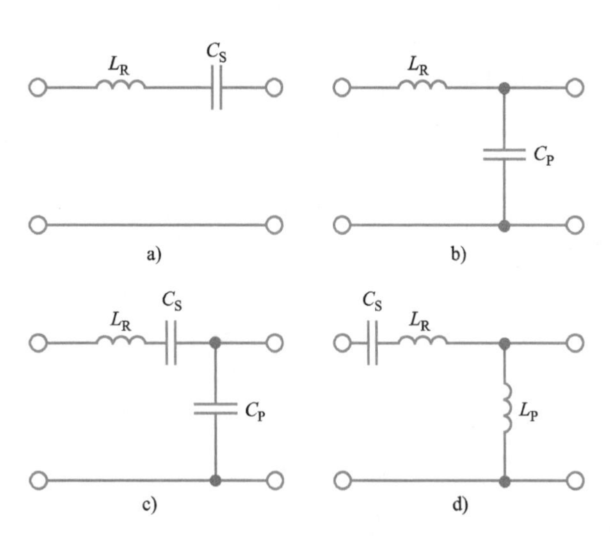

图 8.3　DC-DC 变换器谐振网络：a）串联 *LC*；b）并联 *LC*；c）串并联 *LCC*；d）*LLC*

8.2.4　谐振网络工作原理

在本节中，将讨论常见的谐振网络（串联谐振网络，见图 8.3a）基本工作原理。该串联谐振网络允许在开关网络晶体管中出现 ZVS 或 ZCS，从而减小导通或关断换相损耗。串联网络的阻抗大小可以由下式给出：

$$|Z_{SRN}| = \sqrt{R^2 + (X_L - X_C)^2} = \sqrt{R^2 + \left(\omega L_R - \frac{1}{\omega C_S}\right)^2} \tag{8.1}$$

$$X_L = \omega L_R \tag{8.2}$$

$$X_C = \frac{1}{\omega C_S} \tag{8.3}$$

式中，X_L 和 X_C 分别是电感和电容的电抗；R 是等效负载电阻；Z_{SRN} 是串联谐振网络的阻抗；ω 是谐振网络的角频率。DC-DC 变换器通用的标准频率由下式给出：

$$f = \frac{\omega}{2\pi} \tag{8.4}$$

式中，f 为频率（Hz）

串联谐振网络的阻抗幅值如图 8.4 所示。谐振频率是在网络中出现电容转换到电感的那个点。谐振频率提供最小阻抗，可由下式得出：

$$f_0 = \frac{1}{2\pi\sqrt{L_R C_S}} \tag{8.5}$$

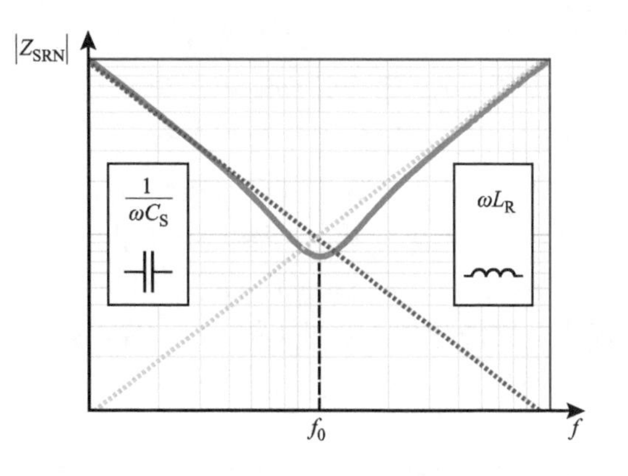

图 8.4　串联谐振网络阻抗图

连接到工作在谐振频率以上的串联谐振网络晶体管，它的导通换相将在 ZVS 下切换。工作在高于谐振频率条件下会使谐振回路呈现电感性，如图 8.4 所示。对于感性负载，电流滞后于电压，如图 8.5a 所示。在导通之前，电感性谐振槽在器件中产生负电流，使晶体管放电输出电荷并允许软ZVS导通换相。若工作在高于谐振频率条件下，关断时器件中将存在电压和电流，这会导致硬关断换相。

若工作在低于谐振频率条件下，晶体管将在ZCS下关断。对于串联谐振变换器，工作在低于谐振频率环境下会使谐振回路呈现电容性，如图8.4所示。对于容性负载，电流超前于电压，如图8.5b所示。在关断之前，电容性谐振槽在器件中产生负电流，允许软ZCS关断换相。若工作在低于谐振频率条件下，导通时器件中将存在电压和电流，这会导致硬导通换相和C_{OSS}损耗。

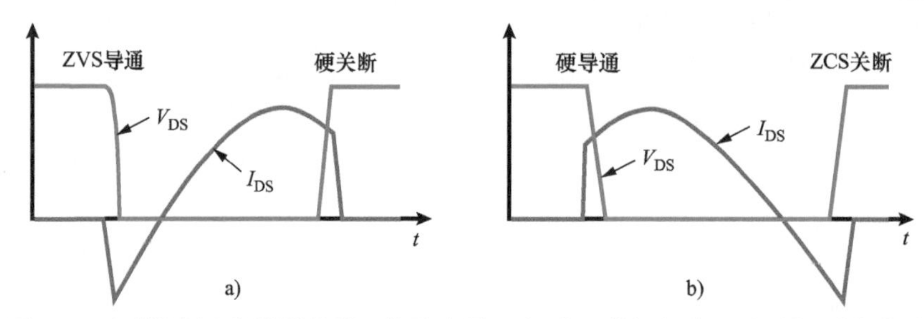

图8.5　串联谐振变换器晶体管工作示意图：a）高于谐振频率；b）低于谐振频率

8.2.5　谐振开关单元

传统谐振变换器在接近谐振频率工作时实现了最佳性能，并通过改变开关频率来调节输出。工作频率从谐振点到维持调节点越远，谐振变换器的性能受更高循环能量和分量应力的影响就越大[1-8]。

为了将谐振功率变换的原理应用于脉宽调制（PWM）变换器，研究人员开发了另一系列谐振变换器[1,9]。这些准谐振（QR）单元通常用于DC-DC功率变换中，并且将谐振网络与单个晶体管组合以产生ZVS或ZCS器件。它们可以应用于传统的非隔离拓扑，如第7章中讨论的降压变换器[1,3,4]，以及各种其他拓扑和应用。谐振单元使用与传统谐振网络相同的电压和/或电流实现软开关，本章后面将有一个设计实例来演示在GaN基谐振变换器中应用准谐振单元的情况。如图8.6a所示的ZVS准谐振单元将谐振电容C_R与晶体管并联，同时谐振电感与电容-开关网络串联，如图8.6b所示的ZCS准谐振单元将谐振电容与谐振电感-开关网络的串联组合并联放置。实际上，ZVS准谐振单元更为常见，因为开关电容已吸收到ZVS网络中，但会干扰ZCS网络。与谐振变换器一样，准谐振变换器也有很多变化。

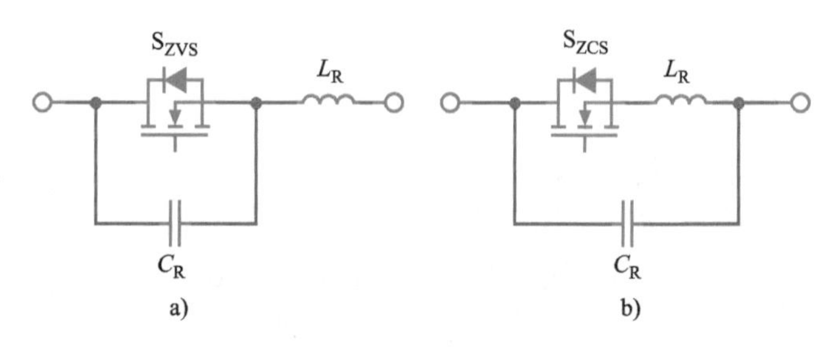

图8.6　准谐振开关单元：a）ZVS；b）ZCS

8.2.6　软开关DC-DC变换器

软开关变换器可以看作是硬开关PWM变换器和频率控制谐振变换器的混合。软开关变换器在部分工作周期内采用谐振技术实现器件软换相，其余周期作为PWM变换器工作[2,3]。这个过程允许晶体管软换相，同时减少与谐振变换器相关的较高循环能量和器件应力，以及为输出调节提供 PWM 控制。

8.3　谐振和软开关应用中的关键器件参数

在谐振和软开关应用中，通过使用技术实现 ZVS 和 ZCS，使开关相关的损耗最小化。随着开关损耗的减少，在硬开关应用中占主导损耗的参数 Q_{GD} 和 Q_{GS2} 不再是决定电路性能的关键器件参数。高性能谐振和软开关应用的两个关键器件参数分别是器件输出电荷 Q_{OSS} 和栅极电荷 Q_G。

8.3.1　输出电荷 Q_{OSS}

输出电荷对谐振和软开关变换器的性能有很大影响，因为它直接影响实现 ZVS 所需的能量。能量的减少会降低 ZVS 的跃迁时间和电流，在高频谐振和软开关变换器中提供更长的功率输送时段和更小的 RMS 电流。在 ZCS 拓扑中，当晶体管以硬开关换相的方式导通时，输出电容 C_{OSS} 的能量被耗散。

在 ZVS 转换发生之前，输出电容必须放电，使晶体管的漏源电压在晶体管导通之前变为 0V。实现 ZVS 所需的时间由下式给出：

$$t_{ZVS}=\frac{C_{OSS(TR)}V_{DS}}{I_{ZVS}}=\frac{Q_{OSS}}{I_{ZVS}} \tag{8.6}$$

式中，t_{ZVS} 是输出电容放电所需的时间；$C_{OSS(TR)}$ 是与时间相关的输出电容；V_{DS} 是晶体管漏源电压；I_{ZVS} 是用于晶体管输出电容放电的软开关电流；Q_{OSS} 是晶体管的输出电荷。

8.3.2　通过制造商数据表确定输出电荷

为了合理地设计 ZVS 转换，在适当的电路工作条件下，C_{OSS} 和 Q_{OSS} 的值是至关重要的。C_{OSS} 和 Q_{OSS} 的值通常针对制造商数据表中的单个漏源工作电压给出，表 8.1 所示为 100V EPC2001C 增强型 GaN 晶体管[10]；表 8.2 为来自英飞凌公司的 100V BSC060N10NS3G 硅 MOSFET [11]。

表 8.1　来自 EPC 公司的 EPC2001C 数据表，显示了晶体管电容和相关电荷[10]数据

静态特性（T_J = 25℃，除非另有说明）						
参数		测试条件	最小值	典型值	最大值	单位
C_{ISS}	输入电容	V_{DS} = 50V，V_{GS} = 0V	—	850	950	pF
C_{OSS}	输出电容		—	450	525	
C_{RSS}	反向传输电容		—	20	30	
Q_G	总栅极电荷	V_{DS} = 50V，I_D = 25A	—	8	10	nC
Q_{GD}	栅漏电荷		—	2.2	2.7	
Q_{GS}	栅源电荷		—	2.3	2.8	
Q_{OSS}	输出电荷	V_{DS} = 50V，V_{GS} = 0V	—	35	40	

注：所有测量均使用与源极短路的衬底进行。

表 8.2　来自英飞凌公司的 BSC060N10NS3G 数据表，显示晶体管电容和相关电荷[11]数据

动态特性						
参数		测试条件	最小值	典型值	最大值	单位
C_{ISS}	输入电容	$V_{GS}=0V$，$V_{DS}=50V$，$f=1MHz$	—	3700	4900	pF
C_{OSS}	输出电容		—	650	860	
C_{RSS}	反向传输电容		—	25	—	
Q_{GS}	栅源电荷	$V_{DD}=50V$，$I_D=25A$，$V_{GS}=0\sim10V$	—	15	—	nC
Q_{GD}	栅漏电荷		—	9	—	
Q_{SW}	开关电荷		—	13	—	
Q_G	总栅极电荷		—	51	68	
$Q_{Plateau}$	栅极平台电压		—	4.2	—	V
Q_{OSS}	输出电荷	$V_{DS}=50V$，$V_{GS}=0V$	—	68	91	nC

注：所有测量均使用与源极短路的衬底进行。

制造商数据表中给出的单输出电荷和电容不能为各种工作条件进行合理的设计提供足够的信息。GaN 晶体管和 MOSFET 的输出电容都是高度非线性的，并且输出电荷随着漏源电压变化而变化。图 8.7 显示了 100V EPC2001C[10] 和 100V BSC060N10NS3G[11] MOSFET 的电容曲线，可以看出，对于从 0V 变为 50V 的 GaN 晶体管和硅 MOSFET，输出电容分别改变 3 倍和 6 倍。

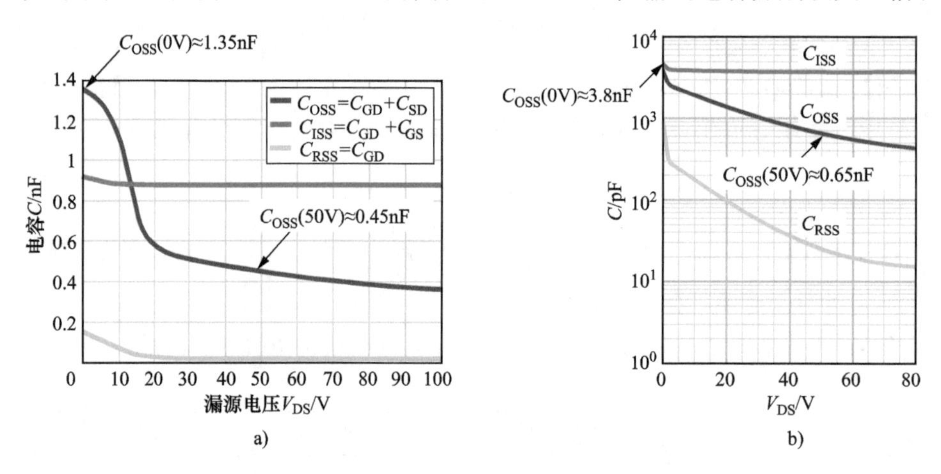

图 8.7　a）EPC2001C GaN 晶体管[10]和 b）BSC060N10NS3G 硅 MOSFET[11]的电容曲线

任何给定电压下的晶体管输出电荷和有效时间相关的电容，可以按照第 7 章中讨论的硬开关变换器方式从制造商数据表中计算获得：

$$Q_{OSS}(V_{DS}) = \int_0^{V_{DS}} C_{OSS}(V_{DS})\,dV_{DS} \tag{8.7}$$

$$C_{OSS(TR)}(V_{DS}) = \frac{Q_{OSS}(V_{DS})}{V_{DS}} \tag{8.8}$$

式中，V_{DS}是晶体管漏源工作电压。

EPC2001C GaN 晶体管[10] 和 BSC060N10NS3G 硅 MOSFET[11] 的输出电荷使用式（8.7）计算，并绘制在图 8.8中，其中漏源电压从 0V 到制造商数据表中列出的最大电压。具有类似导通电阻的 GaN 晶体管在整个电压范围内提供的输出电荷显著减少。

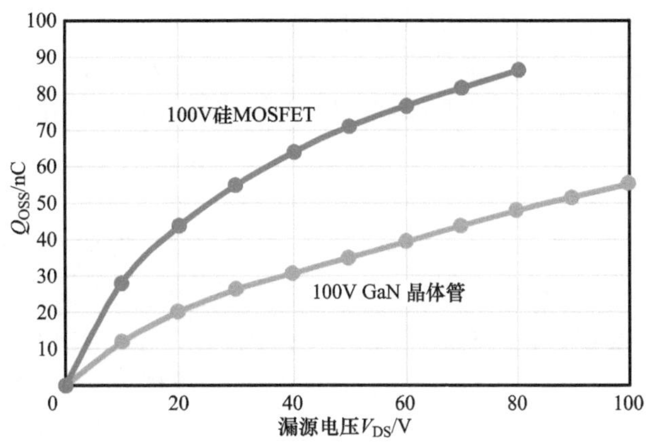

图 8.8　100V EPC2001C GaN 晶体管和 100V BSC060N10NS3G 硅 MOSFET 不同漏源电压时的输出电荷

8.3.3　GaN 晶体管和硅 MOSFET 输出电荷比较

为了比较谐振和软开关应用中 GaN 和 MOSFET 技术之间的输出电荷品质因数（FOM），最先进的40V、100V、200V 和600V GaN 和硅 MOSFET 的导通电阻和输出电荷乘积绘制于图8.9 中。

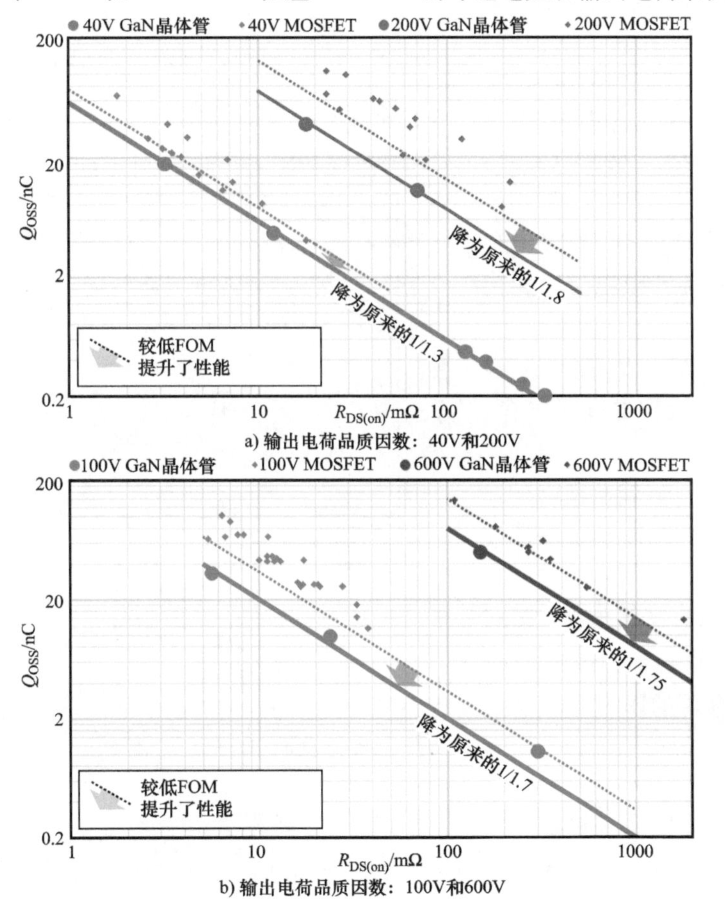

图 8.9　GaN 和硅器件之间的输出电荷品质因数比较

GaN 器件增益随着电压增加而增加，其所提供的输出电荷 FOM 显著减小。FOM 的减小可以使电路设计者减小晶体管的传导损耗，缩短 ZVS 转换或减小 ZVS 电流，所有这些都将降低变换器损耗并提高效率。这些优点将在本章后面的设计实例中得到验证。

8.3.4 栅极电荷 Q_G

谐振和软开关拓扑的频率能力也受栅极电荷 Q_G 的显著影响。栅极电荷是晶体管完全导通或截止所需的电荷量。电压源驱动器用于绝大多数 DC – DC 变换器。该电压源与晶体管的输入电容串联，且其有效电阻等于栅极驱动器电路的内部和外部电阻，以及晶体管内部栅极电阻之和。栅极电荷在每个开关周期耗散，导致栅极驱动损耗等于

$$P_G = Q_G V_{DR} f_{sw} \tag{8.9}$$

式中，V_{DR} 是栅极驱动电压；f_{sw} 是开关频率。

除了栅极驱动功率损耗，栅极驱动速度也对高频谐振和软开关变换器的性能具有很大的影响。开关周期与开关频率成反比，并且随着频率的增加，栅极上升和下降速度可能成为最小开关时间的限制。本章最后的设计实例将说明这一问题，并将显示与硅 MOSFET 相比，GaN 技术如何在高频 DC – DC 变换器中提供更好的性能。

8.3.5 谐振和软开关应用中栅极电荷的确定

为了使用户能够计算栅极电荷，制造商为 100V EPC2001C GaN 晶体管[10]提供了类似于图 8.10的栅极电荷曲线。栅极电荷 Q_G 用于硬开关转换，不能直接应用于谐振和软开关应用。电荷 Q_{GS1}、Q_{GS2}、Q_G、Q_{GD} 和 Q_{GS} 的定义在第 3 章和第 7 章中已给出。对于 ZVS 应用，电压换相周期发生在器件导通之前，米勒平坦区以及伴随电荷 Q_{GD} 从总栅极电荷中消除。ZVS 拓扑的栅极电荷可以由下式给出：

$$Q_{G\_ZVS} = Q_G - Q_{GD} \tag{8.10}$$

式中，Q_G 是硬开关应用的栅极电荷；Q_{GD} 是栅漏电荷。

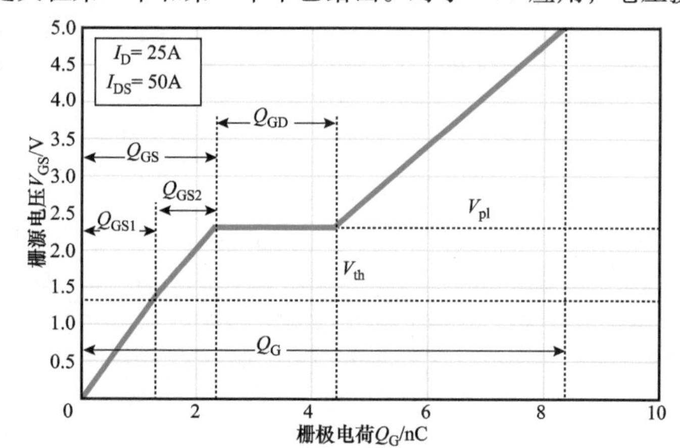

图 8.10 100V EPC2001C GaN 晶体管栅极电荷曲线[10]

对于 ZCS 转换，电流换相周期发生在器件关断之前，并且 Q_{GS2} 周期被消除。虽然这减少了开关换相损耗，但是由于 Q_{GS2} 周期的斜率和 Q_{GD} 区域之后的 Q_G 周期大致相似，因此对总栅极电荷并没有显著的影响：

$$Q_{G\_ZCS} = Q_G \tag{8.11}$$

8.3.6 GaN 晶体管和硅 MOSFET 栅极电荷比较

最先进的40V、100V、200V 和600V GaN 和硅 MOSFET 的栅极电荷品质因数（FOM）比较

绘制在图 8.11 中。GaN 器件可显著降低栅极电荷 FOM，并且这种优势随着电压增加而增加。FOM 的减小可以使电路设计者减小栅极驱动损耗并缩短栅极驱动转换周期，从而获得更低的变换器损耗和更高的效率。

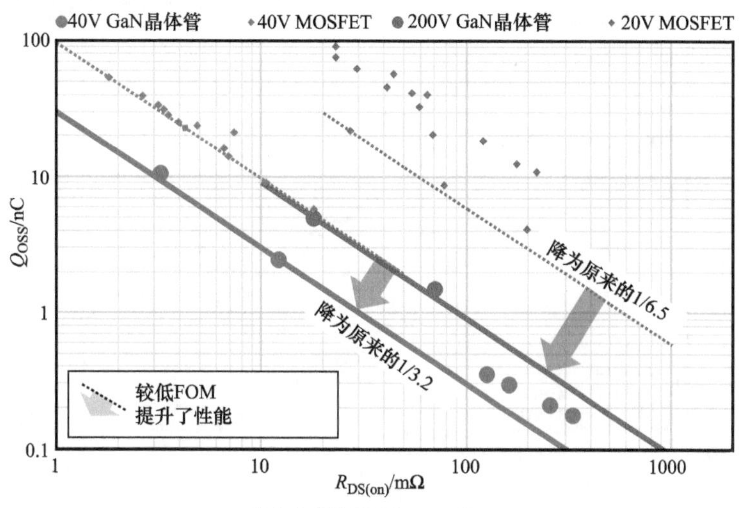

a) 输出电荷品质因数：40V和200V

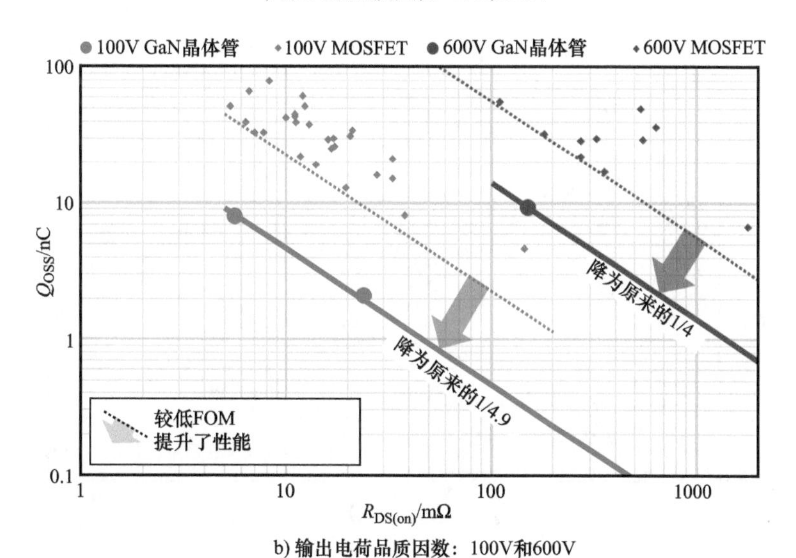

b) 输出电荷品质因数：100V和600V

图 8.11　GaN 和硅器件栅极电荷品质因数比较

8.3.7　GaN 晶体管和硅 MOSFET 性能指标比较

由于有许多不同的谐振和软开关技术，因此将用于各种拓扑的单个 FOM 提炼成简单的度量是不实际的。如前所述，对于谐振和软开关应用，输出电荷 Q_{OSS} 和栅极电荷 Q_G 是主要的器件参数。为了使设计人员简单地比较不同的器件，应该给谐振和软开关应用提供相对最佳性能的技术，实际的软开关 FOM 为

$$\mathrm{FOM_{SS}} = (Q_{OSS} + Q_G) R_{DS(on)} \tag{8.12}$$

对40V、100V、200V和600V GaN和硅MOSFET软开关FOM的比较如图8.12所示。GaN技术为所有电压显著降低了FOM，这意味着在高频软开关应用中性能改进将非常明显。接下来我们将量化在高频谐振变换器中使用增强型GaN晶体管替代硅MOSFET的优势。

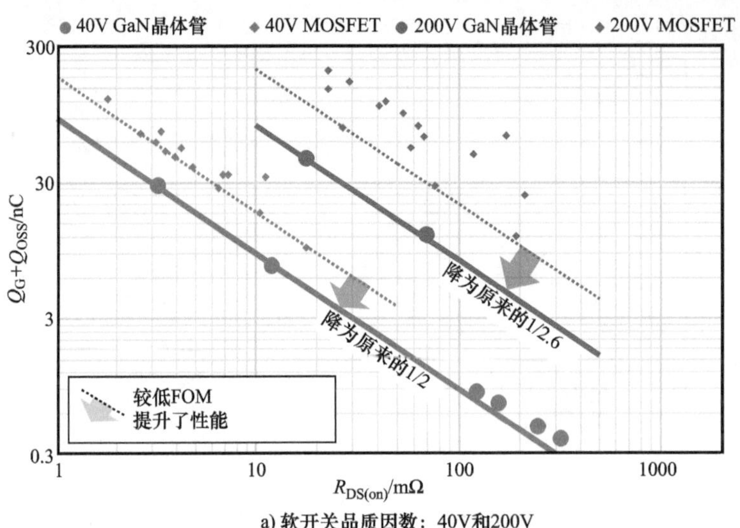

a) 软开关品质因数：40V和200V

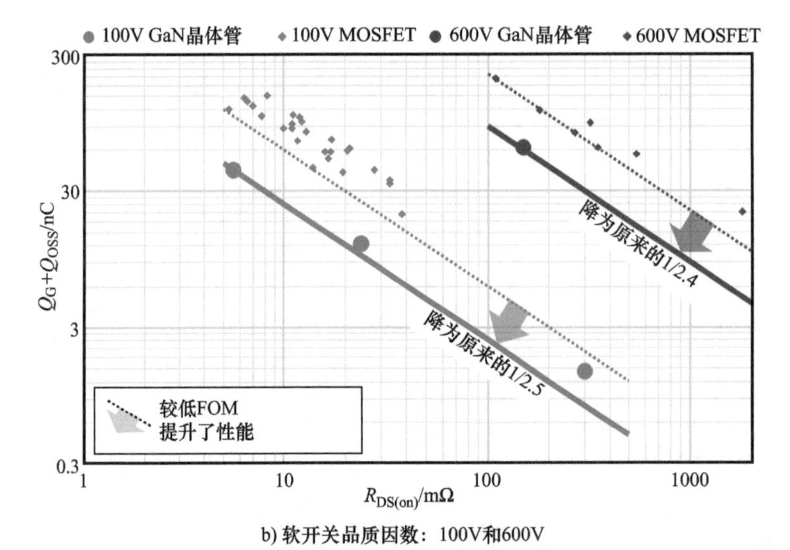

b) 软开关品质因数：100V和600V

图8.12　GaN和硅器件软开关品质因数比较

8.4　高频谐振总线变换器实例

分布式电力系统普遍应用于电信、网络和高端服务器，并且通常使用电信行业的48V总线电压。传统的分布式电源架构（DPA）如图8.13a所示，采用了多个48V隔离式硬开关负载点（POL）变换器为负载供电。然而，由于采用了大量调节和隔离的POL，因此显著增加了系统的成本、体积以及复杂性。为了简化设计和提高性能，已广泛采用中间总线架构（IBA）[12,13]。

如图 8.13b 所示的通用 IBA 方法采用较低数量的 48V 隔离总线变换器，满足隔离要求的同时，提供了中间 12V 总线电压。由于负载采用了体积更小、效率更高的非隔离 POL 降压变换器进行调节，因此总线变换器可以采用无需稳压的 DC - DC 变压器工作方式，这可以提高变换效率并降低成本。

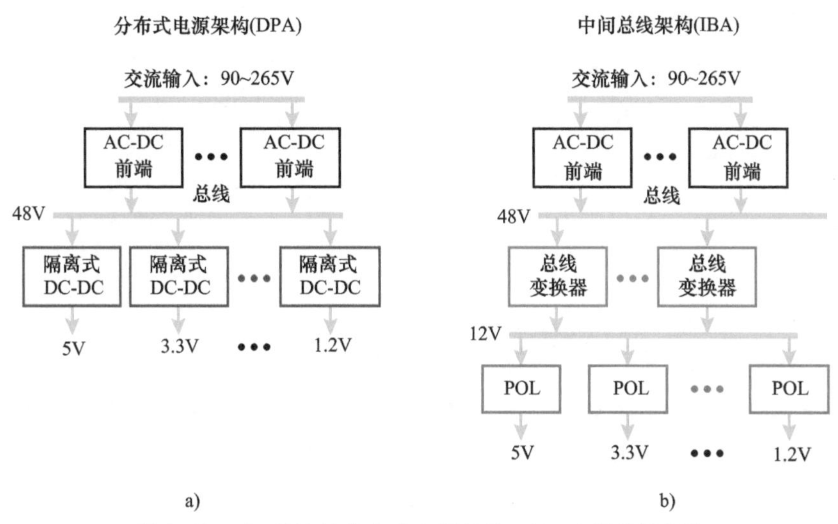

图 8.13 a）传统的分布式电源架构；b）中间总线架构

无法稳压的总线变换器（也称为 DCX 或 DC - DC 变压器）能够设计成接近 100% 工作周期内传输能量，因此能提供最高的变换效率，这对于稳压变换器来说是不可能的，后者要求变换器改变开关周期的一部分，在此期间将功率输送到输出，以针对输入电压或负载的变化来调节输出电压。现如今大多数的总线变换器使用传统的硬开关桥拓扑，由于大的开关损耗，被迫在较低频率下工作，其中大型隔离变压器和输出电感占据了电路板的大部分面积。为了提高功率密度和性能，可以通过使用谐振和软开关变换器[14-17]来提高工作频率，减少无源元件，提高性能[18]。

对于该应用进行实验来验证增强型 GaN 晶体管相对于硅 MOSFET 的优越性。本节的设计是高频谐振变换器，其中 48V - 12V 非稳压隔离总线变换器在 1.2MHz 开关频率下工作，输出功率高达 400W。图 8.14 所示的拓扑采用软开关技术来实现主器件的 ZVS，并采用谐振方法在二次器件中实现 ZCS 以及限制一次器件中的关断电流[14]。

参考图 8.14 可以看出，在功率输送时段 t_0 ~ t_1 期间的泄漏电感 L_{K1} 与小的输出电容 C_O 谐振。在适当的时序下，就会导致二次器件 S_1 的 ZCS，且显著减小一次器件 Q_1、Q_3 中的关断电流。由于拓扑是未调节的总线变换器，所以电路总是可以在最佳工作点（谐振频率）下工作，并提供最高的效率。ZVS 转换在功率输送周期结束时开始。对于 t_1 ~ t_2，变压器的励磁电流用于对器件的输出电容进行充电和放电，从而为器件 Q_2、Q_4 和 S_2 建立 ZVS 导通转换。如果 ZVS 转换周期太长，则器件 Q_2 和 Q_4 的体二极管将导通并传导如周期 t_2 ~ t_3 中所见的电流。在时刻 t_3，对于其他开关支路重复该操作，其中电流流过开关 Q_2、Q_4 和 S_2 以及漏电感 L_{K2}，向负载传递功率，同时在变压器中提供磁通平衡。

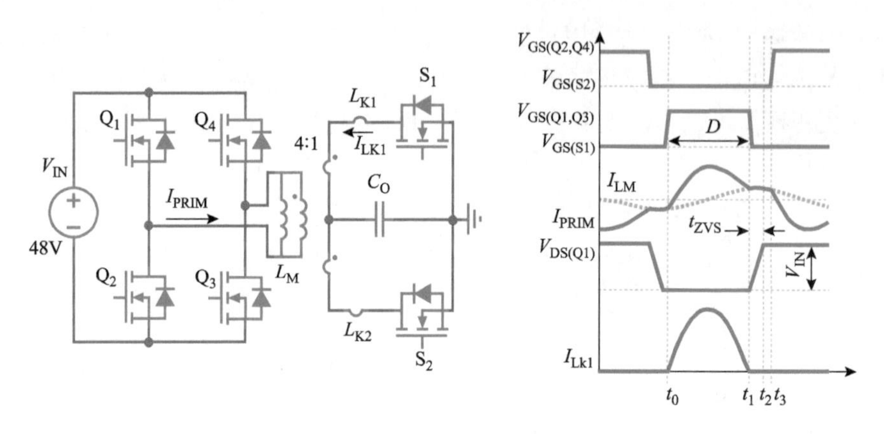

图8.14 高频谐振总线变换器原理图和关键波形

8.4.1 谐振GaN和硅总线变换器设计

为了获得隔离变换器中GaN晶体管和硅MOSFET性能的直接比较，具有相同的布局和使用相同的拓扑结构是关键。隔离DC－DC变换器的性能主要取决于拓扑选择、PCB布局、PCB内层数量、内层铜重量以及变压器设计。为了准确地比较高频谐振总线变换器应用中的GaN和硅器件性能，需要使用相同的电路拓扑，并且对于两种设计保持相同的布局。

根据图8.14的原理构建了两个工作在1.2MHz的开关频率总线变换器，如图8.15所示。两个PCB均用12层和2oz[⊖]厚度的铜构成。为了精确地比较器件性能，这些变换器都具有相同的变压器磁心材料，以及相同的磁心形状和绕组布局（设计见参考文献[18]）。一次输入电容和二次谐振电容的放置对于两种设计是类似的，以确保一次和二次回路具有相似的寄生电感，唯一的差异是由硅MOSFET和GaN晶体管的不同封装引入的。可以看出，通过使用具有较小尺寸的GaN晶体管来实现相同的导通电阻，有源覆盖区域明显减小，与硅MOSFET设计相比，功率级尺寸减小了30%。

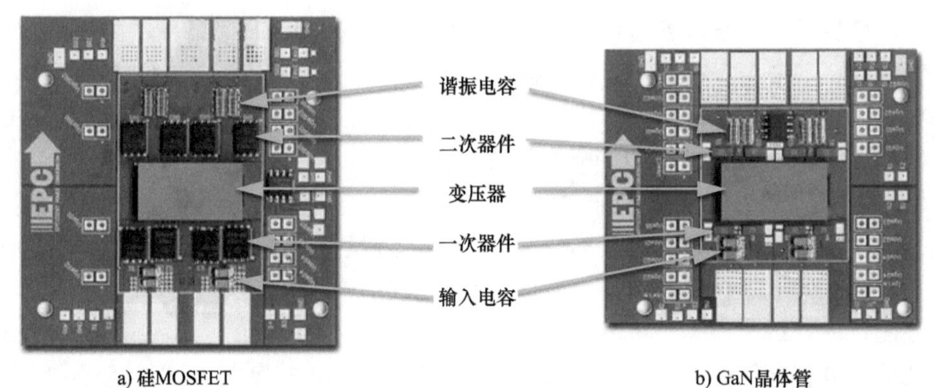

图8.15 使用a）硅MOSFET和b）GaN晶体管构建的工作于1.2MHz开关频率的48V－12V总线变换器

⊖ 1oz＝28.350g，后同。

8.4.2　GaN 和硅器件比较

为了在高频谐振总线变换器应用中获得 GaN 晶体管和硅 MOSFET 性能的直接比较，选择具有相似导通电阻的 GaN 和硅器件。表 8.3 和表 8.4 显示了分别在一次和二次器件的 GaN 晶体管和硅 MOSFET 关键参数比较。对于一次和二次器件，GaN 器件的软开关 FOM[($Q_{OSS}+Q_G$)$R_{DS(on)}$]减小了 1/2，导致谐振转换周期成比例缩小并增加了功率输送周期。GaN 晶体管以降低的米勒电荷 Q_{GD}形式提供额外的性能改进，进一步减小了一次器件中的关断开关损耗。作为进一步的优点，与传统的硅 MOSFET 封装（TDSON－8）相比，GaN 晶体管的 LGA 封装具有更低的寄生封装电感。当将所有这些优点结合在一起时，可以通过使用结合了低损耗 GaN 晶体管的先进拓扑来获得高效的多 MHz 开关频率。

表 8.3　用于 V_{IN} = 48V、V_{OUT} = 12V 一次器件的 GaN 和硅器件比较

参数	GaN 晶体管	硅 MOSFET	FOM 率
额定电压 V_{DSS}	100V	80V	
$R_{DS(on)}$	5V 下 5.6mΩ	8V 下 5.2mΩ①	
Q_G	5V 下 5.8nC	8V 下 25.9nC①	
V_{IN}下 Q_{GD}	2.2nC	8.1nC①	
V_{IN}下 Q_{OSS}	35nC	62nC①	
$Q_G R_{DS(on)}$	32.5pC·Ω	134.7pC·Ω	降为原来的 1/4.14
$Q_{OSS} R_{DS(on)}$	196pC·Ω	322.4pC·Ω	降为原来的 1/1.64
$FOM_{SS}(Q_{OSS}+Q_G)R_{DS(on)}$	228.5pC·Ω	457.1pC·Ω	降为原来的 1/2

① 根据制造商数据表曲线计算。

表 8.4　用于 V_{IN} =48V、V_{OUT} =12V 二次器件的 GaN 和硅器件比较

参数	EPC2015 GaN 晶体管	BSC027N04LSG 硅 MOSFET	FOM 率
额定电压 V_{DSS}	40V	40V	
$R_{DS(on)}$	5V 下 3.2mΩ	5V 下 2.9mΩ①	
Q_G	5V 下 8.3nC	5V 下 27.5nC①	
20V 下 Q_{GD}	2.2nC	6.5nC	
20V 下 Q_{OSS}	18.5nC	40nC	
$Q_G R_{DS(on)}$	26.6pC·Ω	79.8pC·Ω	降为原来的 1/3
$Q_{OSS} R_{DS(on)}$	59.2pC·Ω	116pC·Ω	降为原来的 1/1.96
$FOM_{SS}(Q_{OSS}+Q_G)R_{DS(on)}$	85.8pC·Ω	195.8pC·Ω	降为原来的 1/2.28

① 根据制造商数据表曲线计算。

8.4.3　零电压开关转换

对于 GaN 和硅器件设计，ZVS 转换周期的实验波形如图 8.16 所示。通过用 GaN 晶体管替代硅 MOSFET，且因为由 GaN 技术实现的输出电荷减小，ZVS 转换周期从 87ns 减小到 42ns。观察栅极波形还可以看出，即使利用较低的栅极驱动电压，GaN 晶体管的栅极驱动速度也明显快于硅 MOSFET，从而提供较长的功率输送周期并减小栅极损耗。硅 MOSFET 需要几乎 100ns 来达到其稳态栅极电压，这比 GaN 器件长 10 倍以上，同时也表明了由 GaN 技术实现的栅极电荷减少了。

图 8.17 所示为功率输送周期为半周期的 GaN 衬底和硅衬底谐振总线变换器。代表 GaN 和

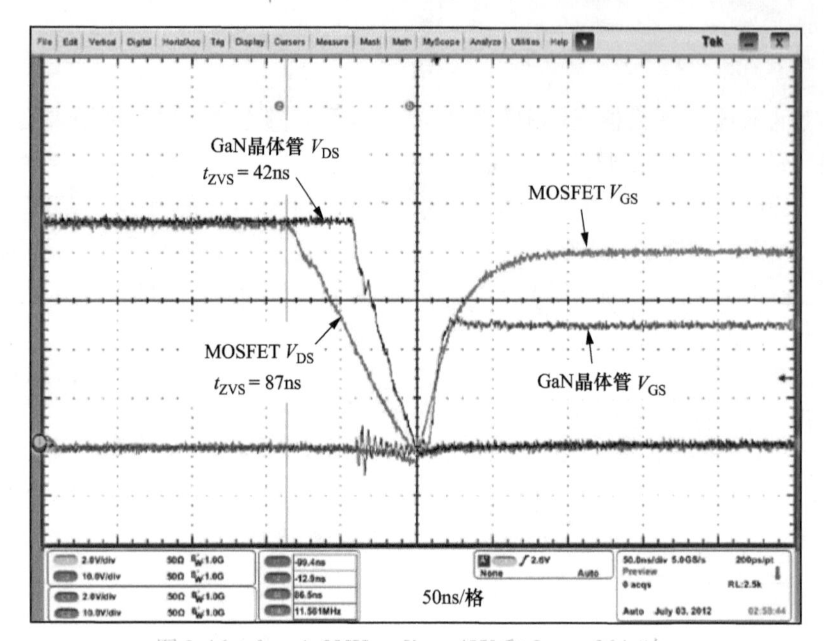

图 8.16　f_{sw} = 1.2MHz，V_{IN} = 48V 和 I_{OUT} = 26A 时，一次 GaN 晶体管和硅 MOSFET 设计的 ZVS 开关转换

硅器件设计的每半个功率输送周期的有效占空比 D 分别测量为 42% 和 34%。式（8.12）中的软开关 FOM 预测了占空比增益，同时软开关 FOM 减少 50% 变换，并转化为死区时间减少 50%，包括 ZVS 转换和栅极充电周期。

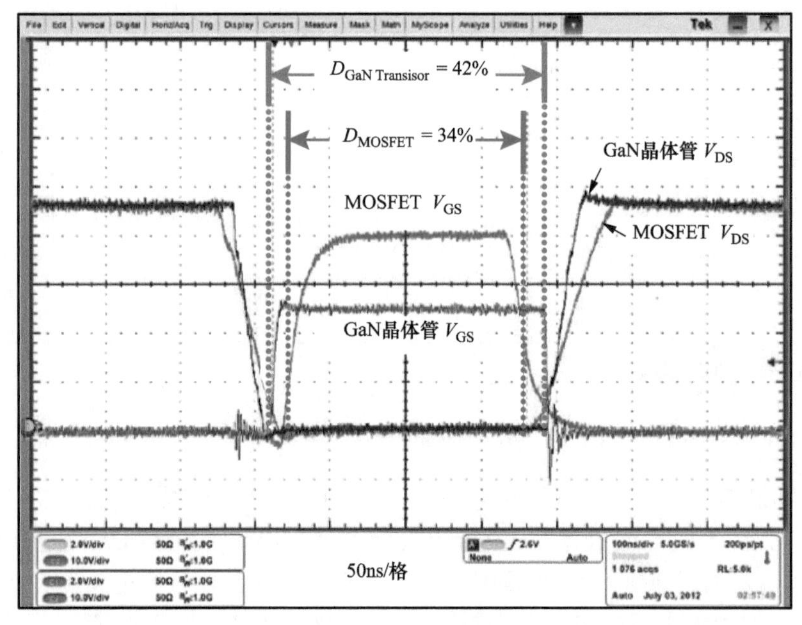

图 8.17　f_{sw} = 1.2MHz、V_{IN} = 48V 和 I_{OUT} = 26A 时，一次 GaN 晶体管和硅 MOSFET 设计的有效占空比开关波形

随着功率输送时段的持续增加，循环能量和谐振电流减小，从而减小谐振变换器中的传导损耗。对于在该设计中使用的谐振变换器，跟谐振变换器 RMS 电流 I_{RES} 相关的传导损耗与有效占空比 D 成反比：

$$I_{RES} \propto \frac{1}{\sqrt{D}} \tag{8.13}$$

对于该设计实例，由 GaN 器件增加的占空比可以将器件、变压器、PCB 和元器件中的传导损耗减少近 20%。

8.4.4　效率和功率损耗比较

图 8.18 比较了 1.2 MHz 工作的两种设计之间的效率和功率损耗。基于 GaN 晶体管的变换器提供的峰值效率比硅 MOSFET 变换器高 1%，导致功率损耗降低约 25%。由于总线变换器设计通常在满负载和固定变换器尺寸下受到热损耗限制，因此功率损耗的降低直接转化为更高的输出功率处理能力。对于能够耗散 14W 的设计，与基准硅 MOSFET 设计相比，基于 GaN 晶体管

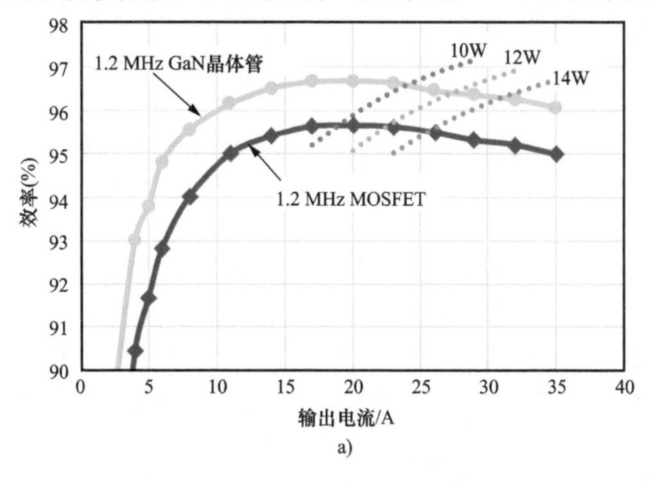

a)

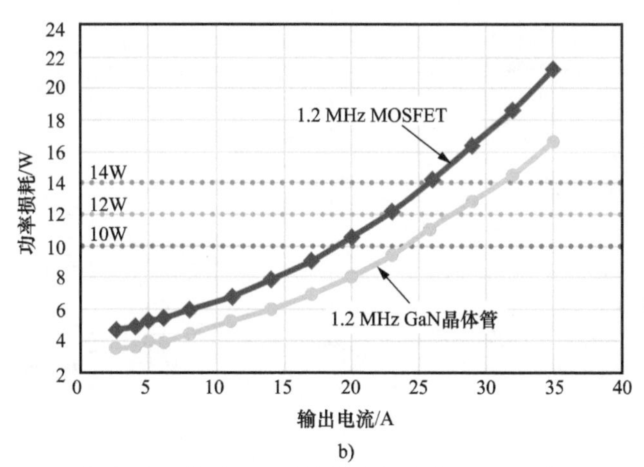

b)

图 8.18　基于 GaN 晶体管和基于硅 MOSFET 的谐振总线变换器实验比较（V_{IN} = 48V、V_{OUT} = 12V、f_{sw} = 1.2MHz）

的变换器可以将输出功率能力提高65W，同时保持相同的总变换器损耗。假设两种设计的最大功率损耗为12W，则基于GaN晶体管的变换器输出功率从270W到325W，增加了55W。

输出电流为2.5A和20A的1.2MHz设计的损耗击穿如图8.19所示，得出的结论是GaN技术提高了所有负载条件的效率。在较小的电流条件下，栅极驱动损耗是晶体管相关的主要损耗，并且GaN器件的较低栅极电荷能显著降低驱动损耗。在大电流条件下，传导损耗在总功率损耗中占主要部分，并且基于GaN的变换器具有较短ZVS空载时间和栅极充电时间，这使与有效占空比成比例的传导损耗降低。基于硅的设计在变压器磁心区域提供了较低的损耗。基于GaN的设计提供的更长的功率输送周期增加了变压器磁通密度，导致了更高的磁心损耗，但是变压器磁心损耗的增加在较小的电流下通过栅极驱动损耗来节省，且在大电流下通过导通损耗和栅极损耗相组合来节省。

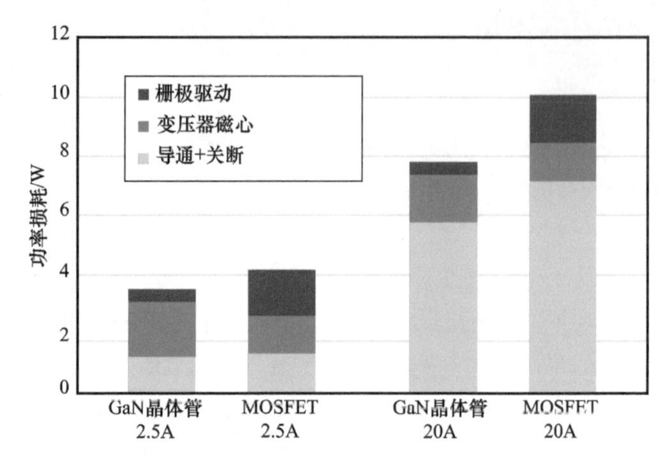

图8.19 基于GaN晶体管和基于硅MOSFET谐振总线变换器损耗击穿

（$V_{IN}=48V$，$V_{OUT}=12V$，$f_{sw}=1.2MHz$）

从1.2MHz的结果可以看出，硅MOSFET变换器正在接近其频率极限，因为ZVS转换时间和栅极充电时间正在成为整个周期的重要部分。为了比较GaN晶体管相对于硅MOSFET可能出现的频率改进，对于硅MOSFET设计，将变换器频率降低到800kHz，同时将GaN晶体管设计增加到1.6MHz。在这两种情况下，核心结构保持相同，并且没有针对不同的工作频率进行优化。设计之间的效率和损耗比较如图8.20所示，其中基于GaN晶体管的设计提供了0.9%的峰

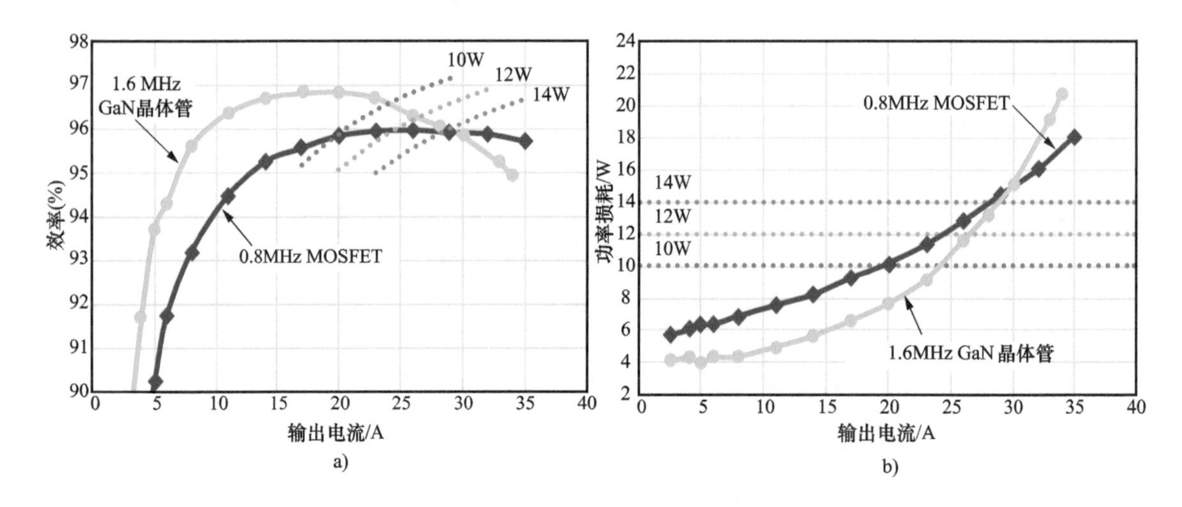

图8.20 基于$f_{sw}=1.6MHz$ GaN晶体管和基于$f_{sw}=800kHz$硅MOSFET的$V_{IN}=48V$、$V_{OUT}=12V$谐振总线变换器比较

值效率改进，并且在输出电流为 29A 时功率损耗更低。基于 GaN 晶体管的变换器的电流在高于 20A 时效率急剧下降是由于交流变压器绕组损耗增加以及有效占空比减小所致。相反，800kHz 硅 MOSFET 设计的效率平坦化是由于交流变压器绕组损耗降低，以及较低频率下的有效占空比增加所致。

8.4.5　器件进一步改进对性能的影响

正如第 1 章和第 2 章所讨论的，与硅 MOSFET 相比，GaN 技术正在迅速发展。图 8.21a、b 分别绘制了最近三代 GaN 晶体管的谐振和软开关应用中更高密度和更高性能的两个关键 FOM、器件尺寸和输出电荷。在过去的三代中，GaN 晶体管的两个 FOM 都差不多减半了。器件更好的性能直接转化为电路更高的性能和功率密度。图 8.22 所示为基于约 2012 年和约 2018 年 GaN 晶体管的 48V－12V 高谐振变换器电路性能比较。采用最新的 GaN 器件，效率提高了近 2%，转化为总的变换器损耗降低了约 50%。随着损耗的降低和功率器件面积的减小，功率密度也提高了一倍以上。关于这个设计的更多细节将在第 10 章深入讨论。

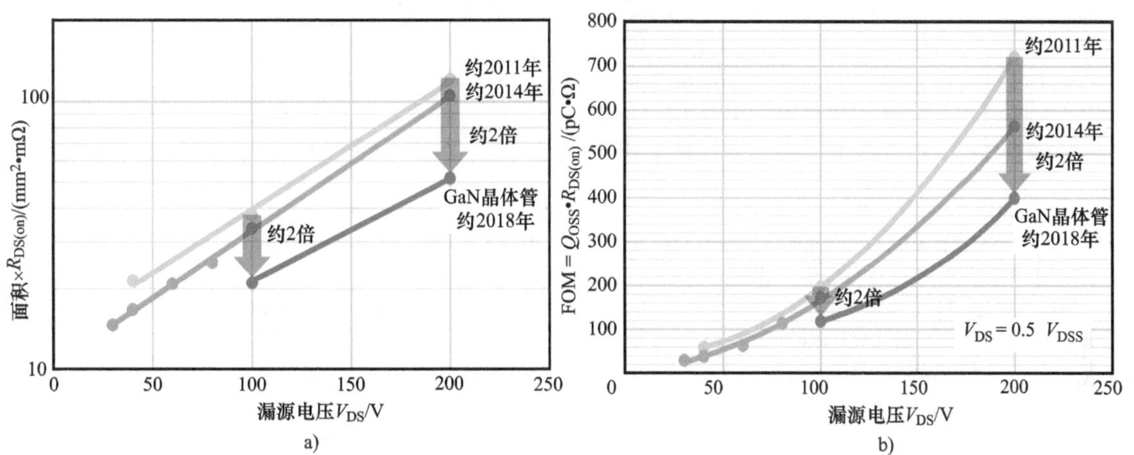

图 8.21　2011～2018 年 25～200V GaN 晶体管的 a）尺寸和 b）输出电荷 Q_{OSS}品质因素（FOM）的历史图

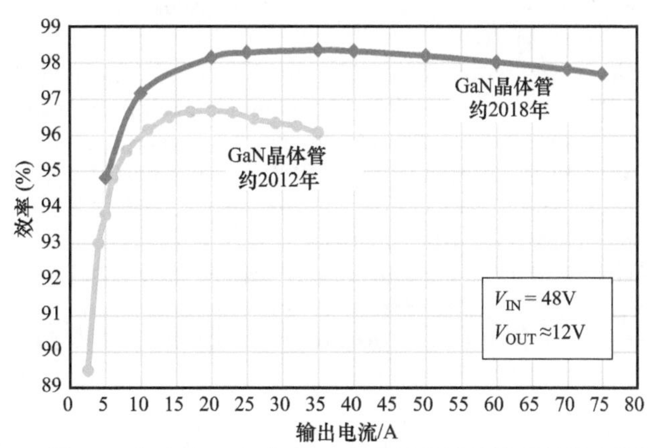

图 8.22　约 2012 年和约 2018 年基于 GaN 晶体管的谐振总线变换器比较（V_{IN} = 48V、V_{OUT} ≈ 12V、f_{sw} ≈ 1～1.2MHz）

8.5 本章小结

前面的章节已经表明，由于 Q_{GD} 和 Q_{GS2} 的减少，增强型 GaN 晶体管在硬开关应用中具有明显优于硅 MOSFET 的特性，这两者在硬开关应用中都很关键，但对谐振和软开关变换器影响很小。在本章中，已经讨论了应用于谐振和软开关应用的 GaN 技术的优点，并且通过工作频率为 1.2MHz 的 48V 总线变换器展示了 GaN 晶体管电路的优越性。本章还讨论了一种简单的软开关 FOM，使设计人员能够快速比较器件技术以用于谐振和软开关应用。软开关 FOM 由谐振和软开关应用中最关键的两个参数，即输出电荷 Q_{OSS} 和栅极电荷 Q_G 组成。

下一章我们将探讨在射频频率下进行功率变换的 GaN 晶体管性能。

参考文献

1 Lee, F.C. (1989). *High-Frequency Resonant, Quasi-Resonant, and Multi-Resonant Converters*. Blacksburg, VA: Virginia Power Electronics Center.

2 Lee, F.C. (1989). *High-Frequency Resonant and Soft-Switching PWM Converters*. Blacksburg, VA: Virginia Power Electronics Center.

3 Erickson, R.W. and Maksimovic´, D. (2001). *Fundamental of Power Electronics*. Norwell, MA: Kluwer.

4 Kazimierczuk, M.K. and Czarkowski, D. (2011). *Resonant Power Converters*. NJ: Wiley.

5 Yang, B. (2003). Topology investigation for front end DC/DC power conversion for distributed power system. Ph.D. dissertation. Virginia Tech, Blacksburg, VA.

6 Vorperian, V. (1984). Analysis of resonant converters. Ph.D. dissertation. California Institute of Technology, Pasadena, CA.

7 Severns, R.P. (January 1992). Topologies for three-element resonant converters. *IEEE Trans. Power Electron.* 7 (1): 89–98.

8 Fu, D. (2010). Topology investigation and system optimization of resonant converters. Ph.D. dissertation. Virginia Polytechnic Institute State University, Blacksburg, VA.

9 Liu, K.H. and Lee, F.C. (1984). Resonant switches – a unified approach to improved performances of switching converters. *IEEE International Telecommunications Energy Conference*, (November 1984), 334–341.

10 Efficient Power Conversion Corporation (2013). EPC2001C – enhancement-mode power transistor, EPC2001C datasheet, March 2011 [Revised January 2013]. http://epc-co.com/epc/Portals/0/epc/documents/datasheets/epc2001c_datasheet.pdf.

11 Infineon (2009). OptiMOS™ power-transistor, BSC060N10NS3 G datasheet, October 2009 [Revision 2.4]. https://www.infineon.com/dgdl/Infineon-BSC060N10NS3-DS-v02_04-en.pdf?fileId=db3a30431ce5fb52011d1aab7f90133a.

12 Schlecht, M. (2007). High efficiency power converter. US Patent No. 7,269,034B2, 11 September 2007.

13 White, R.V. (2003). Emerging on-board power architectures. *APEC '03, Eighteenth Annual IEEE* 2, (9–13 February 2003): 799–804.

14 Ren, Y., Xu, M., Sun, J., and Lee, F.C. (September 2005). A family of high power density unregulated bus converters. *IEEE Trans. Power Electron.* 20 (5): 1045–1054.

15 Ren, Y. (2005). High frequency, high efficiency two-stage approach for future microprocessors. Ph.D. dissertation. Virginia Tech, Blacksburg, Virginia, April 2005.

16 Ren, Y., Lee, F.C., and Xu, M. (2008). Power converters having capacitor resonant with transformer leakage inductance. US Patent 7,196,914, 27 March 2008.

17 Vinciarelli, P. (2006). Point of load sine amplitude converters and methods. US Patent 7,145,786, 5 December 2006.

18 Reusch, D. (2012). High frequency, high power density integrated point of load and bus converters. Ph.D. dissertation. Virginia Tech.

第9章

射频性能

9.1 引言

本书主要关注的是GaN晶体管的开关能力。本章主要介绍GaN晶体管的射频特性，特别是增强型晶体管，并重点介绍一些典型的射频应用。

使用GaN作为半导体材料的高电子迁移率晶体管（HEMT），主要的产品供应商为Cree、MACOM、NXP、Integra、Freescale和Qorvo等。这些晶体管都是耗尽型晶体管，对作为开关变换器使用的射频功率放大器都可以使用。这是因为在射频电路设计中可以轻易地降低由于短路而导致的上电时器件故障，这种情况在开关变换器中不会发生。耗尽型晶体管需要附加电路来实现栅极电路偏置，通过负栅极电压来调节漏极电流，与增强型器件相比这也被视为一个缺点。

当前对于500MHz～3GHz范围内工作的GaN射频晶体管，主要被替代的产品是使用硅制造的横向双扩散金属氧化物半导体（LDMOS）场效应晶体管。与LDMOS晶体管相比，GaN晶体管有许多相同的特点，非常适合作为射频开关使用[1-3]。通常情况下，GaN晶体管表现出比LDMOS晶体管更好的射频性能，尤其是在功率密度[4]、频率范围（带宽）[1,5]和噪声系数方面。这使得在非常宽的频率范围内[7]，晶体管的射频功率能力得到提高[2,6]。此外，较低的输入和输出电容会获得较高的阻抗满足较高的漏极效率，同时减少匹配设计中所需的阻抗变换率。这两个因素使放大器效率提高、尺寸减小和最终成本降低。

应用于脉冲射频条件时，需要在施加主功率和射频信号之前设置偏置电路，以防止在启动时可能出现非常大的电流损坏电路。因此，和开关变换器中的原因一样，使用增强型晶体管可以使射频电路受益。

用于射频晶体管的测量和性能指标与开关器件明显不同。下面将介绍这些指标及其相关性，以及如何衡量和使用这些指标（见表9.1）。

表9.1 射频分析和设计中的参数定义

V_{GSQ}	射频电路静态偏置栅极电压
I_{DQ}	晶体管静态工作点漏极电流
P_{DQ}	静态工作点功率损耗
P_{DC}	传送到射频晶体管的直流功率
P_{RFout}	射频输出功率
η_D	漏极效率，P_{RFout}/P_{DC}

（续）

s_{11}	输入端口反射系数：从输入端口反射回来的入射波百分比
s_{12}	反向增益：反射到输入端口的输出端口入射波百分比
s_{21}	正向增益：反射到输出端口的输入端口入射波百分比
s_{22}	输出端口反射系数：从输出端口反射回来的输出入射波百分比
K	Rollet 稳定系数
C_S	史密斯圆图上源侧稳定圆心
C_L	史密斯圆图上负载侧稳定圆心
C_A	史密斯圆图上恒定可用增益圆心
R_S	史密斯圆图上源侧稳定圆半径
R_L	史密斯圆图上负载侧稳定圆半径
R_A	史密斯圆图上恒定可用增益圆半径
Γ_{in}	晶体管输入反射系数
Γ_{out}	晶体管输出反射系数
Γ_S	输入端匹配反射系数
Γ_L	输出端匹配反射系数
G_T	换能器功率增益
G_{TU}	单侧换能器功率增益
u	单侧换能器品质因数
g_u	归一化单侧换能器增益
G_A	可用增益
G_{MSG}	晶体管最大稳定增益
X	匹配网络串联电抗
B	匹配网络分流电纳

9.2 射频晶体管和开关晶体管的区别

开关晶体管和射频晶体管之间的主要区别在于射频晶体管被设计为在传输特性最好的线性区工作，以最大化射频功率增益和最小化射频信号失真。开关器件被设计在导通状态和截止状态下工作，从而使损耗达到最小化[8-14]。为了进行性能比较，射频器件具有与开关器件不同的评估方式[1]，其中包括功率增益、线性度或 1dB 压缩点[8]以及漏极效率。功率增益决定了晶体管功率放大输入信号的程度。1dB 压缩点决定了晶体管可以保证信号不会失真时的最大输出功率；漏极效率决定了晶体管在放大时的效率。

通常情况下，射频信号被偏置电路叠加在射频器件的工作点上。为了偏置晶体管形成漏源电流，应使电压保持在电源电压。图 9.1 的晶体管传输特性说明了这一概念。偏置电压和电流被命名为静态点并分别表示为 V_{GSQ} 和 I_{DQ}，通常在数据表中提供基准性能报告。

偏置点将与损耗相关联（$P_{DQ}=I_{DQ}V_{Supply}$），并且同样地，与开关器件相比，射频器件相对

于传输功率 P_{RFout} 具有更高的工作功率 P_{DQ} 损耗比。P_{RFout}/P_{DC} 被称为漏极效率 η_D，其中 P_{RFout} 是射频输出功率，P_{DC} 是输送到晶体管的直流功率。当使用射频晶体管作为A类放大器时，该功率损耗比达到理论最大值的50%，但是如前面章节讨论的，开关变换器可以具有高达99%的效率。这意味着射频器件的热耗明显高于相同尺寸的开关器件，所以需要射频晶体管具备有效地将热量散发到环境的能力。图9.2显示了具有相似漏极电压和额定电流的封装射频晶体管（图a）和芯片级开关晶体管（图b）的不同。

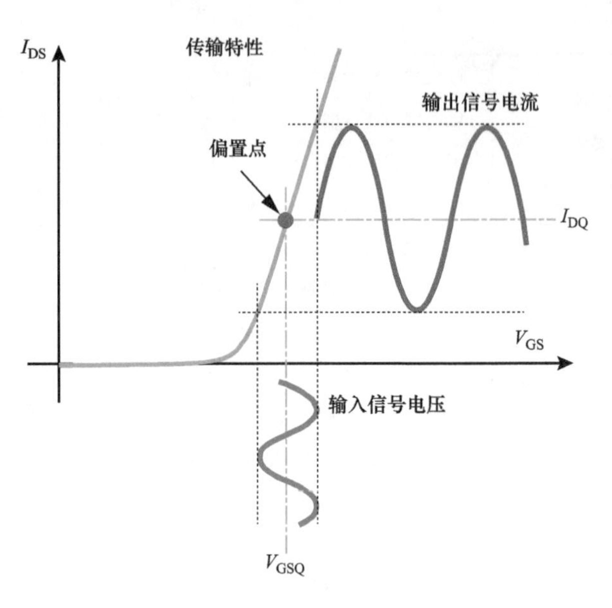

图9.1 增强型晶体管的传输特性，显示偏置点和输出电流相应的输入电压信号

射频器件和开关器件的另一个重要区别是它们的工作特性。射频晶体管的工作特性在于入射波和反射波是传输线的一部分，而开关器件的特性在于能量换相。这带来了许多电源电路设计人员不熟悉的新术语和新定义。用于表征射频器件的通用度量是 s 参数，反映了电磁波的入射、反射和透射。本章还将使用 s 参数来表征最初为开关变换器应用设计的增强型GaN晶体管。

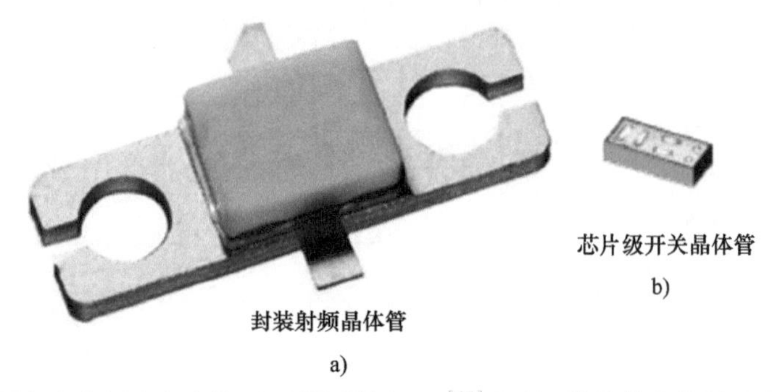

图9.2 具有相同额定电压和电流的a）封装射频FET[27]和b）等效的芯片级GaN开关晶体管[18]

9.3 射频基础知识

在研究射频晶体管测量和分析之前，需要回顾一些基础知识。在本章中，所有讨论将限于两端口网络，两端口网络足以对晶体管进行描述。图9.3表示了两端口网络的基本图，显示了表示为 a_1 和 a_2 的入射波以及表示为 b_1 和 b_2 的反射波。在端口处的任何入射波可以被反射到任一个端口。例如，端口1（a_1）

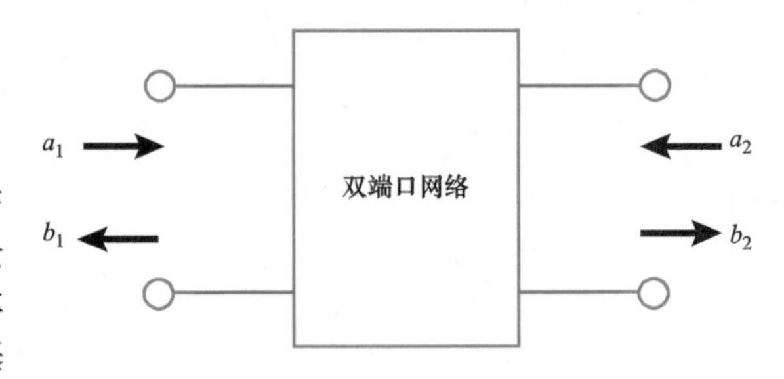

图9.3 有入射波和反射波的双端口网络

上的入射波可以从端口 1（b_1）和/或端口 2（b_2）反射。

定义反射波（b_1和 b_2）和入射波（a_1和 a_2）的比为 s 参数，具体如下：

$$s_{nm} = \frac{b_n}{a_m} \tag{9.1}$$

s_{nm}是一般形式的复数：

$$s_{nm} = \mathcal{R}\mathrm{e}(s_{nm}) + i \cdot \mathcal{J}\mathrm{m}(s_{nm}) \tag{9.2}$$

在本章中，端口 1 将被指定为输入端口或栅极，端口 2 被指定为输出端口或漏极。

从 s 参数可以导出双端口网络有用的特性，例如阻抗、增益和隔离（该方法在参考文献 [9]中有详细描述）。

图 9.4 显示了连接到负载和电源的双端口网络，并给出了这些端口的输入和输出阻抗。

史密斯圆图是一个有用的工具[8]，它简化了 s 参数到阻抗的转换，并将在本章中广泛使用。

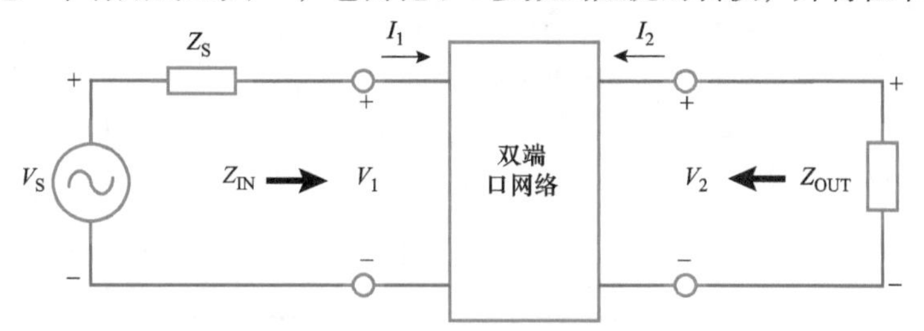

图 9.4　有源和负载的双端口网络

9.4　射频晶体管指标

射频晶体管性能评估的主要指标是射频功率增益。最大功率增益由晶体管的线性极限定义。表 9.2 为来自 MACOM 公司 NPT1012 数据表的数据[7]，显示了在某些工作条件下耗尽型硅基 GaN HEMT 的关键射频指标。

射频功率增益是当入射到端口时功率增加或功率减少的度量。数学上表示为

$$G = \frac{P_{\mathrm{OUT}}}{P_{\mathrm{IN}}} \tag{9.3}$$

增益（dB）也可以由对数表示为

$$G(\mathrm{dB}) = 10 \times \log\left(\frac{P_{\mathrm{OUT}}}{P_{\mathrm{IN}}}\right) \tag{9.4}$$

表 9.2　来自 MACOM 公司 NPT1012 数据表的数据[7]，显示了晶体管的关键射频指标

工作条件

射频规格(CW，3000MHz)：V_{DS} = 28V, I_{DQ} = 225mA, T_C = 25℃，用Nitronex测试夹具测量

符号	参数	最小值	典型值	最大值	单位
P_{3dB}	3dB增益压缩时的平均输出功率	43	44	–	dBm
P_{1dB}	1dB增益压缩时的平均输出功率	–	43	–	dBm
G_{SS}	小信号增益	12	13	–	dB
η	3dB增益压缩时的漏极效率	57	65	–	%
VSWR	所有相角下的10:1 VSWR	没有损坏器件			

关键指标

使用增益的定义可以将放大器的线性定义为具有固定的增益值，并且通过输入功率和输出功率之间的线性关系来表征。在极限情况下，增益饱和会存在损失。线性度也称为线性动态范围，其极限为1dB 压缩点[8]。对于射频晶体管，增益作为输入功率函数的常数，直到其超过特定值。1dB 压缩点被定义为当测量的放大器输出功率（dB）偏离理想预测功率1dB 时的点，如图9.5 所示。图9.5a 是输出功率与输入功率的函数关系；图9.5b 显示了与输入功率相关的增益结果。超过特定的输入功率水平，增益会开始下降，输出功率将不再是输入功率的线性函数。

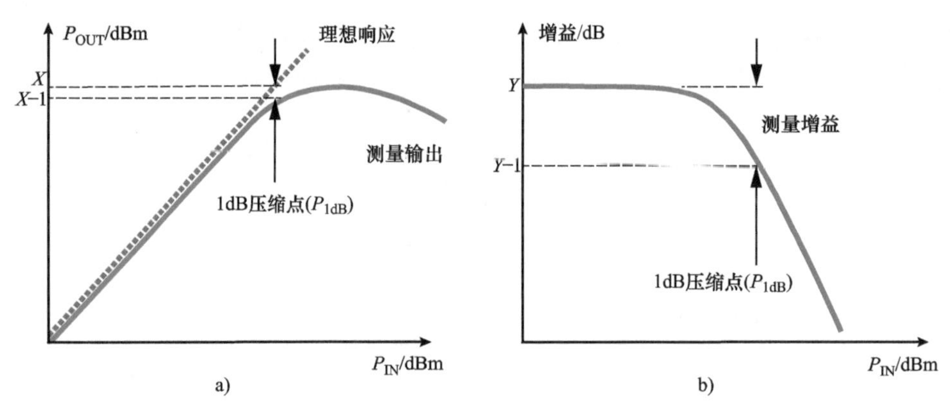

图9.5 线性定义图示：a）1dB 压缩点；b）增益图上的线性度

通常情况下，晶体管的数据表提供了晶体管在特定频率和偏置条件下的线性度。根据特定的偏置设置，在一个频率范围内有相应的功率增益。小信号 s 参数可用于设计 A 类射频功率放大器，但需要大信号 s 参数来预测功率性能。

9.4.1 射频晶体管高频特性的确定

为了确定晶体管的射频特性需要几个步骤。该过程从器件本身的 s 参数测量开始。s 参数用于测试稳定性并确定器件是单边（可忽略的反向增益）还是双边（反向增益高到足以影响稳定性）。一旦确定了稳定性标准，就可以设计放大器，通常是 A 类或 AB 类。

小信号 s 参数用矢量网络分析仪（VNA），并且晶体管在特定偏置条件下测量。可能需要进行若干次测量才能确定产生最高性能的偏置条件。

为了测量射频特性，需要将器件安装到测试夹具上。测试夹具需要使用一组标准进行校准以获得器件的 s 参数。直通－反射－线路（TRL）[15] 和短路－开路－负载－直通（SOLT）方法是最常用的校准方法。这两种方法之间的校准过程和精度在参考文献［16，17］中有详细记录。

图9.6 显示了适用于 EPC8009[18] 增强型开关晶体管的参考平面设计，可用于测试射频特性。由于该器件的尺寸小，需要较小的锥形微带来进行连接。在本例中，锥形与 50Ω 微带传输线的接口是基于 30mil㊀厚的铜材料，Rogers 4350 衬底[19]。

㊀ 1mil = 0.0254mm，后同。

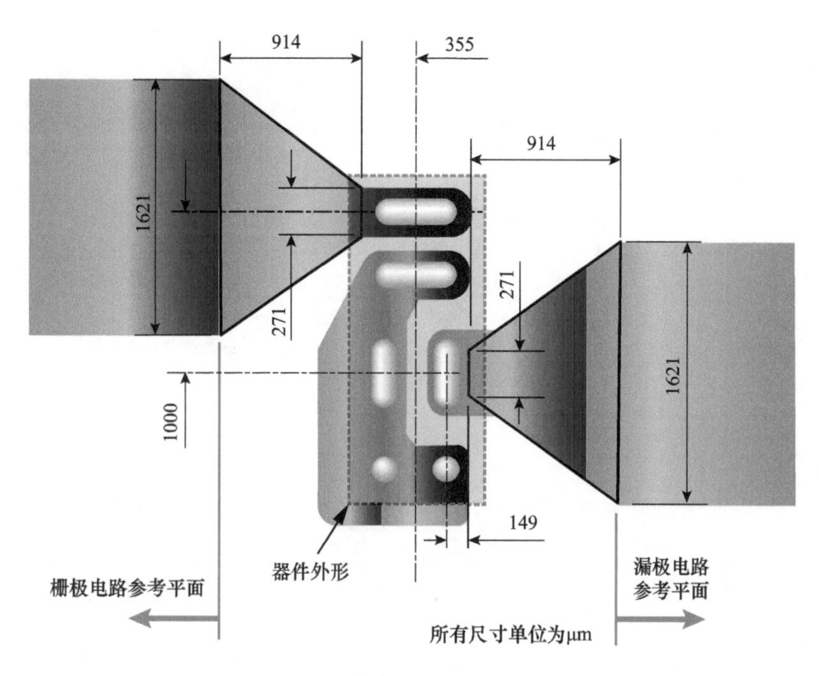

图 9.6 连接到 EPC8009[18] GaN 晶体管的射频参考平面设计

9.4.2 考虑散热的脉冲测试

上面已经提到，射频器件具有高的功率耗散与功率输出比，因此需要大量的冷却。在功率耗散超过器件的能力情况下，可以采用脉冲模式测试。

大多数射频放大器以连续的射频信号和偏置电压工作，被称为连续波（CW）工作模式。脉冲测试用于降低平均功率耗散。脉冲测试中使用的偏置脉冲和脉冲射频信号如图 9.7 所示。

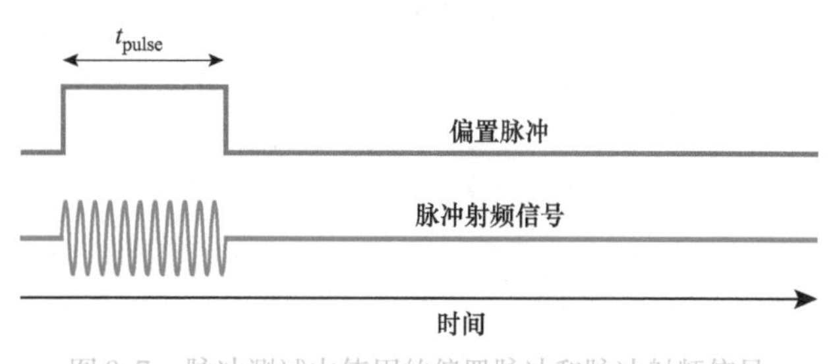

图 9.7 脉冲测试中使用的偏置脉冲和脉冲射频信号

重要的是在脉冲的导通状态期间要保持漏极偏置电流稳定，因为不稳定可能导致不准确的测量，这一点很难实现，特别是对于 A 类放大器，因为漏极电流将随射频功率的增加而增加，而且没有任何手段来区分什么是偏置组件，什么是射频组件。此外，栅极电压的快速变化可能导致漏极的不期望波动，并且可能导致偏置不稳定和振荡。用于脉冲测试的偏置器选择也很关键，因为偏置器的频率响应必须满足射频和偏置要求。

图 9.8 所示原理框图的专用脉冲控制器，可用于测试射频晶体管。使用隔离放大器测量漏极电流，并与比例积分（PI）控制器一起来调节栅极电压以维持漏极电流。PI 控制器也由栅极脉冲控制，以避免快速栅极转换。

对于较高功率的射频测量，可以调整脉冲控制器，使得栅极电压可以被馈送到第二器件，

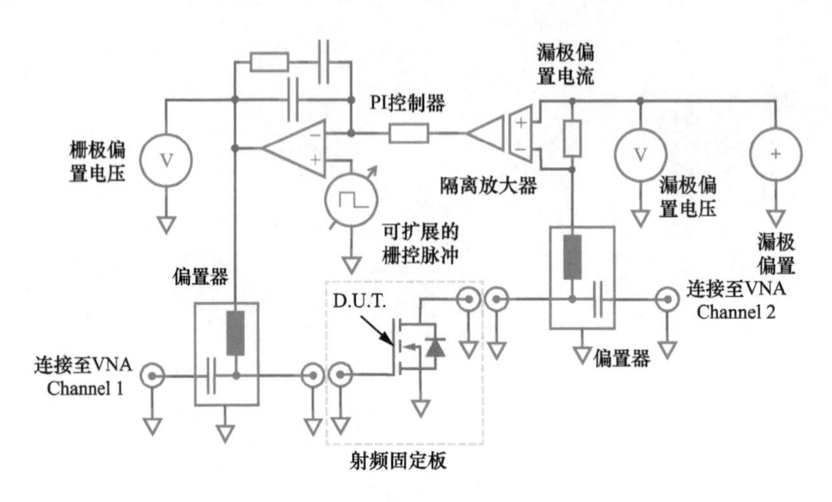

图 9.8 脉冲射频测试条件下晶体管偏置控制的原理框图

而第二器件的漏极偏置电流不由控制器测量[20]。第一器件将不暴露于射频环境，从而在射频测试下为器件提供稳定的参考（见图 9.9）。

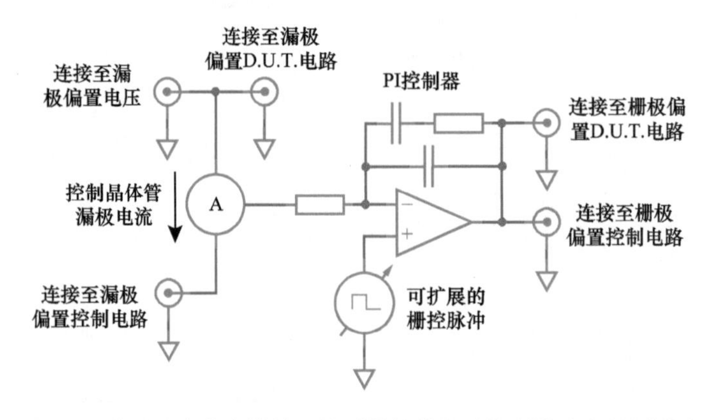

图 9.9 使用具有参考器件和被测器件的脉冲控制器功率射频测试

9.4.3 *s* 参数分析

前面讨论了测量 s 参数的方法，现在需要分析数据，以便进行放大器的设计。该过程涉及检查稳定性问题以及确定器件的输入和输出反射系数。

9.4.3.1 稳定性测试

重要的是确定器件是有条件稳定还是无条件稳定。无论其栅极或漏极呈现的阻抗如何，无条件稳定器件都将保持稳定（不会振荡）。无条件稳定性的试验由 Rollett 稳定系数 K 给出[21]：

$$K = \frac{1 - |s_{11}|^2 - |s_{22}|^2 + |\Delta|^2}{2|s_{12}s_{21}|} \geqslant 1 \tag{9.5}$$

并且

$$|\Delta| \leqslant 1 \tag{9.6}$$

式中

$$\Delta = s_{11}s_{22} - s_{12}s_{21} \tag{9.7}$$

如果这个稳定性标准对于 K 或 $|\Delta|$ 不能满足，则晶体管将被定义为有条件稳定。这意味着使用晶体管的任何设计都必须避免不稳定区域。史密斯圆图[8]上的稳定圆图用于确定不稳定区域的位置。稳定圆由下式给出：

$$C_{\mathrm{S}} = \left(\frac{s_{11} - \Delta s_{22}^{*}{}^{*}}{|s_{11}|^2 - |\Delta|^2}\right) \tag{9.8}$$

$$R_{\mathrm{S}} = \frac{|s_{12}s_{21}|}{|s_{11}|^2 - |\Delta|^2} \tag{9.9}$$

$$C_{\mathrm{L}} = \frac{(s_{22} - \Delta s_{11}^{*})^{*}}{|s_{22}|^2 - |\Delta|^2} \tag{9.10}$$

$$R_{\mathrm{L}} = \frac{|s_{12}s_{21}|}{|s_{22}|^2 - |\Delta|^2} \tag{9.11}$$

上标星号（*）表示参数的复共轭，也称为参数的反射。使用式（9.2）作为例子，s_{nm} 的复共轭为

$$s_{nm}^{*} = \Re\mathrm{e}(s_{nm}) - \mathrm{i}\mathcal{J}m(s_{nm}) \tag{9.12}$$

不稳定区域落在稳定圆内，如图 9.10 所示（有关使用史密斯圆图的教程，见参考文献［8］）。

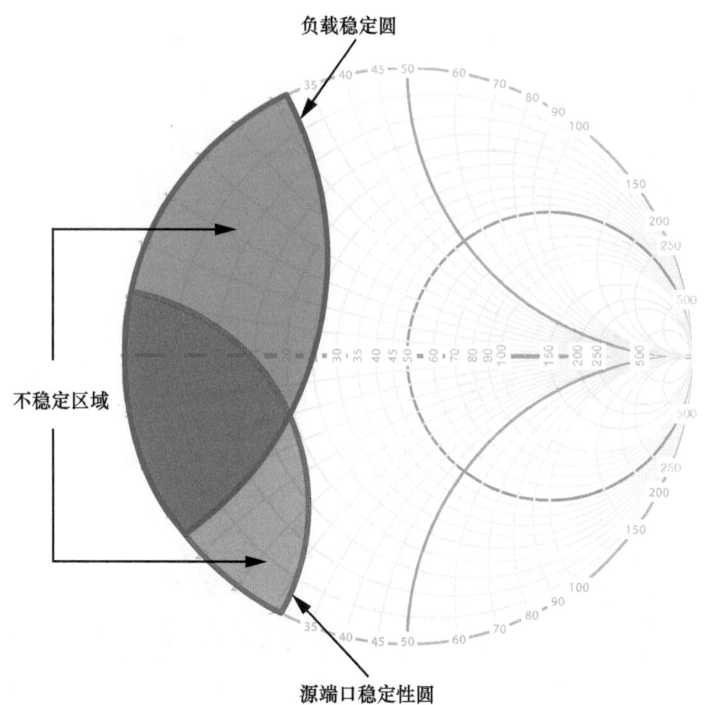

图 9.10 稳定圆图显示源端口和负载端口的不稳定区域

9.4.3.2 晶体管输入和输出反射

射频晶体管最终将被放置在具有输入和输出的放大器电路中，匹配网络将标准源阻抗 Z_0 和标准负载阻抗 Z_0 转换为期望值 Γ_S 和 Γ_L，如图 9.11 所示。匹配网络将在本章后面详细讨论。

虽然晶体管的输入和输出反射系数共用相同的命名，但是它们不是简单地由 s_{11} 和 s_{22}（反射系数）给出，而是分别由输入（栅极电路）和输出（漏极电路）的 Γ_{in} 和 Γ_{out} 给出。这是由于传输系数 s_{12} 和 s_{21} 的影响，通过负载和源阻抗交叉影响输入和输出。这可以在晶体管输入和输出反射方程［式（9.13）和式（9.14）］[8] 中看到，其中负载网络影响输入反射，源网络影响输出反射：

$$\Gamma_{in} = s_{11} + \frac{s_{12}s_{21}\,\Gamma_L}{1 - s_{22}\,\Gamma_L} \tag{9.13}$$

$$\Gamma_{out} = s_{22} + \frac{s_{12}s_{21}\,\Gamma_S}{1 - s_{11}\cdot\Gamma_S} \tag{9.14}$$

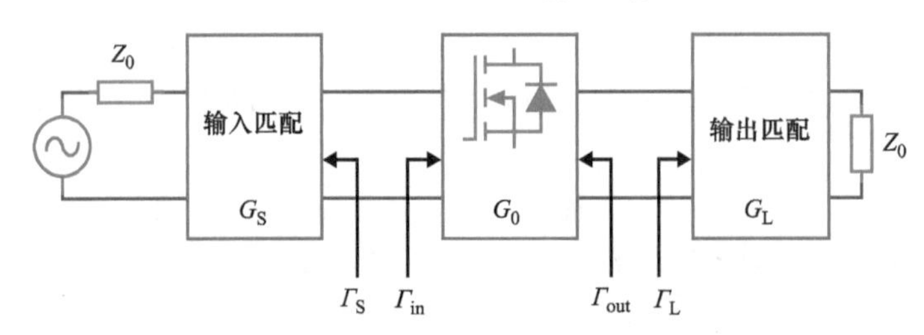

图 9.11 输入和输出匹配的基本放大器结构（带有反射系数的晶体管和匹配网络）

9.4.3.3 传感器增益

传感器功率增益 G_T 定义为传输到负载的功率与来自源极的可用功率之比。从图 9.11 可以看出，存在多个增益分量，分别为源极侧匹配增益 G_S、晶体管增益 G_0 和负载侧匹配增益 G_L。总之，这些分量组成传感器增益 G_T，可以使用下式确定：

$$G_T = G_S G_0 G_L \tag{9.15}$$

用 s 参数表达为

$$G_S = \frac{1 - |\Gamma_S|^2}{|1 - \Gamma_{in}\,\Gamma_S|^2} \tag{9.16}$$

$$G_0 = |s_{21}|^2 \tag{9.17}$$

$$G_L = \frac{1 - |\Gamma_L|^2}{|1 - \Gamma_{out}\,\Gamma_L|^2} \tag{9.18}$$

9.4.3.4 单边/双边晶体管测试

单边晶体管被定义为其中 s_{12} 相对于 s_{21} 非常小的晶体管[8,22]。由于 s_{12} 的零值在物理上是不可能的，因此我们可以通过测试来确定晶体管为单边还是双边。使用式（9.16）和式（9.18），并分别用 s_{11} 和 s_{22} 代替 Γ_{in} 和 Γ_{out}，可以导出式（9.15）的单边传感器增益 G_{TU}。传感器增益与单边传感器增益之比可以用于确定归一化单边传感器增益，如下：

$$g_u = \frac{G_T}{G_{TU}} \tag{9.19}$$

其限制条件如下：

$$\frac{1}{(1+u)^2} < g_u < \frac{1}{(1-u)^2} \tag{9.20}$$

式中，u是单边品质因数，由下式给出：

$$u = \frac{|s_{11}||s_{12}||s_{21}||s_{22}|}{(1-|s_{11}|^2)(1-|s_{22}|^2)} \tag{9.21}$$

如果g_u在10%内，则晶体管可以被认为是单边的，否则被认为是双边的。此外，根据定义，单边晶体管总是稳定的，因为该器件实际上不具有反馈机制。单边放大器的设计被大大简化，因为Γ_{in}和Γ_{out}［式（9.13）和式（9.14）］可以分别减小到s_{11}和s_{22}。本书中将不涉及单边解决方案，因为使用双边晶体管设计放大器的过程也适用于单边晶体管。

9.5　使用小信号s参数的放大器设计

放大器设计的本质是确定晶体管匹配网络的输入Γ_S和输出Γ_L反射系数。设计的基础可以是最大增益，或在晶体管能力范围内的特定增益。

这里以双边晶体管为例，并且所遵循的过程将基于特定的增益要求。该过程也可以使用确定产生最大传感器增益G_{Tmax}的无条件稳定晶体管独特解决方案。需要确定最大传感器增益以知道其增益限制。对于无条件稳定晶体管，最大传感器增益由下式给出：

$$G_{Tmax} = \frac{|s_{21}|}{|s_{12}|}(K - \sqrt{K^2 - 1}) \tag{9.22}$$

无条件稳定的晶体管最大传感器增益放大器被定义为共轭匹配放大器，其中匹配网络被设计为具有零反射。它将是晶体管端口的复共轭并且可以写成

$$\Gamma_{in} = \Gamma_S^* \tag{9.23}$$

$$\Gamma_{out} = \Gamma_L^* \tag{9.24}$$

9.5.1　条件稳定的双边晶体管放大器设计

条件稳定的双边晶体管放大器设计可以通过绘制许多增益圆以找到合适的解。在本节中，我们将提出一个更简单的方法，该方法基于共轭匹配晶体管的一个端口匹配，并且另一个端口不匹配。然后可以调整该解以找到其中输入Γ_S和输出Γ_L反射系数都落入稳定工作区域内的解决方案。设计程序将利用恒定增益圆，其中选择用于该端口的任意增益值和反射系数，并且求解方程以找到另一端口的反射系数。反馈网络的放大器设计将不涉及。

9.5.1.1　可用增益

放大器将使用可用增益G_A方法[11]进行设计，使得输出网络将与晶体管共轭匹配，输入网络与晶体管不匹配。该方法将减少由于输出失配而经由s_{12}传输回到输入的反射功率的量。如果输出不匹配，输入上的不匹配导致更低的反射幅度。可用增益G_A定义为放大器可用功率与源可用功率的比值。将式（9.24）代入式（9.18），式（9.13）代入式（9.16），并在这些条件下

求解式（9.15），得到

$$G_A = \frac{1-|\Gamma_S|^2}{|1-s_{11}\Gamma_S|^2}|s_{21}|^2\frac{1}{1-|\Gamma_{out}|^2} \tag{9.25}$$

式中，Γ_S未知，这个参数将根据放大器的特定增益要求来选择。输出将使用常数可用增益圆G_A来共轭匹配。归一化可用功率增益g_A由下式给出：

$$g_A = \frac{G_A}{|s_{21}|^2} \tag{9.26}$$

9.5.1.2　恒定可用增益圆

使用可用增益，可以得出恒定可用增益圆[11]，总结如下：

$$C_A = \frac{g_A(s_{11}-\Delta s_{22}^*)^*}{1+g_A(|s_{11}|^2-|\Delta|^2)} \tag{9.27}$$

$$R_A = \frac{\sqrt{1-2K|s_{12}s_{21}|^2g_A+|s_{12}s_{21}|^2g_A^2}}{1+g_A(|s_{11}|^2-|\Delta|^2)} \tag{9.28}$$

选择特定的可用增益，并绘制增益圆。增益圆给出了将产生该增益的输入反射系数Γ_S的所有可能值。对于Γ_S的每个值，可以确定Γ_L的值，并且可以使用式（9.14）和式（9.24）计算Γ_L的圆。其中Γ_S和Γ_L落在它们各自的稳定圆之外，位于史密斯圆图单位圆内部的一系列值将产生稳定的放大器设计。最好的选择是离稳定圆最远的值。

9.6　放大器设计实例

接下来，将使用增强型 GaN 晶体管[18]和可用增益方法来设计放大器。在本例中，s参数已使用如图9.6中所示的参考平面进行测量，并将在500MHz下工作。

在500MHz时，$V_{DSQ}=30V$，$I_{DQ}=500mA$，增强型 GaN 晶体管（EPC8009 [19]）具有以下s参数值：

$$s_{11} = -0.926 - i0.157,\quad |s_{11}| = 0.939$$
$$s_{22} = -0.658 - i0.46,\quad |s_{22}| = 0.803$$
$$s_{12} = -0.002 + i0.013,\quad |s_{12}| = 0.013$$
$$s_{21} = 5.280 + i0.042,\quad |s_{21}| = 6.65$$

可以使用式（9.20）和式（9.21）从s参数来确定晶体管是单边还是双边：

$$u = \frac{|s_{11}||s_{12}||s_{21}||s_{22}|}{(1-|s_{11}|^2)(1-|s_{22}|^2)} = \frac{0.926\times0.013\times6.65\times0.803}{(1-0.926^2)\times(1-0.803^2)} = 1.534 \tag{9.29}$$

并且

$$\frac{1}{(1+u)^2} < g_u < \frac{1}{(1-u)^2}\quad \frac{1}{(1+1.534)^2} < g_u < \frac{1}{(1-1.534)^2}\quad 0.156 < g_u < 3.5 \tag{9.30}$$

从该结果可以看出，单侧 FOM 边界都不在10%内，因此，晶体管被认为是双边的。

接下来，需要使用式（9.5）~式(9.7）决定晶体管是有条件还是无条件稳定。

$$\begin{aligned}\Delta &= s_{11}s_{22} - s_{12}s_{21}\\ &= (0.926 - i0.157)\times(-0.658 - i0.46) - (-0.002 + i0.013)\times(5.280 + i4.042)\\ &= -0.6 + i0.472\end{aligned} \tag{9.31}$$

并且

$$|\Delta| = 0.763 \tag{9.32}$$

Rollett 稳定系数为

$$\begin{aligned}K &= \frac{1 - |s_{11}|^2 - |s_{22}|^2 + |\Delta|^2}{2|s_{12}s_{21}|}\\ &= \frac{1 - 0.939^2 - 0.803^2 + 0.763^2}{2\times|(-0.002 + i0.013)\times(5.280 + i4.042)|}\\ &= 0.326\end{aligned} \tag{9.33}$$

由于 K，该晶体管不满足 $K\geqslant1$ 和 $|\Delta|\leqslant1$ 的无条件稳定性。因此，器件是条件稳定的，并且可绘制稳定圆以确定不稳定区域。

稳定圆可以使用式（9.8）~式(9.11）计算，如图9.12所示，不稳定区域用阴影表示。针对 Γ_S 和 Γ_L 的放大器设计需要避免这些区域。由于晶体管是条件稳定的，需要确定一个合适的增益，这将产生一个不会振荡（总是稳定）的放大器。在选择工作增益之前，需要使用式（9.34)确定晶体管的最大稳定增益：

$$G_{MSG} = \frac{|s_{21}|}{|s_{12}|} = \frac{6.65}{0.013} = 520.3 = 27.2\text{dB} \tag{9.34}$$

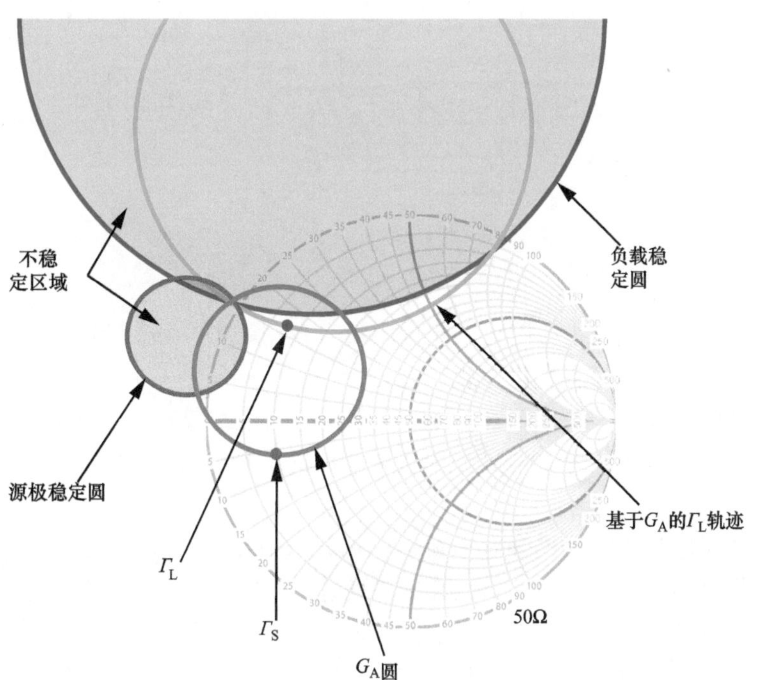

图9.12　500MHz、$V_{DSQ}=30$V、$I_{DQ}=500$mA 时 EPC8009[18]的稳定圆，以及23dB可用增益圆和负载反射系数 Γ_L 轨迹

最大稳定增益是确定晶体管稳定增益限制的简单方法；然而，它可能不会产生可行的解决方案。对于该实例，选择 200 = 23dB 的设计增益。

接下来，使用所选的增益值绘制可用增益圆，如图 9.12 所示，显示了将产生 23dB 增益的 Γ_S所有值。接下来，可以选择 Γ_S的特定值，并且使用式（9.14）和式（9.24）确定 Γ_L的值。Γ_S和 Γ_L都必须位于稳定圆的不稳定区域之外。基于可用增益圆的 Γ_L轨迹已经绘制在图 9.12 中，可以很容易观察是否存在解。如果存在 G_A圆和 Γ_L轨迹都位于稳定圆外部并且还位于单位史密斯圆图内的点，则存在可行的解。

500MHz 的反射系数为

$$\Gamma_S = -0.604 - i0.167$$

$$\Gamma_L = -0.557 + i0.458$$

使用这些反射系数可以设计放大器匹配网络。这些反射系数通常会在频率范围内的射频分量数据表中提供。

9.6.1　匹配和偏置器的网络设计

图 9.13 显示了射频放大器设计框图。为了容纳用于晶体管的小型散热器，需要添加用于栅极电路长为 12.25mm 和用于漏极电路长为 14mm 的 50Ω 传输线，连接到偏置器和匹配网络引出端。在计算匹配网络之前，需要计算传输线和偏置器对反射系数的影响来进行调整。

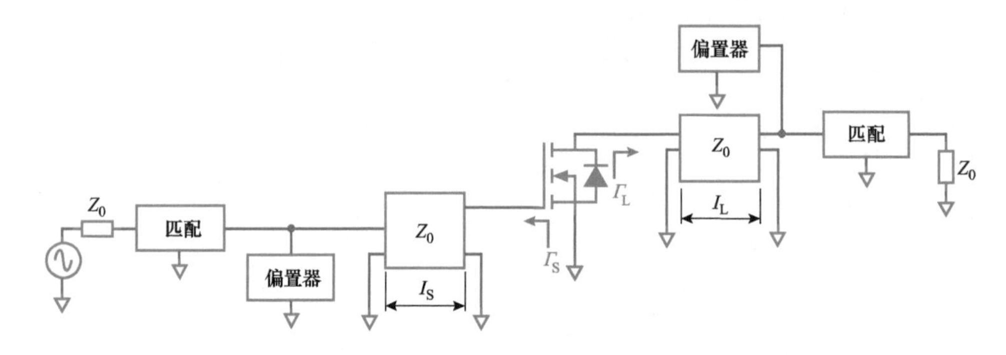

图 9.13　包括传输线、偏置器和匹配网络的完整放大器设计框图

50Ω 传输线将史密斯圆图中心附近选定的阻抗（反射系数）旋转到新位置，因为只有相位分量发生变化，而特征阻抗没有变化。假定这是传输线，则旋转方向是逆时针，旋转角度取决于传输线长度、传输线设计和工作频率。基于微带的电角度推导在参考文献［23］中给出。该实例中，栅极传输线的电相位为 12.46°，漏极传输线的电相位为 14.24°。史密斯圆图上的旋转是电角度的 2 倍。

偏置器电路用于向晶体管提供静态电源。它必须设计成不影响电路射频特性的电路结构，但它需要充分地提供所需的偏置条件。放大器的偏置器电路由二阶无源滤波器（直流通道 - 交流模块）组成，如图 9.14 所示。对射频电路的影响可以确定为在连接点处分流射频信号的两个无源元件的串联组合。由于放大器是脉冲的，需要进行额外的设计考虑以确保晶体管的稳定脉冲工作，一些有用的设计技巧在参考文献［24］中给出。

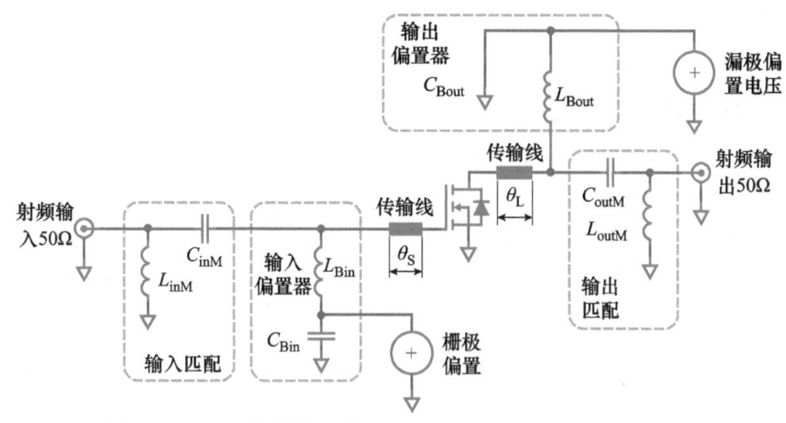

图9.14 显示传输线、偏置器和匹配网络的放大器原理图

所选择的偏置器元件在500MHz具有以下电气特性：

$$L_{Bin} = 48.4\text{nH}, \text{ESR} = 16\Omega$$

$$C_{Bin} = 100\text{pF}$$

$$L_{Bout} = 240.8\text{nH}, \text{ESR} = 126\Omega$$

$$C_{Bout} = 10\text{nF}$$

使用偏置器网络值计算的输入和输出反射系数以及传输线效果，可以确定新的反射系数Γ_S和Γ_L。在此实例中，结果为

$$\Gamma_S = -0.543 - \text{i}0.414 = 10.45\Omega, 19.65\text{pF}(\text{在500MHz时})$$

$$\Gamma_L = -0.707 + \text{i}0.13 = 8.26\Omega, 1.41\text{nH}(\text{在500MHz时})$$

原始反射系数受如图9.15所示的传输线和偏置器影响后，成为用于设计匹配网络的新反射系数。

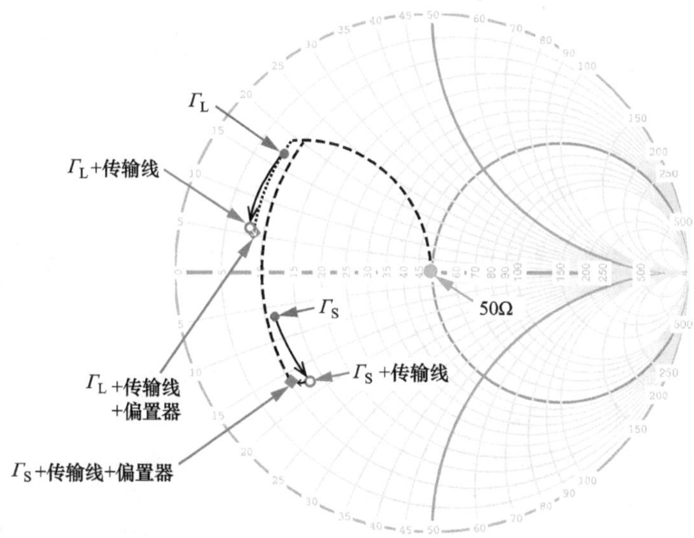

图9.15 显示了每个端口传输线、偏置器和匹配网络轨迹影响的反射系数放大器设计

匹配网络的设计是将反射系数转换为负载和源阻抗的反射系数。在本设计实例中，源阻抗

和负载阻抗为50Ω。对于晶体管电阻小于源阻抗 Z_0 的情况，匹配网络将采用图9.16所示的形式。

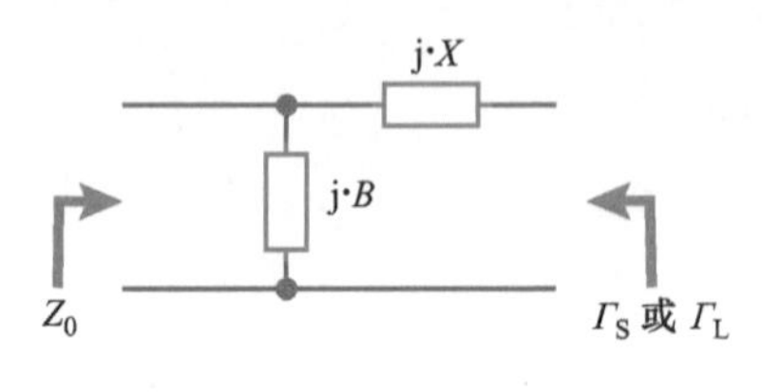

图9.16　放大器匹配网络设置

匹配网络设计有两个解决方案：①X是电容性，B是电感性；②X是电感性，B是电容性。优选的解决方案是①，因为它用作具有低频滤波的高频旁路，原因是晶体管在较低频率时具有较高的增益，并且任何不想要的信号都可能损坏放大器。图9.16的匹配网络设计解决方案在参考文献［8］中给出，具体如下：

$$B = \pm \frac{\sqrt{\dfrac{Z_0 - R_L}{R_L}}}{Z_0} \tag{9.35}$$

$$X = \pm \sqrt{R_L(Z_0 - R_L)} - X_L \tag{9.36}$$

因为射频输入和输出都需要直流模块，并且该函数可以被集成到匹配网络中，所以可以在如下的匹配网络中计算式（9.35）和式（9.36）中具有X和B的负值情况。

对于栅极电路匹配网络：

$$B_{in} = -\frac{\sqrt{\dfrac{50 - 10.45}{10.45}}}{50} = -0.039\text{S} = 8.18\text{nH} = L_{inM} \tag{9.37}$$

$$X_{in} = -\sqrt{10.45 \times (50 - 10.45)} - 16.2 = -36.53\Omega = 8.71\text{pF} = C_{inM} \tag{9.38}$$

对于漏极电路匹配网络：

$$B_{out} = -\frac{\sqrt{\dfrac{50 - 8.26}{8.26}}}{50} = -0.045\ \text{S} = 7.08\text{nH} = L_{outM} \tag{9.39}$$

$$X_{out} = -\sqrt{8.26 \times (50 - 8.26)} + 4.42 = -14.14\Omega = 22.51\text{pF} = C_{outM} \tag{9.40}$$

这些解决方案的匹配网络方案轨迹已绘制在图9.15中。

9.6.2　实验验证

基于设计实例，使用EPC8009[18] GaN晶体管设计和测试了500MHz射频放大器。漏极偏置电流设置为250mA和500mA，漏极偏置电压设置为30V。该放大器在脉冲模式下测试，脉冲持续时间为240μs，重复频率为10Hz。该放大器使用带有附加射频放大器的矢量网络分析仪进行测试，以提高放大器的输入射频功率，并加载一个20W功率的30dB射频衰减器，用于执行射频功率输入到功率输出的扫描。图9.17显示了两个偏置电流设置下该放大器的1dB压缩点。

图9.18显示了作为输出功率函数的放大器增益和漏极效率。

从实验结果可以看出，具有500mA漏极偏置电流的EPC8009在40.6dB（11.6W）输出功率处具有1dB压缩点，其中功率增益为20.6dB，漏极效率为57.4%。在250mA的漏极偏置电流下，器件在38.4dBm（6.96W）输出功率下具有1dB压缩点，其中功率增益为19.3dB，漏极效率为45.9%。

确定了GaN晶体管的射频性能之后，可以将其与具有类似特性的最先进的LDMOS场效应

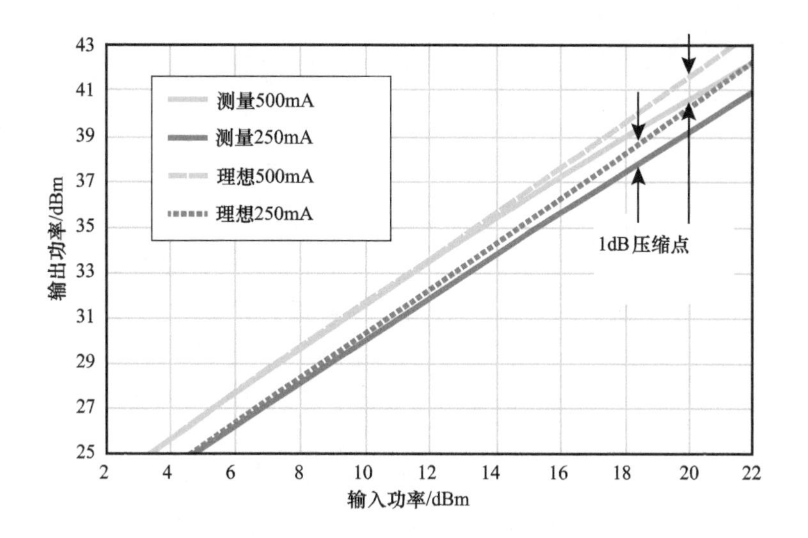

图9.17 基于EPC8009射频放大器测量的1dB压缩点（工作在500MHz下，具有30V漏极偏置电压和250mA、500mA漏极偏置电流）

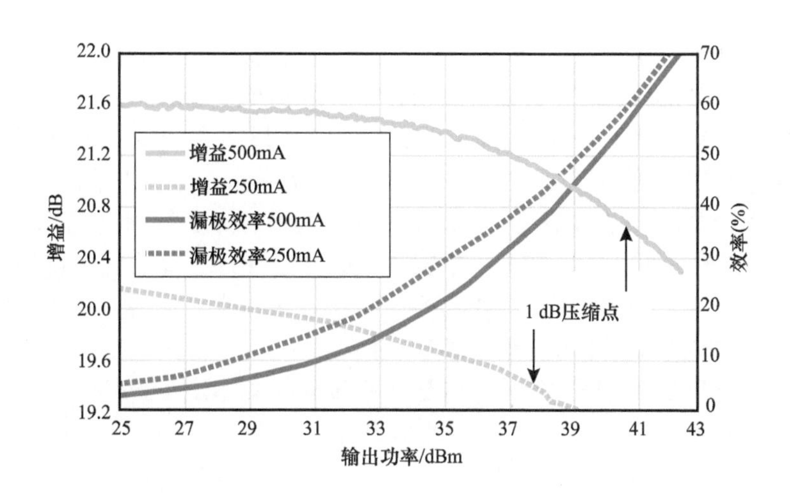

图9.18 基于EPC8009射频放大器测量的增益和漏极效率（工作在500MHz下，具有30V漏极偏置电压和250mA、500mA漏极偏置电流）

晶体管进行比较。因为GaN晶体管被设计为开关器件，而不是射频器件，所以比较侧重于与射频设计有关的差异。进行比较的参数是在相同操作频率下的功率增益、线性（1dB压缩）度和漏极效率。选择用于比较的LDMOS器件在基于500MHz条件下，具有可比功率能力[25,26]。表9.3给出了GaN晶体管和LDMOS场效应晶体管之间的比较数据。

从表9.3可以看出，GaN晶体管具有比LDMOS场效应晶体管高的增益，尽管偏压功率较高，但在较高的电压下工作仍具有相当高的漏极效率。GaN 晶体管的电容也显著低于 LDMOS 场效应晶体管，这可以确保较低的匹配阻抗转换。

表 9.3 500MHz 下 GaN 晶体管和 LDMOS 场效应晶体管比较

参数	GaN 晶体管[18]（500mA）	GaN 晶体管[18]（500mA）	LDMOS 场效应晶体管[25]	LDMOS 场效应晶体管[26]
输出功率/W	11.6	6.96	15	8
1dB 增益压缩时的平均输出功率/dB	20.6	19.3	14	13
漏极效率（%）	57.4	45.9	55	60
额定电压/V	65	65	40	40
偏置电压/V	30	30	12.5	12.5
偏置电流/mA	500	250	150	150

9.7 本章小结

本章介绍了射频放大器设计的关键指标和方法，并且将其与实际放大器进行了比较。该设计是基于 EPC8009 GaN 晶体管，这种器件最初并非为射频器件设计。尽管如此，结果显示出了优异的射频特性，具有超过 20dB 的稳定增益，并且在 1dB 压缩点处漏极效率接近 60%。将 GaN 晶体管与具有类似射频特性的两个 LDMOS 场效应晶体管进行了比较，可以看出，GaN 晶体管产生了比 LDMOS 场效应晶体管更高的增益和漏极效率。许多 LDMOS 器件在内部匹配以增强其在特定频率周围的射频性能，将可用带宽减少到几十 MHz，而为宽带应用设计的 LDMOS 场效应晶体管可以具有大约 100MHz 的工作带宽。设计为功率开关的 GaN 晶体管不是内部匹配，因此，较高的阻抗使得器件能够跨越 3GHz 的带宽。

尽管 GaN 晶体管被设计为开关器件，但是它可以容易地使用参考平面和微带锥形连接到射频电路，这实现了比封装 LDMOS 器件更紧凑的设计。然而，缺少封装可能会出现散热问题，这可以通过第 6 章讨论的热设计方法来解决。更紧凑的布局和缺少封装还会使得成本降低和系统尺寸减小。

增强型开关 GaN 晶体管为降低射频应用成本铺平了道路，并且非常适合于诸如 MRI 系统应用。GaN 晶体管还可以提供比 LDMOS 器件更高的阻挡电压，这可以增加电压驻波比，并增加放大器由于阻抗失配而吸收射频能量的能力。

参考文献

1 White, D. and Wilcox, G. (2012). New GaN FETs, amplifiers and switches offer system engineers a way to reduce RF board space and system prime power. White paper, TriQuint, September.

2 Inoue, K., Sano, S., Tateno, Y. et al. (2010). Development of gallium nitride high electron mobility transistors for cellular base stations. *SEI Tech. Rev.* 71: 88–93.

3 Gallium nitride (GaN) microwave transistor technology for radar applications. White paper, Aethercomm, December 2007.

4 Murphy, M. (2011). NXP goes with GaN. *Compound Semiconductor*, August/September, 23–26.

5 GaN devices set benchmarks for power and bandwidth. *Microwave Product Digest*, February 2012.www.mpdigest.com.

6 Ishida, T. (2011). GaN HEMT technologies for space and radio applications. *Microwave J.* 54 (8): 57–63.

7 MACOM Gallium nitride 28V, 25W RF power transistor. NPT1012 datasheet, NDS-025 Revision 3. https://www.macom.com/products/product-detail/NPT1012B.

8 Pozar, D.M. (2005). *Microwave Engineering*, 3e. Wiley.

9 Gonzales, G. (1997). *Microwave Transistor Amplifiers*, 2e. Prentice Hall.

10 Hejhall, R.C. (1993). RF small signal design using two-port parameters. Motorola, Application note AN215A.

11 Payne, K. (2008). Practical RF amplifier design using the available gain procedure and the advanced design system EM/circuit co-simulation capability. White Paper, 5990-3356EN, Agilent Technologies. www.agilent.com.

12 Lidow, A., Strydom, J., de Rooij, M., and Ma, Y. (2012). *GaN Transistors for Efficient Power Conversion*, 1e. El Segundo, USA: Power Conversion Press.

13 Strydom, J. (October 2012). eGaN® FET-silicon power shoot-out volume 11: optimizing FET on-resistance. *Power Electron. Technol.* 38: http://powerelectronics.com/discrete-semis/gan_transistors/egan-fet-silicon-power-shoot-out-volume-11-optimizing-fet-on-resistance-1001.

14 de Rooij, M. and Strydom, J. (June 2012). eGaN® FET-silicon power shoot-out volume 9: low power wireless energy converters. *Power Electron Technol* 38: http://powerelectronics.com/discrete-power-semis/egan-fet-silicon-shoot-out-vol-9-wireless-power-converters.

15 Engen, G.F. and Hoer, C.A. (December 1979). Thru-reflect-line: an improved technique for calibrating the dual six-port automatic network analyzer. *IEEE Trans. Microwave Theory Tech.* 27: 987–993.

16 Agilent. Network analysis applying the 8510 TRL calibration for non-coaxial measurements. Product note 8510-8A.

17 Fleury, J. and Bernard, O. (2001). Designing and characterizing TRL fixture calibration standards for device modeling. Applied Microwave and Wireless Technical note 13, 26–55.

18 Efficient Power Conversion Corporation (2013). EPC8009 – enhancement-mode power transistor. EPC8009 datasheet, September. http://epc-co.com/epc/documents/datasheets/EPC8009_datasheet.pdf.

19 Rogers Corporation (2014). Rogers 4350 laminates. Datasheet. http://www.rogerscorp.com/acm/products/55/RO4350B-Laminates.aspx.

20 de Rooij, M.A. and Strydom, J.T. (2016). Device and method for bias control of Class A power RF amplifier. US patent 9484862B2, 1 November 2016.

21 Rollett, J.M. (1962). Stability and power-gain invariants of linear two ports. *IRE Trans. Circuit Theory* 9 (1): 29–32.

22 Orfanidis, S.J. (2014). Electromagnetic waves and antennas. http://www.ece.rutgers.edu/~orfanidi/ewa.

23 Bahl, I.J. and Trivedi, D.K. (1977). A designer's guide to microstrip line. *Microwaves*, May 1977, 174–182.

24 Baylis, C., Dunleavy, L., and Clausen, W. (2006). Design of bias tees for a pulsed-bias, pulsed-RF test system using accurate component models. *Microwave J.* 49 (10): 68–75.

25 STMicroelectronics (2011). PD55015 – RF power transistor. Datasheet, August 2011. http://www.st.com/web/en/resource/technical/document/datasheet/CD00128612.pdf.

26 Freescale Semiconductor (2009). RF power field effect transistor. MRF1518N datasheet [Revised 11 June 2009]. http://www.freescale.com/files/rf_if/doc/data_sheet/MRF1518N.pdf.

27 Cree. GaN HEMT RF FET, CGH55015, datasheet. http://www.cree.com/RF/Products/SBand-XBand-CBand/Packaged-Discrete-Transistors/CGH55015F2-P2.

第 10 章

DC - DC 功率变换

10.1 引言

本章介绍了 GaN 器件在 DC - DC 变换中已经取得进展的一些应用实例。如前几章所述，这些进展直接源于 GaN 器件相对于硅 MOSFET 在 FOM 方面的改进，无论是在硬开关还是软开关应用中。GaN 器件有可能在硅 MOSFET 性能发展到极限的情况下，进一步提高开关器件的性能，使新一代功率变换器能够提供比以前更高的频率、效率和密度。

10.2 非隔离 DC - DC 变换器

非隔离式负载点（POL）变换器广泛应用于计算机、电信系统、手持电子设备、混合动力汽车和许多其他应用中。随着现代技术对功率需求的不断增长，以及对更小尺寸和更低功率损耗的需求，为了满足这些系统需求，POL 变换器设计必须向更高的功率密度和效率发展。大多数功率放大器是非隔离降压变换器，通常具有从高达 60V 输入到 0.8V 输出的大降压比。提高功率密度最直接的方法是提高开关频率，从而降低无源元件的体积。增加开关频率的实际问题是开关损耗增加导致效率降低，从而将当今的硅基解决方案限制在数百 kHz 至 1MHz 的范围内。图 10.1 显示了在开关频率为 500kHz 和 1MHz 的各种输入电压下，GaN 晶体管和硅 MOSFET 应用于 1.2V_{OUT}降压变换器时的效率和功率损耗。随着频率和电压的增加，GaN 晶体管提供的增益也会增加。对于工作在 1MHz 的 12V_{IN}设计，GaN 晶体管可以提高约 3% 的效率。对于 1MHz 的 60V_{IN} 设计，GaN 晶体管可以提高约 18% 的效率。本节将展示和量化 GaN 晶体管在（12 ~ 60）V_{IN}范围常见应用中显现的优势。

10.2.1 带分立器件的 12V_{IN} - 1.2V_{OUT}降压变换器

在本节中，将讨论最常见的 POL 变换器设计，即 12V_{IN}和 1.2V_{OUT}。这是一个对成本和效率都很敏感的大批量应用。在第 4 章和第 7 章中，讨论了最小化寄生电感和为 GaN 晶体管提供最佳布局的重要性。在本节中，这些技术将应用于工作在 1MHz 的变换器中产生基准效率。

为比较第 4 章讨论的最佳功率环路与传统横向或垂直布局的性能，有四种不同的设计。如图 10.2 所示，板总厚度以及顶层和板中第一个内层之间的距离（内层距离）各不相同。组件布局与第 4 章使用的布局保持不变。所有设计都有四层厚度为 2oz 的铜，其变量如表 10.1所示。

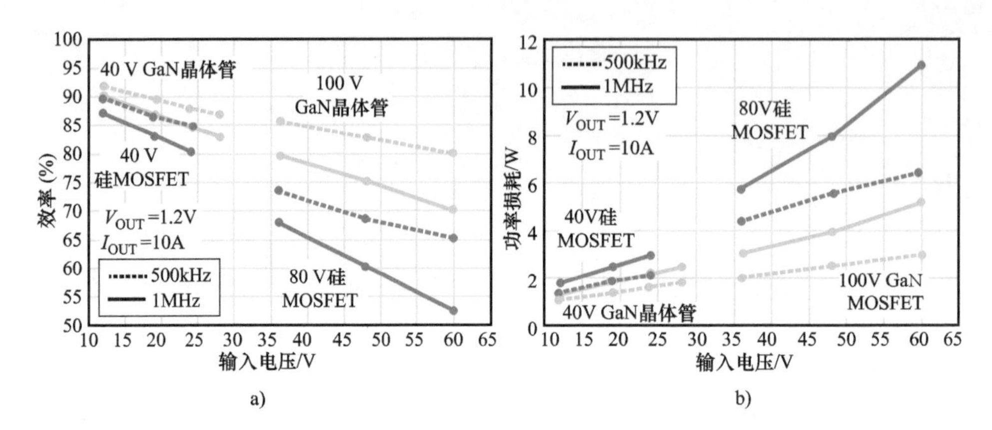

图 10.1　同步降压变换器中 GaN 晶体管和硅 MOSFET 的 a）效率和 b）功率损耗比较（V_{OUT} = 1.2V，40V GaN 晶体管，控制器件为 EPC2015C，同步整流器为 EPC2015C；40V MOSFET，控制器件为 BSZ097N04LSG，同步整流器为 BSZ040N04LSG；100V GaN 晶体管，控制器件为 EPC2001C，同步整流器为 EPC2001C；80V MOSFETS，控制器件为 BSZ123N08NS3G，同步整流器为 BSZ123N08NS3G）

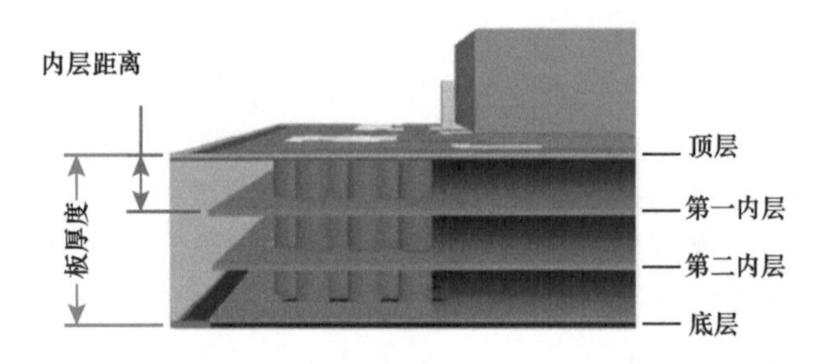

图 10.2　电路板厚度和显示内层距离的 PCB 截面图

表 10.1　用于布局比较的电路板参数

设计序号	板厚度/mil	第一内层距离/mil
设计 1	31	4
设计 2	31	12
设计 3	62	4
设计 4	62	26

图 10.3 给出了不同板厚度和内层距离情况下，高频回路电感的模拟值。从数据中可以看出，对于横向功率回路，板厚度对高频回路电感影响不大，而内层距离（功率回路到屏蔽层的距离）显著影响电感。对于垂直功率回路，内层距离对设计电感的影响非常小，而当板厚度从 31mil（0.8mm）增加到 62mil（1.5mm）时，板厚度会使电感显著增加 80%。

对于最优布局，该设计与横向功率回路的特征相同，即对板厚度的依赖性小，对内层距离的依赖性强。这种设计通过去除屏蔽层和减小功率回路的物理尺寸来显著减小回路电感，类似

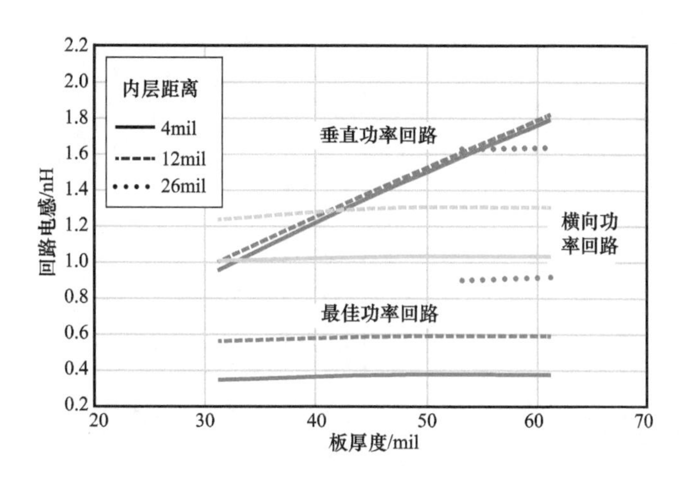

图10.3 不同板厚度和内层距离的横向、垂直和最佳功率回路的模拟高频回路电感值

于垂直功率回路设计的特性。这种设计结合了两种传统设计的优点，限制了缺点，与最好的横向和垂直功率回路相比，电感显著降低。

四种板厚度和三种不同回路布局的功率损耗如图10.4所示。从该数据可以看出，对于类似的寄生电感，横向回路的功率损耗高于垂直回路。横向功率回路中增加的损耗可归因于屏蔽层中由于涡流引起的额外损耗，这在垂直或最佳功率回路中是不需要的。

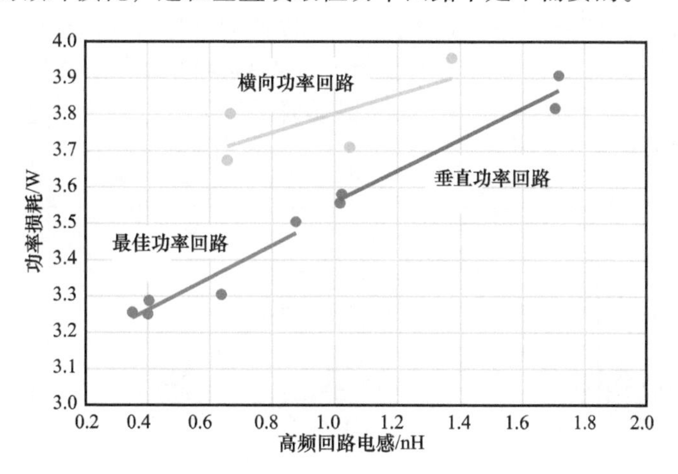

图10.4 横向、垂直和最佳功率回路设计的功率损耗（$V_{IN}=12V$，$V_{OUT}=1.2V$，$I_{OUT}=20A$，$f_{sw}=1MHz$，$L=300nH$，控制器件为EPC2015C，同步整流器为EPC2015C）

不同设计的电压过冲如图10.5所示。当回路电感增加到1.4nH时，电压过冲也会增加。超过1.4nH，电压过冲不会显著增加。这可以通过图10.6解释，图10.6显示了不同设计的测量开关速度。随着回路电感的增加，器件的dv/dt显著降低。这导致较高的功率损耗，但有助于限制电压过冲。对于具有最高回路电感的两个垂直回路设计，与所有其他设计相比，开关速度降低了60%以上。

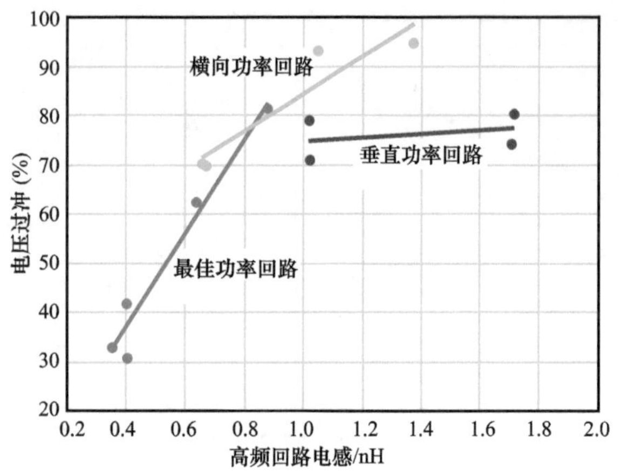

图10.5　测量的电压过冲与回路电感的关系（$V_{IN}=12V$，$V_{OUT}=1.2V$，$I_{OUT}=20A$，$f_{sw}=1MHz$，$L=300nH$，控制器件为EPC2015C，同步整流器为EPC2015C）

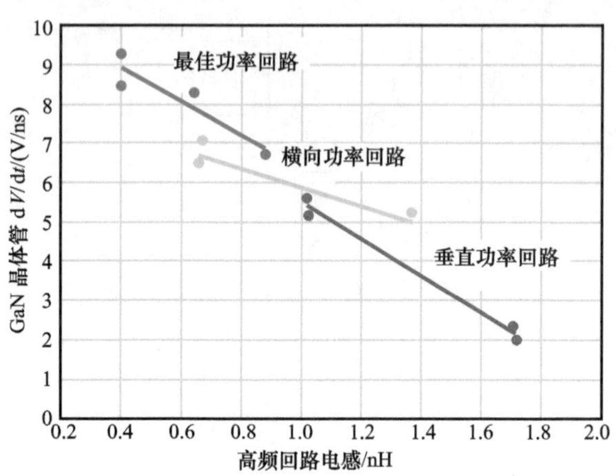

图10.6　测量的器件开关速度与回路电感的关系（$V_{IN}=12V$，$V_{OUT}=1.2V$，$I_{OUT}=20A$，$f_{sw}=1MHz$，$L=300nH$，控制器件为EPC2015C，同步整流器为EPC2015C）

图10.7所示为三种基于GaN晶体管设计（表10.1）的效率结果，与采用垂直功率回路和最小商用封装的硅器件（3×3mm TSDSON-8）实现方案相比，对于硅MOSFET设计，高频回路电感测量值约为2nH，而使用GaN晶体管的类似功率回路为1nH。这是由于硅MOSFET的大封装电感主导了回路设计。由于GaN晶体管优越的FOM和封装，所有功率回路结构都优于硅MOSFET基准设计。有了最佳功率回路，GaN晶体管设计可以进一步改进，实现几乎3%的满载和3.5%的峰值效率提高。

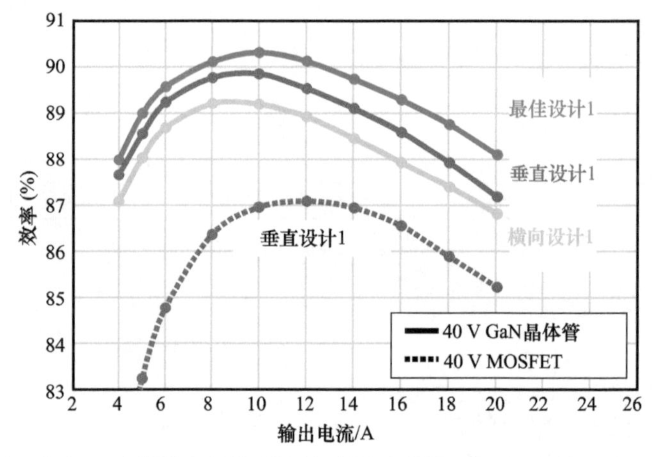

图10.7　表10.1中设计1的效率比较（$V_{IN}=12V$，$V_{OUT}=1.2V$，$f_{sw}=1MHz$，$L=300nH$，GaN晶体管：控制器件为EPC2015C，同步整流器为EPC2015C；MOSFET：控制器件为BSZ097N04LSG，同步整流器为BSZ040N04LSG）

对于不同的GaN晶体管设计，最佳功率回路分别比垂直和横向功率回路满载效率提高0.8%

和 1%。对于表 10.1 中列出的所有设计，最佳布局提供最高的效率和最低的器件电压过冲。

GaN 晶体管和硅 MOSFET 传统的（横向/垂直）和最佳布局的开关波形分别如图 10.8a、b 所示。与硅 MOSFET 基准相比，两种 GaN 晶体管设计都提供了显著的开关速度增益。对于传统布局的 GaN 晶体管，高开关速度加上传统 PCB 布局的回路电感，会导致较大的电压尖峰。与 MOSFET 基准相比，具有回路电感最小布局的 GaN 晶体管设计，开关速度提高了 500%，电压过冲降低了 40%。

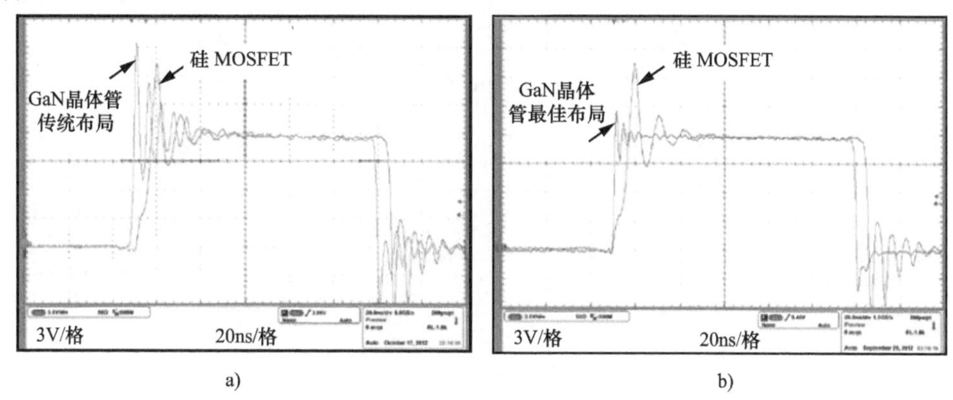

图 10.8 a）基于 GaN 晶体管的常规同步整流器开关波形；b）基于 GaN 晶体管的最佳布局与硅 MOSFET 设计（$V_{IN}=12V$，$V_{OUT}=1.2V$，$I_{OUT}=20A$，$f_{sw}=1MHz$，$L=300nH$，GaN 晶体管：控制器件为 EPC2015C，同步整流器为 EPC2015C；MOSFET：控制器件为 BSZ097N04LSG，同步整流器为 BSZ040N04LSG）

10.2.2 $12V_{IN}-1V_{OUT}$单片半桥集成电路负载点模块

在前一节中，比较了具有分立功率器件的 POL 变换器。在本节中，我们将介绍一种具有单片集成 GaN 功率器件的高频大电流功率变换器，它显示了与分立晶体管相比的显著优势，增加了与基于硅 MOSFET 设计相比的优势，并显示了向单片 GaN 片上电源发展的第一步。将两个半桥器件 Q_1和 Q_2单片集成到一个芯片上有三大优势。

半桥单片集成的第一个优点是寄生电感最小化，如前一部分所示，寄生电感会引起不必要的电压并降低开关速度。随着功率器件 FOM 的提高，必须随之降低寄生电感，否则改进器件将无法实现收益。因为 GaN 晶体管是横向器件，所以多个器件可以单片集成在一个衬底上，单片半桥是降低寄生电感的自然发展。

半桥单片集成的第二个优点是能够有效优化芯片尺寸。如图 10.9a 所示，随着开关频率的升高，降压变换器顶部器件 Q_1产生的开关相关损耗 $P_{Switching}$和最佳芯片尺寸 $A_{Optimal}$将继续降低，并将器件总功率损耗（$P_{Device}=P_{Switching}+P_{Conduction}$）降至最低。减小芯片尺寸 A_{Device}虽然在理论上很简单，但却带来了许多实际障碍。第一个障碍是可用于电气连接的焊料凸点柱数量减少，如图 10.9b 所示。这增加了寄生电感，进而增加了开关损耗，抵消了较小芯片尺寸的优势。为了在减小芯片尺寸的同时最小化寄生电感，芯片的长度应该最大化，宽度应该最小化，以允许增加电连接的数量，其中电连接之间的间距由器件的额定电压设置。芯片的长宽比受机械加工的限制，为了减小分立器件的芯片尺寸，必须去除电连接。

使用 GaN 单片半桥集成电路，如图 10.9b 右下方所示，一个芯片上包含两个器件。这允许减小其中一个器件的尺寸，同时实现高纵横比，最小化封装电感。对于高降压变换器负载点应用，较小的控制场效应晶体管 Q_1 可降低开关相关损耗，较大的同步整流器 Q_2 可降低传导损耗，器件 Q_1 和 Q_2 各自的主要损耗机制是首选。第一个 GaN 单片半桥集成电路的实现是为高降压 POL 变换器设计的，其顶部器件 Q_1 的尺寸约为低端器件 Q_2 的四分之一。

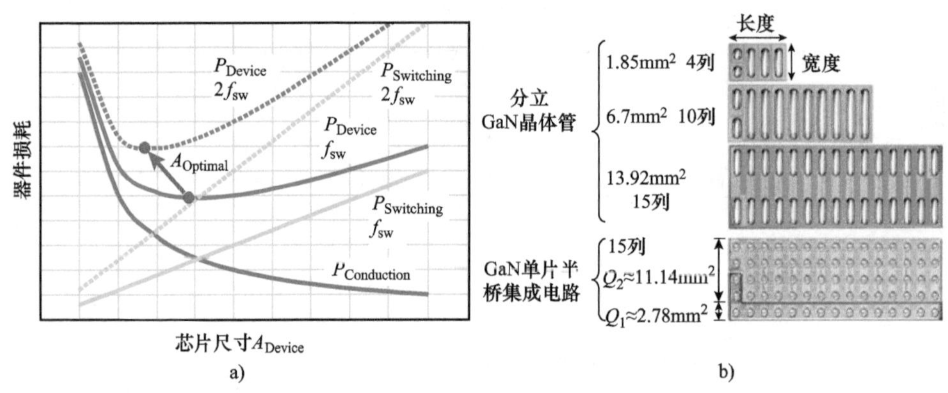

图 10.9 a）开关频率对最佳芯片尺寸的影响；b）芯片尺寸减小对可用于电连接的列数影响

半桥单片集成的第三个优点是改善了热性能（详见第 6 章）。通常情况下，顶部控制器件的功率损耗与底部同步整流器相当，即使器件更小。这种趋势对分立器件提出了特别大的热管理挑战。此外，控制开关中同步整流器的 C_{OSS} 非 ZVS 充电会消耗功率。单片集成允许从较小尺寸的顶部器件 Q_1 到较大器件 Q_2 的高效热传递，使系统中的热量分布更加平衡，并提供更有效的路径将热量从器件分配到 PCB。

工作在 1MHz 开关频率下的分立和单片 GaN 基 $12V_{IN}$ 至 $1V_{OUT}$ 降压变换器的总系统效率和功率损耗比较如图 10.10 所示。整个系统的损耗涉及驱动集成电路、电感、电容和 PCB。在具有两个并联 30V 半桥器件（EPC2100）的单片半桥 GaN 集成电路 POL 降压变换器中，几乎在所有工作点，效率都高于分立器件的情况。在 15A 的轻负载条件下，单片半桥 GaN 集成电路设计与分立器件设计具有相同的效率。在 40A 的高负载条件下，效率优势约为 3%，这意味着系统总功率损耗降低了近 25%。

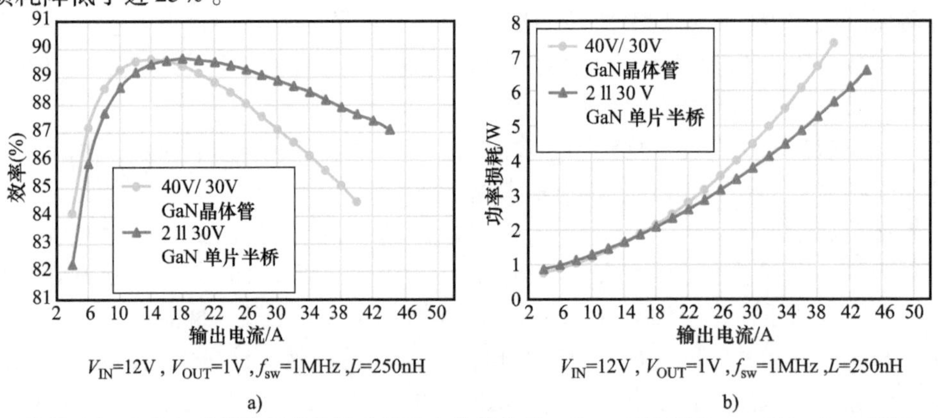

图 10.10 GaN 与硅基降压变换器之间的电性能比较，$V_{IN}=12V$ 至 $V_{OUT}=1V$，$f_{sw}=1MHz$（$L=$ würth Elektronik 744309025）：a）效率；b）功率损耗

标称值为 $12V_{IN}$ 情况下，具有两个并联的 30V 单片半桥 GaN 集成电路 POL 降压变换器开关波形如图 10.11 所示，并且该变换器的峰值电压约为 14V。利用单片 GaN 半桥降低的寄生电感，结合低 FOM 和芯片尺寸优化，可以实现低过冲、快开关速度和高效率。

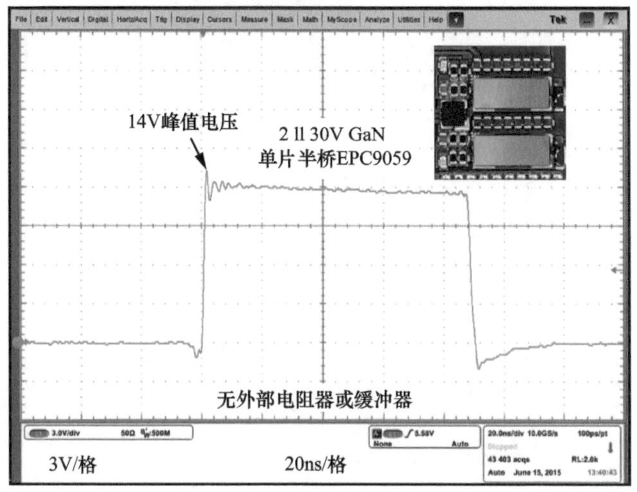

V_{IN}=12V，V_{OUT}=1V，I_{OUT}=20A，f_{sw}=1MHz，L=250nH

图 10.11　具有两个并联 30V 半桥器件（EPC2100）的 GaN 单片半桥集成电路 POL 降压变换器的同步整流器开关波形（V_{SW}）

10.2.3　更高频 $12V_{IN}$ 单片半桥集成电路负载点模块

GaN 技术非常有希望用于高频功率变换（f_{sw} > 5MHz）。本节将重点介绍高频、低压应用，并评估 V_{IN} = 12V、f_{sw} = 10MHz POL 降压变换器中的 GaN 同步降压变换器。在较小的芯片尺寸和较高的开关频率下，器件和封装寄生效应证明是改善高频性能的主要障碍。5 ~ 10MHz GaN 单片半桥集成电路设计实例如图 10.12 所示。

为了达到更高的频率，必须有一个完整的系统，包括具有高频功能的功率器件[1]、栅极驱动器[2]、磁性元件[3]和控制器[4]。图 10.12a 所示为高频功率级[5]，其中包括高频 GaN 单片半桥集成电路 EPC2111、高频栅极驱动器（能够实现极高频率和精确死区管理的 PE29102）和寄生肖特基二极管[6]（SDM2U30CSP 将空载时间损失对性能的影响降至最低）。对于此原型，空载时间设计为开启和关闭边缘对称。图 10.12b、c 显示了并联肖特基二极管对开关性能和总系统效率的影响。从图 10.12b 可以看出，在空载时间内，低寄生芯片级封装的肖特基二极管正向偏置，显著降低正向传导电压和相关损耗。肖特基二极管很小并减小了电容，约为 GaN 同步整流器输出电容的 15%，对开关速度的影响最小。即使控制集成电路能够提供纳秒级死区时间分辨率，肖特基二极管对于高频也很重要，如图 10.12c 所示。在 10MHz 的每个边沿增加 7ns 的死区时间，在没有并联二极管的情况下，效率会下降约 10%。使用肖特基二极管时，电压降降至 4% 左右，这仍然很大，并说明了所有设计都需要更短的死区时间。基于 GaN 晶体管的设计能够在 10MHz 时实现 80% 以上的效率，在 5MHz 时实现 86% 以上的效率，如图 10.12d所示。

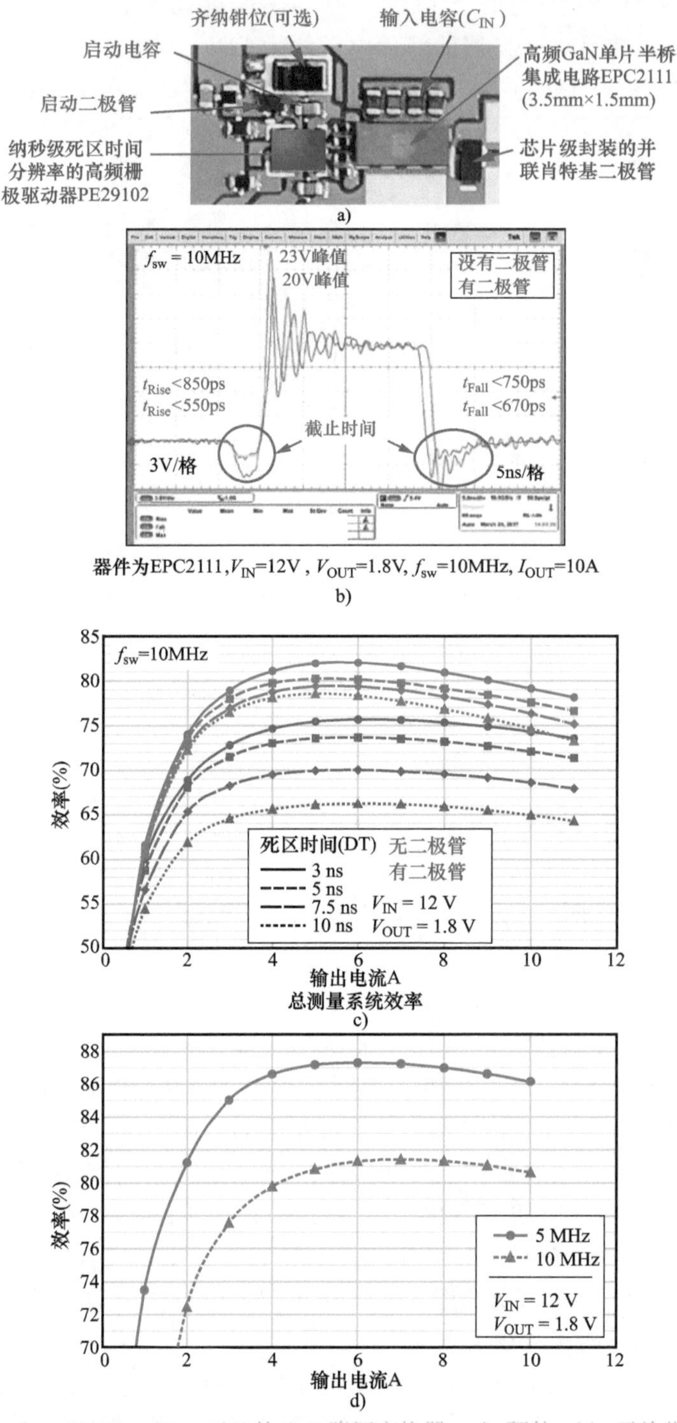

图 10.12 f_{sw} = 10MHz、V_{IN} = 12V 的 GaN 降压变换器：a）硬件；b）开关节点波形；c）各种死区时间下具有和不具有肖特基二极管的系统效率，其中死区时间在开启和关闭边缘对称；d）5MHz 和 10MHz 时的效率（关键器件：GaN 单片半桥集成电路 EPC2111、高频栅极驱动器 PE29102、肖特基二极管 SDM2U30CSP）

10.2.4　$28V_{IN}$ -3.3V_{OUT}负载点模块

通过优化GaN晶体管布局和单片集成，可以降低电压过冲和实现高效率，变换器可以使用额定电压较低的器件处理更高的输入电压。在本节中，将回顾另一种常见形式的POL变换器卓越性能，即$28V_{IN}$ -3.3V_{OUT}在1MHz下工作，最大输出电流为15A。整个电路如图10.13a所示，面积为0.25in^2（0.4cm^2）。满载和28V输入时的峰值过冲约为3V，如图10.13b的波形图所示，很容易允许使用40V GaN晶体管。如图10.14所示，这种设计对于12V输入，效率高于96%，对于28V输入，效率高于93%。

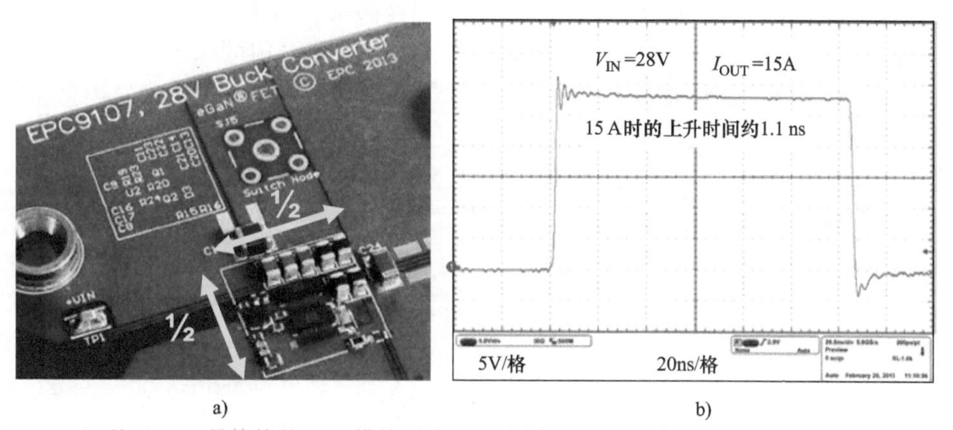

图10.13　a）基于GaN晶体管的POL模块照片；b）同步整流器开关波形（V_{IN}=28V，V_{OUT}=3.3V，I_{OUT}=15A，f_{sw}=1MHz，GaN晶体管、控制器件EPC2015C、同步整流器EPC2015C）

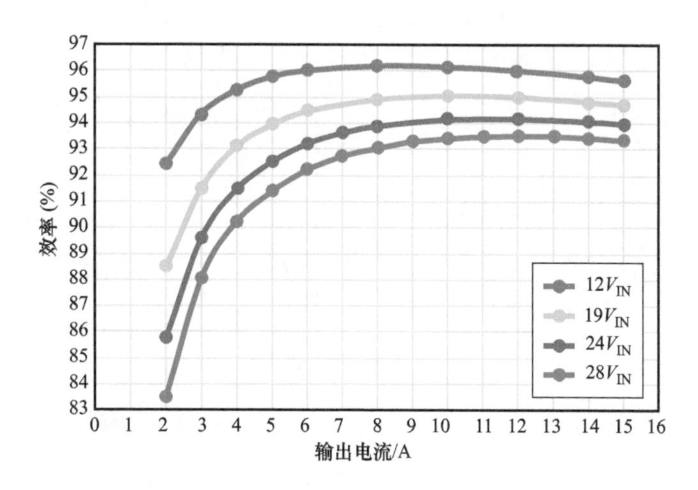

图10.14　基于GaN晶体管的POL模块的效率（V_{OUT}=3.3V，f_{sw}=1MHz，GaN晶体管、控制器件EPC2015C、同步整流器EPC2015C）

10.2.5　大电流应用中带并联GaN晶体管的48V_{IN} -12V_{OUT}降压变换器

一般计算机服务器通用的是48V配电总线。在大多情况下，有一个12V的二次配电总线。

因此，非常需要 DC－DC 变换器从 $48V_{IN}$ 降压到 $12V_{OUT}$。许多这类系统要求输入和输出之间隔离，这些隔离的变换器将在 10.3 节中讨论。对于不需要隔离的系统，基于 GaN 晶体管的降压变换器可以提供更低的成本、更高的功率密度、更高的变换效率和更快的瞬态响应，同时实现更大的输出电流能力，性能下降最小。本节将考虑此类设计。

第 4 章讨论了高速 GaN 晶体管的有效并行技术。在本节中，将研究在开关频率为 300kHz 的 48V－12V、480W、40A 降压变换器中，电路寄生电感对性能的影响以及 PCB 布局的比较。并联运行的高性能 GaN 晶体管可以获得比硅 MOSFET 更高的频率和功率，效率也更高。高效并联高性能 GaN 晶体管支持各种大电流、高频应用。

并联器件是将多个器件组合在一起，使它们可以作为一个具有较低导通电阻的器件工作，从而实现更高的功率处理能力。对于有效的并行器件，开关集群中的每个器件均应动态共享电流，并在稳态下平均分配与开关相关的损耗。并联器件之间引入不平衡的电路内寄生效应会导致不均匀的功率共享，以及电性能和热性能下降，从而限制并联的有效性[7]。对于 GaN 晶体管等高速器件，开关速度的提高会放大寄生电感失配的影响[8]。

基于 GaN 晶体管的降压变换器中，第 4 章给出了共源电感 CSI 或 L_S 和高频回路电感 L_{loop}，它们会显著影响开关速度和性能。对于并联 GaN 晶体管，这些寄生效应必须最小化并加以平衡以确保正确的并联工作。图 10.15a 显示了高频回路电感中寄生不平衡对两个并联 GaN 晶体管的影响，这两个晶体管工作电压为 48V，具有不同的共源电感。随着并联器件之间高频回路电感的差异增大，它们之间的动态电流差异也会增大，从而导致电性能和热性能下降。随着共源电感的降低，可以实现更快的开关速度，共享问题变得更加突出。

图 10.15b 显示了两个并联 GaN 晶体管在不同高频回路电感下以 48V 工作时，共源电感寄生不平衡导致的动态电流差异。类似于回路电感不平衡，随着共源电感的变化，电流共享恶化。随着回路电感的降低和开关速度的提高，这种趋势会被放大。

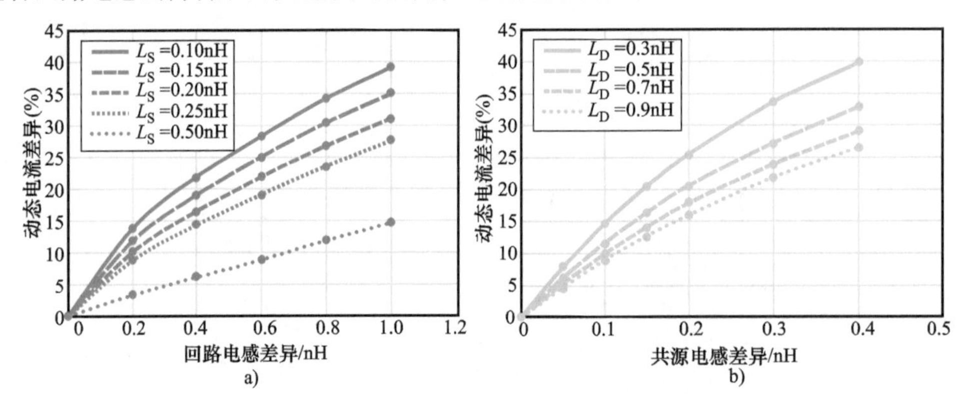

图 10.15　两个器件并联工作的 GaN 晶体管降压变换器的 a）高频回路电感和 b）共源电感寄生不平衡对晶体管动态电流共享的影响（V_{IN} = 48V、I_{OUT} = 25A、GaN 晶体管 EPC 2001C）

为了提高高速 GaN 器件的并联性能，必须将 PCB 布局造成的寄生不平衡降至最低。检查两种不同的并联布局，每种布局都基于最佳布局，并评估它们提供类似于最佳单晶体管设计的并联性能。每个半桥设计包含四个并联器件，用于控制开关 T_{1-4} 和同步整流器 SR_{1-4}。该设计在降压变换器配置中进行了测试，输入电压为 48V，输出电压为 12V，开关频率为 300kHz。总共使用了 8

个 100V 的 EPC2001C GaN 晶体管来实现高达 480W 的输出功率和高达 40A 的输出电流。

第一个并联设计如图 10.16a 所示，采用了第 4 章中图 4.11 所示的并联布局技术。在这种布局中，4 个 GaN 晶体管非常接近，作为一个“单”功率器件工作，只有一个高频功率回路，如图 4.7 所示。如第 4 章所述，这种布局可能不是并联大量 GaN 晶体管的最佳设计，尤其是在半桥配置中。这种布局的缺点是器件将具有不平衡的寄生电感，而且会导致电流共享和热量问题。

第二种并联设计如图 10.16b 所示，利用了 4 个分布式高频功率回路，如图 4.13 所示。这种设计有望为每个器件提供最低的总寄生电感，最重要的是，提供寄生电感的最佳平衡，确保正确的并联操作。

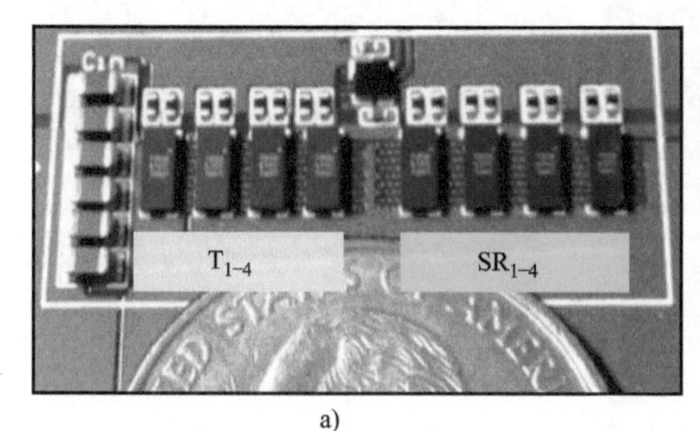

a)

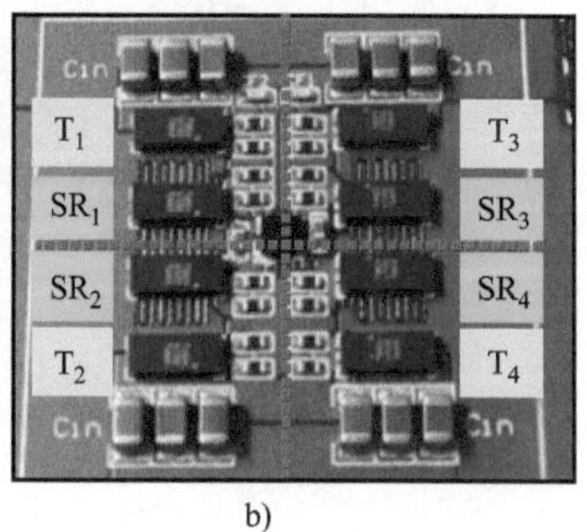

b)

图 10.16　4 个并联 GaN 晶体管布局：a）具有单个高频功率回路；b）具有 4 个分布式高频功率回路

设计的两种同步整流器开关节点电压波形如图 10.17 所示。单个高频功率回路开关节点波形如图 10.17a 所示，其中最内侧和最外侧器件的电压转换显示出几乎 2 ns 的开关时间差，相当于总开关时间的约 25% 。这个电压差异表明该 PCB 布局中的寄生电感不平衡，导致并联效率降低，从而导致均流和散热问题。

对称的 4 个高频功率回路设计的开关节点波形如图 10.17b 所示。器件的电压转换几乎相同，证明这种布局能够很好地平衡寄生电感，从而通过提供更好的电性能和热性能来提高整体性能。

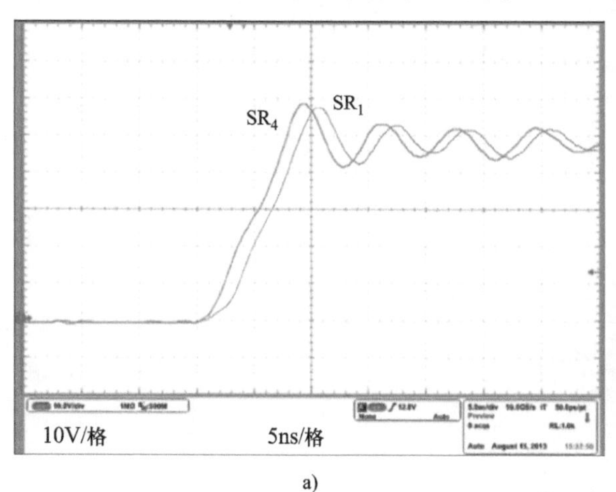

a)

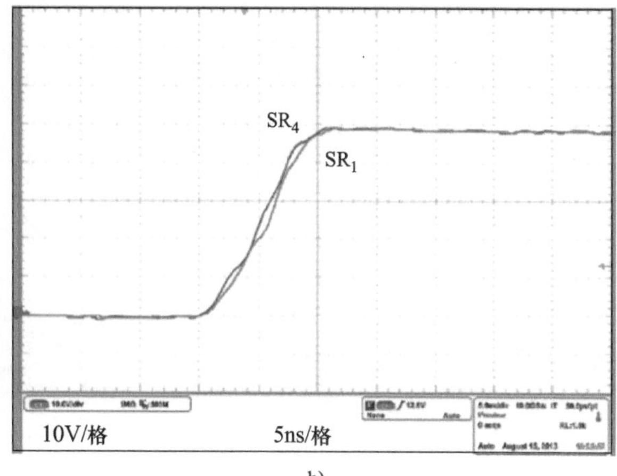

b)

图 10.17　并联 GaN 晶体管的开关波形：a）单个高频功率回路；b）4 个分布式高频功率回路（V_{IN} =48V，V_{OUT} =12V，I_{OUT} =30A，f_{sw} =300kHz，L =3.3 μH，GaN 晶体管：控制器件/同步整流器为 100V EPC2001C）

两种设计的热评估如图 10.18 所示，显示了单个高频回路设计的热不平衡。图 10.18a 显示，由于寄生不平衡，在处理大部分功率的器件上会形成一个热点。最靠近输入电容的控制开关 T_1 的最高温度比最远离输入电容的控制开关 T_4 的最高温度高 10℃。对于图 10.18b所示的 4 个分布式功率回路设计，热平衡非常好，器件之间的温差可以忽略不计。

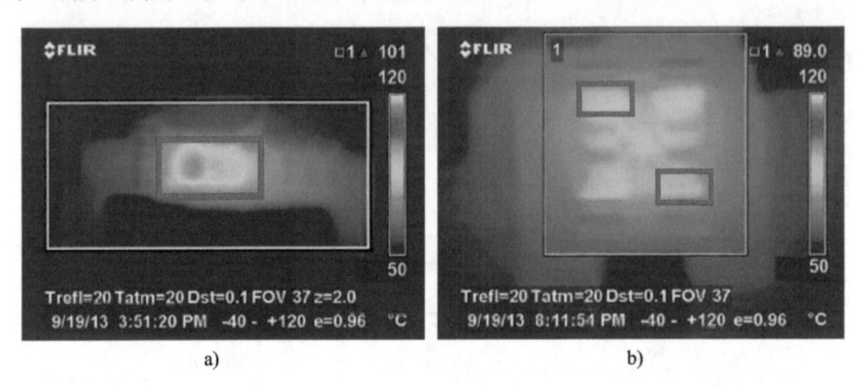

图 10.18 并联 GaN 晶体管布局的热测量：a）单个高频功率回路；b）4 个分布式高频功率回路（V_{IN} = 48V，V_{OUT} = 12V，I_{OUT} = 30A，f_{sw} = 300kHz，L = 3.3 μH，GaN 晶体管：控制器件/同步整流器为 100V EPC2001C）

通过提供更低的单个寄生电感和更好的寄生电感平衡，4 个高频回路设计在并联时更有效。这导致更好的热和电性能，如图 10.19 所示。分布式高频回路设计在 40 A 时提供 0.2% 的效率增益，并且在晶体管最高温度方面几乎恒定提高 10℃。

使用 1 个 GaN 晶体管、2 个平联 GaN 晶体管和 4 个平联 GaN 晶体管的最佳 PCB 设计的开关波形如图 10.20 所示。并联设计如同单个器件一样工作，电阻更低，开关速度更慢。

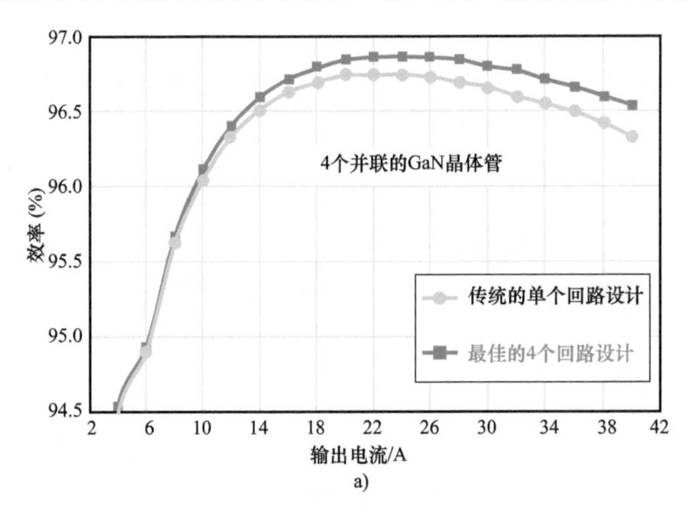

图 10.19 传统和最佳并联 GaN 晶体管设计的 a）效率和 b）热比较（V_{IN} = 48V，V_{OUT} = 12V，f_{sw} = 300kHz，L = 3.3 μH，控制开关为 4 个 EPC2001C，同步整流器为 4 个 EPC2001C）

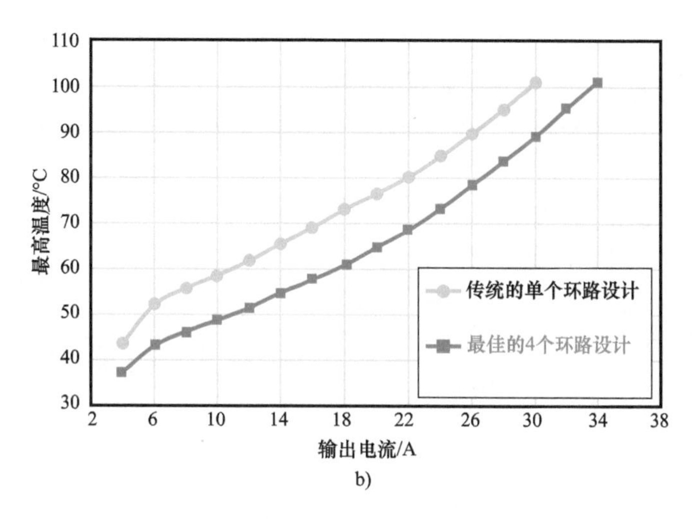

b)

图 10.19　传统和最佳并联 GaN 晶体管设计的 a）效率和 b）热比较（V_{IN} = 48V，V_{OUT} = 12V，f_{sw} = 300kHz，L = 3.3 μH，控制开关为 4 个 EPC2001C，同步整流器为 4 个 EPC2001C）（续）

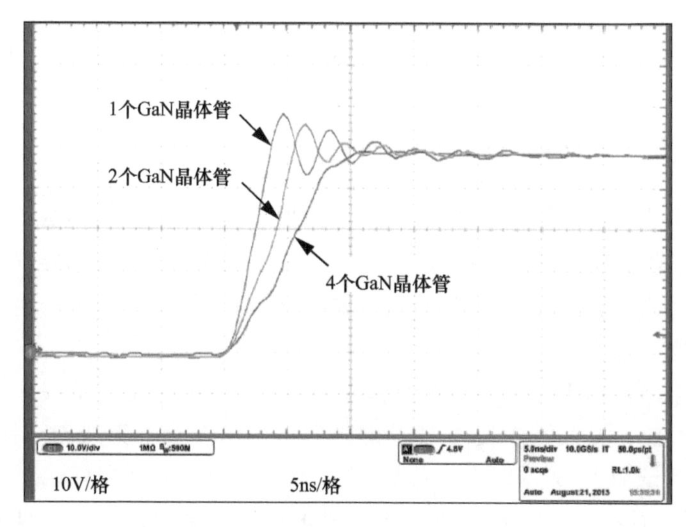

图 10.20　1 个、2 个和 4 个并联 GaN 晶体管最佳布局开关波形（V_{IN} = 48V，V_{OUT} = 12V，I_{OUT} = 30A/GaN 晶体管数量，f_{sw} = 300kHz，L = 3.3μH，GaN 晶体管：控制器件/同步整流器为 100V EPC2001C）

GaN 晶体管通过本节讨论的有效并联方法可以提高开关频率，并实现更高功率处理能力，为中间总线架构（IBA）等热门应用探索新的机会，其功率架构将在下一节讨论。传统上，中间总线架构要求隔离，这不仅是为了保证用户安全，也是为了降低主器件处理的功率，因为变压器的有效匝数比会降低主电流。越来越多的应用正在消除隔离要求，从而可以消除笨重的变压器和复杂的控制电路。并联工作的高性能 GaN 器件可以处理更高的频率和功率，效率远远高于硅 MOSFET。图 10.21 显示了 300kHz 并联降压变换器与最先进的基于第八砖硅 MOSFET 总线变换器的效率比较。假设功率损耗限制恒定，基于 GaN 晶体管的解决方案比传统的硅基砖变换器峰值效率提高了 2% 以上，功率密度提高了 50%。

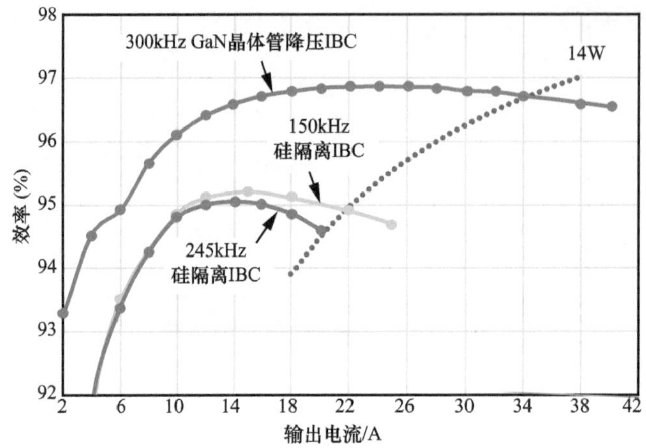

图 10.21 传统硅基隔离砖 DC－DC 变换器与用于完全调节中间总线变换器（IBC）的 GaN 晶体管非隔离设计的效率比较，14W 功率损耗曲线显示为虚线（V_{IN}＝48V，V_{OUT}＝12V）

10.3 基于变压器的 DC－DC 变换器

10.3.1 第八砖变换器实例

要求具有高可靠性、效率和鲁棒性能的复杂系统应用中，隔离砖格式 DC－DC 变换器很常见。隔离是通过变压器实现的，这具有双重好处：提供一定水平的电压转换，以及输入和负载接地层的完全隔离。前者有助于最大限度地提高效率，而后者则对安全性，以及防止或减轻 EMI 和接地回路问题均有用。

分析表明，与硅 MOSFET 相比，GaN 晶体管在基本 FOM 方面有了很大的改进，这应该会提升隔离变换器的性能，并为开发使用 GaN 晶体管的 DOSA 标准第八砖变换器设计提供动力，以便更好地理解总系统效益的提高[9,10]。选择的基本设计是一个硬开关、完全调节的 PWM 48V－12V 砖变换器，具有全桥输入和中心抽头同步整流器输出。这是一种常见的设计，因此可以与典型的硅 MOSFET 性能进行公平的比较。典型的硅基第八砖变换器的最大输出功率接近 300W，峰值效率约为 96%。这种变换器具有定制的散热器，以便在这些高功率水平下工作。图 10.22a 给出了一个例子。这种变换器通常工作在 150～175kHz，以降低开关损耗。

图 10.22b 显示了 EPC9115 第八砖演示板。该变换器是具有 12V 稳压输出的完整闭环变换器。所有组件都位于方框内，这表示 DOSA 第八砖格式的轮廓。该变换器是传统的硬开关降压变换器（见图 10.23a），参考文献［11］中提供了完整的详细信息。选择该拓扑是提供性能基线的最简单拓扑。

GaN 晶体管的低开关损耗允许开关频率增加到 300kHz，这使得电感和变压器的尺寸大大减小，输出电流和功率大大增加。由此产生的变换器能够输出 42A 电流，或者 500W 的 12V 输

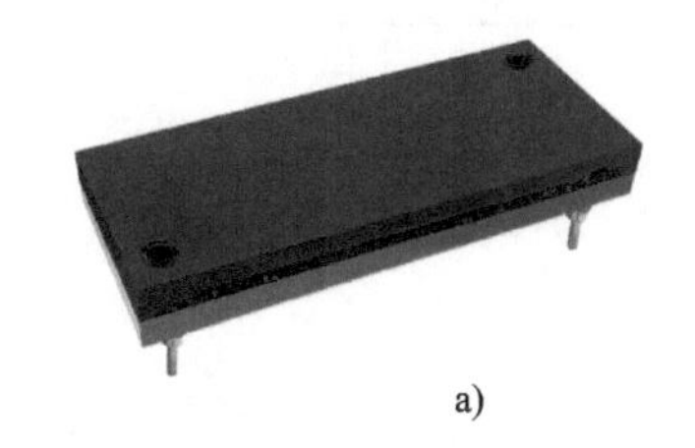

V_{IN}	38~55 V
V_{OUT}	9.6V
I_{OUT}	31A
P_{OUT}	300W
η_{MAX}	96.1%

a)

V_{IN}	38~55 V
V_{OUT}	12V
I_{OUT}	42A
P_{OUT}	500W
η_{MAX}	96.7%

顶视图和底视图

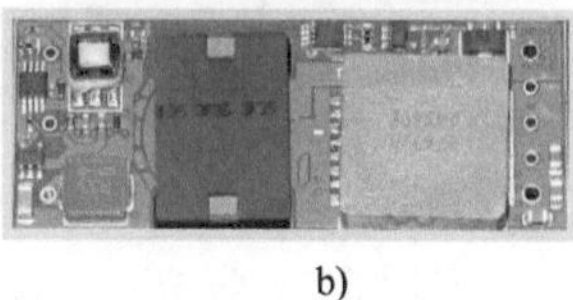

b)

图 10.22　a）基于硅 MOSFET 的典型商用第八砖变换器；b）EPC9115 第八砖变换器，所有电源开关均使用增强型 GaN 场效应晶体管

出。在 30 A（硅基变换器的最大负载电流）时，峰值效率为 96.7%，满载效率为 96.4%。图 10.23b给出了几种输入电压下效率与负载电流的关系图。

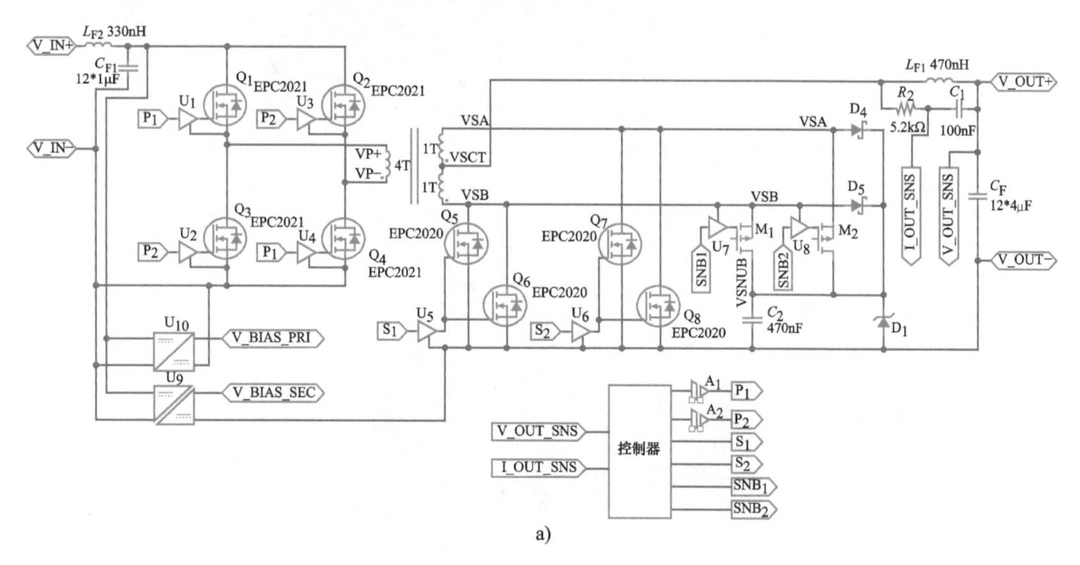

a)

图 10.23　EPC 9115 DC－DC 变换器的 a）简化示意图和 b）效率曲线

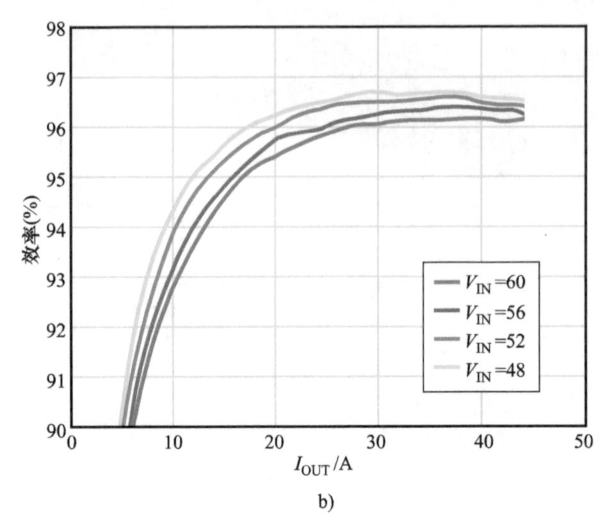

b)

图 10.23　EPC 9115 DC－DC 变换器的 a）简化示意图和 b）效率曲线（续）

图 10.24a 显示了 EPC9115 满载时的热图像。请注意，变换器的峰值温度是由变压器加热引起的，仍然只有 100℃。这表明热设计有很大的裕量，因此变换器能够在较高的环境温度下运行。预计随着对热管理的进一步研究，甚至可以实现更高的功率。图 10.24b 显示了变换器的估计损耗。晶体管损耗占总损耗的 28%。另一方面，磁性元件损耗占总损耗的 48% 以上。这表明晶体管不再是变换器设计中的主要限制因素。

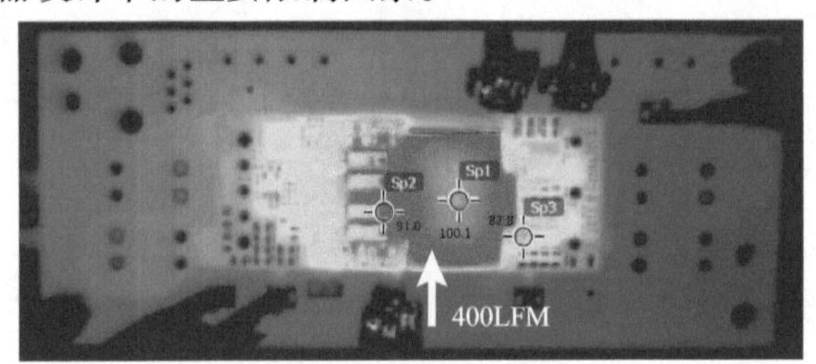

工作条件：400LFM(2m/s)强制对流，环境温度27°C，热稳态。V_{IN}=52V, A_{OUT}=42A

a)

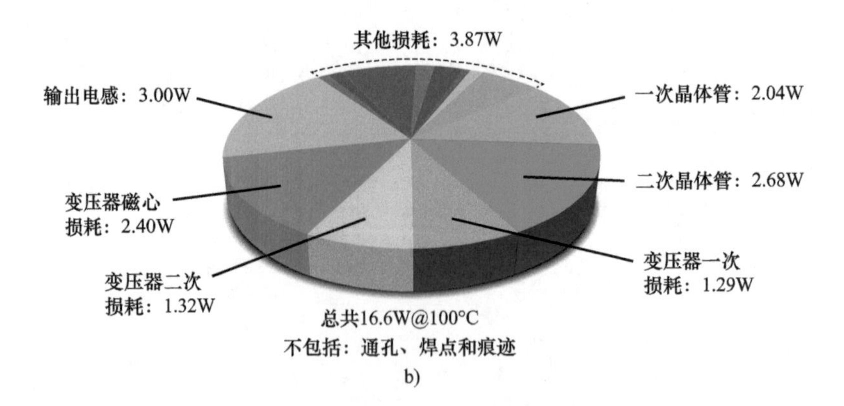

b)

图 10.24　满载运行的 EPC 9115 DC－DC 变换器的 a）热图像和 b）损耗分解

分析和结果表明，与类似尺寸的硅 MOSFET 相比，适用于砖型 DC－DC 变换器的 GaN 晶体管在传导损耗和开关损耗方面具有更好的电气性能。进一步表明，这种好处可以在实践中通过使用 GaN 晶体管开发为所有主要电源开关使用的 300kHz 砖变换器。该变换器可在 42A 以上提供完全调节的 12V 输出，输出功率大于 500W，室温下峰值效率为 96.7%，在热运行时保持高效率。满载（42A）热稳定状态下，在 25℃气流的 400LFM（2m/s）时，效率大于 96.4%。该变换器表明，采用 GaN 晶体管技术的 500W 第八砖变换器不仅可行且实用，而且与功率密度和效率相比，性能优越得多。

10.3.2　高性能 48V 降压 LLC 直流变压器

电感－电感－电容（LLC）[12－16] 谐振变换器是 DC－DC 功率变换中提供高功率密度和高效率的热门候选产品。该变换器作为具有固定变换比的直流变压器（DCX）工作时，可在宽工作范围内保持极高的效率，非常适合要求宽输出电压调节的应用领域。LLC 可以在高频下工作，允许利用电路中的寄生元件，从而将物理元件的数量保持在最小。

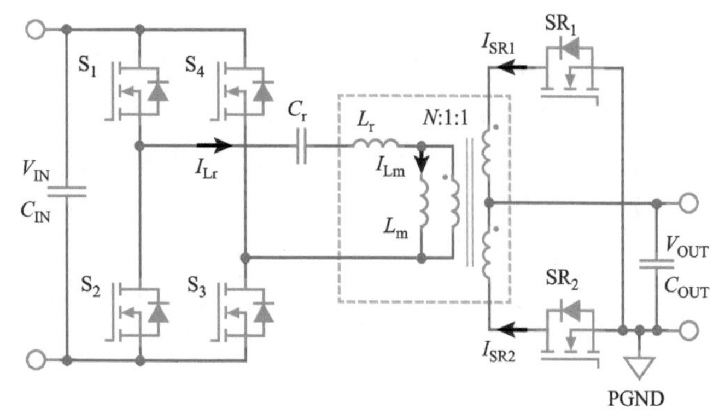

图 10.25　配置有中心抽头整流器的 N: 1 LLC 变换器电源架构示意图

10.3.2.1　电路概述

图 10.25 显示了具有中心抽头同步整流器的 N: 1 全桥 LLC 变换器电源电路示意图。该电路的所有开关器件均采用 ZVS 工作，可实现高效率、高频工作。该变换器的工作、设计和分析都有详细的记录，因此在此不做介绍[13,16]。

10.3.2.2　GaN 晶体管在 LLC 变换器中的优势

使用品质因数（FOM）法，可以比较直接影响 LLC 变换器性能的几个器件参数。这些参数包括：①器件导通电阻 $R_{DS(on)}$；②输入电容 C_{ISS}；③输出电容 C_{OSS}；④ ZVS 丢失时的米勒电荷 Q_{GD}。此外，这些参数之间存在相互作用，这将使问题比较复杂化。

假设 LLC 变换器中器件的损耗由 $R_{DS(on)}$ 决定，则较低的值将产生较低的损耗。但是，$R_{DS(on)}$ 越低，输出电容将越高，ZVS 工作所需的能量也越高。这反过来也会影响变压器，增加纹波电流和损耗。此外，器件在尽可能高的栅极电压下运行，以试图获得最低的导通电阻，也会增加栅极的功率损耗。为了公平比较，将同时分析高和低栅极电压，以确定哪个值更有利。

可以用一个例子最好地比较 LLC 变换器的 FOM，使用 4∶1 变比变压器的 1MHz、900W、48V－12V LLC 变换器。在 FOM 比较中，将比较最大 4mΩ、额定 100V 的 EPC2053 与两个同类最佳的 MOSFET：①最大 4mΩ、额定 100V 的 BSC040N10NS5；②最大 3.7mΩ、额定 80V 的 BSC037N08NS5。80V 额定值是常用的 80% 实际极限选择，以使器件电压额定值与变换器的最大输入工作电压尽可能接近，在此实例中为 60V。将比较栅极电压分别为 7V 和 10V 的 MOSFET，而 GaN 晶体管栅极电压仅为 5V。MOSFET 栅极电压为 5V 时，无法保证变换器在整个工作电压、电流和温度范围内具有可靠的导通电阻，因此在比较中将其省略。

在1MHz工作频率和四个一次器件的情况下，栅极功率损耗将迅速增加。GaN晶体管本身具有较低的输入电容，因此比同等导通电阻的MOSFET功率损耗更低。同样重要的是要注意，在实际实施中，栅极驱动器将由内部电源供电，并有自己的损耗。因此，高栅极功率损耗被内部电源的效率放大了。

如第8章所述，直接比较C_{OSS}将导致错误的结论。输出电容是漏源电压的高度非线性函数，并且由于ZVS工作取决于电荷，因此必须首先将其变换为输出电荷Q_{OSS}以提高精度。假设要比较不同额定电压的器件，则输出电荷比较值还必须基于标称工作电压。

整个负载和输入电压范围内的ZVS工作未给出，因此米勒电荷Q_{GD}应包括在比较中，但优先级较低。

首先计算输出电荷Q_{OSS}，然后与输出电容C_{OSS}一起绘制在图10.26中。图10.26显示，在48V的标称工作电压点，MOSFET的输出电容低于GaN晶体管。然而，使用输出电荷Q_{OSS}可以看出，GaN晶体管大大低于任一MOSFET，因此将减少ZVS所需的能量并缩短转换时间，这与任一MOSFET相比，减少了变压器中的纹波。

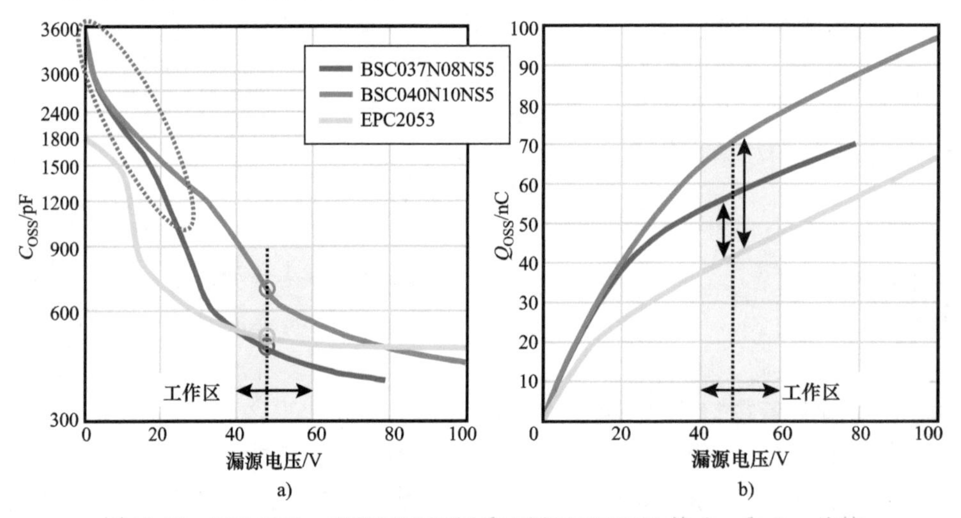

图10.26 EPC 2053、BSC037N08NS5和BSC040N10NS5的C_{OSS}和Q_{OSS}比较

表10.2显示了5V栅极驱动GaN晶体管，与7V和10V栅极驱动MOSFET之间的FOM比较。

表10.2 用于1MHz、900W、48V-12V LLC变换器的GaN晶体管与MOSFET的FOM比较

器件型号	EPC2053	BSC037N08NS5		BSC040N10NS5		
制造商	EPC	Infineon		Infineon		单位
V_{DS}	100	80		100		V
V_G	5	7	10	7	10	V
$R_{DS(on)\_typ}$	3.2	4	3.4	3.8	3.4	mΩ
V_{DS}=0V时的C_{ISS}	1.6	4.0	4.0	5.0	5.0	nF
V_{DS}=48V时的Q_{OSS}	41.5	57.3	57.3	70.7	70.7	nC
V_{DS}=48V时的Q_G	1.04	6.34	6.34	7.59	7.59	nC
FoM_{Gate}	126	784	1360	931	1700	mΩ·nC·V
FoM_{QOSS}	133	229.2	194.8	268.7	240.4	mΩ·nC

从表10.2可以明显看出，EPC2053 GaN晶体管的FOM值最低，因此应产生最高效率的LLC变换器。下一节将对此进行验证。

10.3.2.3 使用GaN晶体管的1MHz、900W、48V-12V LLC变换器实例

基于全桥一次电路、双一次绕组和双绕组中心抽头同步整流器二次侧，设计了一款1MHz、900W、48V-12V LLC变换器。4:1变比变压器采用14层PCB设计在PCB基板上，励磁电感为2.2μH，所需的谐振电容为4.2μF，一次器件为EPC2053，二次整流器器件为EPC2024［具有1.2mΩ（典型值）和40V额定电压］，每个整流器有两个并联器件。LLC变换器如图10.27所示。

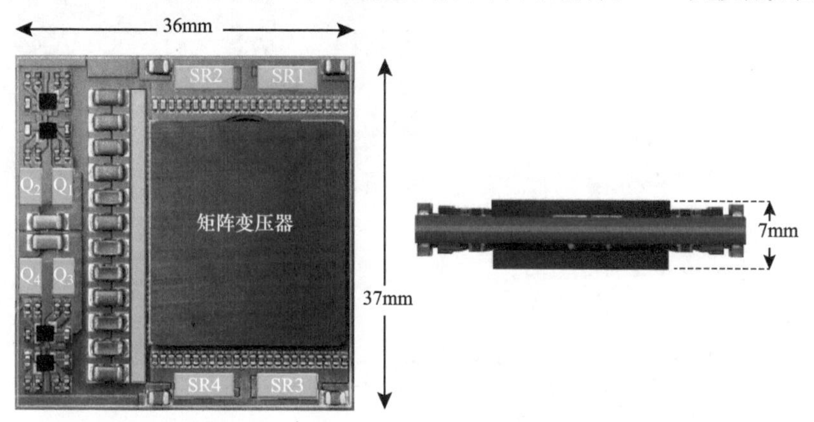

图10.27 带尺寸的1MHz、900W、48V-12V LLC变换器照片

LLC变换器已构建并经过测试。一次器件和二次整流器的开关节点电压波形如图10.28所示，变换器以48V输入作为直流变压器工作电压。从图10.28可以清楚地看到，变换器在接近完美的ZVS下工作。

在高达900W的负载范围内测量了LLC变换器的效率，如图10.29所示。效率性能表明，LLC变换器的效率在很宽的负载和输入电压范围内很容易超过98%。

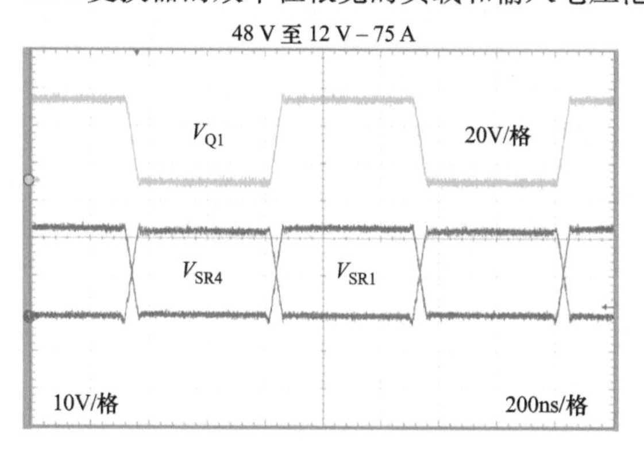

图10.28 48V输入电压的开关波形

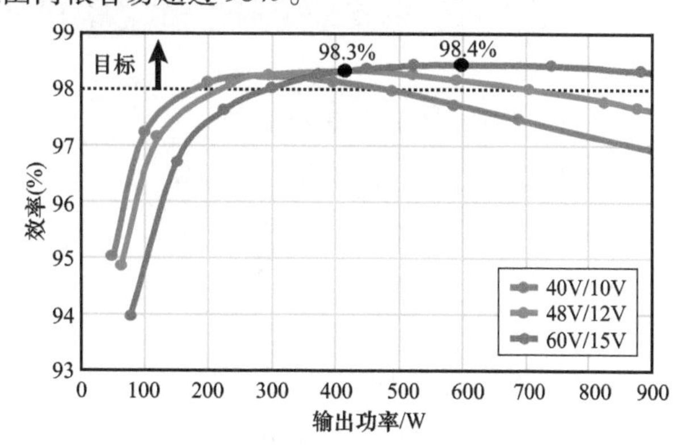

图10.29 40V、48V和60V输入电压条件下，效率与输出功率的关系

LLC变换器在54V输入、900W负载、400 LFM空气流量情况下的热性能如图10.30所示，结果表明该变换器温度不超过64℃，并且有可能在更高的功率水平下工作。

10.3.2.4 使用GaN晶体管的1MHz、900W、48V-6V LLC变换器实例

基于全桥一次电路和双一次绕组，设计了一款1MHz、900W、48V-6V LLC变换器，具有

双绕组中心抽头同步整流器二次侧。8:1变比变压器采用14层PCB设计在PCB基板上，励磁电感为2.2μH，所需的谐振电容为4.2μF，一次器件为EPC2053，二次整流器器件为EPC2023［具有1.15mΩ（典型值）和30V额定电压］，每个整流器有两个并联器件。LLC变换器如图10.31所示。

LLC变换器已构建并经过测试。一次器件和二次整流器的开关节点电压波形如图10.32所示，变换器在48V输入下作为直流变压器工作。从图10.32可以清楚地看出，变换器在接近完美的ZVS下运行。

图10.30　54V输入、满载且空气流量为400 LFM时LLC变换器工作的热图像

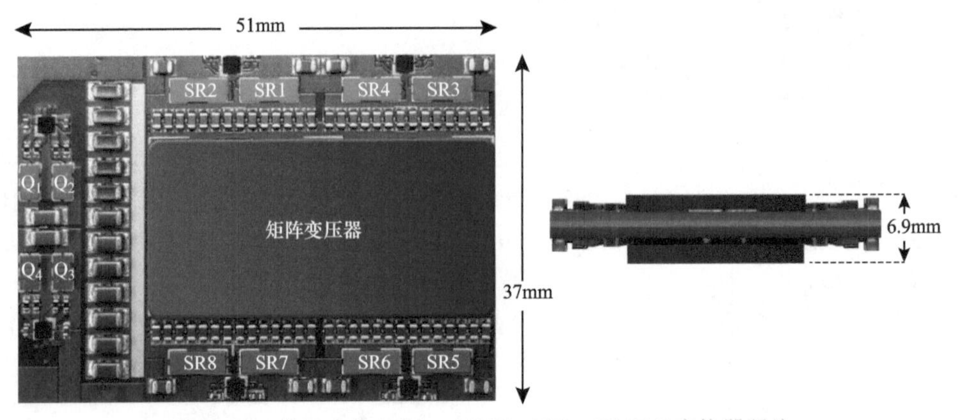

图10.31　带尺寸的1MHz、900W、48V-6V LLC变换器照片

LLC变换器的效率是在高达900W的负载范围内测量的，如图10.33所示。效率性能表明，LLC变换器的效率能够达到98%左右。

LLC变换器在54V输入、900W负载、400 LFM空气流量情况下的热性能如图10.34所示，结果表明该变换器的温度不超过60℃，并且有可能在更高的功率水平下工作。

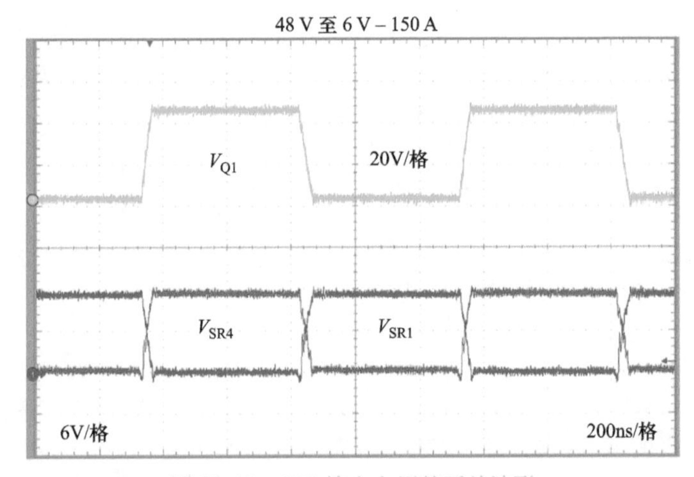

图10.32　48V输入电压的开关波形

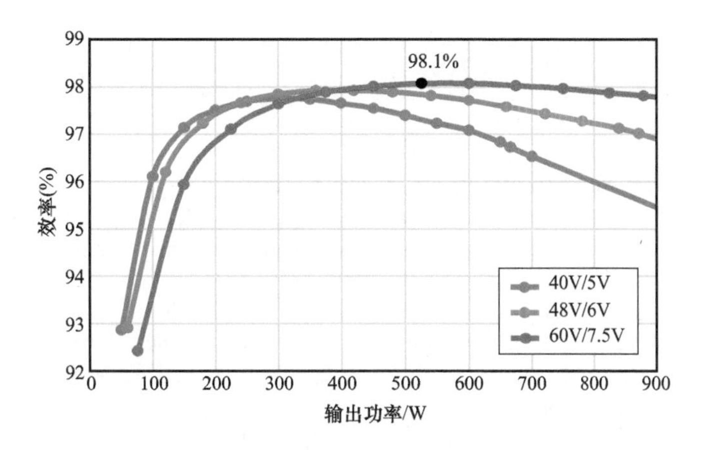

图 10.33　40V、48V 和 60V 输入电压条件下，效率与输出功率的关系

图 10.34　54V 输入、满载且空气流量为 400 LFM 时 LLC 变换器工作的热图像

10.4　本章小结

本章重点介绍了 DC－DC 变换器的一些应用，与硅 MOSFET 相比，这些应用得益于 GaN 晶体管的优异性能。开关损耗的改善，与栅极驱动损耗以及布局寄生效应的改善相辅相成，证明了 GaN 晶体管在几乎任何功率变换应用中都能胜过硅 MOSFET。

第 11 章将探讨多电平变换器，这种变换器使用相对低压的 GaN 晶体管实现高压功率变换。

参 考 文 献

1 Efficient Power Conversion (2017). EPC2111–enhancement-mode GaN power transistor half-bridge. EPC2111 datasheet, June 2017 [Rev. May 2018]. http://epc-co.com/epc/Portals/0/epc/documents/datasheets/epc2111_datasheet.pdf.

2 Peregrine Semiconductor (2018). PE29102 UltraCMOS® high-speed FET driver, 40 MHz. PE29102 datasheet, November 2018. https://www.psemi.com/pdf/datasheets/pe29102ds.pdf.

3 Vishay IHLP power inductors. www.vishay.com.

4 On Semiconductor (2019). 3 Phase VR12.5–6 high speed digital controller with SVID andnd I2C interfaces. NCP81111 5 datasheet, January 2019. https://www.onsemi.com/powersolutions/product.do?id=ncp81111.

5 Efficiency Power Conversion Corporation (2017). EPC9086 development board quick start guide, 2017. http://epc-co.com/epc/Portals/0/epc/documents/guides/epc9086_qsg.pdf.

6 Diodes Incorporated, SDM2U30CSP datasheet. www.diodes.com.

7 Forsythe, J.B. Paralleling of power MOSFETs for high power output. http://www.irf.com/technical-info/appnotes/para.pdf.

8 Wu, Y. F. (2013). Paralleling high-speed GaN power HEMTs for quadrupled power output. APEC 2013, 211–214, 16–21 March 2013.

9 Glaser, J., Strydom, J., and Reusch, D. (2015). High power fully regulated eighth-brick DC–DC converter with GaN FETs. *PCIM Europe 2015; Proceedings of International Exhibition and Conference for Power Electronics, Intelligent Motion, Renewable Energy and Energy Management*, (2015), 406–413.

10 Second generation eighth brick DC/DC converter with digital connections. Distributed-Power Open Standards Alliance (DOSA). www.dosapower.com, June 2010.

11 Efficient Power Conversion Corporation (2015). EPC9115 Demonstration Board. http://epc-co.com/epc/Products/DemoBoards/EPC9115.aspx.

12 Mammano, B. (1985). Resonant mode converter topologies. *Unitrode Design Seminar*, 1985, TI Literature no. SLUP085.

13 Huang, H. (2010). Designing an LLC resonant half-bridge power converter. Reproduced from *2010 Texas Instruments Power Supply Design Seminar SEM1900*, Topic 3, TI Literature no. SLUP263.

14 Fei, C., Ahmed, M.H., Lee, F.C., and Li, Q. (July 2017). Two-stage 48 V-12 V/6 V-1.8 V voltage regulator module with dynamic bus voltage control for light-load efficiency improvement. *IEEE Trans. Power Electron.* 32 (7): 5628–5636.

15 Reusch, D. (2012). High frequency, high power density integrated point of load and bus converters. PhD dissertation. Department of ECE, Virginia Tech.

16 Ahmed, M.H., Fei, C., Lee, F.C., and Li, Q. (December 2017). 48V voltage regulator module with PCB winding matrix transformer for future data centers. *IEEE Trans. Ind. Electron.* 64 (12): 9302–9310.

第 11 章

多电平变换器

11.1 引言

过去 10 年，云计算和大数据处理等应用对美国数据中心的电能消耗提出了苛刻的要求，2020 年达到 730 亿 kWh[1]。这个数字约占美国总电能消耗的 10%。众所周知，这种消耗的很大一部分是因为使用了传输效率低的功率传输架构所引起的，这些架构需要进行重大改进[2, 3]。同时，在笔记本电脑适配器、整流器和逆变器驱动的高压应用中，迫切需要提高效率和可靠性[4, 5]。

由于 GaN 晶体管比 MOSFET 体积更小、速度更快，并且显著减少了电路板的面积，需要大量有源器件的拓扑电路，因此已成为吸引工程师的折中方案，来降低无源器件的尺寸。多电平变换器可以利用宽带隙晶体管的优势，减小无源器件的尺寸[6]。但是，为了实现基于 GaN 的多电平变换器，需要解决一些问题。我们将在本章中进行讨论。

11.2 多电平变换器的优点

从发展过程来看，多电平变换器的出现是在高压应用中对使用堆叠开关的替换[6]，这些开关是在不使用高压半导体的情况下，实现高压指标。这两个单元的配置如图 11.1 所示。这些都是通用的，可用于各种功率变换器电路，例如降压、升压、逆变器或整流器。

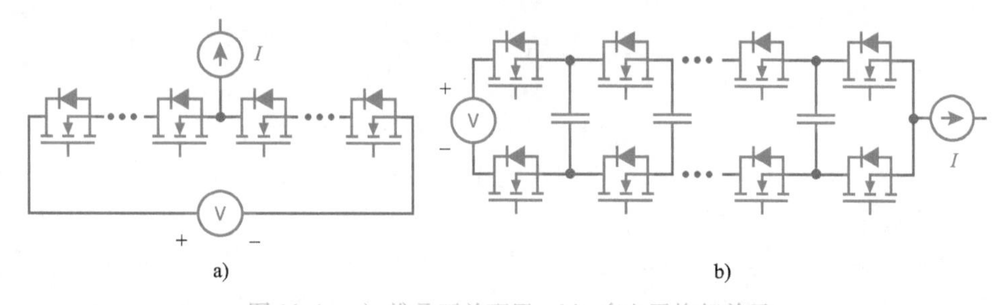

图 11.1 a）堆叠开关配置；b）多电平换相单元

多电平拓扑结构克服了堆叠开关的以下缺点：

1. 电压共享——静态和动态

在堆叠开关结构中，开关两端电压的静态和动态共享是个问题，需要采用以下技术：

1）静态平衡：这可以通过在每个开关上并联平衡电阻来实现。但是，会导致静态功率损耗。

2）动态平衡：由于设计人员必须确保所有开关都在同一时刻进行换向，因此这会带来更多问题。否则，最先关断（或最后开通）的开关必须承受所有电压。

2. 开关的栅极控制

所有开关都需要紧密同步。这意味着不仅要同步控制信号，还要同步开关的开通和关断。这对所用半导体器件的参数误差提出了严格的要求。

3. 开关的组合 dv/dt

假设所有堆叠开关同时开通和关断，则开关节点总的 dv/dt 为所有开关的组合 dv/dt。如此高的 dv/dt 可能导致噪声传播到信号级电路并导致故障。

4. 电压电平和谐波频谱

尽管串联使用了许多开关，但是与传统的双开关配置相比，开关节点上的电压具有相同的电平和相同的谐波频谱。例如，在降压变换器中，堆叠开关配置中的电感与双开关配置中电感的伏特－秒相同。因此，堆叠开关配置将不会减小电感的尺寸。

11.2.1　48V 应用的多电平变换器

随着数据中心 48V 服务器机架电源传输架构的出现[7-9]，人们开始重新关注通过拓扑方法提高电源效率的方案。从硬开关[10-13]到高谐振[14-16]，从完全调节到不调节，以及完全隔离到不隔离，这些方法各有不同。由于高功率密度要求，多电平变换器也变得有吸引力。开关电容电路是可以有效减小电感尺寸的一个很好例子[6,17-22]。作为一个有趣的变体，开关谐振储能器和其他混合变换器也开始被广泛应用[23-25]。在本章中，以 GaN 晶体管为例，构建了一个三电平降压变换器（见图 11.2a）。主要时序图和理想波形如图 11.2b 所示。与传统的降压相比，三电平降压的电感尺寸减小了，因为电感的开关频率实际上提高了一倍，输入电压降低了一半。通过下式可以明显看出这一点：

$$L_{\text{buck}}=\frac{V_{\text{IN}}(1-D)D}{\Delta I_{\text{L}}f_{\text{sw}}} \tag{11.1}$$

$$L_{3-\text{level}}=\frac{V_{\text{IN}}(0.5-D)D}{\Delta I_{\text{L}}f_{\text{sw}}},D<0.5 \tag{11.2}$$

$$L_{3-\text{level}}=\frac{V_{\text{IN}}(D-0.5)(1-D)}{\Delta L_{\text{L}}f_{\text{sw}}},D>0.5 \tag{11.3}$$

式中，V_{IN}是输入电压；D 是占空比；f_{sw}是开关频率；ΔI_{L}是电感电流峰－峰值。

这些方程（归一化为 $V_{\text{IN}}/\Delta I_{\text{L}}f_{\text{sw}}$）绘制在图 11.3a 中，该图显示了在整个占空比范围内，采用三电平拓扑结构所获得的尺寸减小。需要注意的是，50% 的占空比是传统无电感开关电容电路的工作条件。除了电感量的降低，多电平拓扑结构还可以降低开关的实际电压。例如，在本章考虑的三电平降压变换器中，与传统降压中的 V_{IN}相比，每个开关只阻挡一半的 V_{IN}。在三电平拓扑结构中使用较低额定电压的器件，在半导体开关损耗方面具有更大的优势，还可以降低有效的导通损耗。这是因为较低额定电压的器件具有更好的品质因数（FOM），这一点在图 11.3b 中得到了说明。当凭借多电平变换从 200V 器件到更低电压器件时，器件的 FOM 不断提高（见蓝色箭头），与硅器件相比，GaN 晶体管的优势进一步倍增[26]。

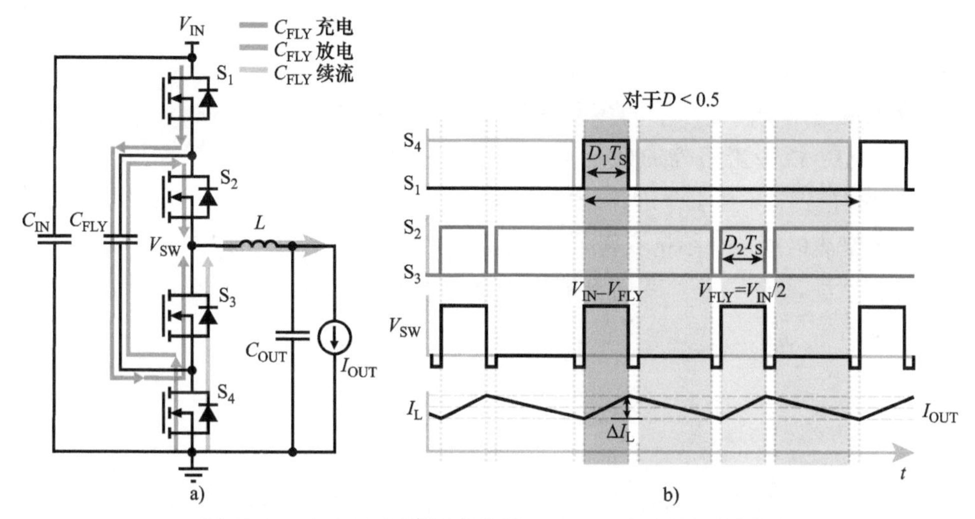

图 11.2　a）三电平降压变换器；b）$D<0.5$ 时的时序图

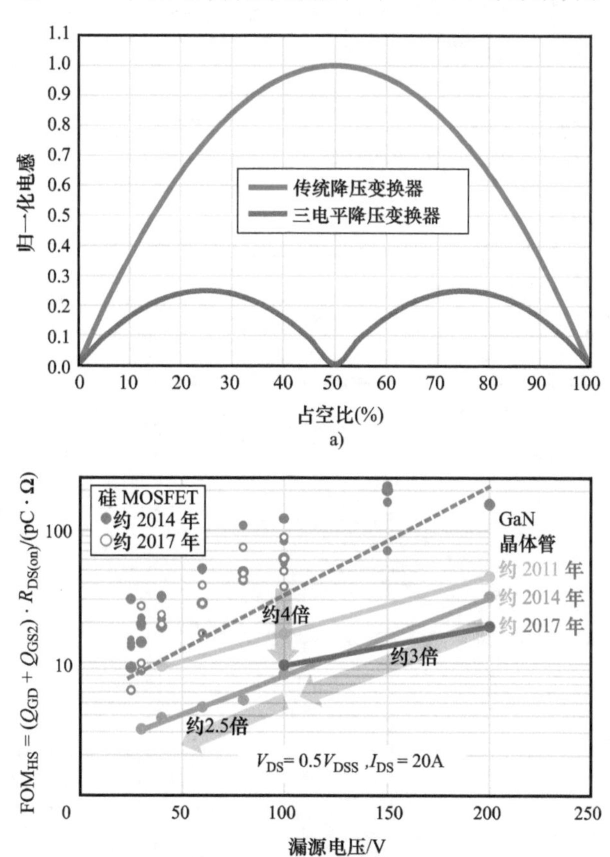

图 11.3　使用三电平变换器的好处：a）降低电感；b）随着 V_{DS}要求的降低，使用更好的硬开关品质因数（FOM_{HS}）器件

11.2.2　高压（400V）应用的多电平变换器

类似的概念也适用于高电压下的多电平变换器。在保留无源尺寸减小和使用更高 FOM 器件优势的同时，还可以带来另外的好处，如减小用于功率因数校正（PFC）电路的电磁干扰（EMI）滤波器尺寸[5,27]。除了改进传统的升压拓扑结构外，性能更好的宽带隙器件出现，也使得图腾柱升压整流器等拓扑结构变得可行且高效[27-29]。这种拓扑结构可以实现超过 98% 的效率，功率密度超过 $200W/in^3$，适用于笔记本电脑适配器、电信整流器和车载混合动力汽车（HEV）充电器。

11.3　栅极驱动器实现

由于大多数开关均未接地，因此用 GaN 器件实现多电平变换器存在一些挑战。为了解决这个问题，考虑图 11.4 所示的通用 N 电平斩波电路以及开关和自举电路。栅极驱动器是一个传统的级联二极管自举电路。该电路的工作原理可解释如下：

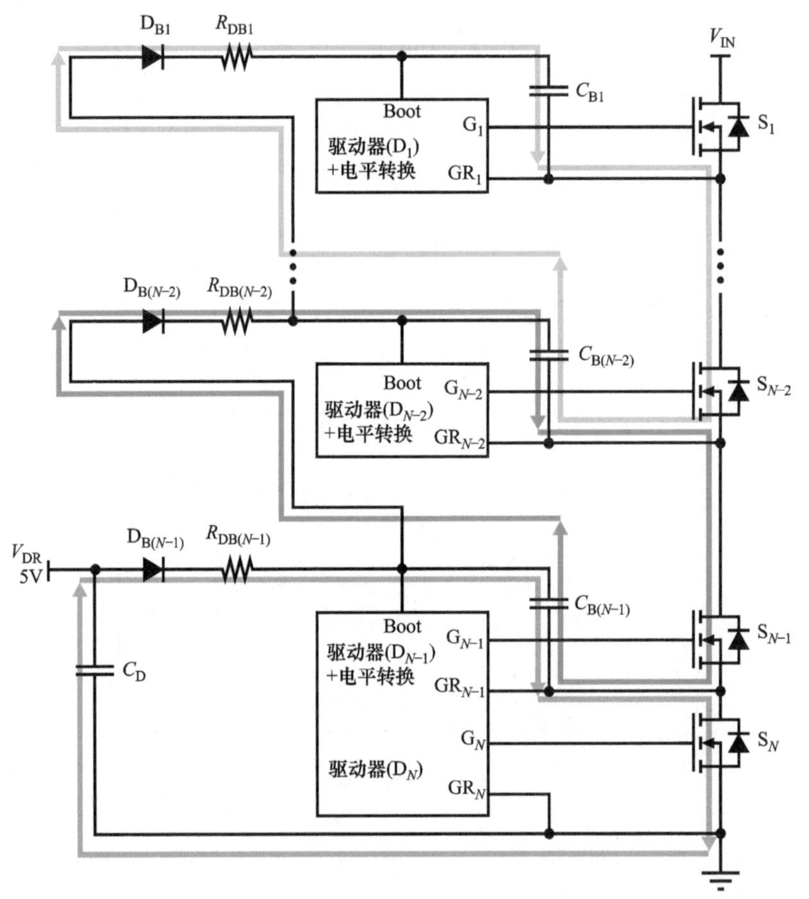

图 11.4　带有常规级联二极管自举电路的通用 N 电平斩波电路

在图 11.4 中，蓝色对应于最上层器件 S_1 的自举电容 C_{B1} 的充电路径，红色表示任何中间自举电容 $C_{B(N-2)}$ 的充电路径，绿色用于显示最低自举电容 $C_{B(N-1)}$ 的充电路径。每个自举电容通过相应的自举二极管和电阻对其直接下级的自举电容进行充电。C_{B4} 从 C_{B3} 通过 D_{B4} 和 R_{DB4} 充电，C_{B3} 从 C_{B2} 通过 D_{B3} 和 R_{B3} 充电，以此类推。由于增加了后续的自举二极管电压降，因此较高级的自举电容会出现充电不足的问题，并且由于 GaN 晶体管的反向导通电压较高，在死区时间内也会过充电[30]。这些问题是串联（或级联）效应，而且随着电平数的增加，这些问题会成倍增加。

11.4　GaN 晶体管自举电源解决方案

过去已经研究了几种解决方案来驱动多电平拓扑结构中的 GaN 晶体管［21, 22, 31－34］。对于大多数提出的解决方案[21, 22, 31－33]，都是利用几个无关的片上隔离 DC－DC 变换器来为浮动开关的栅极驱动供电。在参考文献［22］中，利用电源浮动电容（图 11.2a 中的 C_{FLY}）的复杂双电荷泵完成电平转移和自举。这导致了布局和设计的复杂性。在所有这些实例中，复杂的驱动电路构成了非常专业的解决方案，除了限制功率密度外，还要求严格的公差并且增加了制造难度。

本节将结合实际情况，讨论实现栅极驱动方案的简单方法。

为了解决多电平变换器中级联二极管的问题，在参考文献［35］中引入了级联同步自举方法。图 11.5 为通用 N 电平情况的相应电路。该方案采用了半桥驱动器 IC。高端和低端输出均用于接地的驱动器 IC（即驱动 S_N 和 S_{N-1}），而高一级驱动器 IC（驱动 S_{N-2} 及以上）只利用高端输出信号。这种方法不需要参考文献［22］中的外部电压调节器，不利用电源电路为自举电容充电，而且与变换器的开关顺序无关。它只要求除最上层开关以外的每个开关在开关周期内的某一点开通。该方案在级联二极管方案的基础上进行了改进，在预定的充电期间，用一个低得多的电压降同步 GaN 晶体管 Q_{BST} 取代前向电压降自举二极管，并通过电压平衡高正向电压降 GaN 二极管工作，防止自举电容在死区导通期间过度充电。其工作原理如下：当栅极信号 G_N 为低电平时，$C_{BST(N-1)}$ 充电至 $V_{DR}-V_{CBST(N-1)}\approx 3.5\sim 4.0\mathrm{V}$。当 G_N 为高电平时，$Q_{BST(N-1)}$ 的栅极被推到 $V_{DR}+V_{CBST(N-1)}$，而其源极为 V_{DR}（5V）。这样就使 $D_{BST(N-1)}$ 反偏，$Q_{BST(N-1)}$ 导通。随着 $Q_{BST(N-1)}$ 的低电压降，$C_{B(N-1)}$ 通过绿色所示的充电路径充电到一个非常接近 V_{DR} 的值。由于 GaN 晶体管 $Q_{BST(N-1)}$（高电压、小电流）没有反向恢复损耗[30]，因此这也导致充电电路中的损耗较低。以类似的方式，$C_{B(N-2)}$ 向 $C_{B(N-1)}$ 充电，$C_{B(N-3)}$ 向 $C_{B(N-2)}$ 充电，依此类推。

为了通过实验将所提出的方法与级联二极管方法进行比较，构建了具有栅极驱动器的三电平降压变换器，该驱动器可以配置为常规级联二极管自举方法和级联同步自举方法。传统二极管方法（见图 11.4）的栅极驱动波形，以及在无负载和无功率时的相应驱动电压如图 11.6 所示。可以看出，栅极驱动电压随着驱动电平数的增加而降低，$V_{GS2}=3.51\mathrm{V}$（参考图 11.2a 的

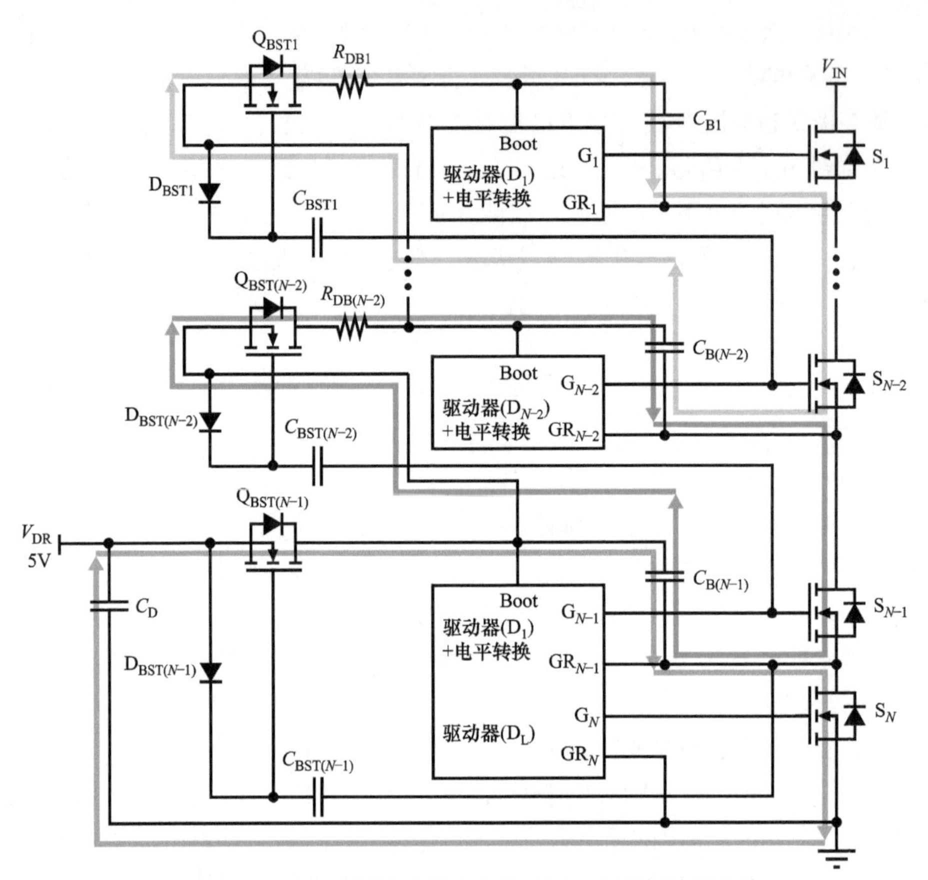

图 11.5　具有级联同步自举方案的通用 N 电平斩波器电路

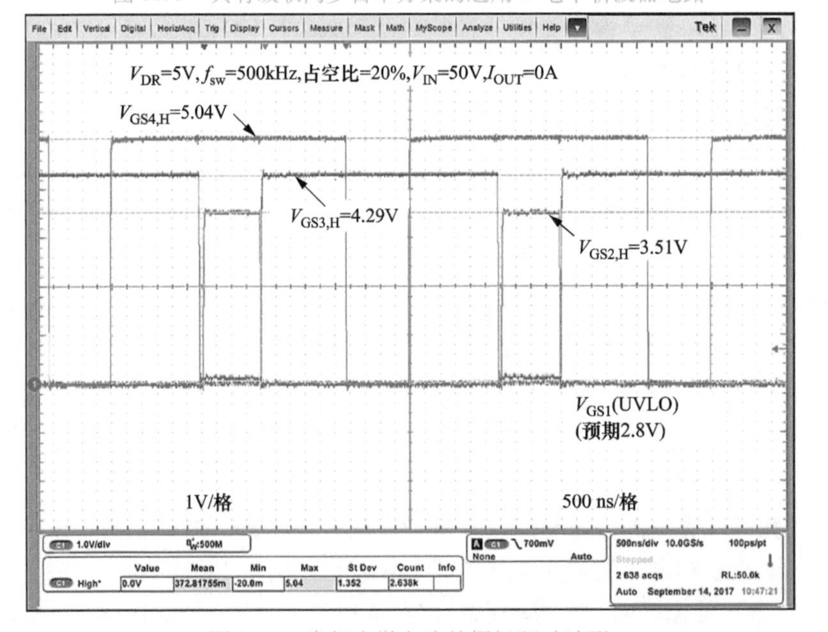

图 11.6　常规自举方法的栅极驱动波形

S_2驱动电压）远低于所需的GaN晶体管驱动电压[26]。V_{GS1}（S_1的驱动电压）是一个低于V_{GS2}的2.81V二极管电压降，这会触发最顶部栅极驱动器中的欠电压锁定（UVLO）功能，从而使变换器无法工作。因此，该方案不适用于三电平及以上的GaN晶体管变换器。但是，由于可以在5~15V之间的电压范围内驱动硅MOSFET，所以该方案至少可以用于三电平硅基变换器，尽管功率损耗非常高。

图11.7a显示了同步自举方法的波形，适用于图11.5中所示的三电平变换器。图11.7a中显示了最顶部S_1和最底部S_4开关的栅极电压波形，它代表了栅极电压变化的最坏情况。这种差异大约为0.5V，这完全在GaN晶体管的驱动电压范围内[26]。对于有负载的情况，栅极电压如图11.7b所示。绿色区域表示与5V的偏差为0.5V。在所有工作条件下，GaN晶体管之间的电压降都很小。自举电容之间的低电压差表明，该技术可用于GaN基多电平变换器。

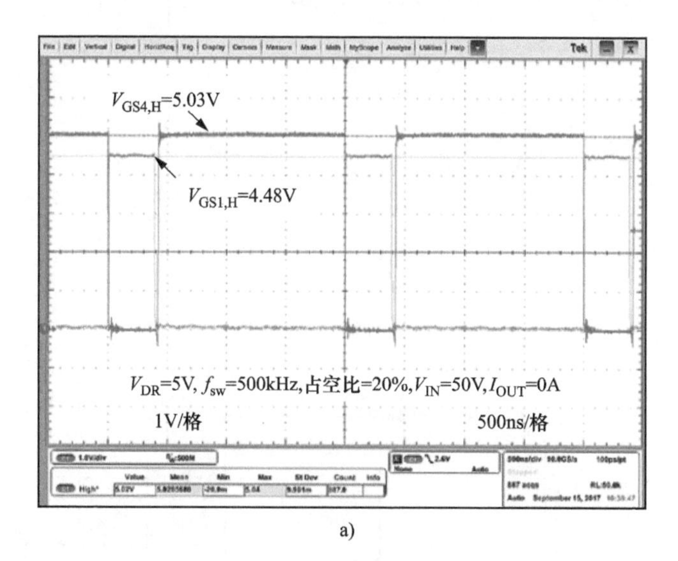

a)

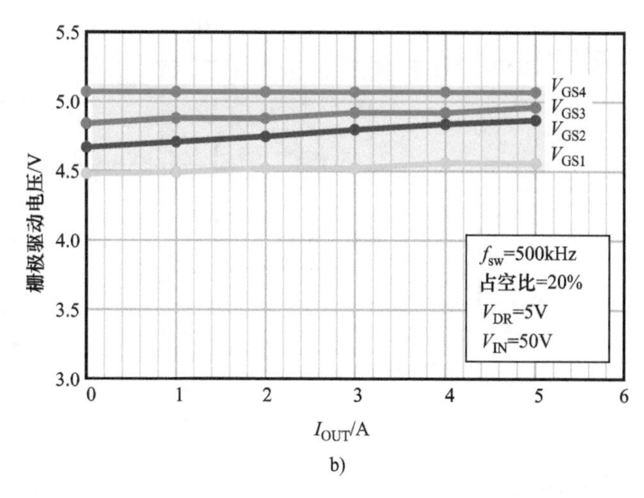

b)

图11.7 a）共源共栅同步自举方法的栅极驱动波形；b）驱动电压随负载电流的变化

目前讨论的共源共栅同步自举方法在自举电路 Q_{BSTx} 中使用了一个小型 GaN 晶体管。在低压设计实例中，使用了额定电压为 100V 的 EPC2038[36]。截至本书撰写时，此类小电流分立 GaN 晶体管不适用于更高的电压。此外，为了能够实现这种设计，并且可以为 GaN 晶体管的功率变换器提供高功率密度，同步自举电路布局必须是低电感，并且紧凑分布。

图 11.8 所示为一个更简单的三电平变换器解决方案[37]。在这个方案中，栅极驱动电压调节依靠多级齐纳二极管反向钳位，可以至四级，甚至更多。该方案的工作原理如下：6.2V（V_{DD}）电源作为唯一外部电源应用于栅极驱动电路。低压差调节器（LDO）为底部开关 S_4 栅极驱动产生 5V 的对地参考电源 V_{CC}。需要注意的是，LDO 可位于半桥驱动器 IC 内部，如德州仪器公司的 LMG1210[38]。自举二极管 D_{B1} 的正向电压降为 1V，这使得开关 S_3 的自举电容 C_{B3} 在 S_4 导通时最终充电至 $V_{DD}-V_{DB1}$ 的值（6.2V－1V＝5.2V）。该充电路径以绿色显示。齐纳二极管 D_{Z3} 的额定反向电压为 5.1V，因此将 C_{B3} 钳位在 5.1V。当 S_4 的体二极管在死区时间间隔内导通时，齐纳二极管也能防止 C_{B3} 的过充电。

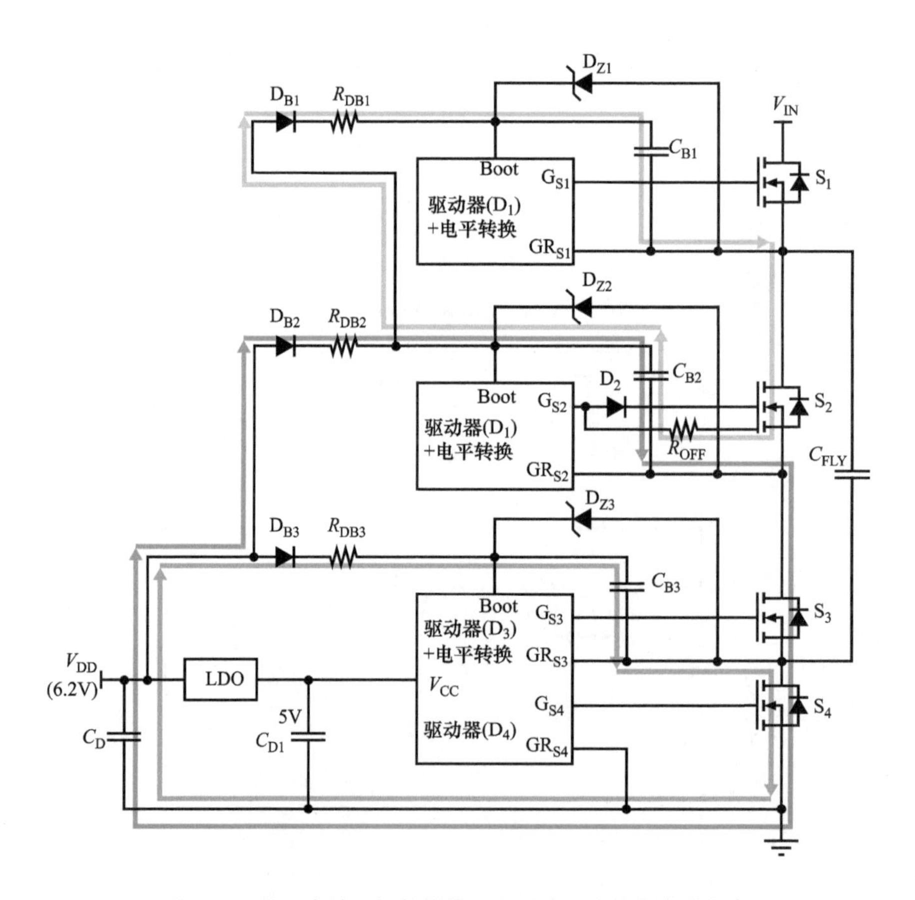

图 11.8　基于齐纳二极管钳位三电平降压变换器自举方案

使用相同的方法，开关 S_2 的自举电容 C_{B2} 在空转周期内当 S_3 和 S_4 同时开通时充电[35]。此路径以红色显示。由于 S_3 和 S_4 的体二极管电压降串联相加，如果 D_{Z2} 采用 5.1V 的齐纳二极管，

那么与 D_{Z3} 相比，死区导通期间，对 D_{Z2} 的电压钳位更为严重。为了降低这种钳位作用，采用 5.7V 齐纳二极管将 C_{B2} 的电压钳位到 5.7V，但由于在栅极充电电路的正向路径中插入了一个正向电压降为 0.5V 的二极管 D_2，使 S_2 的栅极被施加了 5.2V 电压，因此 S_2 的栅极仍然没有过电压。

当 S_2 导通时，开关 S_1 的顶层自举电容 C_{B1} 从 C_{B2} 充电。这条路径以蓝色显示。由于 D_{Z2} 会将 V_{CB2} 钳位到 5.7V，V_{CB1} 充电到 $V_{CB2}-V_{DB1}$（5.7V - 1V = 4.7V）。因此，所有的 GaN 晶体管 S_1 ~ S_4 的栅极驱动电压都在 4.7 ~ 5.2V 之间，用相对简单的方法提供了令人满意的严格调节方案。这里的分析均基于自举充电路径的电阻降为零的假设。

基于齐纳的栅极驱动方案随后在高电压系统上进行了实验验证。图 11.9 显示了满载时底部开关 V_{GS4} 和最顶部开关 V_{GS1} 的栅极驱动波形。S_1 和 S_4 的驱动电压分别为 4.51V 和 4.83V。偏移量是由于自举充电路径中的电阻造成的。

这种方法的一个缺点是由于齐纳开关的钳位作用而产生了额外功率损耗。在本方案中，栅极驱动电路导致的总功率损耗在满载时为 0.36W，然而在满载时，参考文献［35］报道的栅极驱动总损耗仅为 0.065W。因此，对于高功率领域的应用，可以考虑该方案，而前面提到的共源共栅同步自举技术可以用于对功率损耗要求更加严格的低功率损耗应用，如包络跟踪。

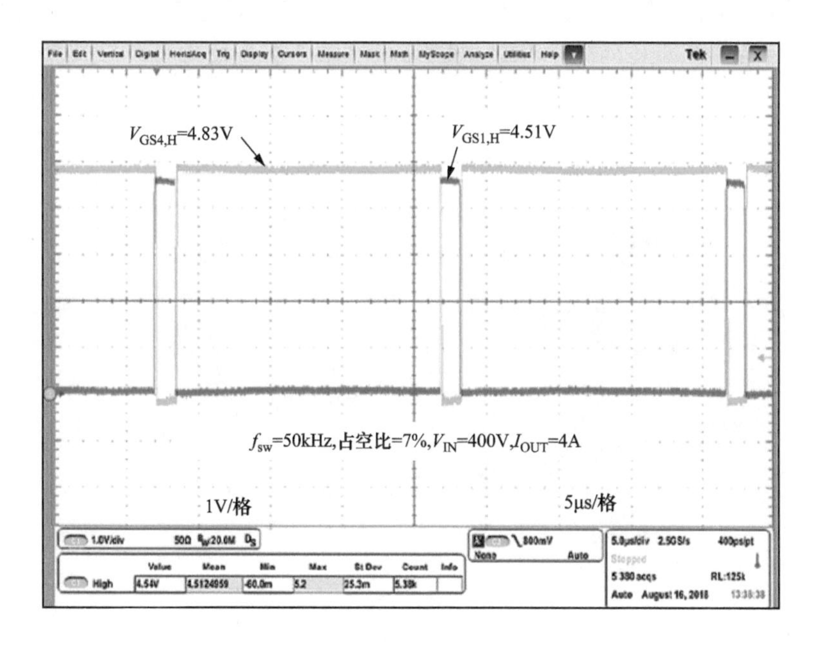

图 11.9　基于齐纳钳位栅极驱动方案的栅极驱动波形

11.5　PFC 应用的多电平变换器

许多单相 AC - DC 功率变换系统在电力电子领域有着广泛的应用前景，如交通电气化和可再生能源并网。最常用的 AC - DC 功率变换电路为 PFC 整流器，PFC 整流器在数据中心的数据集群、电动汽车充电站和并网固态照明系统中都有应用[39]。然而，这些AC-DC系统的应用都受到了尺寸的限制。

在这种情况下，多电平变换器提供了一个有希望的解决方案。多电平变换器最明显的好处是缩小了磁性材料的尺寸。下面将通过一款150W电视适配器的PFC简单实例说明。升压型PFC所需的最小电感由下列两式给出：

$$L_{\text{choke},2-\text{level}} = \left.\frac{V_{\text{DC}}(1-D)D}{\Delta I_{\text{L}} f_{\text{sw}}}\right|_{D=0.5} \tag{11.4}$$

$$L_{\text{choke},3-\text{level}} = \left.\frac{V_{\text{DC}}(0.5-D)D}{\Delta I_{\text{L}} f_{\text{sw}}}\right|_{D=0.25} \tag{11.5}$$

式中，$V_{\text{DC}}=400\text{V}$，以满足通用电压（交流有效值为85～265V）的PFC要求；$f_{\text{sw}}=100\text{kHz}$，以避免差分EMI滤波器的需求[40]。可以看出，$L_{\text{choke},2-\text{level}}=1\text{mh}$，而$L_{\text{choke},3-\text{level}}=250\mu\text{H}$，说明三电平变换器的电感降低了4倍。在磁心体积缩小方面，图11.10显示了从Mag公司获得的磁心影响。采用三级设计，磁心体积缩小约2倍。对于薄型电视和笔记本电脑适配器，高度降低尤其显著。

为了利用多电平升压拓扑获得EMI滤波器的优势，通常需要更多的电平数，如参考文献［41］中类似的七电平拓扑结构。这是因为传导差分EMI噪声在500kHz以上要宽松得多[40]。绕过多电平拓扑结构，同时还能减小EMI滤波器尺寸的方法是使用图腾柱拓扑结构[27-29]，这种技术利用了GaN晶体管的零反向恢复损耗，这种拓扑结构还可以包含多电平开关单元。

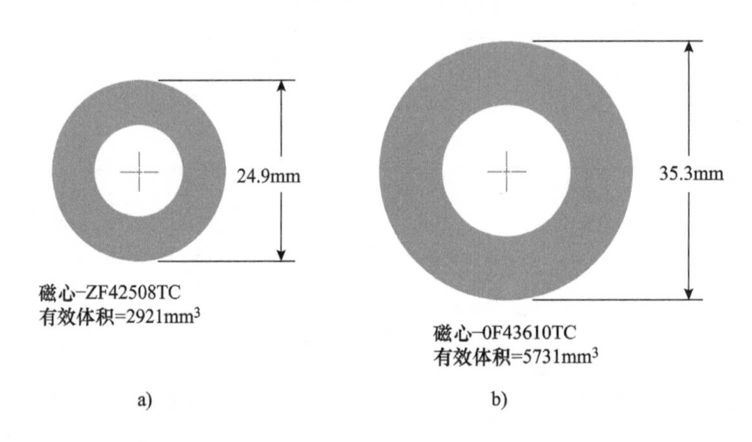

图11.10　a）三电平升压PFC和b）两电平升压PFC扼流圈

11.6　实验实例

11.6.1　低压情况

为了说明多电平变换器的性能优势，对用40V EPC2015C器件[42]构建的三电平降压变换器与用 100V EPC2045 器件[43] 构建的传统降压变换器进行了比较。

样机如图 11. 11a 所示，效率曲线如图 11. 11b 所示。使用三电平降压变换器，除了在 20A 负载电流下将电感从 2. 2μH 降低 1. 5μH 外，10A 时的效率提高了 0. 5% 以上。在 20A 负载电流下，三电平降压变换器可实现 2000W/in^3 的最佳功率密度。

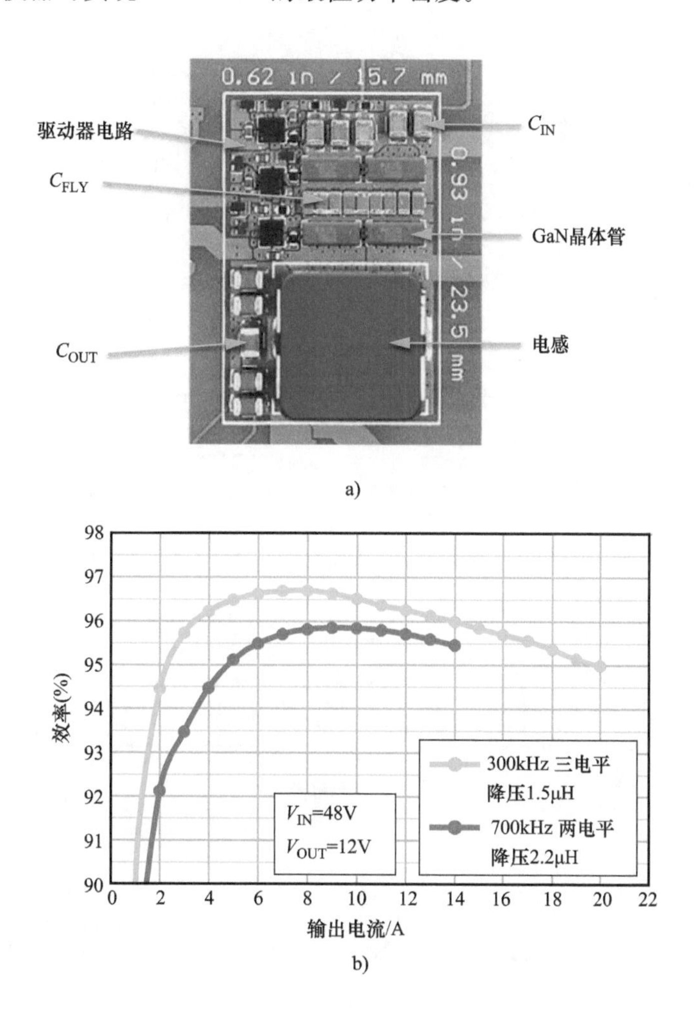

图 11. 11 a）三电平降压变换器样机；b）三电平降压变换器与传统两电平降压变换器的效率比较

11. 6. 2 高压情况

对于更高的电压情况，将 400V 三电平变换器样机与使用额定 650V GaN 晶体管的传统降压变换器效率进行了比较。图 11. 12a 所示为高压三电平变换器样机，图 11. 12b 为效率曲线。样机采用 11. 4 节讨论的基于齐纳钳位栅极驱动方案实现，使用的电感为 235μH。较高的 FOM 350V 器件在三电平变换器中具有明显的优势，峰值效率提高了 2% 以上。

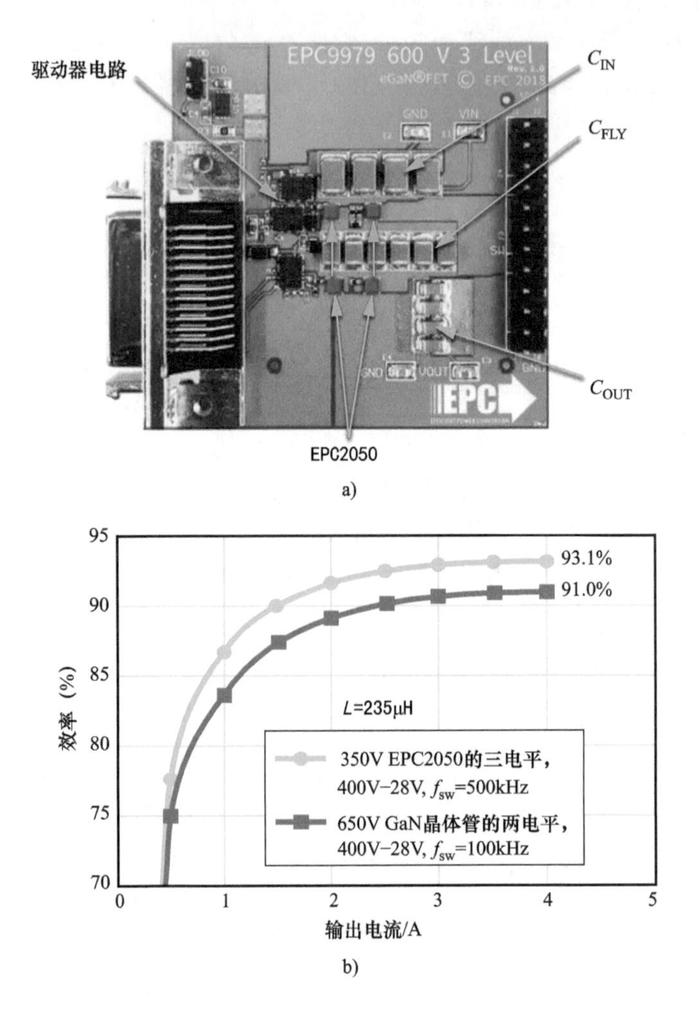

图 11.12　a）高压三电平变换器样机；b）带半桥电路的效率比较

11.7　本章小结

在本章中，我们讨论了使用 GaN 晶体管制造的多电平变换器的优点。除了结构上的优点之外，例如无源器件尺寸的减小，还探讨了使用更高 FOM 器件的好处。为了在这些结构中利用宽禁带半导体功率器件，本章讨论了适用于低压和高压情况的栅极驱动方案，简要说明了这些电路结构的适用性，包括图腾柱在 PFC 应用中的适用性等。最后，通过两种三电平变换器的性能比较表明，在低电压和高电压情况下，它们的性能，尤其是效率方面都比各自的两电平变换器有所提升。

第 12 章将讨论高质量 D 类音频放大器使用 GaN 晶体管的好处。

参 考 文 献

1 Arman, S. et al. (2016). United States Data Center Energy Usage Report. Lawrence Berkeley National Laboratory.

2 Pratt, A., Kumar, P., and Aldridge, T.V. (2007). Evaluation of 400 V DC distribution in telco and data centers to improve energy efficiency. *Proceedings of the IEEE International Telecommunications Energy Conference*, (2007), 32–39.

3 Ahmed, M.H., Fei, C., Lee, F.C., and Li, Q. (2017). 48-V voltage regulator module with PCB winding matrix transformer for future data centers. *IEEE Trans. Ind. Electron.* 64 (12): 9302–9310.

4 Meaney, P. (2017). PFC for not dummies. High Volt Interactive Training, Texas Instruments.

5 Lu, B. (2006). Investigation of high-density integrated solution for AC/DC conversion of a distributed power System. PhD dissertation. Virginia Tech.

6 Meynard, T.A. and Foch, H. (1992). Multi-level conversion: high voltage choppers and voltage-source inverters. PESC '92 Record. *23rd Annual IEEE Power Electronics Specialists Conference*, Toledo, Spain (1992), 397–403, vol. 1.

7 Li, X. and Jiang, S. (2017). Google 48V Power Architecture. *IEEE Applied Power Electronics Conference and Exposition (APEC)*, Plenary, 2017. http://apec- http://conf.org/Portals/0/APEC%202017%20Files/Plenary/APEC%20Plenary%20Google.pdf?ver=2017-04-24-091315-930×tamp=1495563027516.

8 Tung, L. (2016). Google, Facebook pause rivalries: Here's their 48V power-saving rack spec for Open Compute Project. ZDNET, August 2016. http://www.zdnet.com/article/google-facebook-pause-rivalries-heres-their-48v-power-saving-rack-spec-for-open-compute-project.

9 Taranovich, S. (2016). Data center next generation power supply solutions for improved efficiency. EDN network, April 2016. https://www.edn.com/design/power-management/4441840/Data-center-next-generation-power-supply-solutions-for-improved-efficiency.

10 Ericsson, P.K.B. (2008). 4204B PI datasheet, December 2008, 8–10. https://4donline.ihs.com/images/VipMasterIC/IC/ERIC/ERICS01594/ERICS01594-1.pdf.

11 General Electric EBDW025A0B datasheet. www.geindustrial.com.

12 Ericsson BMR457 datasheet. www.ericsson.com.

13 Glaser, J., Strydom, J., and Reusch, D. (2015). High power fully regulated eighth-brick DC–DC converter with GaN FETs. *International Exhibition and Conference for Power Electronics, Intelligent Motion, Renewable Energy and Energy Management (PCIM Europe)*, (2015), 406–413.

14 Delta Electronics E54SJ12040 datasheet. www.deltaww.com.

15 Vicor PI3546-00-LGIZ evaluation board. www.vicorpower.com.

16 Vicor BCM48Bx120y300A00 datasheet. www.vicorpower.com.

17 Lei, Y., Barth, C., Qin, S. et al. (2016). A 2 kW, single-phase, 7-level, GaN inverter with an active energy buffer achieving 216 W/in^3 power density and 97.6% peak efficiency. *IEEE Applied Power Electronics Conference*, Long Beach, CA (2016).

18 Yousefzadeh, V., Alarcon, E., and Maksimovic, D. (March 2006). Three-level buck converter for envelope tracking applications. *IEEE Trans. Power Electron.* 21 (2): 549–552.

19 Reusch, D., Lee, F.C., and Xu, M. (2009). Three level buck converter with control and soft startup. *2009 IEEE Energy Conversion Congress and Exposition*, (September 2009), 31–35.

20 Rentmeister, J.S. and Stauth, J.T. (2017). A 48V:2V flying capacitor multilevel converter using current-limit control for flying capacitor balance. *IEEE Applied Power Electronics Conference and Exposition (APEC)*, Tampa, FL (2017), 367–372.

21 Stillwell, A., and Pilawa-Podgurski, R.C.N. (2017). A 5-level flying capacitor multi-level converter with integrated auxiliary power supply and start-up. *IEEE Applied Power Electronics Conference and Exposition (APEC)*, Tampa, FL (2017), 2932–2938.

22 Ye, Z., Lei, Y., Liu, W.C., Shenoy, P.S., and Pilawa-Podgurski, R.C.N. (2017). Design and implementation of a low-cost and compact floating gate drive power circuit for GaN-based flying capacitor multi-level converters. *IEEE Applied Power Electronics Conference and Exposition (APEC)*, Tampa, FL (2017), 2925–2931.

23 Li, Y., Lyu, X., Cao, D., Jiang S., and Nan, C. (2017). A high efficiency resonant switched-capacitor converter for data center. *IEEE Energy Conversion Congress and Exposition (ECCE)*, Cincinnati, OH (2017), 4460–4466.

24 Jiang, S., Nan, C., Li, X., Chung, C., and Yazdani, M. (2018). Switched tank converters. *IEEE Applied Power Electronics Conference and Exposition (APEC)*, San Antonio, TX (2018), 81–90.

25 Suo, G., Das R., and Le, H. (2018). A 95%-efficient 48-V to 1-V/10 A VRM hybrid converter using interleaved dual inductors. *IEEE Energy Conversion Congress and Exposition (ECCE)*, Portland, OR (2018), 3825–3830.

26 Lidow, A., Strydom, J., de Rooij, M., and Reusch, D. (2014). *GaN Transistors for Efficient Power Conversion*, 2e. Wiley. ISBN: 978-1-118-84476-2.

27 Liu, Z., Lee, F.C., Li, Q., and Yang, Y. (September 2016). Design of GaN-based MHz totem-pole PFC rectifier. *IEEE J. Emerg. Sel. Top. Power Electron.* 4 (3): 799–807.

28 Texas Instruments (March 2018). TIDA-01604, 98.5% efficiency, 6.6-kW totem-pole PFC reference design for HEV/EV onboard charger. Texas Instruments Reference Design.

29 NXP Semiconductors (November 2016). Totem-pole bridgeless PFC design using MC56F82748. NXP Semiconductors Reference Design, Document: DRM174.

30 Reusch, D. and de Rooij, M. (2017). Evaluation of gate drive overvoltage management methods for enhancement mode gallium nitride transistors. *IEEE Applied Power Electronics Conference and Exposition (APEC)*, Tampa, FL (2017), 2459–2466.

31 Moon, I. et al. (2017). Design and implementation of a 1.3 kW, 7-level flying capacitor multilevel AC–DC converter with power factor correction. *IEEE Applied Power Electronics Conference and Exposition (APEC)*, Tampa, FL (2017), 67–73.

32 Barth, C., et al. (2017). Experimental evaluation of a 1 kW, single-phase, 3-level gallium nitride inverter in extreme cold environment. *IEEE Applied Power Electronics Conference and Exposition (APEC)*, Tampa, FL (2017), 717–723.

33 Modeer, T., Barth, C.B., Pallo, N. et al. (2017). Design of a GaN-based, 9-level flying capacitor multilevel inverter with low inductance layout. *IEEE Applied Power Electronics Conference and Exposition (APEC)*, Tampa, FL (2017), 2582–2589.

34 Chen, M. (2015). Merged multi-stage power conversion: A hybrid switched-capacitor/magnetics approach. PhD dissertation. Massachusetts Institute of Technology.

35 Biswas S. and Reusch, D. (2018). GaN based switched capacitor three-level buck converter with cascaded synchronous bootstrap gate drive scheme. Portland, OR, 2018, 3490–3496.

36 Efficient Power Conversion Corporation (2018). EPC2038 – enhancement-mode power transistor. EPC2038 datasheet. https://epc-co.com/epc/Portals/0/epc/documents/datasheets/EPC2038_datasheet.pdf.

37 Biswas, S. and Reusch, D. (2018). Evaluation of GaN based multilevel converters. *IEEE Workshop on Wide Bandgap Devices and Applications (WiPDA)*, Atlanta, GA (2018),

212–217.

38 Texas Instruments. LMG1210 200-V, 1.5-A, 3-A half-bridge GaN driver with adjustable dead time. http://www.ti.com/lit/ds/symlink/lmg1210.pdf.

39 Qin, S., Lei, Y., Ye, Z., Chou, D., and Pilawa-Podgurski, R.C.N. (2018). A high power density power factor correction front end based on seven-level flying capacitor multilevel converter. *IEEE Journal of Emerging and Selected Topics in Power Electronics.* https://4donline.ihs.com/images/VipMasterIC/IC/ERIC/ERICS01594/ERICS01594-1.pdf.

40 IEC61000-3-2 Electromagnetic Compatibility (EMC) - Part 3-2: Limits – Limits for harmonic current emissions (equipment input current ≤16 A per phase). https://webstore.iec.ch/publication/62553.

41 Lei, Y., Barth, C., Qin, S. et al. (2017). A 2 kW, single phase, 7-level flying capacitor multilevel inverter with an active energy buffer. *IEEE Trans. Power Electron.* 99: 1–1.

42 Efficient Power Conversion Corporation (2016). EPC2015C – enhancement-mode power transistor. EPC2015C datasheet. https://epc-co.com/epc/Portals/0/epc/documents/datasheets/EPC2015C_datasheet.pdf.

43 Efficient Power Conversion Corporation (2018). EPC2045 – enhancement-mode power transistor. EPC2045 datasheet. http://epc-co.com/epc/Portals/0/epc/documents/datasheets/EPC2045_datasheet.pdf.

第 12 章

D 类音频放大器

12.1 引言

直到最近，为了从音频放大器获得高质量的声音，必须花费数千美元购买大型、笨重且耗电量大的 A 类拓扑结构的放大器。A 类放大器是音质的基准，它由一个电流源和一个工作在线性区域的晶体管组成，在线性区域，小的模拟信号直接转换为大功率信号以驱动扬声器。A 类放大器的主要优势在于它是单极性，在该放大器中，放大器保持恒定模式，并且只有元件非线性才会引起失真[1]。A 类放大器的缺点是用作恒定功率耗散器，效率在 15% ~30% 范围内。图 12.1a 给出了 A 类放大器示意图[2]。

AB 类放大器使用推挽输出，晶体管在线性区工作。虽然每半周期的行为类似于 A 类放大器，但电路和元件在正负周期之间是互补的，从而导致失真的变化。AB 类放大器通过偏置输出级来减小失真，从而使电流始终流动[3]。与 A 类放大器相比，AB 类放大器的音质较低，但效率可达到 50% ~70%[4]。即使在 70% 的情况下，200W 的输出功率也会散发超过 85W 的热量，这就需要大而重的散热器。图 12.1b 显示了 AB 类放大器示意图。

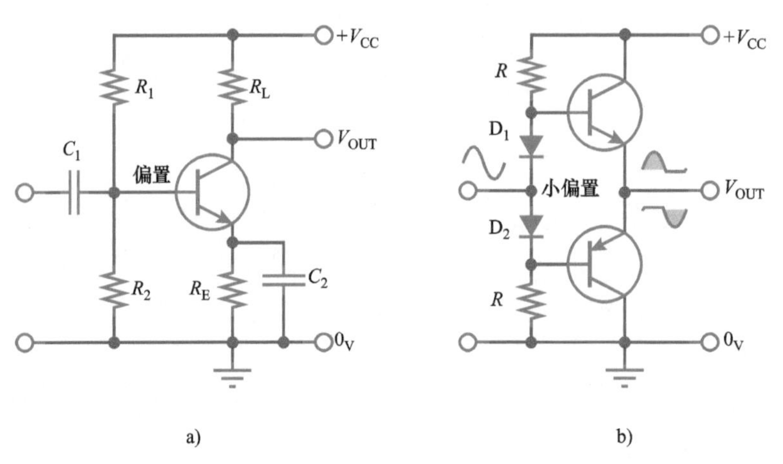

图 12.1　a）A 类放大器和 b）AB 类放大器示意图

D 类放大器的处理器会创建一个高频脉宽调制小信号来代表音频信号。半桥或全桥中的功率晶体管将小信号转换为大信号，以通过滤波器驱动扬声器。图 12.2 给出了具有分立电源（±HV）的单通道桥式负载（BTL）D 类放大器框图。由于每个脉冲都是方波，因此增加频率可以更好地表示音频信号。在每个开关周期中，都会通过开关损耗和传导损耗来消耗功率，从而在音质、工作频率和功率损耗之间进行权衡。

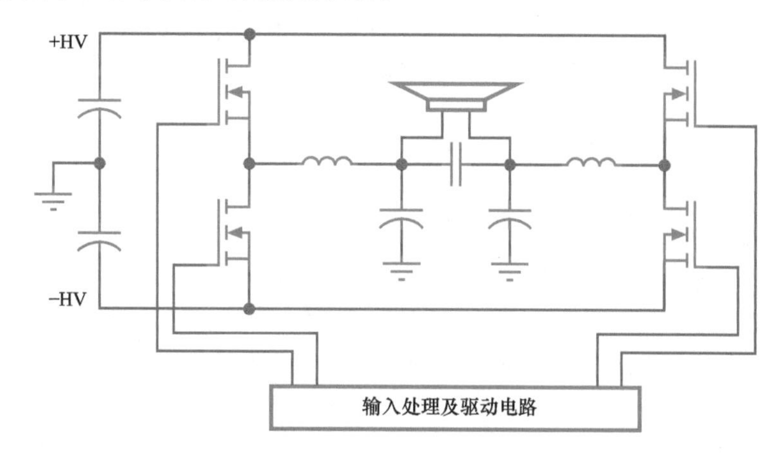

图 12.2 具有分立电源（±HV）的 BTL D 类放大器单通道框图

即使是中等成本的 D 类放大器系统也缺乏声音的丰富性和色彩感，改善的潜力很大程度上取决于克服硅功率 MOSFET 的不足。为了满足总谐波失真加噪声（THD + N）数，反馈回路需要高增益，这引入了动态互调失真（DIM），抑制了音乐的细微丰富性和色彩。

D 类放大器功率级目标是在散发少量热量的同时，精确地复制小信号源的大信号。第 7 章详细介绍了以降压变换器为例的硬开关换相理论和实践，这与 D 类放大器的效率和线性度有关。一个显著的区别在于，D 类放大器中的每个晶体管都将其一半时间用作控制开关，另一半时间用作整流器开关。虽然可以优化降压变换器插座中的晶体管功能，但需要 D 类放大器中的晶体管才能很好地执行所有功能[6]。功能上没有妥协的余地，因为晶体管必须同时具有出色的导通状态和开关特性。

耗散晶体管的每个寄生元件都会产生失真。例如，$R_{DS(on)}$ 将限制输出波，耗散的功率与电流的平方成正比。输入电荷和栅极电阻会减慢开关转换的速度，同时将电流和电压施加到晶体管。杂散电感和反向恢复电荷会导致过冲和振铃，而每个周期都会消耗相关能量[7]。图 12.3 将理想波形与 GaN 晶体管和硅 MOSFET 的实测波形进行了比较。

12.1.1 总谐波失真

总谐波失真（THD）定义为所有谐波频率（从二次谐波开始）的等效方均根（RMS）电压与基频方均根电压之比[11]，由下式得出：

$$\mathrm{THD} = \frac{\sqrt{\sum_{n=2}^{\infty} V_{\mathrm{N\_RMS}}^{2}}}{V_{\mathrm{Fund\_RMS}}} \tag{12.1}$$

式中，$V_{\mathrm{N_RMS}}$是 n 次谐波的方均根电压；$V_{\mathrm{Fund_RMS}}$是基频方均根电压。

THD 的另一个主要贡献是死区时间失真。死区时间是指 D 类放大器的高端和低端晶体管被截止的时间。在死区时间内，换相被延迟，以防止由于高端和低端之间的传播延迟差异而引起的电流穿通。传播延迟差异是由于栅极驱动器的延迟变化，以及功率回路和栅极驱动回路的共同电感引起的延迟变化。LGA 或 BGA 晶圆级芯片尺寸（WLCS）封装中的 GaN 晶体管消除了大多数常见的源极电感，而封装的 GaN 或硅 MOSFET 的引线键合、夹子和金属容器则具有明显的常见源极电感。选择低共源电感和具有较低传播延迟失配的栅极驱动器可使死区时间失真最小化。

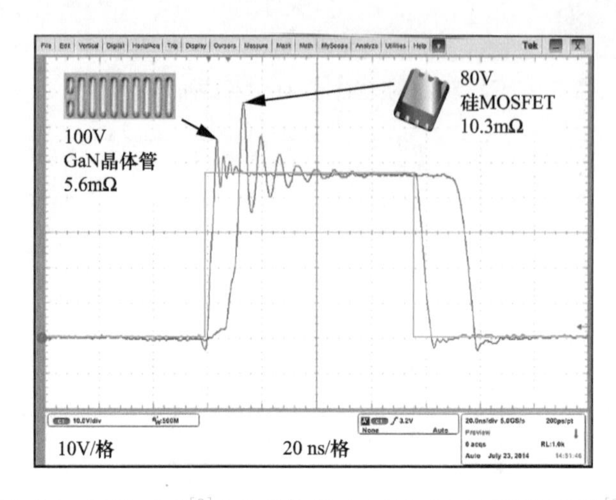

图 12.3 EPC2001C[8] GaN 晶体管（蓝色）和 BSC123N08NS3[9] MOSFET（红色）波形与理想波形（绿色）比较[10]

在半个周期的大部分时间里，电流流向一个方向，因为输出电流大于纹波电流。这种情况类似于大电流时的降压变换器，一个晶体管充当控制开关，另一个充当整流器开关。在控制开关开通期间，电压转换滞后于死区时间和电流转换，而在关断期间则领先。结果是，开关节点的开通时间少于 PWM 信号的开通时间，如图 12.4a 所示。当电流接近零时，纹波电流大于输出电流。在这种情况下，整流器关闭会在死区时间和电流换相之前引起电压换相。控制开关的关断与大电流情况下的关断方式相同。在小电流情况下，开关节点的电压开通时间几乎与 PWM 开通时间匹配。图 12.4b 显示了电感电流改变方向时的详细换相。半桥换相在第 7 章中有更详细的描述。

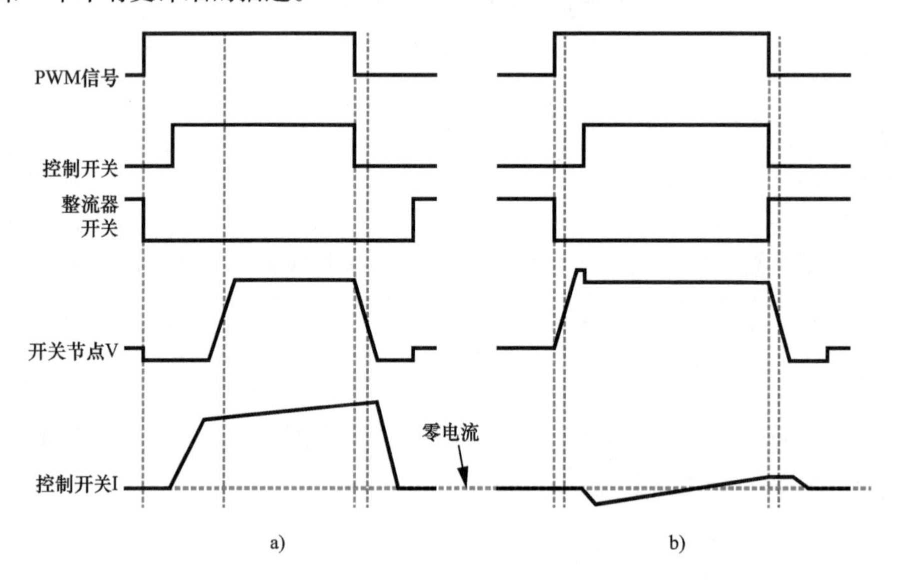

图 12.4 a）单向电流及 b）电流反向时的电压和电流换相细节

由于死区时间脉宽调制（PWM）而导致占空比减小，这产生的影响是输出电压的降低，因为 PWM 在其许多周期内均已取平均值。在过零点附近，纹波电流方向相反，极大降低了死区误差。图 12.5 显示了大信号中的死区时间与无死区理论波形的误差。

许多小的模拟信号和数字组件在零输入时产生低水平的失真，被定义为噪声。声音质量常用度量是 THD 加噪声（THD + N）。THD + N 通常以 1kHz 信号测量，目标性能随产品等级和成本而变化。

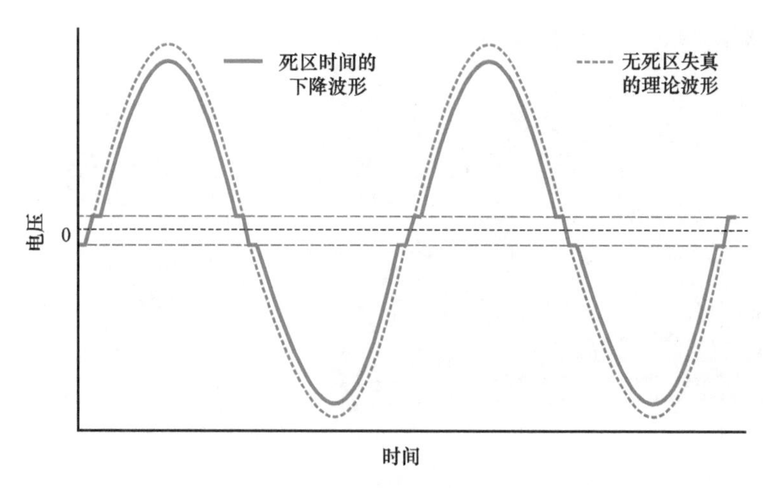

图 12.5　死区时间与理论误差比较

12.1.2　互调失真

使用 THD + N 作为音质指标的一个缺点是信号是恒定的。在恒定信号下，反馈可用于将 THD + N 降低到满足设计要求的水平，但会产生其他不良副作用。在闭环系统中，利用负反馈校正开环非线性。反馈的缺点是它将旧声音与新声音混合。在恒定频率下这不是问题，但是音乐是动态的，具有许多色彩和丰富的预期谐波[12]。由旧声音与新声音混合的频率引起的失真为 DIM，也称为瞬态互调失真（TIM），我们的听觉显然对此非常敏感[13]。DIM 有几种测量方法，一种方法是将低频、低通滤波后的方波与 15kHz 正弦波结合在一起。DIM 30 的正弦波和单极低通滤波器频率为 30kHz，DIM 100 的频率为 100kHz。DIM 计算为互调分量方均根电平之和与正弦波电平之比[14]。互调失真（IMD）是由于两个互不相同但同时存在的信号引起的信号误差。测量 IMD 的另一种方法是基于美国电影电视工程师协会（SMPTE）标准。60Hz 信号和非谐波的 7kHz 信号以 4:1 的振幅比组合。也可以使用其他频率和幅度，通过将信号施加到输入，可以在一定频率范围内测量输出。失真在 7kHz 的 60Hz 边带中很明显。上限信号的调制分量显示为以较低频率音调倍数间隔的边带。边带的幅值是方均根求和，并且表示为较高频率水平的百分比[15]。

12.2　GaN 晶体管 D 类音频放大器实例

基于 GaN 晶体管的 D 类放大器系统，能够以 200W 的功率驱动 8Ω 扬声器，或以 400W 的功率驱动4Ω扬声器。该类放大器被配置为PWM频率为364kHz的桥接负载，使用100V额定值、16mΩ的EPC2016C GaN晶体管，以及德州仪器（TI）公司的LMG1205驱动器IC作为半桥栅极驱动器。放大器的功率级照片如图12.6a所示，尺寸大约为10mm×15mm，其中包含EPC2016C GaN晶体管（见图12.6b）。

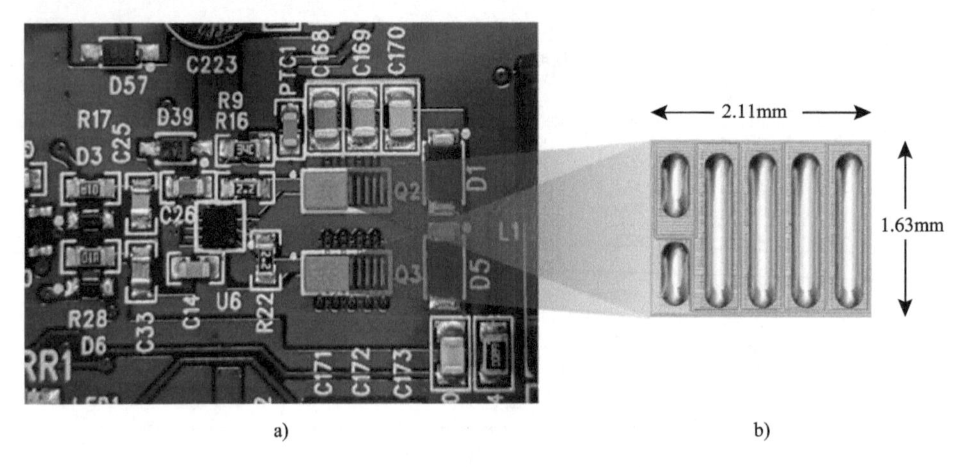

a)

b)

图12.6 a）D类功率级；b）EPC2016C GaN晶体管焊料凸点图[16]

12.2.1 闭环放大器

200W闭环放大器模块尺寸为10cm×5.5cm，如图12.7所示[17]。其96%的系统效率允许在没有散热器的情况下运行。

由于GaN晶体管的精确开关性能，该D类放大器在整个频率和功率范围内具有非常低的THD+N。在−9dBr、200W输出、8Ω扬声器负载下，放大器在20Hz~20kHz范围内具有最大0.012%的THD+N，如图12.8所示。图12.9显示了1kHz时满功率的THD+N小于0.05%，在−10dBr（200W）时约为0.005%。仅20dB的反馈即可实现低失真。较低的反馈有助于使该放大器具有非常清晰、丰富的声音。

通过对20Hz~20kHz的1kHz、−60dBr（200W）信号应用快速傅里叶变换（FFT）进行频率分析，结果如图12.10所示。基本频率以外的频率显示出−145dBr（200W）A加权到−125dBr（200W）A加权。声学工程师通常将A权重应用于滤波器，以模拟人耳在不同频率下的响应能力[18]。基频之外所有频率的低幅值表示良好的抑制。此外，FFT中不会出现1kHz的谐波。

图12.11显示了闭环D类放大器系统的噪声下限。从全功率到低功率测量噪声下限，以这种方式完成可以确保放大器工作。当以非常低的功率运行时，某些组件可能处于睡眠模式，从而只能测量环境噪声而不是放大器噪声。未加权噪声下限小于−102.5dBr（200W），而A加权噪声下限为−107dBr（200W）。

12.2.2 开环放大器

参考文献[19]开发了一款类似的放大器作为开环放大器，使用类似的组件和配置表征闭

图 12.7　D 类放大器可以在没有散热片的情况下将 200W 传输到 8Ω 扬声器（400W 传输到 4Ω 扬声器）

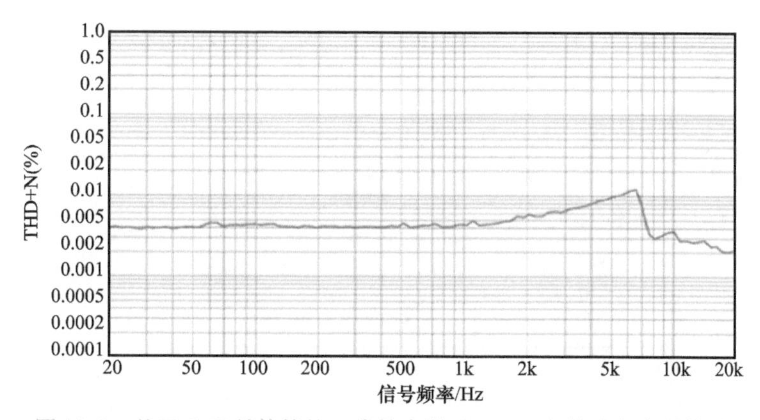

图 12.8　基于 GaN 晶体管的 D 类放大器 THD + N 与输出频率的关系

环解决方案并与之比较。开环 THD + N 小于 0.12%，但存在明显差异。图 12.12 显示，在低功率条件下，开环系统的 THD + N 性能优于闭环系统，而在高功率条件下，闭环性能则更优。这主要是由于低功率时反馈的噪声贡献增加，而且功率增加时反馈的收益增加。随着音频信号电平的增加，输出功率增加，闭环架构的好处显而易见。但是，开环架构的 THD + N 比较而言非常令人满意，这主要是由于 GaN 晶体管在输出级具有出色的开关特性。通过使用能够严格控制死区时序的开环架构，可以实现接近闭环的 THD + N 性能。

数字放大器中减少所有失真的一种技术是引入预失真[20]。放大器失真在整个频率和功率上进行表征，并以数字形式存储。然后将其反相并在适当的时候与输入信号在频率和功率上相加。

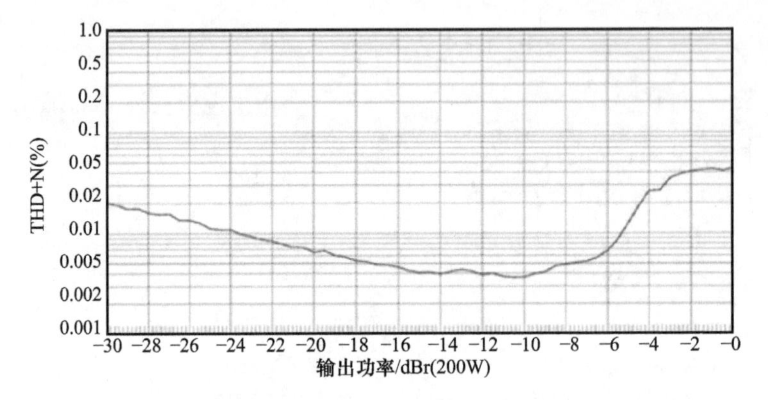

图 12.9　基于 GaN 晶体管的 D 类放大器 THD + N 与 1kHz 时的输出功率关系

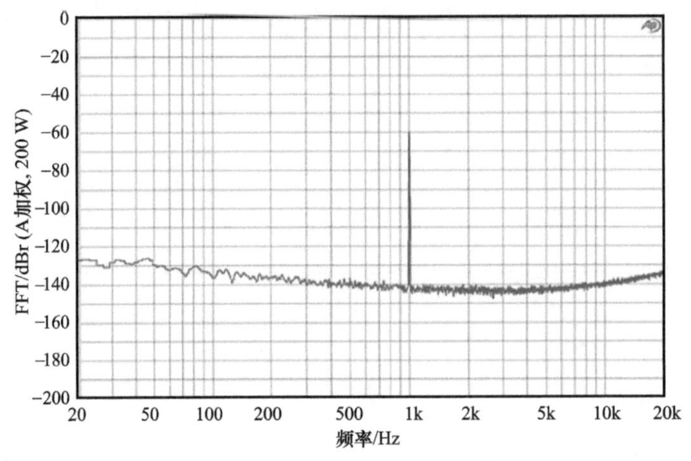

图 12.10　－60dBr（200W）条件下，对 1kHz 信号进行 GaN 晶体管 D 类放大器从 20Hz ~20kHz 的快速傅里叶变换（FFT）

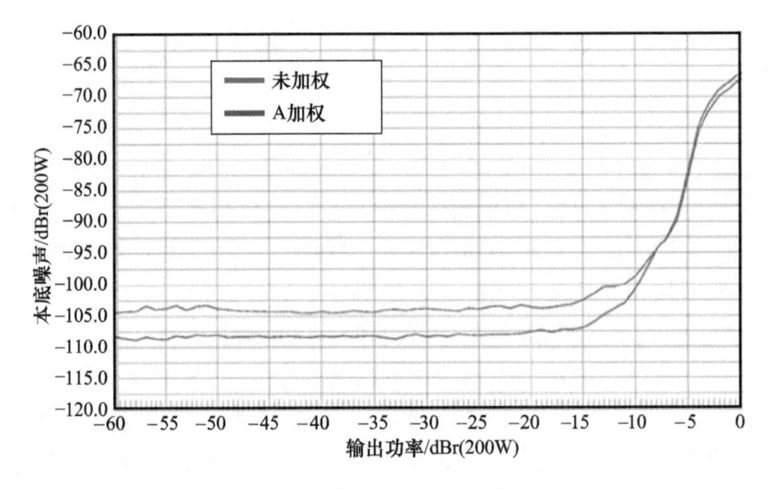

图 12.11　GaN 晶体管 D 类放大器噪声下限与输出功率的关系

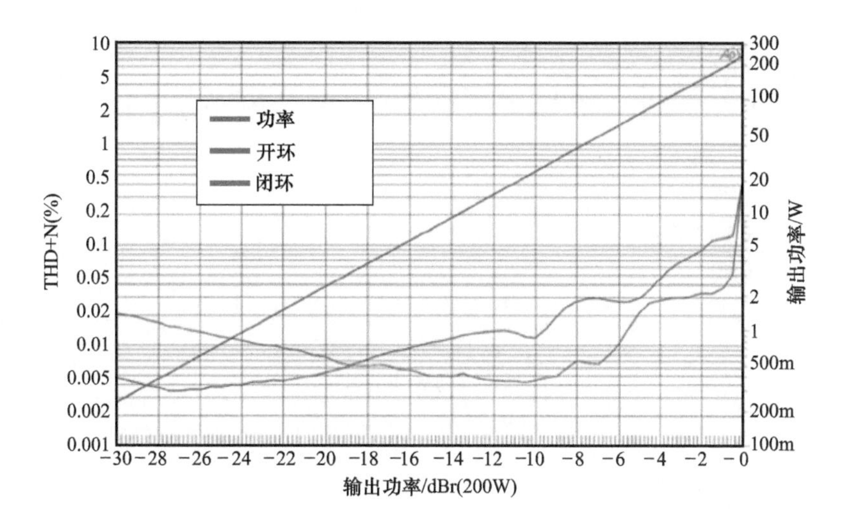

图 12.12　开环和闭环，THD + N 相对于 DC ±32V 时功率为 8Ω

开环和闭环放大器也具有互调特性。图 12.13 显示了针对开环和闭环系统的 IMD (SMPTE)、60Hz /7kHz、4 : 1 FFT。开环性能非常出色，A 加权可将失真降低到 18dBr (200W)。反馈回路的低增益使闭环系统也具有出色的效果，并且差异显示了反馈对 DIM 的影响。应当注意，60Hz（和 60Hz 的谐波）是由于交流电源的互调引起的。通过减少反馈，电源将成为整个音频系统中重要的组件。7kHz 处的峰值及谐波来自 7kHz 的测试频率。

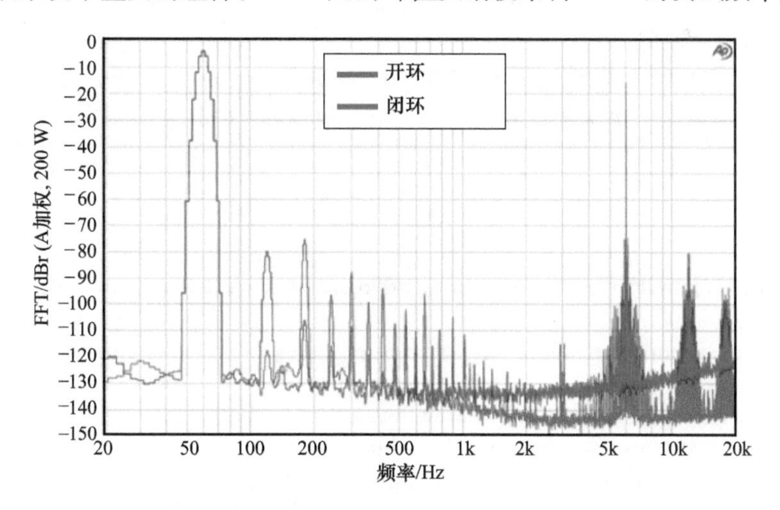

图 12.13　开环与闭环动态互调失真（DIM）、60Hz/7kHz、4∶1 FFT 比较图［美国电影电视工程师协会（SMPTE）提供］

图 12.14 显示了 DIM 100 与功率的关系。在较低功率条件下可以看到减少反馈的好处，而在较高功率条件下，可以看到减少的电源抑制，这类似于 THD + N。

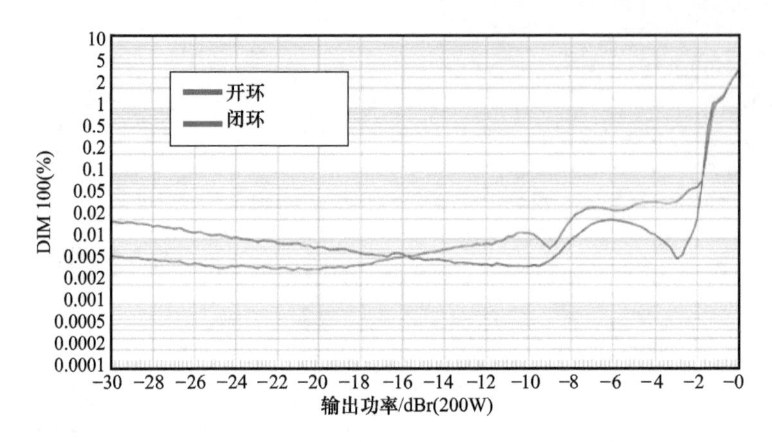

图 12.14 开环与闭环动态互调失真（DIM）100 与功率比较

12.3 本章小结

在 D 类音频系统中，GaN 晶体管通过对大输出信号产生更精确的 PWM 复制来提高音质，从而提供更高的开环线性度。开环线性度的优点是谐波失真和噪声较低。由于 THD + N 是一个关键的设计参数，因此可以减少甚至消除反馈，以减少动态失真，从而获得更愉悦、更真实的听觉体验，同时仍然满足 THD + N 的市场要求。小巧的体积和高的电源效率使其在中等成本的消费产品应用（如智能扬声器和条形音箱）中具有高音质。可以通过改善电源，并在数字放大器中引入数字预失真实现性能的改进。

在第 13 章中，我们将探讨 GaN 晶体管在光探测和测距（激光雷达）系统中的应用，这些系统应用于自动驾驶汽车、无人机、机器人、导航和安全系统等。

参考文献

1 Pas, N. (February 1977). Build a class-A amplifier. Audio. http://www.firstwatt.com/pdf/art_classa_20.pdf.

2 Electronics Tutorials. Amplifier classes. https://www.electronics-tutorials.ws/amplifier/amplifier-classes.html.

3 Poduva, N.S. (August 2016). Class-AB amplifier with third order nonlinearity cancellation. Texas A&M University. http://oaktrust.library.tamu.edu/bitstream/handle/1969.1/157896/PODUVAL-THESIS-2016.pdf;sequence=1.

4 Munz, S. (April 20, 2014). Audio amplifier classes (A, A/B, D, G, and H): What are the differences? *Audioholics Online A/V Magazine*. https://www.audioholics.com/audio-amplifier/amplifier-classes.

5 Taylor, S. (September 17, 2016). Why we'll soon be living in a class D world. http://AudiophileReview.com and https://audiophilereview.com/cd-dac-digital/why-well-soon-be-living-in-a-class-d-world.html.

6 Colino, S. and Taylor, S. (2017). GaN FETs drive fidelity and efficiency in class-D audio

amplifiers. *AES Convention 142,* May 11, 2017. http://www.aes.org/e-lib/browse.cfm?elib=18612.

7 Pavier, M., Sawle, A., Woodworth, A. et al. (2003). High frequency DC:DC power conversion: the influence of package parasitics. *Applied Power Electronics Conference and Exposition, APEC '03, Eighteenth Annual IEEE* 2 (February 2003), 9–13 and 699–704.

8 Efficient Power Conversion Corporation (2018). EPC8009 – Enhancement-mode power transistor. EPC2001C datasheet [Revised 2018]. http://epc-co.com/epc/Portals/0/epc/documents/datasheets/EPC2001C_datasheet.pdf.

9 Infineon Technologies AG (2009). OptiMOS™ 3 power transistor. BSC123N08NS3 datasheet, November 2009 [Revision 2.5]. https://www.infineon.com/dgdl/Infineon-BSC123N08NS3G-DS-v02_05-en.pdf?fileId=db3a30431add1d95011ae80eb8555625.

10 Efficient Power Conversion Corporation (2018). eGaN® FETs and ICs for class-D audio applications. Efficient Power Conversion application brief AB003. http://epc-co.com/epc/Portals/0/epc/documents/briefs/AB003%20eGaN%20FETs%20for%20Class-D%20Audio.pdf.

11 Williams, D. (February 2017). Understanding, calculating, and measuring total harmonic distortion (THD). http://AllAboutCircuits.com and https://www.allaboutcircuits.com/technical-articles/the-importance-of-total-harmonic-distortion.

12 Self, D. (2013). *Audio Power Amplifier Design*, 6e, 25–71. Burlington, MA, USA and Oxon, UK: Focal Press.

13 Otala, M. and Leinonen, E. (1977). The theory of transient intermodulation distortion. *IEEE Trans. Acoust. Speech Signal Process* 25 (1).

14 Audio Precision (May 2009). DIM 30 and DIM 100 measurements per IEC 60268–3 withAP2700.https://www.ap.com/technical-library/dim-30-and-dim-100-measurements-per-iec-60268-3-with-ap2700.

15 Efficient Power Conversion Corporation (2018). EPC8009 – Enhancement-mode power transistor. EPC2016C datasheet. http://epc-co.com/epc/Portals/0/epc/documents/datasheets/EPC2016C_datasheet.pdf.

16 Bohn, D. (January 2003) Audio Specifications. RaneNote 144. https://www.rane.com/note145.html.

17 Taylor, S. EAS™ eGaNAMP2016 product brief class-D high-performance eGaN FET amplifier module. https://epc-co.com/epc/Portals/0/epc/documents/thirdparty/eGaNAMP2016_Consumer-123115.pdf.

18 Vernier Tech Info Library (July 12, 2018). What is the difference between "A weighting" and "C weighting?" https://www.vernier.com/til/3500.

19 Taylor, S. EPC GaN FET open-loop Class-D amplifier design – Final report. http://epc-co.com/epc/portals/0/epc/documents/articles/EPC%20GaN%20FET%20Open-Loop%20Class-D%20Amplifier%20Design.pdf.

20 Aase, S. (2012). A prefilter equalizer for pulse width modulation. *Signal Process.* 92: 2444–2453.

第 13 章

激光雷达

13.1 激光雷达简介

激光雷达是一种电磁辐射恰好位于光学波段的雷达[1, 2]。典型的激光雷达将光传输到大气或太空中，并检测距激光雷达装置一定距离的一个或多个目标的反射光。激光雷达系统的概念如图 13.1 所示。通过比较透射光和反射光确定目标的特性[2]。目标可以是固体，例如汽车；液体，如雨滴；甚至气体，如地球大气层。利用激光雷达可以测量明确的物质特性，比如距离，或者更细微的特性，比如城市污染物的化学成分和颗粒大小。在过去的几年里，激光雷达形式之一的光飞行时间（Time - of - Flight，TOF）距离测量已经很流行。如果用激光作为光源，即使在很长的范围内，也可以测量小光斑的距离。当与可操作光学相结合时，可以扫描光斑测量距离并在三维（3D）空间中绘制被测物。这种能力对于自主导航和地图绘制非常有用。在本章中，我们将讨论脉冲 TOF 激光雷达，它是目前应用的激光雷达的主要形式。

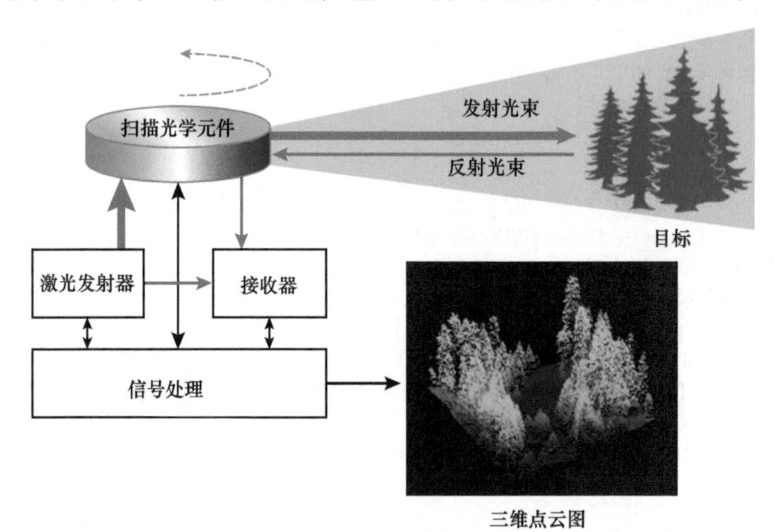

图 13.1 激光雷达系统测量到目标距离并生成点状图[3]（来源：加州大学农业与自然资源学院的 Kim Ingram 提供的 3D 点状图照片）

虽然激光雷达系统已经使用了几十年，但目前，激光雷达系统仍然比较昂贵和笨重。GaN 晶体管的高性能一直是现代高性价比激光雷达系统发展的关键因素，它促使激光驱动器具有极快的速度和大电流脉冲。本章将首先解释 TOF 激光发射机的一些关键规范。进一步，将对激光驱动器的操作和设计进行详细的说明，并讨论硬件实现的例子和测量结果。最后，将介绍一些对激光雷达驱动器设计有用的其他课题。

13.2 脉冲激光驱动器概述

用于 TOF 激光雷达应用的激光驱动器通常以脉冲模式工作。脉冲参数根据应用类型、期望范围、帧速率和视野安全限制变化很大。自动驾驶等应用推动了脉冲功率高、持续时间短的发展趋势。因为脉冲激光代表了一种极端的设计条件，所以适用于更广泛的激光雷达用途，我们将重点讨论这一应用。

13.2.1 脉冲要求

与传统雷达一样，了解脉冲形状对 TOF 激光雷达系统性能的影响，有助于理解激光雷达应用中激光驱动器设计的挑战[4]。关键因素是脉冲时间和脉冲幅度，我们将首先考虑脉冲时间。在最简单的情况下，宽度为 t_p 的脉冲以固定间隔重复发送，间隔长度为 T_p。通常这种脉冲间隔被称为脉冲重复频率（PRF），其中 $PRF=1/T_p$。

首先考虑脉冲宽度 t_p 无限小的单个理想光脉冲。在图 13.2a 中，脉冲发射并传输到目标，其中一部分会反射回探测器。测量脉冲传输和检测之间的时间 t_d，并且到目标的距离由下式给出：

$$d=\frac{ct_d}{2} \tag{13.1}$$

式中，c 是光速（1atm 或更小时约 30 cm/ns）；因数 1/2 来自光传播往返距离为 $2d$。如果光束路径中有多个目标，由此产生的多次反射可以用来计算不同的距离，并将目标分解为单独的对象。

实际上，t_p 不是无穷小的。光的有限速度决定了脉冲在空间中占据的距离 l_p，其中 l_p 的计算公式为

$$l_p=ct_p \tag{13.2}$$

较宽的脉冲很难分辨比 l_p 短得多的距离，特别是当目标不平坦且与激光束垂直时。图 13.2b显示了反射脉冲可以重叠，因此很难区分对于多个物体和相应的反射。对于自动车辆导航，系统必须能够识别和跟踪车辆周围的物体。所需的距离分辨率约为几厘米，因此式（13.2）表示矩形脉冲的脉冲宽度 t_p 约为 100 ps。这过于简单化，在很大程度上取决于脉冲的形状，因为理论距离精度与信号的最大频率成比例增加。在实践中，包括自适应脉冲序列和相关技术在内的信号处理方法允许提取比式（13.2）预测的更高的分辨率，但牺牲了时间（延迟）和计算能力。提取所需精度需要的时间越长，激光雷达的帧速率就越慢，这对应用终端有着明显的影响。由于较短的脉冲有更大比例的能量集中在更高的频率上，因此较短的脉冲宽度通常意味着更快地测量出所需的精度，从而提高系统的性能。

最后，必须考虑 PRF。PRF 越高，生成的数据就越快，对分辨率和帧速率有明显的好处。

需要注意的是真正周期性的脉冲，对于比 $cT_p/2$ 更远的目标，接收器无法区分反射脉冲，并且无法计算正确的距离，如图 13.2c 测量所示。如有必要，可采用类似于提高宽脉冲分辨率的方式来减轻这种影响。特别对脉冲间隔变化的情况，一种常见的方法是使用脉冲串。

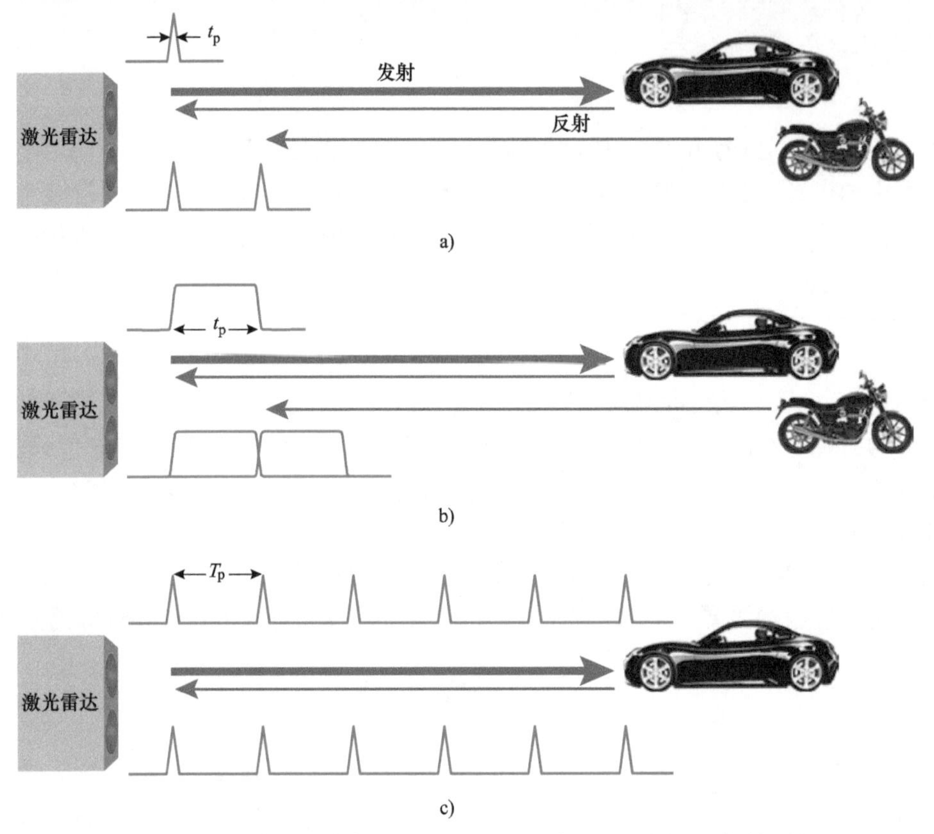

图 13.2　激光雷达脉冲宽度和频率对分辨率的影响：a）窄脉冲可以很容易地分辨反射；b）更宽的脉冲会重叠，使它们更难区分，并降低距离分辨率；c）高 PRF 限制了范围，因为传输的脉冲不能相互区分

13.2.2　半导体光源

TOF 激光雷达通常使用近红外（NIR）半导体激光二极管，最常见的是侧发射外延激光器或垂直腔面发射激光器（VCSEL）。在某些情况下，可使用 LED 代替激光器，但驱动器的基本设计是相似的，因此在本章的剩余部分中，将只使用术语“激光器”。一些典型的激光二极管如图 13.3[5,6] 所示。

在电学上，激光二极管是一种结型二极管。当正向偏置超过某个阈值电流时，激光二极管以特定波长发射激光辐射。当用电流脉冲驱动时，我们得到的激光脉冲的瞬时光功率与电流近似成正比[7]。激光驱动器的工作是产生电流脉冲，驱动器必须控制两个主要参数：脉冲宽度和脉冲幅度。如前一节所述，这两个因素分别对距离分辨率和范围有很大影响。典型的脉冲宽度在 1～100ns 范围内，脉冲电流在 5～500A 之间。

一些典型的激光二极管规格如表 13.1 所示。激光二极管数据表通常提供了综合的光学性

SPL PL90_3

图 13.3 用于 TOF 激光雷达的一些典型激光二极管

能，但与传统的二极管相比电气参数不佳。由于缺乏仿真模型使得这种情况更具挑战性，脉冲激光二极管通常在规范条件外运行良好。

表 13.1 激光二极管规格

部分型号	λ/nm	I_{Fmax}/A	V_{Fmax}/V	$P_{\text{pt,max}}$/W	封装	L/nH
TPGAD1S09H①	905	30	12.5	75	表面装配	2
SPL PL90_ 3	905	30	9	75	通孔	5

① 在标准工作条件下：脉冲重复频率 PRF = 1kHz，脉冲宽度 t_w = 100ns，峰值电流 I_{FM} = 30A，工作温度 T_{OP} = 23 ~ 25℃。

实际上，一个激光二极管模块可以由多个串联、串并联的激光二极管组成。例如，许多侧发射的激光芯片都有多个相互叠加的激光结，以增加总的光输出能力，其中串联可多达四个。侧发射激光器和 VCSEL 也允许在一个芯片上制造多个并联激光器。

激光二极管从芯片到复杂的金属 - 陶瓷密封外壳有多种封装选择。封装设计考虑了热、环境、电学、光学性能，这对激光雷达性能有很大影响。可以看出，限制高速脉冲激光器工作的主要因素是封装电感。

13.2.3 基本驱动电路

目前已有许多激光二极管驱动电路的拓扑结构。我们考虑大电流短脉冲激光驱动器的两种主要实现方法，如图 13.4 所示。图 13.4a 显示了电容放电驱动器，图 13.4b 显示了矩形脉冲驱动器。这些拓扑结构几乎完全相同，主要区别在于不同组件的相对值和驱动器需求。

在电容放电电路中，电容 C_1 由高阻抗电源（图 13.4a 中晶体管 Q_1 关断时的电流源）充电。正常情况下，Q_1 导通，电容器通过激光二极管、开关和电感 L_1 放电，其中包括功率回路中的杂散电感。激光二极管在这个电路中通过二极管放电形成电流。产生的电流脉冲从 D_L 形成光脉冲。然后，晶体管关断，电容 C_1 重新充电以备下一个脉冲。因此，在理想的无损耗情况下，激光二极管电流是一个半符号脉冲。

电容放电方法有几个优点。电路操作中包含杂散电感；激光脉冲能量得到很好的控制，栅极驱动的最小脉冲宽度可比二极管电流脉冲长得多，因为许多栅极驱动器的最小脉冲宽度规格大于所需的脉冲宽度；晶体管和栅极驱动是接地的，简化了电路。

然而，电容放电电路也有许多缺点。由于给定设计的脉冲形状在很大程度上是固定的，这

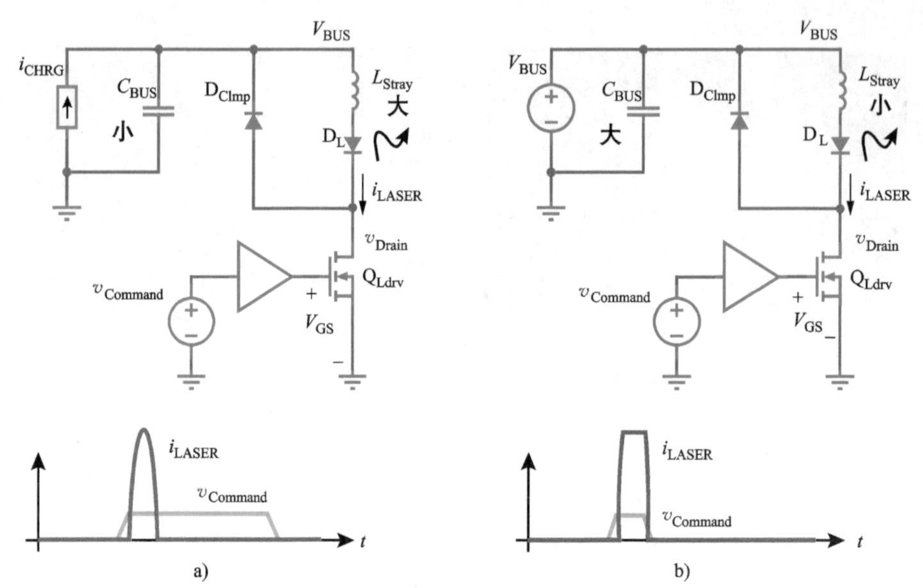

图 13.4 脉冲激光雷达应用中最常见的激光二极管驱动电路：a）电容放电驱动器；b）矩形脉冲驱动器。在这两种情况下，显示了用于激光保护的可选钳位二极管 D_{Clmp}

对前面讨论的增强信号处理类型造成了限制；此外，电容充电的时间限制了最大 PRF，并影响了激光雷达的采样率；电路需要高压电源，这会增加成本并占用系统宝贵的空间；激光二极管通常具有相对较低的反向击穿电压，因此可能需要一个反并联二极管来保护激光器不受关断响铃的影响。尽管有缺点，但是这种简单和杂散电感结合的方法很受欢迎。

在矩形脉冲驱动器中，较大的 C_1 充当电压源 V_1 的旁路电容。然后，可以用栅极脉冲宽度产生所需激光脉冲宽度。激光二极管电流受其电压降和晶体管串联电阻或饱和电流的组合限制。

矩形脉冲驱动器的优点包括控制脉冲宽度，并且具有更高的最大 PRF。这种方法的主要缺点有三个。首先，激光二极管的电流很难控制，电流传感和电压总线控制通常是确保脉冲 - 脉冲重复性的必要条件。第二个挑战是杂散电感，为了利用这种方法工作，电路必须切换得足够慢，以使杂散电感不会显著降低波形。对于目前得到的杂散电感值，矩形脉冲方法通常仅限于较低的峰值振幅。最后一个问题是，在晶体管短路故障的情况下，激光器可以无限地满功率运行，这可能会造成视野安全隐患。这是一个严重的设计问题，必须通过适当的保护电路来解决。

实际系统可能具有电容放电和矩形脉冲驱动器的特性，并且可能有许多变化。在撰写本书之时，对于高功率激光雷达系统，电容放电方法更受青睐，因为它可以获得稳定、高功率、短且控制良好的脉冲，而不需要复杂的补偿方法。

13.2.4 驱动开关特性

13.2.3 节对图 13.4 的讨论中，假设其使用的晶体管 Q_1 是一个理想的开关，但是实际的半导体开关具有非零开关时间，并且会由于饱和与电阻效应限制电流。此外，开关及其封装具有显著的电感，这不仅增加了给定脉冲形状所需的电压，还可显著限制开通速度。

在前面的许多章节中，主要是在功率变换的背景下，详细讨论了GaN晶体管的电学性能优势。激光雷达的应用有许多相似之处，这里重点介绍几个关键的区别。对于激光雷达来说，快开关速度和低电感封装的好处比功率变换更为重要；另一方面，激光雷达应用的关键规格是最大脉冲电流 I_{Dsat}，而不是 $R_{DS(on)}$；由于激光二极管产生的电压降通常比晶体管高一个数量级，因此晶体管的传导损耗是次要考虑因素；最后，在许多激光雷达应用中，晶体管的尺寸是至关重要的，因为它可以使许多发射机信道的间隔很近，这减小了激光雷达的总体尺寸，并简化了光学硬件设计。

GaN晶体管的发展使得激光驱动器的性能比最好的硅MOSFET技术要好得多。表13.2显示了GaN晶体管（EPC2016C）与最先进的硅MOSFET（BSZ146N10LS5）[8,9]的比较，选择适合典型激光驱动器的电压和脉冲电流额定值。对于GaN器件来说，开通晶体管所需的栅极电荷比硅MOSFET小4.4倍，内栅电阻小2.5倍。基于栅极品质因数（FOM）和R_GQ_G，理想的栅极驱动可以使GaN晶体管的开关速度提高11倍。我们还观察到GaN晶体管的面积缩小了3.2倍。最后，晶圆级芯片尺寸封装的电感比DFN封装低3~10倍，我们已经看到，这在实现最大可能的开关速度方面有很大的好处[10]。

GaN晶体管的性能比已有硅MOSFET技术有了很大的提高，这意味着在给定峰值电流下开关速度更快，可以在更远的距离拥有更高的图像分辨率。

表13.2 与激光雷达应用相关的GaN晶体管和MOSFET参数比较

参数	EPC2016C	BSZ146N10LS5	GaN相对于
技术	GaN晶体管	硅MOSFET	硅的优势
额定电压 $V_{DS,max}$/V	100	100	1
导通状态电阻 $R_{DS(on)}$/mΩ	16	21	1.3
最大脉冲电流 $I_{pulse,max}$/A	75	80	0.94
总栅极电荷 Q_{Gtot}/nC	3.4	15	4.4
内栅电阻 R_G/Ω	0.4	1.0	2.5
栅极FOM R_gQ_g/(Ω·nC)	1.4	15	11
栅极电感 L_g/nH	0.2	3.0	15
源极电感 L_s/nH	0.1	0.3	3
漏极电感 L_d/nH	0.1	1.0	10
封装/(mm×mm)	LGA 2.1×1.6	DFN 3.3×3.3	3.2

13.3 基本设计过程

本节只考虑电容放电驱动器的设计[10]，因为矩形脉冲驱动器隐含地假设电感不是设计中的主导因素。这是实现具有拓扑结构的矩形脉冲的必要条件。如果放宽脉冲形状的要求，会出现电容放电和矩形脉冲驱动器的设计变化，但这些都有许多实际问题。双边控制的13.6.5节将进一步讨论这一点。

13.3.1 谐振电容放电激光驱动器设计

图13.5显示了谐振电容放电激光驱动器的简化示意图，图13.6显示了主要的波形[11]。假

设 Q_1是一个理想的开关，D_L是一个具有固定正向电压降 V_{DLF}的理想二极管，驱动器的工作原理如下：Q_1 在关闭状态启动，因此 $i_{DL}=0$。电容电压 $v_1=V_{IN}$已通过 R_1 充电。在 $t=t_0$时，$v_{Command}$触发栅极驱动，在 $t=t_1$时 Q_1 完全开通，并通过激光二极管 D_L和电感 L_1对 C_1放电。C_1和 L_1形成一个谐振网络，因此 i_{DL}和 v_{C1}呈正弦振铃。由于激光二极管正向电压下降，有效初始电容电压为 $V_{C1,0}=V_{IN}-V_{DLF}$。$t=t_2$时，i_{DL}归零，$v_{C1}=2V_{DLF}-V_{IN}$。此时，D_L阻止电流倒流，C_1通过 R_1重新充电。在 $t=t_3$时，在 v_1过零之前关闭开关 Q_1。

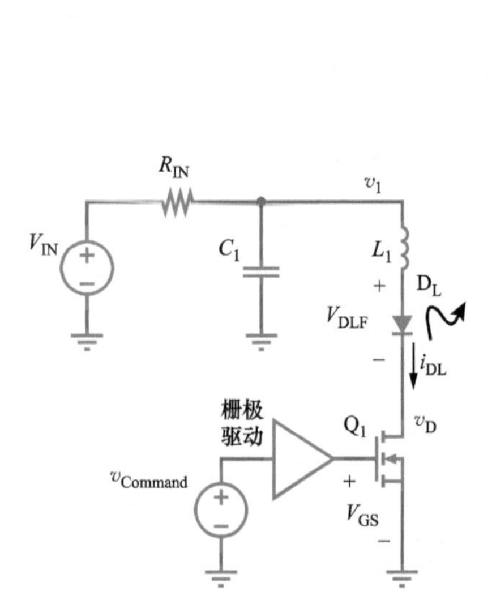

图 13.5 电容放电谐振驱动器

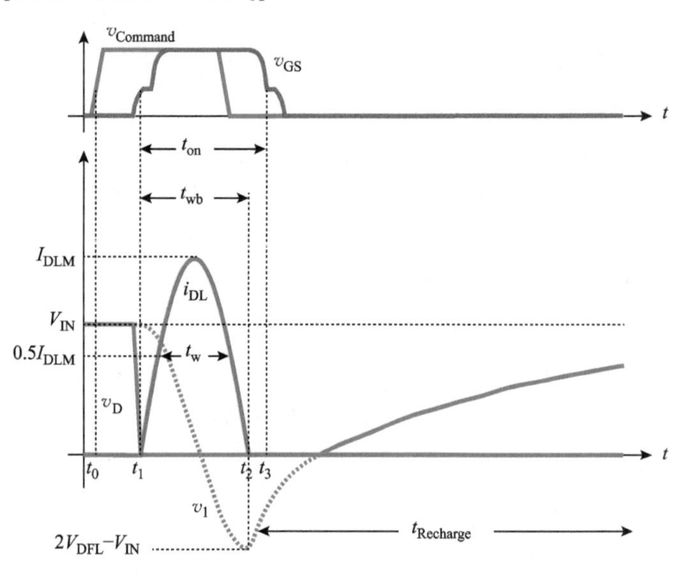

图 13.6 图 13.5 中电容放电谐振驱动器的关键波形

电容充电时间常数 τ_{chrg}和谐振周期 t_{res}分别为

$$\tau_{chrg}=R_1C_1 \tag{13.3}$$

$$t_{res}=2\pi\sqrt{L_1C_1}=2t_{wb} \tag{13.4}$$

通常，$\tau_{chrg}>>t_{res}$，所以 R_1 对 L_1C_1 谐振几乎没有影响。谐振特性阻抗 R_0和半全宽最大（FWHM）脉冲宽度 t_w分别为

$$R_0=\sqrt{\frac{L_1}{C_1}} \tag{13.5}$$

$$t_w=t_{res}\frac{\pi-2\sin^{-1}\frac{1}{2}}{2\pi}=\frac{t_{res}}{3} \tag{13.6}$$

这种激光驱动器拓扑具有以下优点：

1）该拓扑利用杂散电感；

2）该拓扑具有一个稳定的脉冲形状；

3）脉冲能量值通过 V_{IN}的值设定；

4）开关接地，用于简单驱动；

5）只有栅极开通需要精确控制（单边控制）；

6）激光电流脉冲宽度可以小于栅极驱动的最小脉冲宽度。

13.3.2　杂散电感的定量效应

可以使用下式计算激光二极管峰值电流 I_{DLpk}：

$$I_{DLpk} = \frac{V_{IN} - V_{DLF}}{R_0} \tag{13.7}$$

电感对设计有很大的影响。从式（13.4）~式（13.7）可知 V_{IN}的表达式为

$$V_{IN} = \frac{2\pi L_1}{3t_w} I_{DLpk} + V_{DLF} \tag{13.8}$$

图13.7显示了激光器上具有9V正向二极管电压降的30A、4ns脉冲（表13.1中的二极管SPL PL90_3），从式（13.8）计算出的电压 V_{IN}和 L_1的关系。可以清楚地看到，对于给定的激光器以及给定的脉冲高度和脉冲宽度，所需的 V_{IN}随 L_1线性增加。如果我们假设电路板的杂散电感、谐振电容和GaN晶体管的杂散电感为1nH，再加上激光器封装的5nH电感共6nH，则 V_{BUS}必须大于100V，任何寄生电阻都会使该值增大。

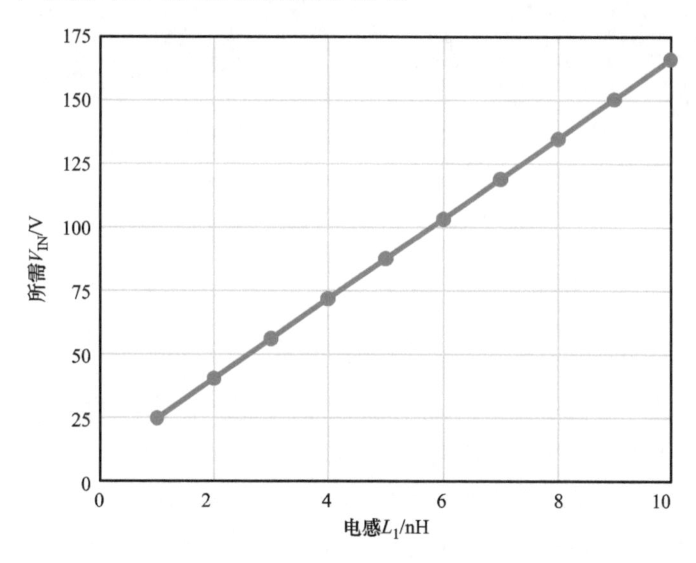

图13.7　在 I_{DLpk} = 30A、t_w = 4ns、V_{DLF} = 9V时，母线电压 V_{IN}与电感 L_1的关系

13.4　硬件驱动器设计

在本节中，通过一个设计实例来说明设计过程的有效性。此实例基于EPC9126激光驱动器演示板[11]，如图13.8所示。该驱动器使用上面讨论的EPC2016C GaN晶体管。

根据第4章中的原理，设计布局使总电感达到最小，并设计高带宽电压测试点和电流测量分流器。设计细节包括Gerber布局文件和示意图[12]。

图13.8中还显示了设计的关键部分的展开视图，并标记了主要部件。为了减小电感，储能电容和电流测量分流器由5个0402尺寸的表面封装并联而成。接地层和脉冲电流回路位于顶

部平面下方250μm处，以进一步降低功率回路电感。

由于电感对设计有很强的影响，正向电压降 V_{DLF} =12.5V，TPGAD1S09H表面贴装激光二极管的电感很低。较低的电感会降低所需的 V_{IN}，因此选择较大的峰值电流，I_{DLpk} =36A。电路板的功率回路电感约为1nH，因此总功率回路电感 L_1 =3nH。它的理想设计基于式（13.3）~式（13.6）给出 V_{IN} =69.0V、C_1 =1.22nF。

使用的电容值为 C_1 =1.1nF，因为这是标准元件值可以达到的最接近值。采用NPO/C0G陶瓷电容，该电容稳定、损耗小。

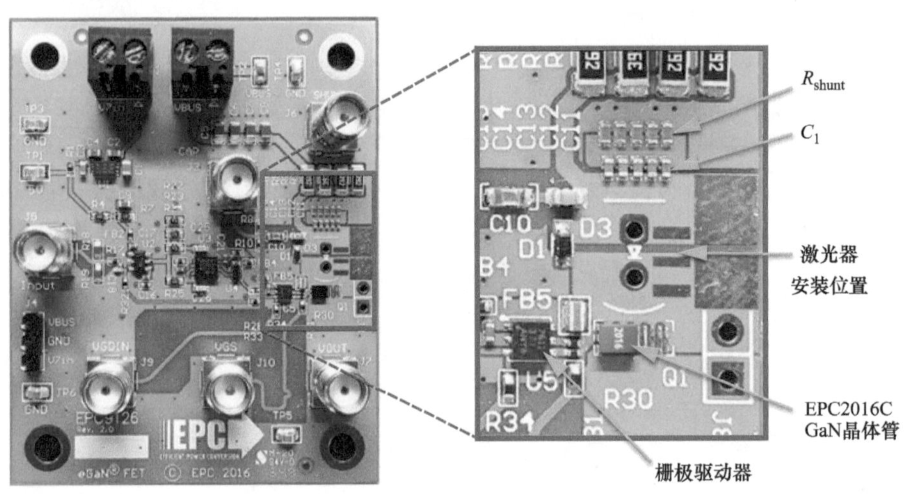

图13.8　带有用于实验验证的GaN晶体管的EPC9126激光驱动器

13.5　实验结果

实验结果表明了设计方法的有效性和所能获得的性能。对于电容放电驱动器，将首先展示上一节的设计实例，然后演示超快驱动器和大电流驱动器。

矩形脉冲应用可以得到的结果是用电阻负载显示的，因为在撰写本书时，市面上可买到的封装激光器的电感太大，无法显示GaN晶体管所能达到的效果。

13.5.1　高速激光驱动器设计实例

图13.9显示了上一节EPC9126设计实例的结果，结果与计算值非常接近，但波形中有一些特征没有出现在图13.6的理想波形中。其中许多特性将出现，下面会讨论这些新特性。

首先，漏极电压不会瞬间崩塌，可以减缓电流的上升速度。这是由于栅极驱动回路阻抗（包括共源电感）和必须流向放电 C_{OSS} 的附加电流造成的。虽然后一种电流是附加电流，但当加到激光二极管电流中时，它会导致沟道限制电流。第二，设计假设激光器上的电压降是固定的，但实际上，很大一部分激光二极管的电压降是由电阻引起的，电阻会减缓和抑制谐振。在电流测量分流器中有额外的大电阻，这进一步减缓和阻尼谐振。最后，激光二极管显示出一些反向恢复并具有非常快的关断状态，这会导致额外的振铃。如漏极电压波形所示，波形振铃的频率成分在 GHz 范围内。

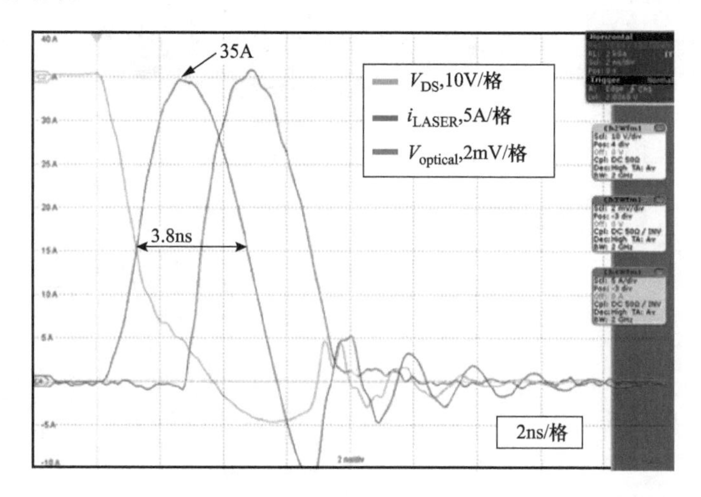

图 13.9 装有 EPC2016C GaN 晶体管的 EPC9126 激光驱动器的实验结果（V_{IN} =75V，峰值电流 I_{DLpk} =35A，t_w =3.8ns）

13.5.2 超快激光驱动器

基于多个激光二极管和商用栅极驱动器 IC 的需要，EPC9126 有几个折中的设计。2018 年，首款专用于激光雷达应用的栅极驱动器 TI LMG1020[13] 问世。该驱动器速度极快，采用芯片级封装以补充 GaN 晶体管封装的低电感。此外，还提供了优化的激光器封装。设计了一种新的布局，将 PCB 电感降低到大约 500 pH。通过这些改进，可以实现图 13.10 中的结果。

结果表明，峰值电流 I_{DLpk} =47.5A，脉冲宽度 t_w =1.85ns。因此，脉冲宽度降低了一半，峰值电流增加 32%。

13.5.3 超大电流激光驱动器

对于远程传感应用，必须增加最大电流，通常可以放宽分辨率，从而放宽对脉冲宽度的要求。在本例中，脉冲激光驱动器电路板使用与 EPC9126 类似的布局实现了 150A 的电流，脉冲为7.5ns（见图 13.11），但将晶体管改为 EPC2047，第五代 GaN 晶体管额定电压为 200V，脉冲电流额定值为 160A。

设计计算结果 C_1 =7770pF，电压 V_{IN} =104V 需要在 7.5ns 内达到 150A。在物理实现中，C_1包括 4 个并联 2000pF、200V 0603 NPO 电容，总计 8000pF。注意，150A 接近 EPC2047 的额定脉冲电流。由于部件上有相当大的电压裕量，预计可以在降低 t_w 的同时实现相同的峰值电流。

图 13.12 显示了结果，达到了 155A 的峰值电流和 8ns 的脉冲宽度，非常接近设计目标。由于分流器的阻尼，半正弦脉冲明显失真，这也导致脉冲宽度比计算值略宽。

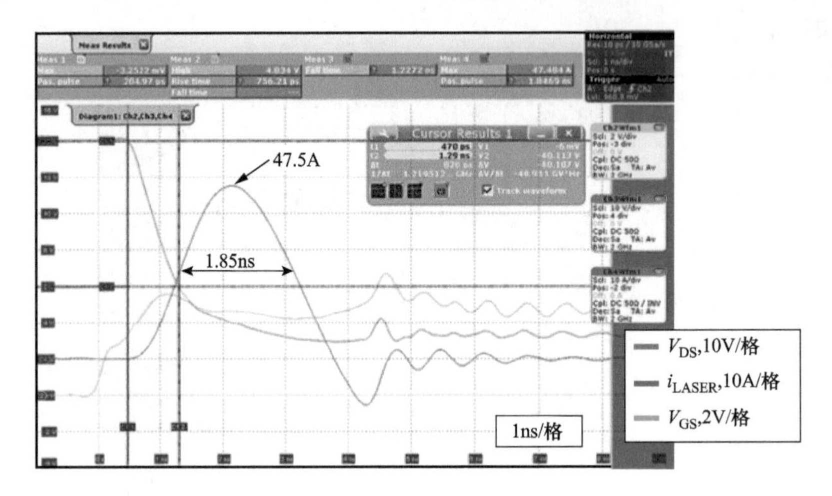

图 13.10 装有 EPC2016C GaN 晶体管的 EPC9126 激光驱动器的实验结果

（$V_{IN}=50V$，峰值电流 $I_{DLpk}=47.5A$，$t_w=1.85ns$）

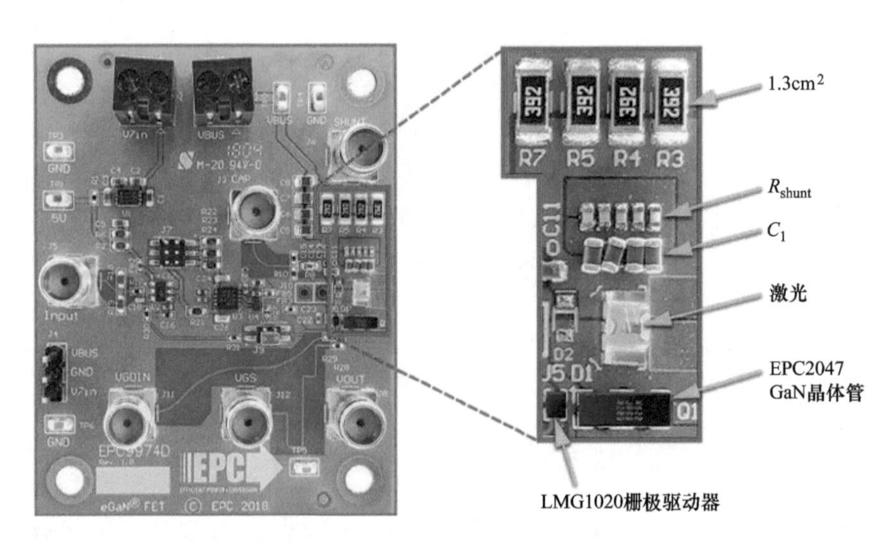

图 13.11 具有 TPGAD1S09H 激光器的 EPC9974D 脉冲激光驱动器电路板，该板使用 200V EPC2047 代替 100V EPC2016C，以获得更高的电压和电流能力

13.5.4 低压激光雷达

低压激光雷达有许多应用，如手势识别、面部识别、障碍物回避、增强现实和手持电子应用。电流往往在 2～10A 范围内，电压范围为 8～12V，较低电压（15V）的 EPC2040 GaN 晶体管非常适合这种应用。这种激光器的商业可用性很低，因此晶体管在低电感、1Ω 负载下进行了测试。图 13.13 显示了 8.5V 电源的结果。峰值电流接近 7.8A，实现了近似矩形的脉冲。请注意，转换时间非常快：开机约用 300ps，关机约用 200ps。

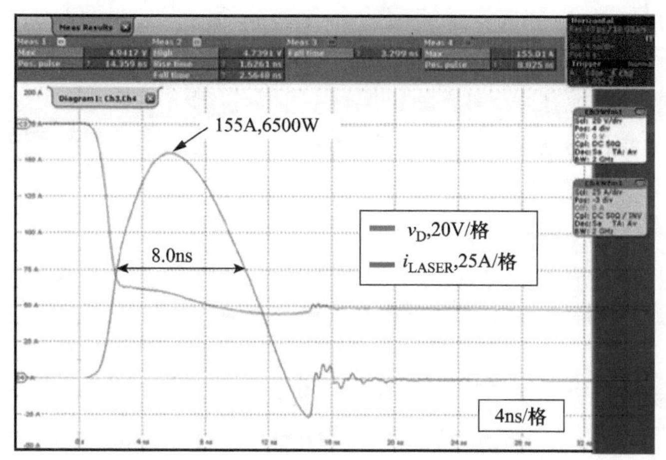

图13.12　使用EPC2047 GaN晶体管、LMG1020栅极驱动器和优化功率回路的EPC9974激光驱动器实验结果（$V_{IN}=104V$，峰值电流$I_{DI,pk}=155A$，$t_w=8.0ns$）

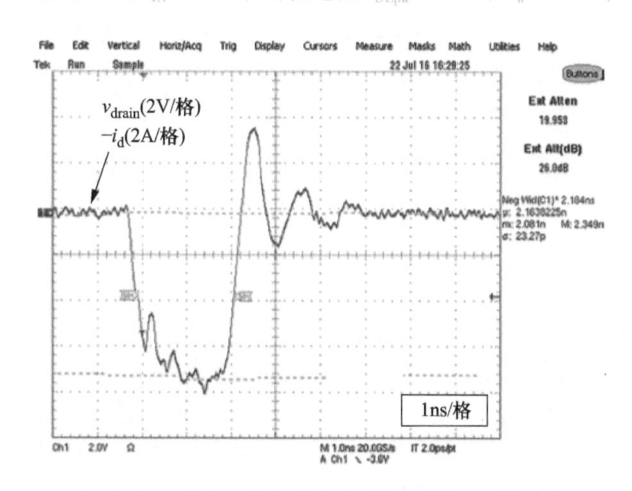

图13.13　带有1Ω负载和8.5V母线的EPC2040

13.6　其他注意事项

还有几个额外的实际考虑因素对激光雷达驱动器的设计有很大的影响。本节将主要讨论这些问题。

13.6.1　谐振电容

谐振电容应使用NPO/C0G陶瓷介质或其他低损耗线性介质，如陶瓷、玻璃或云母。应避免使用II类电介质，如X、Y或Z型，它们都具有很强的电压依赖性电容和相对较高的损耗。

13.6.2　充电过程

在所给实例中，谐振电容通过线性充电电阻R_1充电，时间常数τ_{chrg}由式（13.3）给出。由

于需要 $t=5\tau_{chrg}$将谐振帽充电到大于最终值的99%，我们可以通过将最大脉冲重复频率设置为 $PRF=\tau_{chrg}/5$ 来保证脉冲之间的完全充电。如果设计者想要更高的PRF值，他们可以降低 R_1 的值。减小 R_1 将允许额外电流在 Q_1 中流动，但这对于 $5\tau_{chrg} >> t_w$ 来说是可以接受的。

对于图13.5中所示的理想谐振系统和图13.6中的相关波形，我们可以看到，除了电容 C_1 第一次充电外，电容的初始状态为 $V_{C1}(t_2)=V_{IN}-2V_{DFL}$。这是一个很好的近似值，在充电过程中，所有的功率损耗都发生在 R_1 中，并且在 R_1 中消耗的能量将为

$$E_{R1chrg}=2C_1(V_{BUS}-V_{DFL})^2 \tag{13.9}$$

由于这是由电荷和能量守恒决定的，它不依赖于 R_1 的值或线性度，只不过是纯粹的耗散：

$$P_{R1chrg}=PRF\cdot E_{R1chrg} \tag{13.10}$$

这种功率损耗与PRF成比例增加，并且是在激光器本身的功率损耗之外。如果功率损耗过大，应考虑采用感应充电等不同的充电方式，这些超出了本章的范围。

13.6.3 电压探测

为了估算误差小于10%的转换时间，我们需要知道测量系统的带宽。利用单极模拟滤波器的带宽（BW）和10%~90%转换时间 t_t 之间的关系，$t_t=0.35/BW$，可以表示为

$$t_{t,meas}^2=t_{probe}^2+t_{scope}^2+t_t^2 \tag{13.11}$$

对于10%的误差，$t_{t,meas}=1.1t_t$。如果我们假设 $t_{probe}=t_{scope}$ 作为起点，那么

$$t_{probe}^2=\frac{1.21t_t^2-t_t^2}{2} \tag{13.12}$$

或者

$$t_{probe}=0.324t_t \tag{13.13}$$

这表示为了获得可用结果，示波器和探头的最小上升时间必须至少比波形快3倍。如果设计师不想看到任何不理想的情况，建议至少快5~10倍。对于图13.9、图13.10和图13.12中约1ns的转换时间，这意味着探头和示波器的带宽至少为1.5GHz，建议为3GHz。对于图13.13中的250ps转换时间，6GHz~12GHz频率范围和探头带宽是合适的，4GHz是绝对最小值。

具有这些带宽的示波器随时可用。虽然有许多探头可用于信号或逻辑电平电压，但只有少数探头可用于接近100V及以上的电压。一种解决方案是使用传输线探头，它可以具有几乎纯电阻输入阻抗和几GHz或更多的带宽。然而，直流电阻通常为500Ω~5 kΩ。为防止探头故障和直流负载效应，可将传输线探头与直流块一起使用。最好的方法是在PCB中构建探头，如EPC9126演示板中所示。这将感兴趣的节点和地面参考理想地连接到一起，从而提高了波形保真度和重复性。参考文献［15］讨论了这种探头的基本原理。

13.6.4 电流传感

在脉冲激光驱动器中电流传感既有优点也有缺点。优点包括操作验证、激光脉冲的定时，以及在保证视野安全的前提下最大限度地扩大射程的光学控制。然而，电流传感也有很多缺点，包括增加了电感、增加了功率损耗、波形精度差、成本高和可用电压低等。

如果需要脉冲电流测量，则仍然可以使用电阻电流分流器来实现。但是，必须非常注意所

有细节。展示的是基于EPC9126演示板的实例。EPC9126中包含电流测量能力，其形式为由5个0402电阻形成电阻电流分流，以尽量减少附加的功率回路电感。分路布局也遵循第4章的优化布局方法，并且选取点位于中心以最小化净磁场。它连接到PCB的另一侧，通过一条50Ω，传输线连接到连接器。因此，接地层保护低电压传感器不受激光驱动器回路的影响。即使在非常大的电流下，低占空比的激光驱动器允许使用这样的小电阻。

为了降低对性能负面影响的同时，还包括可负担的电流传感，对电流分流进行了一些妥协。形成这些波形的成本和这些波形的保真度有关。通常情况下，分流器需要一个非常小的电阻值，以尽量减少由于峰值电流而产生的电压降。然而，即使是5个0402大小的并联电阻，非常小的电感也会对并联阻抗产生很大的影响，从而影响测量过程。可以通过假设一个边沿跃迁时间为$t_t=2\text{ns}$的矩形电流脉冲对该效应进行保守估计。脉冲的最大3dB带宽可近似为

$$f_w \approx \frac{0.35}{t_t} = 175\text{MHz} \tag{13.14}$$

分流器的部分电感以L_1并联表示，通过用安装在PCB上的铜箔代替激光二极管，并观察Q_1开通时的振铃频率来估计这种电感。由于功率回路电感与放电电容谐振，因此可以计算电感。由此产生$L_{1shunt}=1.21\text{nH}$。然后用倒装的并联电阻来估算电感，通过将电阻层靠近PCB来减小电感，从而减小回路面积和电感。最后，用铜箔代替并联电阻进行基线测量，结果见表13.3。

表13.3 并联电感测量

实例	测试条件	振铃频率/MHz	估计L_1值/nH	增量并联电感
A	正常安装分流器	138	1.21	200pH
B	倒装分流器	148	1.05	40pH
C	用箔材代替的分流器	151	1.01	基线

从表13.3中可以估算出，与无分流器相比，安装的分流电阻器$L_{shunt,A}=200\text{ pH}$，倒置安装的分流器$L_{shunt,B}=40\text{ pH}$。在$f_w=175\text{MHz}$时，$L_{shunt,A}$的感抗为

$$|Z_{shuntA}| = 2\pi f_w L_{shunt,A} = 0.22\Omega \tag{13.15}$$

分流器的电阻值应至少为感抗的5倍，即$R_{shunt,A}\geqslant 1.1\Omega$。这导致峰值电流下的电压降为39V，这是晶体管额定电压的40%。通过倒置安装分流电阻器，可以将其减小5倍，以获得$R_{shunt,B}\geqslant 0.22\Omega$。根据组件可用性，最终选择$R_{shunt}=0.20\Omega$。

图13.14显示了上述三种情况下分流器的简单模拟示意图，对于$t_w=3.3\text{ns}$，图13.15显示

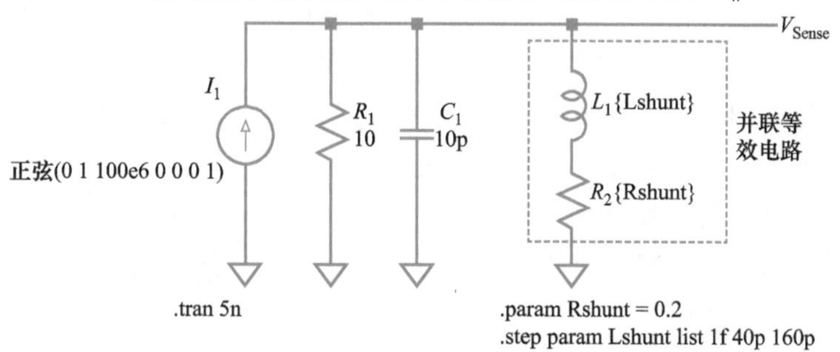

图13.14 典型并联等效电路的仿真模型

了结果。即使是200pH这么小的值，PCB上5个并联0402电阻的值也足以对短脉冲造成严重误差。电感的作用是区分部分电流信号，夸大了波形的初始部分和峰值。脉冲越短，误差越大。

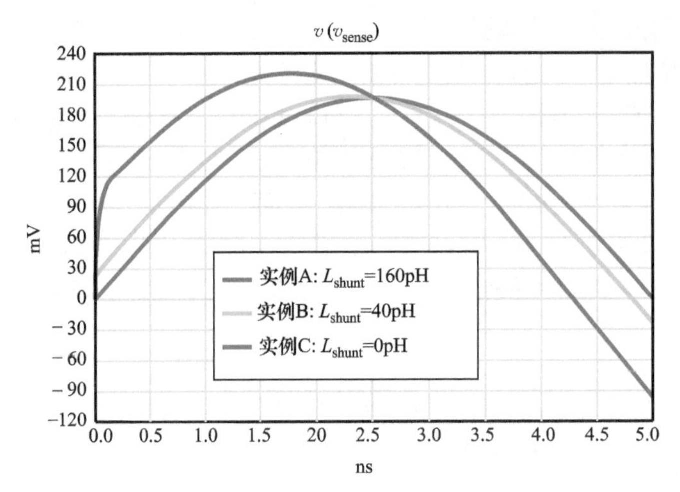

图13.15　图13.14中三个串并联电感的仿真模型结果

13.6.5　双边控制

谐振电容放电激光驱动器具有引人注目的特点。但是，它们有一个主要的限制，即对于给定的功率回路电感，它们虽然可以通过控制总线电压来实现对脉冲高度的良好控制，但不能控制脉冲宽度。

脉冲宽度也可用于控制脉冲能量，并且比脉冲幅度更容易控制，特别是当需要对单个脉冲进行这种控制时，通过关断晶体管来实现，以迫使激光电流为零。由于开通和关断时间都用于控制激光电流，因此称为双边控制。

图13.4b中的矩形脉冲驱动器是双边控制的一个例子之一。即使使用电容放电驱动器，晶体管也可以在谐振半周期完成之前关断。这意味着脉冲可以缩短到谐振半周期的长度，不仅可以控制脉冲宽度，还可以控制脉冲能量。对于典型的双边控制应用，可能需要更换谐振电容和充电电阻。在必须限制电流的情况下，可以使用充电电阻，因为在输入到PCB的总线电压处有额外的总线电容。虽然双边控制看起来很简单，但在处理具有亚纳秒跃迁时间和脉冲宽度小于10ns的高电流脉冲时，必须考虑到一些组件限制。首先，许多栅极驱动集成电路都具有最小的脉冲宽度规格。尽管德州仪器LMG1020的标称最小脉冲宽度为1ns，但这些值通常大于10ns。当双边控制应用于电容放电驱动器时，脉冲宽度的微小变化会导致振幅的较大变化，因为振幅与电流斜率和脉冲宽度的乘积成正比。

最后，当开关关断时，功率回路电感中的电流将被中断，这将在晶体管和激光二极管的漏极端上引起振铃和过冲。振铃将取决于电感、关断时的电流以及激光器、晶体管和PCB的电容。此振铃可能需要钳位。

寻找合适的钳位二极管非常具有挑战性。大多数二极管的封装电感与功率回路电感的数量级相同，这限制了响应速度。此外，如果钳位电流很大，则处理该电流的较大二极管将趋于具有相当大的电容，这将导致额外的振铃，并在某些情况下会导致重复出现不希望的光脉冲。一种选择是将钳位二极管集成到 GaN 激光驱动器中，这将有助于减少其寄生电感。

在检查双边控制应用时，建议仔细规划模拟和实验。后者尤其重要，因为现有的模型可能无法准确地表示激光二极管在激光雷达应用中发现的极短跃迁行为。

13.7 本章小结

直到最近，3D TOF 激光雷达的主要限制之一是在激光脉冲中实现功率和速度的必要组合，而这个限制主要是由于半导体开关硅 MOSFET 的性能限制。商用 GaN 晶体管使开发小型、高性能激光二极管发射器成为可能，从而开发出了具有成本效益的 TOF 激光雷达系统，该发射器将具有非常高的峰值功率和低至几纳秒范围的脉冲宽度。

在第 14 章中，GaN 晶体管将用于降低具有包络跟踪高速通信系统（如 4G/LTE 和 5G 基站）中的功率需求。

参考文献

1 Glaser, J. (2017). How GaN power transistors drive high-performance lidar: generating ultrafast pulsed power with GaN FETs. *IEEE Power Electron. Mag.* 4: 25–35.

2 McManamon, P. (2015). *Field Guide to Lidar*. SPIE.

3 http://ucanr.edu/blogs/green//blogfiles/11605_original.png.

4 Hovanessian, S.A. (1984). *Radar System Design and Analysis*. Norwood: Artech House, Inc.

5 OSRAM Opto Semiconductors Inc. (2015). SPL PL90_3 datasheet.

6 Excelitas Technologies (2016). Surface mount 905 nm pulsed semiconductor lasers datasheet.

7 Morgott, S. (2004). *Range Finding Using Pulse Lasers*. Regensberg, Germany: Osram Opto Semiconductors.

8 Efficient Power Conversion Corporation (2015). EPC2016C datasheet.

9 Infineon, Inc. (2016). BSZ146N10LS5 datasheet, Revision 2.2. http://www.infineon.com/dgdl/Infineon-BSZ146N10LS5-DS-v02_02-EN.pdf.

10 Glaser, J. (2018). High power nanosecond pulse laser driver using a GaN FET. *PCIM Europe 2018 Proceedings*, June 2018.

11 Efficient Power Conversion Corporation (2016). EPC9126 lidar development board quick start guide.

12 Efficient Power Conversion Corporation. EPC9126 lidar demo board. https://epc-co.com/epc/Products/DemoBoards/EPC9126.aspx.

13 Texas Instruments (2018). LMG1020 datasheet.

14 Glaser, J. (2018). Kilowatt laser driver with 120 A, sub-10 nanosecond pulses in < 3 cm^2 using a GaN FET. *PCIM Asia 2018 Proceedings*, June 2018.

15 Weber, J. (1969). *Oscilloscope Probe Circuits*. Tektronix Inc.

第 14 章

包络跟踪技术

14.1 引言

现代通信系统对数据的容量和传输速度提出了更高要求。第四代（4G）和第五代（5G）无线系统的长期演进（LTE）标准要求信号比前几代具有更高的峰值 - 平均功率比（PAPR）。作为一种线性放大器，功率放大器（PA）在最大输出功率下达到峰值效率。但是，高的 PAPR 会使平均功率远低于最大值。因此，功率放大器大部分时间都在低输出功率下工作，并且其平均效率非常低。已有研究表明，如果降低功率放大器电源电压，则最大输出功率将降低，但是较低输出功率时，效率将提高[1-3]。

包络跟踪（ET）或电源调制是根据输入信号随时间变化的包络，使用动态电源来改变功率放大器电源电压，从而使功率放大器的效率最大化[2]。电源调制有很多变化，包括极性、混合包络消除和恢复以及使用非线性分量的线性放大[3]。图 14.1a 显示了简化的包络跟踪发送器框图；图 14.1b 显示了不同漏极偏置电压时，功率放大器的一组实例效率曲线，以及实例信号的概率密度函数（PDF）。与具有恒定漏极电源电压 $V_{DD,4}$ 相比，通过降低漏极电压以获得较低的输出功率（这种情况下，概率最大），可以显著提高包络跟踪的功率放大器效率。

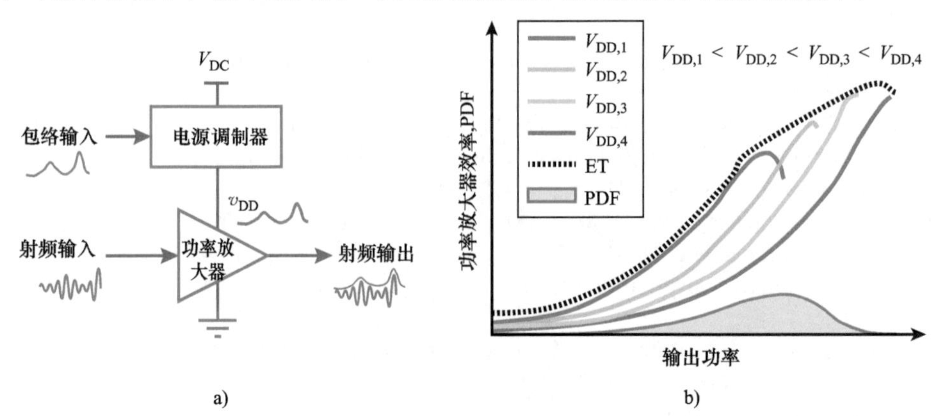

图 14.1　a）包络跟踪射频发送器的简化图；b）不同电源电压下实例功率放大器效率曲线、包络跟踪的预期效率以及实例信号包络的概率密度函数（PDF）

电源调制器具有高效率、高带宽和低失真的要求。包络跟踪电源有两个基本类别：线性功率放大器[4,5]和开关变换器[6-14]。开关变换器是高效率工作的首选，但由于硅技术的开关频率限制，它们的带宽有限。因此引入了混合型包络跟踪电源或开关变换器辅助线性放大器，在硅功率晶体管带宽的限制范围内结合线性放大器和开关变换器的优点[15-19]。

宽带隙半导体器件的最新发展已经实现了更快的开关速度和更高的开关频率，为开关变换器获得了创纪录的带宽和效率。例如，几个基于 GaN 晶体管的开关变换器实现了 20～120MHz 的跟踪带宽，效率为 83%～92%，输出功率为 5～67W[7-14, 20, 21]。

本章将探讨 GaN 晶体管在包络跟踪电源调制器中的应用，并对高频 GaN 晶体管进行比较，研究不同拓扑结构的开关电源调制器，并提出高开关频率的栅极驱动器设计注意事项。将用一个设计实例演示具有 20MHz 跟踪带宽和 120W 平均输出功率的电源调制器。

14.2　高频 GaN 晶体管

为了满足包络跟踪电源的要求，器件必须在高频下高效运行。这需要的不仅是更好的硬开关品质因数 FOM_{HS}，还有布局和封装特性，以最大限度提高内部电路性能。电路拓扑的不同，对器件电容和导通电阻的要求也不同。有时，为了得到较低的电容，不惜以高导通电阻为代价。这些器件可以用晶圆级芯片尺寸封装（WLCSP）GaN 晶体管[22]，器件引脚如图 14.2a 所示，并与在低频下工作的硬开关功率变换器中优化的 GaN 晶体管做了比较，如图 14.2b 所示。

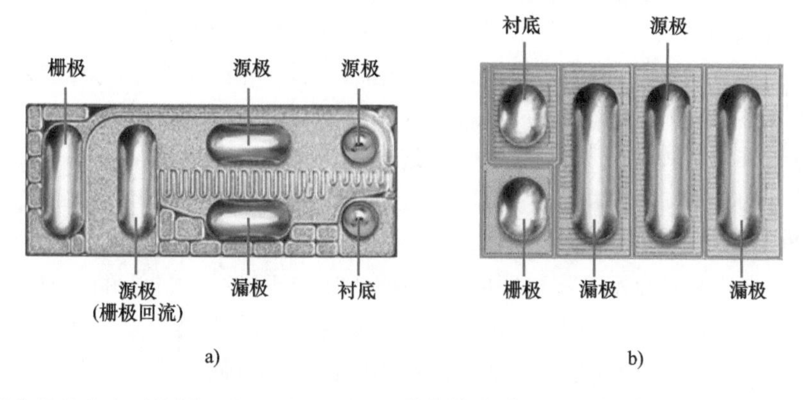

图 14.2　引脚位置的凸点对比图：a）EPC8000 GaN 晶体管系列 WLCSP 裸片；b）EPC2014C GaN 晶体管。请注意，在 EPC8000 系列中增加了栅极复位键以及垂直排列的栅极、漏极和源极，使工作频率更高

图 14.3 给出了具有相似导通电阻和相似封装的两个 EPC8000 系列器件（额定 65V 的 EPC8009[23] 和额定 100V 的 EPC8010[24]），并显示了三个最新的 30V MOSFET[25-27] 的 FOM_{HS}（7.2.7 节中讨论）。额定电压较高的 MOSFET 不采用 BGA 封装。计算中使用了器件数据表中最大的 $R_{DS(on)}$ 值。尽管 GaN 器件具有更高的额定电压，但与同类最佳 MOSFET 相比，GaN 晶体管的 FOM_{HS} 低得多。比较中仅包含 30V MOSFET，因为没有额定电压高于 30V 合适的 MOSFET。40V EPC2014C 被列为参考，其 FOM_{HS} 与 EPC8000 系列一致。但是，在 EPC8000 系列中增加了栅极复位键以及垂直排列的栅极、漏极和源极，这可以减少导致开关速度降低的寄生电感。

除了显著降低 FOM_{HS} 之外，EPC8000 系列 GaN 晶体管还具有多项功能，可进一步确保优良的内部电路性能。归纳如下：

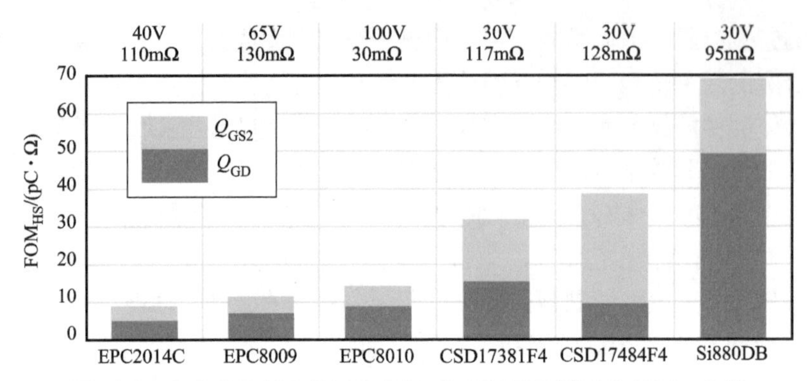

图 14.3　GaN 晶体管和类似的 BGA 硅 MOSFET 硬开关 FOM_{HS}比较
［FOM_{HS} =（Q_{GD} + Q_{GS2}）$R_{DS(on)}$］

1）完整的 d*v*/d*t* 抗扰度：正如第 3 章所讨论的，d*v*/d*t* 抗扰度的一个重要指标是米勒比，表示在高 d*v*/d*t* 情况下敏感栅极是如何开通的（见 2.5 节）[28]。整个漏源电压范围内额定电压在 50% 时，米勒比降至 0.4 以下，远低于 1.0 的要求。

2）减小了 Q_{GD}：如 7.2.1.1 节所述，Q_{GD}是确定开关损耗的主要器件参数。与更高功率 DC－DC 变换器相当尺寸的 GaN 晶体管相比，Q_{GD}已经减少到其大约一半的水平。

3）单独的栅极返回（源极）连接：栅极驱动电路的单独源极连接限制了器件内部的共源电感。如第 4 章和第 7 章所述，共源电感的降低对高频开关性能至关重要。

4）更宽的栅极驱动连接：栅极电路较宽的连接显著降低了与栅极电路连接的电感。此外，将栅极和分离的栅极返回端彼此平行放置，可使驱动器与 PCB 互连的电感更小。

5）宽的漏极和源极连接，与栅极回路正交：与上述栅极驱动连接一样，并联连接焊盘允许宽互连迹线，以改善 PCB 布局，并具有最小的功率回路电感。这两个回路的正交布局也降低了栅极电路电流与漏极电路电流的相互作用。

图 14.4 中的半桥布局显示，栅极回路（图 a）和功率回路（图 b）的电流（箭头）在相邻层上沿相反方向流动，通过磁通相互抵消来减小总回路电感，如第 4 章所述。此外，这些迹线保持尽可能宽，而这些层之间的层间距离达到最近，两者都可使回路电感进一步减小。

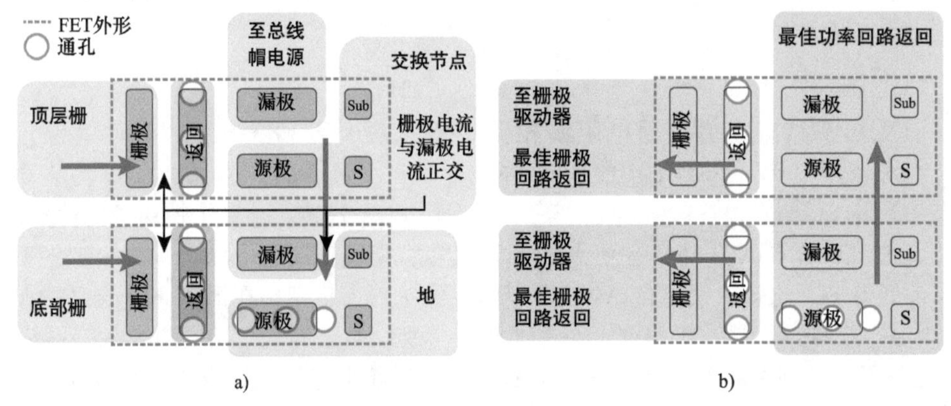

图 14.4　使用 EPC8000 系列 GaN 晶体管的半桥拓扑最佳布局设计：a）顶（部件）层；b）第一内层

14.3 包络跟踪电源拓扑

包络跟踪电源通常属于以下三类之一：①线性放大器[4,5]；②开关变换器[6-14]；③串联或并联结合的线性放大器和开关变换器的混合系统[15-19]。线性放大器（例如最简单的源极跟随器），具有低失真和高带宽的特点，但效率低。尽管如此，线性放大器减少了功率放大器的功率损耗和发热，通常是发射机系统中最昂贵的组件。通过动态调整占空比，可以将开关变换器（例如降压变换器）用作包络跟踪电源。如果在开关频率极限内工作，开关变换器效率通常会比线性放大器高。但是，为了减少失真，该开关频率至少达到带宽的 5～10 倍，这可能会抵消效率优势。在混合系统中，开关变换器处理从直流到低于所需带宽预定频率的低频功率，从而保持高效率。然后，线性放大器将处理剩余的高频功率以完成频谱。这种拓扑结构兼具线性和开关变换器的优点，但增加了控制器的复杂性和成本。

GaN 晶体管能够以很高的效率实现从数十 MHz 到数百 MHz 的高开关频率[2,7-10]。这为开关变换器拓扑结构提供了新机会，可以在不牺牲效率的情况下实现更高的带宽。尽管如此，与新的 5G 系统相比，带宽还是不够。例如，120MHz 带宽将要求降压变换器以 1GHz 的频率进行切换。为了实现这些更高的带宽，研究人员提出了两种开关变换器拓扑结构：多相变换器和多电平变换器。

14.3.1 多相变换器

图 14.5 给出了带有 LC 输出滤波器的 N 相降压变换器简化图（有关降压变换器的详细讨论，请参见第 7 章）。负载电阻 R 代表处于饱和状态的功率放大器，C 代表确保功率放大器稳定的电容。每个相位均由自己的脉宽调制（PWM）控制信号驱动，每次相移 $360°/N$。各相的开关频率为 f_s。由于独立的 PWM 信号和纹波消除[6,28,29]，N 相降压变换器有效开关频率为 Nf_s。因此，与单相变换器相比，可以获得更高的带宽。有效开关频率与带宽之比在 5～10 之间，具体取决于输出滤波器的类型。例如，一个具有四阶滤波器的四相降压变换器可以实现 20MHz 的包络跟踪带宽和 25MHz 的开关频率[30]。参考文献［6］中也报道了采用二阶滤波器的八相降压变换器在约 13MHz 条件下跟踪 10MHz LTE 包络。

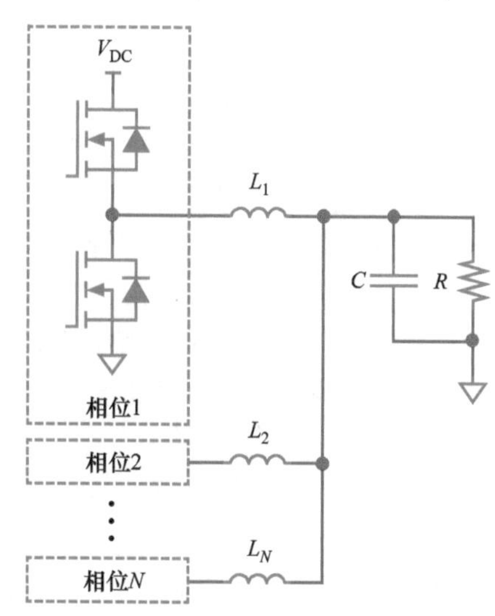

图 14.5 作为包络跟踪电源的 N 相降压变换器简化示意图

通过优化相数 N 可以获得最大效率的设计参数。通常，更多的相位会导致较低的开关频率，因此对于相同的目标带宽，开关损耗也较小。低开关频率还可以延长栅极驱动器的上升和下降时间。同时，总栅极驱动器损耗乘以 N，可能会抵消低开关损耗带来的好处。另外，在每个相中处理的功率仅为总输出功率的 $1/N$。多相降压变换器可以使用额定功率更低的较小晶体管。

电感是另一个重要的设计参数。除了传统 DC - DC 应用中的电流纹波和效率外，电感还决定包络跟踪中输出波形的最大压摆率。通常，需要低电感来实现典型包络信号的高压摆率要求，但这通常会导致大电流纹波，可以使用零电压开关（ZVS）来提高效率[6, 19]。ZVS的另一个好处是多相结构中固有的电流平衡[31]。在图14.5中，假设所有电感具有相同的值（$L_1 = L_2 = \cdots = L_N$），则有效电感为 $L_{EQ} = L_1 / N$。这就是多相拓扑结构可以同时适应快速瞬态响应和小电流纹波的原因。

变换器的输出不断变化，但是通常只能在固定的工作条件下对变换器进行优化。根据目标包络信号的PDF，在最高概率附近进行优化非常重要。其他技术，例如可变频率和PWM阈值，也可以用于在宽负载范围内进一步提高效率[6]。

14.3.2 多电平变换器

第11章已经讨论了多电平变换器的几个优点，包括减小尺寸和提高效率。除了基于图11.1中单元配置的拓扑外，还存在用于包络跟踪电源的其他拓扑，其中一个拓扑如图14.6所示。在该电路中，有许多开关将不同的直流电压源连接到输出。在任何给定时间，只有一个开关处于打开状态。可以通过选择“打开”开关来调节输出电压，但仅包含离散电平。还可以添加滤波器或阻尼网络以平滑开关转换并减少失真。参考文献［12］中介绍了基于这种拓扑的四电平变换器，该变换器使用集成的GaN - on - SiC技术，其中跟踪20MHz LTE包络的平均开关频率为20MHz。使用分离的射频GaN晶体管和GaN二极管的三电平变换器也实现了120MHz的跟踪带宽[14]。

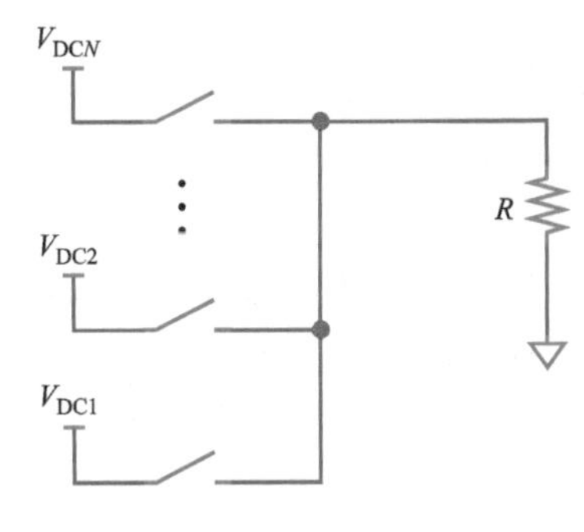

图14.6 用于包络跟踪电源的 N 电平变换器简化示意图

可以在参考文献［13］中找到另一种基于直接数/模转换架构的多级变换器拓扑，该拓扑结合了非对称级联多电平结构。它能够达到 $2N$ 的输出电压电平，其中 N 是不同电压源的数量。由于它具有较小的电压阶跃和更多的输出电压电平，可以实现低失真。通常由于非线性度增加，多电平变换器需要数字预失真（DPD）。

14.4 栅极驱动器设计

为了充分利用高速GaN器件的潜力，第3章中讨论了栅极驱动电路设计的特殊注意事项。数十MHz范围内的半桥栅极驱动器设计特别具有挑战性。现有的商用半桥栅极驱动器可能无法满足包络跟踪电源的要求。例如，在25MHz开关频率条件下，10ns的最小脉冲宽度将导致0.25的最小占空比，从而限制了变换器的工作电压范围。此外，由于传播延迟失配，商用半桥栅极驱动器的脉冲宽度失真可能会在10～20ns之间。

目前，使用数字隔离器和高速低端驱动器的离散栅极驱动器是一种可行的解决方案。对于EPC8000系列，栅极电荷 Q_G 太低，因此可以使用逻辑门代替低端驱动器。高端驱动器中5V浮动电源有两种实现方法：①同步FET自举电源；②隔离变压器辅助DC - DC电源。3.5节介绍了第一种方法，数字隔离器和逻辑门的原理图如图14.7所示。第二种方法要求仔细设计隔离变压器，使寄生的一次至二次电容最小化[7]，否则，高的 dv/dt 开关节点电压可能会产生大瞬态电流并使栅极驱动信号失真。

可以从 11. 3 节和 11. 4 节中得出多电平包络跟踪电源的栅极驱动器设计。对于高带宽，例如参考文献［14］中的 120MHz，可以使用离散高速低压差分信号（LVDS）隔离器和 LVDS 接收器，如图 14. 8 所示。某些拓扑结构，如非对称级联结构[13]，可以使用半桥拓扑，并且可以利用图 14. 7 所示的栅极驱动器设计概念。

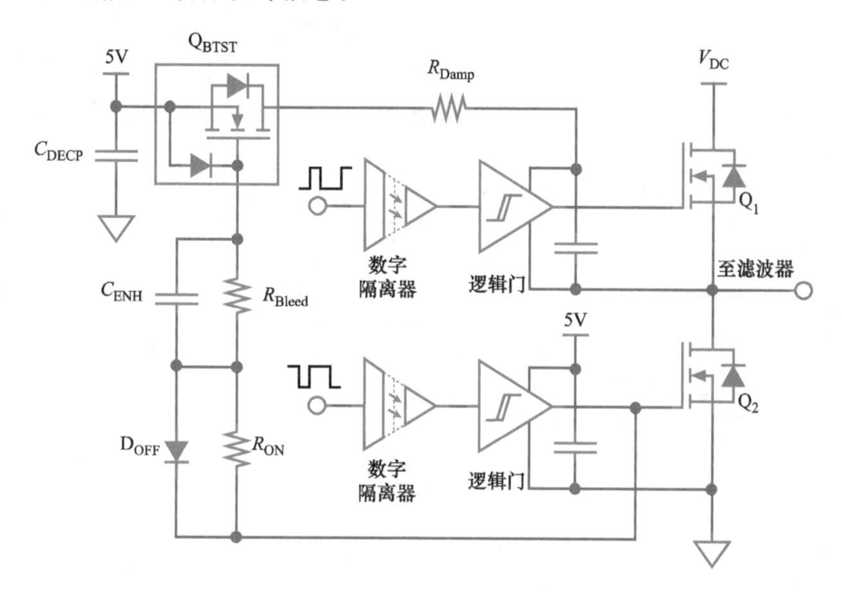

图 14. 7　带有同步自举晶体管、数字隔离器和逻辑门的半桥拓扑示意图

为了支持更高的开关频率，需要将栅极驱动器和半桥功率器件集成在同一芯片上。参考文献［10，32］中介绍了 100MHz 具有集成栅极驱动器的高频 GaN 晶体管变换器。

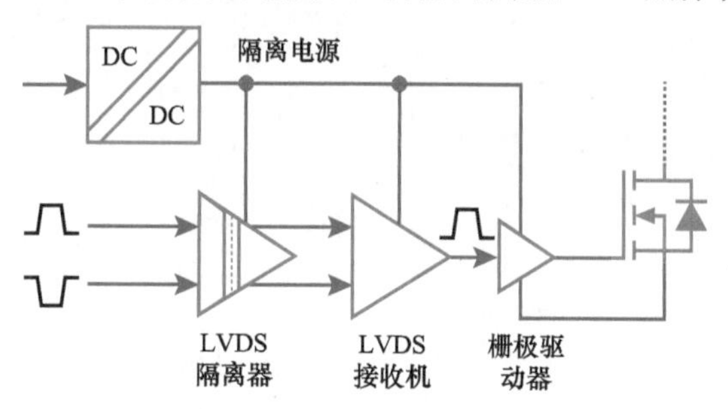

图 14. 8　多电平变换器的高频隔离栅极驱动器

14. 5　设计实例：跟踪 20MHz LTE 包络信号

本节给出了用于 4G 手机基站的包络跟踪电源设计实例。设计目标为：65V 输入电压、120W 平均输出功率、600W 峰值输出功率和 20MHz 带宽。

对于二阶 LC 输出滤波器，等效开关频率至少应为 200MHz；如果使用高阶滤波器，则等效开关频率至少为 100MHz。根据 EPC8000 系列器件的额定电压，选择 EPC8010（100V、160mΩ、7.5A 脉冲）。由于所需的最低等效开关频率为 100MHz，因此四个相位的每相开关频率为 25MHz。建立类似于参考文献［33］的损耗模型来分析功率损耗和效率。选择合适的电感使 ZVS 条件满足占空比高达 0.75 的要求。该模型表明，对于所需的功率，每相的最佳 ZVS 电感 L_1 为 110 nH。在 L_1 受约束的情况下，使用参考文献［20］中的滤波器设计程序，计算兼容 ZVS 的四阶输出滤波器元件值，并在表 14.1 中列出，其原理如图 14.9 所示。

图 14.7 介绍了具有同步晶体管自举电源的栅极驱动器。为了设计紧凑，选择 EPC2038 作为同步自举晶体管，因为 EPC2038 具有最低的栅极电荷（44pC）、最低的寄生电容和最小的占位面积（0.9mm×0.9mm）。

表 14.1　兼容 ZVS 的四阶输出滤波器元件值

带宽	L_1	C_2	L_3	C_4	R
20MHz	100nH	0.94nF	56nH	550pF	7Ω

单独控制每个晶体管的栅极信号，可以精确地调整死区时间。Altera Stratix IV FPGA 波形发生器用于产生栅极驱动信号。最小时间分辨率为 0.2ns，可以精确控制死区时间和占空比。利用 100Ω 差分对将这些信号从 FPGA 传输到栅极驱动器。印制电路板（PCB）布局中还需要进行长度调整和相位调整，以确保信号完整性。

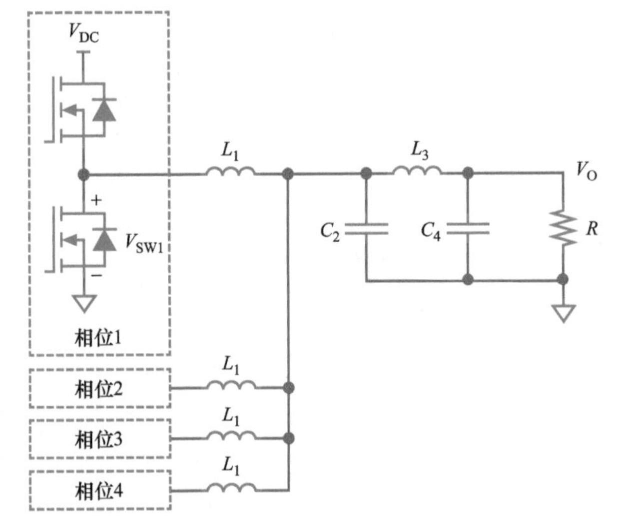

图 14.9　用作包络跟踪电源的四相降压变换器原理图（具有四阶输出滤波器）

图 14.10 显示了在不同输出电平下测得的变换器效率和功率损耗。功率级效率仅包括晶体管和输出滤波器的损耗。总效率包括栅极驱动器损耗。图 14.10a 中也显示了目标 20MHz LTE 包络信号的 PDF 以供参考。

以 20MHz LTE 包络信号为例。电压范围为 12～65V，PAPR 为 7 dB。为了演示，通过离线处理并生成栅极信号，存储在 FPGA 存储器中以进行开环回放。该过程实现了所需的预滤波和预失真[20]，以及双沿 PWM 方案。图 14.11 显示了由四相包络跟踪电源生成的输出电压波形。图 14.12 对比了在 2μs 持续时间内的测量和目标包络波形，显示了精确的跟踪和低输出电压纹波。测得的归一化 RMS 误差（NRMSE）为 1.5%。在动态跟踪条件下测得的平均效率为 94.4%，平均输出功率为 129W，峰值功率为 600W。红外热像图如图 14.13 所示，显示每个相中的电流是平衡的，并且峰值温度约为 70℃。

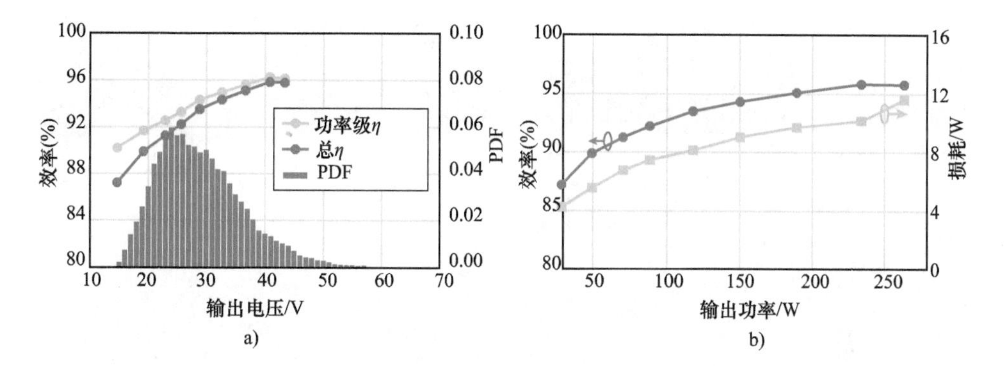

图 14.10　a）固定输出电压和 20MHz LTE 包络信号的 PDF 条件下测量的变换器效率
b）一定输出功率等级范围内，稳定状态下测量的变换器电源效率和损耗

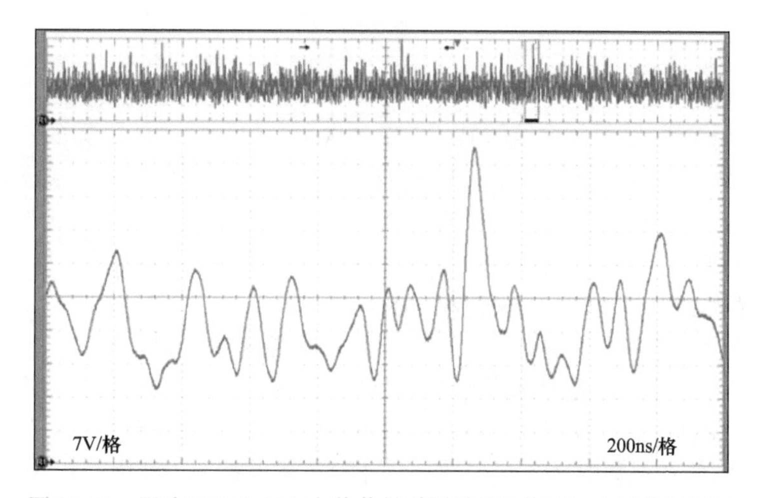

图 14.11　跟踪 20MHz LTE 包络信号时测量的包络跟踪电源输出波形

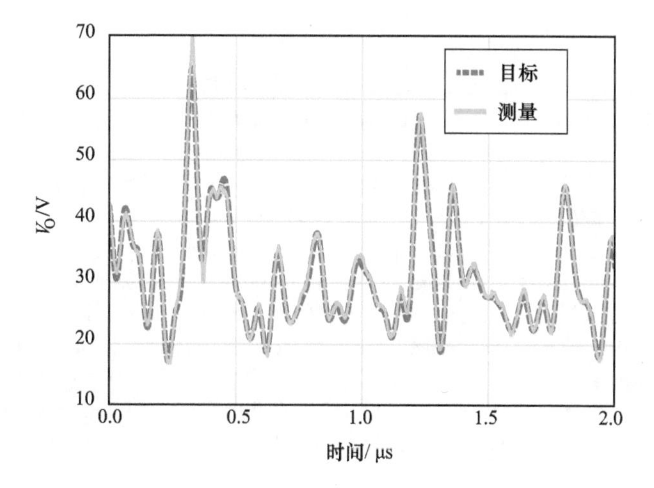

图 14.12　目标信号与测量 20MHz LTE 包络信号对比

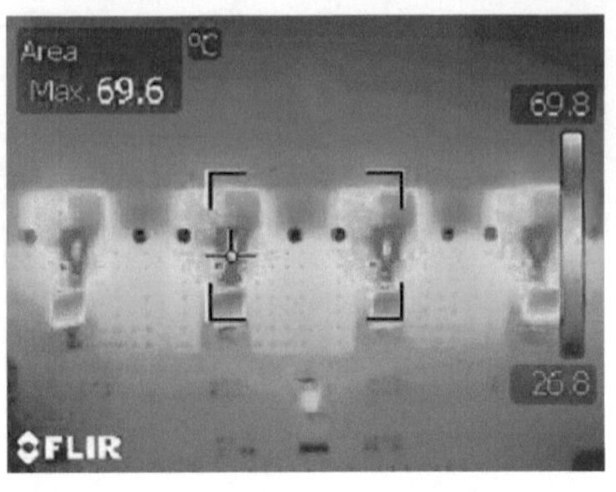

图 14.13 基于 GaN 晶体管的包络跟踪电源工作时的红外热图像，显示整个电路板的相位温度是平衡的

14.6 本章小结

随着无线通信系统的发展，信号的 PAPR 稳步增长，保持功率放大器的高效率变得越来越具有挑战性。本章介绍了包络跟踪和电源调制技术，用于提高现代通信系统的功率放大器效率。GaN 晶体管的 FOM 极低，可在数十 MHz 频率下高效工作，从而无需线性放大器辅助即可将简单的开关变换器用作包络跟踪电源。在如此高的频率下，需要额外考虑栅极驱动器设计。有时可能需要将驱动器 IC 与功率晶体管集成在一起。对于具有 20MHz 或更高带宽的高效包络跟踪电源，可以选择多相和多电平拓扑。EPC8000 系列晶体管具有非常低的输出电荷和栅极电荷，是多相包络跟踪拓扑的最佳选择。使用 EPC8010 晶体管的四相包络跟踪电源设计实例证明，当跟踪平均输出功率为 67W 的 20MHz LTE 包络时，效率为 94%。

第 15 章将介绍 GaN 晶体管和集成电路应用于具有磁谐振的无线电能传输。

参考文献

1 Hoversten, J., Schafer, S., Roberg, M. et al. (2012). Co-design of PA, supply, and signal pro-cessing for linear supply-modulated RF transmitters. *IEEE Trans. Microwave Theory Tech.* 60 (6): 2010–2020.

2 Asbeck, P. and Popovic, Z. (2016). ET comes of age: envelope tracking for higher-efficiency power amplifiers. *IEEE Microwave Mag.* 17 (3): 16–25.

3 McCune, E. (2015). *Dynamic Power Supply Transmitters: Envelope Tracking, Direct Polar, and Hybrid Combinations*. Cambridge, UK: Cambridge University Press.

4 Li, D., Rodriguez, M., Zai, A. et al. (2013). RFPA supply modulator using wide-bandwidth linear amplifier with a GaN HEMT output stage. *Proceedings of the IEEE Workshop Control Model*, (2013).

5 Theilmann, P., Yan, J., Vu, C. et al. (2013). A 60 MHz bandwidth high efficiency X-band envelope tracking power amplifier. *Proceedings of the IEEE Compound Semiconductor Integrated Circuit Symposium*, (October 2013), 1–4.

6 Norris, M. and Maksimovic, D. (2012). 10 MHz large signal bandwidth, 95% efficient power supply for 3G–4G cell phone base stations. *Proceedings of the IEEE 27th Annual*

Applied Power Electronics Conference and Exposition, (February 2012), 7–13.

7 Rodriguez, M., Zhang, Y., and Maksimovic, D. (2014). High-frequency PWM buck converters using GaN-on-SiC HEMTs. *IEEE Trans. Power Electron.* 29 (5): 2462–2473.

8 Hong, Y.P., Mukai, K., Gheidi, H., Shinjo, S., and Asbeck, P. (2013). High efficiency GaN switching converter IC with bootstrap driver for envelope tracking applications. *Proceedings of the IEEE Radio Frequency Integrated Circuits Symposium*, (2013), 353–356.

9 Shinjo, S., Hong, Y.P., Gheidi, H., Kimball, D., and Asbeck, P. (2013). High speed, high analog bandwidth buck converter using GaN HEMTs for envelope tracking power amplifier applications. *Proceedings of the IEEE Wireless Sensors and Sensor Networks*, (2013), 13–15.

10 Zhang, Y., Rodriguez, M., and Maksimovic, D. (2014). 100 MHz, 20 V, 90% efficient synchronous buck converter with integrated gate driver. *Proceedings of the IEEE Energy Conversion Congress and Exposition*, (2014).

11 Cheng, P., Vasic, M., Garcia, O. et al. (2014). Minimum time control for multiphase buck converter: analysis and application. *IEEE Trans. Power Electron.* 29 (2): 958–967.

12 Sepahvand, A., Momenroodaki, P., Zhang, Y., Popović, Z., and Maksimović, D. (2016). Monolithic multilevel GaN converter for envelope tracking in RF power amplifiers. *Proceedings of the IEEE Energy Conversion Congress and Exposition*, (2016), 1–7.

13 Florian, C., Cappello, T., Paganelli, R.P. et al. (2015). Envelope tracking of an RF high power amplifier with an 8-level digitally controlled GaN-on-Si supply modulator. *IEEE Trans. Microwave Theory Tech.* 63 (8): 2589–2602.

14 Wolff, N., Heinrich, W., and Bengtsson, O. (2017). Highly efficient 1.8-GHz amplifier with 120-MHz class-G supply modulation. *IEEE Trans. Microwave Theory Tech.* 65 (12): 5223–5230.

15 Li, D., Zhang, Y., Rodriguez, M., and Maksimovic, D. (2014). Band separation in linear-assisted switching power amplifiers for accurate wide-bandwidth envelope tracking. *Proceedings of the IEEE Energy Conversion Congress and Exposition*, (September 2014), 1113–1118.

16 Yousefzadeh, V., Alarcon, E., and Maksimovic, D. (2006). Band separation and efficiency optimization in linear-assisted switching power amplifiers. *Proceedings of the IEEE 37th Power Electronics Specifications Conference*, (June 2006), 1–7.

17 Miaja, P., Rodriguez, M., Rodriguez, A., and Sebastian, J. (2012). A linear assisted DC/DC converter for envelope tracking and envelope elimination and restoration applications. *IEEE Trans. Power Electron.* 27 (7): 3302–3309.

18 Vasic, M., Garcia, O., Oliver, J. et al. (2014). Theoretical efficiency limits of a serial and parallel linear-assisted switching converter as an envelope amplifier. *IEEE Trans. Power Electron.* 29 (2): 719–728.

19 Miaja, P., Rodriguez, A., and Sebastian, J. (2015). Buck-derived converters based on gallium nitride devices for envelope tracking applications. *IEEE Trans. Power Electron.* 30 (4): 2084–2095.

20 Zhang, Y., Rodriguez, M., and Maksimovic, D. (2015). Output filter design in high-efficiency wide-bandwidth multi-phase buck envelope amplifiers. *Proceedings of the IEEE 30th Annual Applied Power Electronics Conference and Exposition*, (March 2015), 2026–2032.

21 Zhang, Y., Strydom, J., de Rooij, M.A., and Maksimovic, D. (2016). Envelope tracking GaN power supply for 4G cell phone base stations. *Proceedings of the IEEE 31th Annual Applied Power Electronics Conference and Exposition*, (March 2016), 2292–2297.

22 Efficient Power Conversion Corporation. Introducing a family of eGaN FETs for

multi-megahertz hard switching applications. Application note AN015. http://epc-co.com/epc/Portals/0/epc/documents/product-training/an015%20egan%20fets%20for%20multi-megahertz%20applications.pdf.

23 Efficient Power Conversion Corporation. Datasheet, EPC8009 – enhancement mode power transistor [Revised October 2018]. http://epc-co.com/epc/Portals/0/epc/documents/datasheets/EPC8009_datasheet.pdf.

24 Efficient Power Conversion Corporation. Datasheet, EPC8010 – enhancement mode power transistor [Revised October 2018]. http://epc-co.com/epc/Portals/0/epc/documents/datasheets/EPC8010_datasheet.pdf.

25 Texas Instrument (2017). CSD17381F4 30 V N-Channel FemtoFET™ MOSFET. Datasheet. [Revised December 2017]. http://www.ti.com/lit/ds/symlink/csd17381f4.pdf.

26 Texas Instrument (2017). CSD17484F4 30 V N-Channel FemtoFET™ MOSFET. Datasheet [Revised September 2017]. http://www.ti.com/lit/ds/symlink/csd17484f4.pdf.

27 Vishay Siliconix. Si8808DB N-channel 30 V (D-S) MOSFET. Datasheet [Revision B]. http://www.vishay.com/docs/62547/si8808db.pdf.

28 Wu, T. *C* d*v*/d*t* induced turn-on in synchronous buck regulators. White paper. International Rectifier Corporation.

29 Sebastian, J., Fernandez-Miaja, P., Ortega-Gonzalez, F. et al. (2014). Design of a two-phase buck converter with fourth-order output filter for envelope amplifiers of limited bandwidth. *IEEE Trans. Power Electron.* 29 (11): 5933–5948.

30 Zhang, Y. (2016). High frequency GaN drain supply modulators for radio frequency power amplifiers. Ph.D. dissertation. University of Colorado at Boulder.

31 Costinett, D., Seltzer, D., Zane, R., and Maksimovic, D. (2013). Analysis of inherent volt-second balancing of magnetic devices in zero-voltage switched power converters. *Proceedings of the IEEE 28th Annual Applied Power Electronics Conference and Exposition*, (February 2013), 9–15.

32 Sepahvand, A., Zhang, Y., and Maksimovic, D. (2016). High efficiency 20-400 MHz PWM converters using air-core inductors and monolithic power stages in a normally-off GaN process. *Proceedings of the IEEE 31th Annual Applied Power Electronics Conference and Exposition (APEC)*, (2016), 580–586.

33 Zhang, Y., Rodriguez, M., and Maksimovic, D. (2016). Very high frequency PWM buck converters using monolithic GaN half-bridge power stages with integrated gate drivers. *IEEE Trans. Power Electron.* 31 (11): 7926–7942.

第 15 章

高谐振无线电源

15.1 引言

无线电能传输使我们日常生活中的各种电池供电设备远程供电和充电成为现实。无线电能传输基本技术的发展，成为对手机、平板电脑和笔记本电脑充电的普遍方式，而且可能进入我们的家庭，替代墙上无处不在的插座和延长线。目前大多数应用电器充电都是小于65W 的小功率级别，但该技术允许达到的几千瓦功率水平。例如，汽车制造商已经开始将为电动汽车充电的无线电能传输商业化[1]。

目前出现了两种主要的无线充电标准：①无线电源联盟（WPC）[2]和②AirFuel 无线充电联盟[3]，前者的特点是充电源和器件单元之间紧密耦合和对齐，后者的特点在于充电源和器件单元之间的非紧密耦合。本章将重点讨论基于空气燃料的松散耦合高谐振无线电能传输解决方案，该解决方案使用了 6.78MHz 免许可的工业、科学和医学（ISM）频段。这种松散耦合的方法消除了在发送和接收单元之间的紧密对准要求。手机放在口袋里就可直接进行充电，平板电脑可以通过放置在配备有薄传输线圈的桌面上的任何位置进行充电。可想而知，传输线圈可以铺设在地砖中，为普通的家用电器供电。电动汽车可以停在车库地板上的充电垫上行驶进行充电。

6.78MHz ISM 波段的非通信操作由辐射器监管标准管理，这对辐射能量有限制。无线电能传输特别重要的是 ±15kHz 的载波带宽限制[4]。这限制了设计师设计的拓扑结构工作在固定频率，而且任何幅度调制都必须限制在带宽限制范围和系统组件容差范围。

15.2 无线电能传输系统概述

基本的无线电能传输系统由以下组件构成：①带有预调节器的放大器；②包含调谐网络的源线圈；③包括调谐网络的器件线圈；④具有高频滤波和后调节器的整流器；⑤可工作的通信系统。无线电能传输系统框图如图 15.1 所示。

线圈是无线电能传输系统的核心，需要充分了解线圈的最佳运行方式，并给出它们与各模块的相互作用。典型的无线电能传输线圈被设计成扁平螺旋线，这种线圈的建模可以看成为具有低耦合系数的变压器，如图 15.2 所示。

将线圈组建模为等效变压器是分析系统的基础。可以通过使用矢量网络分析仪（VNA）在

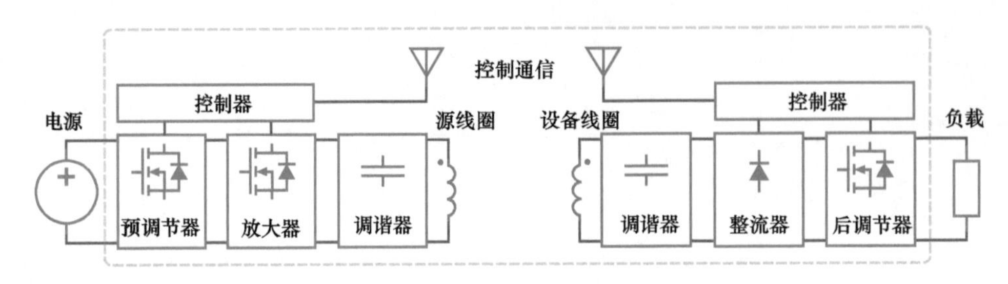

图 15.1　无线电能传输系统框图

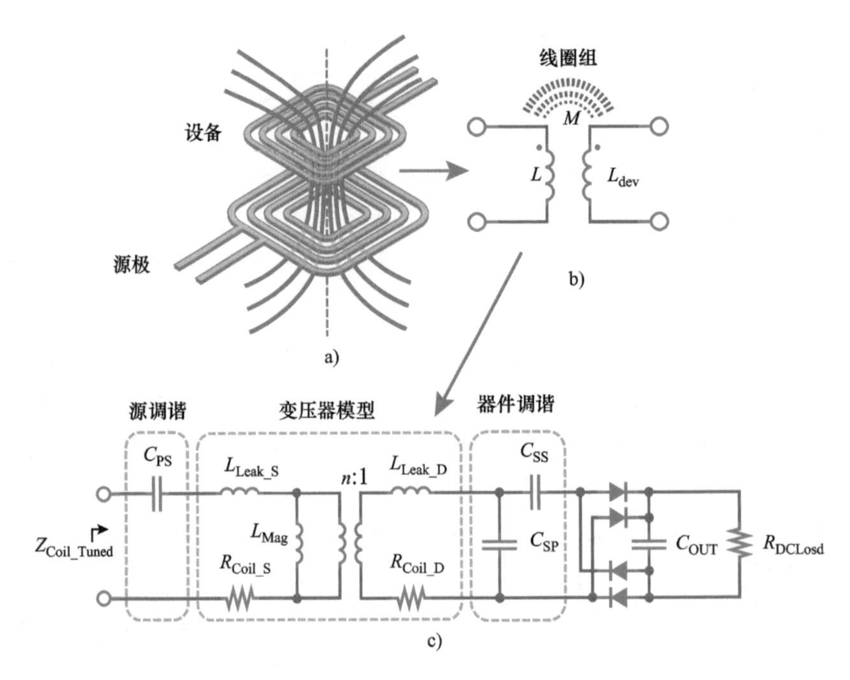

图 15.2　a）无线电能传输线圈；b）示意图；c）等效变压器电路模型

预期工作频率下测量线圈组的 s 参数来实现。线圈最好在预期应用的现场测量，因为现场提供了最准确的分析预测。这是由于线圈与环境因素的相互作用，如金属物体和电连接的介电材料。新的测量技术允许同时测量线圈，简化了设计过程。

假设源线圈连接到端口 1，设备线圈连接到 VNA 端口 2，则需要将测量的 s 参数转换为 z 参数[5]。使用 z 参数，可使用下列各式确定自感和互感：

$$L_{src}=\frac{\mathcal{J}\mathrm{m}(Z_{11})}{\omega} \tag{15.1}$$

$$L_{dev}=\frac{\mathcal{J}\mathrm{m}(Z_{22})}{\omega} \tag{15.2}$$

$$M=\frac{\mathcal{J}\mathrm{m}(Z_{21})}{\omega} \tag{15.3}$$

式中，L_{src}是源线圈电感；L_{dev}是器件线圈电感；M 是线圈之间的互感；$\omega=2\pi f$；f 是测量频率（最好也是工作频率）；$\mathcal{J}\mathrm{m}(Z_{xx})$ 是 Z_{xx}的虚部。

利用自感和互感以及下列各式可以计算变压器模型参数：

$$k=\frac{M}{\sqrt{L_{src}L_{dev}}} \tag{15.4}$$

$$L_{Mag}=L_{src}k \tag{15.5}$$

$$L_{Leak\_S}=L_{src}(1-k) \tag{15.6}$$

$$L_{Leak\_D}=L_{dev}(1-k) \tag{15.7}$$

$$n=\sqrt{\frac{L_{src}}{L_{dev}}} \tag{15.8}$$

式中，k 是线圈组耦合系数；L_{Mag}是励磁电感；L_{Leak_x}是泄漏电感；n 是线圈组的匝数比。

应该注意的是，由于源线圈和器件线圈之间的线圈面积不同，匝数比不一定会产生整数，这与传统的变压器不同。

由于低耦合系数 k，无线电力变压器的泄漏电感 L_{Leak_S}可能显著大于励磁电感 L_{Mag}。在这些条件下对变压器模型的分析表明，一次泄漏电感几乎完全决定了电能传输到二次侧的效率[6]。为了克服泄漏电感，利用谐振来增加漏电感的电压，增加励磁电感[3, 7, 8]，从而增加功率输出。

为了克服泄漏电感，无线充电线圈组通过串联、并联或串并联电容的组合进行谐振调谐。电容在等效电路中的位置如图 15.2c 所示。在实例中，器件线圈使用串联和并联调谐，而源线圈仅使用串联调谐。利用变压器模型参数调谐电路元件和整流器负载，最后完成电路分析。

参考文献［9］中详细介绍了源线圈和器件线圈的调谐过程，本节将采用这种方法。

线圈组的分析从直流负载电阻 R_{Load}开始，如原理图 15.3 中的①和史密斯圆图（图 c）所示。全桥二极管整流器降低了直流负载电阻并增加了电容，如图 15.3c 中②所示。器件的串联 C_{SS}和并联 C_{SP}调谐分别改变了③和④处的阻抗。上述变压器模型的影响由⑤～⑧表示，并在史密斯圆图（图 b）中显示。最后，源 C_{PS}调谐的影响在⑨处结束，并显示在史密斯圆图（图 a）上。

到目前为止，对无线充电线圈组的分析仅考虑单个负载工作点。现实情况是，由于充电需求的变化，直流负载会呈现出一个电阻范围，就像在接收器一侧的器件中为电池充电时可能会遇到的情况一样。在轻负载条件下，直流负载电阻 R_{Load}可以用高电阻值来表示，随着功率的增加，负载电阻减小。负载电阻轨迹如图 15.4 所示为红色轨迹，箭头表示轨迹的方向，从空载点 a 开始，随着电阻的降低，逐渐增加负载功率，在最大功率点 b 结束。

图 15.4 中绿色轨迹和圆点显示了调谐源线圈端子处的阻抗 Z_{Coil_Tuned}，也称为反射阻抗。该轨迹与直流负载电阻的轨迹方向相反。在具有高直流负载电阻的低负载功率下，反射阻抗较低，如图 15.4 中的绿点 a 所示。随着直流负载功率的增加，以一个高值结束，如绿点 b 表示。绿点 b 的最终位置是线圈耦合系数的函数。当分析驱动无线充电线圈组放大器的拓扑时，该阻抗范围变得非常相关。

为了简化放大器的讨论，将使用图 15.5 所示简化成单个元件的示意图 Z_{Load}，其中 Z_{Load}包

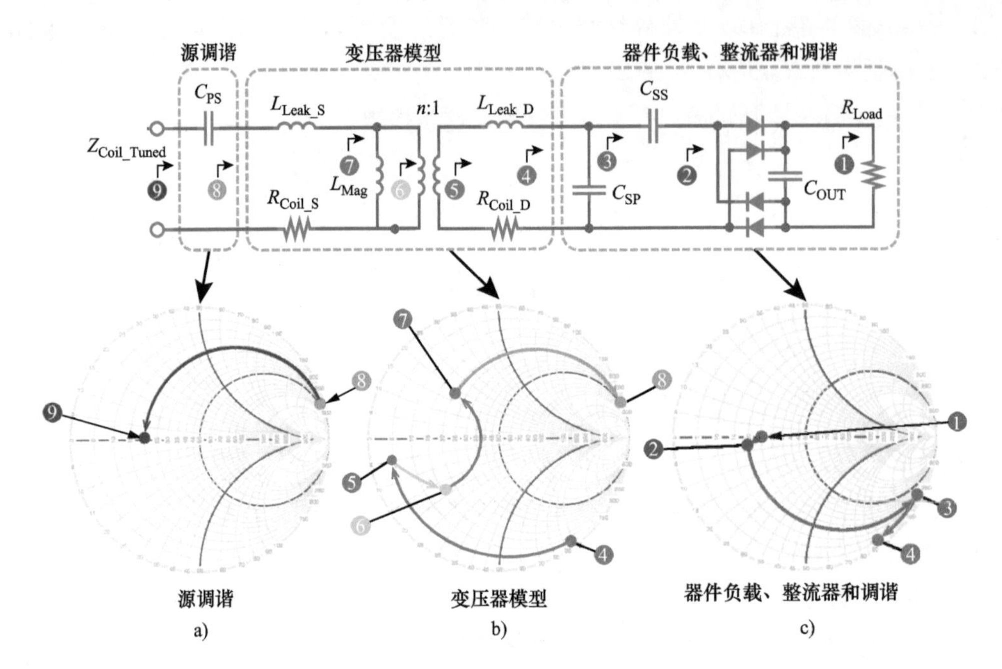

图 15.3 带有负载、整流器和调谐的无线充电线圈组

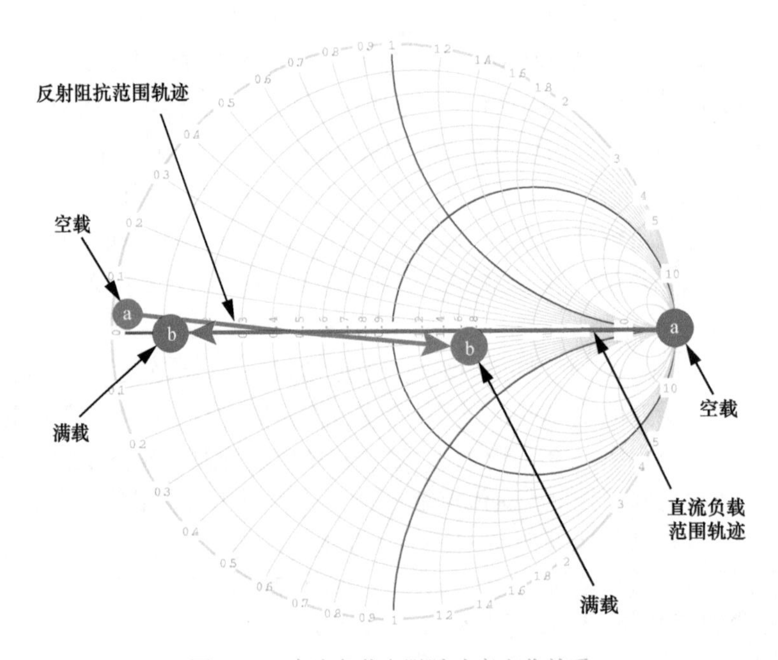

图 15.4 直流负载电阻随功率变化关系

括直流负载电阻 R_{DCLoad}、直流平滑电容 C_{OUT}、整流器、器件匹配（C_{SS}、C_{SP}）和变压器等效电路模型。

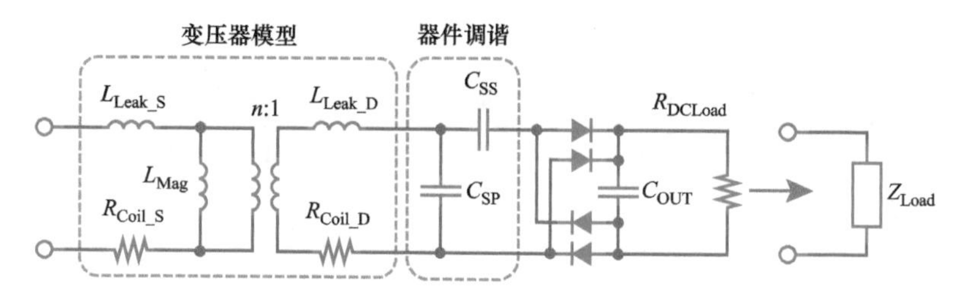

图 15.5　具有直流负载和整流器的无线充电线圈组，由等效阻抗 Z_{Load} 表示

15.3　无线电能传输系统放大器

无线充电链中的一个关键部件是用于驱动线圈组并为其供电的放大器。与固定阻抗负载的射频系统不同，无线功率放大器需要在可变阻抗负载下工作，并同时表现出较高的工作效率。这些要求对放大器拓扑结构的选择和设计提出了挑战。

放大器拓扑的开关家族是唯一能以足够高的效率作为无线电能放大器使用的拓扑。6.78MHz 的高工作频率还需要某种形式的软开关技术，以确保高效率。然而，并非所有软开关技术都同样有效，零电压开关（ZVS）技术对无线功率放大器最有效[9]。

之前研究过各种适合无线功率传输的放大器拓扑，包括：①电压模式 D 类[9-13]；②E 类[9, 12-16]；③电流模式 D 类[9, 11, 12]；④ZVS D 类[9, 15, 17]。两种最流行的放大器拓扑结构是 E 类和 ZVS D 类拓扑，下面将详细介绍这两种放大器。

15.3.1　E 类放大器

E 类放大器的简单和高工作效率使其成为无线电能传输的流行拓扑选择，如图 15.6 所示[13]。

在理想的固定负载阻抗工作条件下，器件的峰值电压是电源电压 V_{DD} 的 3.56 倍。这不应将其用于器件额定电压的选择，因为由于负载和耦合变化，峰值器件电压可能高达电源电压的 7 倍。因此，设计师在选择合适的器件时必须考虑所有的工作条件[9, 13]。这种器件电压额定值的变化也意味着 E 类放大器易受负载阻抗变化的影响，这种变化会迅速降低工作效率，在设计用于无线充电应用的放大器时，必须考虑整个负载工作范围。

对于这种放大器，Z_{Load} 和 C_S 串联组合的调谐线圈 RMS 电压约为单端配置电源电压的 0.707 倍，差模实现电源电压的 1.414 倍。将该放大器用作电流源和功率限制会导致电源电压范围变窄，这对于简单的预调节器拓扑选择很有用，从而产生高效率。在 E 类放大器配置中，开关器件在单端和差模配置中均接地，从而简化了栅极驱动器的设计。

15.3.2　零电压开关 D 类放大器

另一种无线功率放大器拓扑结构为 D 类 ZVS，如图 15.7 所示[13]。

D 类 ZVS 是唯一不利用谐振来建立零电压转换的软开关拓扑。取而代之的是，将 ZVS 谐振

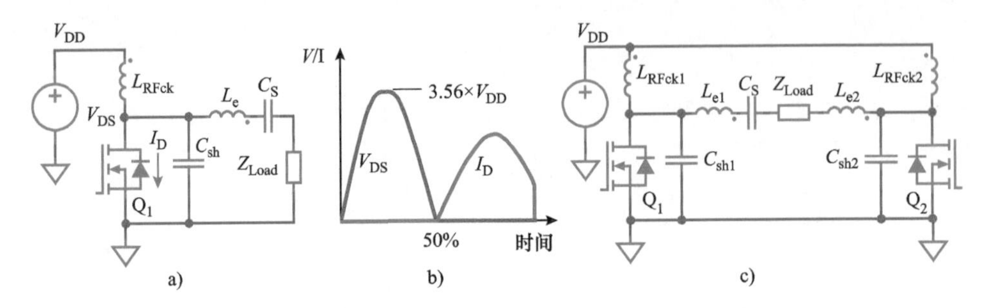

图 15.6 a）单端 E 类放大器拓扑；b）具有理想波形；c）差模实现电路

电路用作电流源，从而使开关节点的电压转换能够自整流，本质上可以作为空载降压变换器工作。非谐振回路使这种拓扑具有显著的优点，即降低了对部件制造公差的敏感性。此外，ZVS 谐振电路不携带负载电流，使其当负载处于谐振状态时，对最高运行效率的负载阻抗变化更具鲁棒性。

在 Z_{Load} 和 C_S 串联组合中，调谐线圈的 RMS 电压约为该放大器电源电压 V_{DD} 的 0.45 倍，需要任何拓扑结构中最高的直流电源电压才能提供相同的输出功率。差模配置情况下，输出线圈电压是电源电压的 1.8 倍。这又决定了器件的额定电压。

ZVS D 类放大器拓扑要求半桥栅极驱动器能够在高频下工作。现在有许多栅极驱动器可以实现这个功能[18-20]。

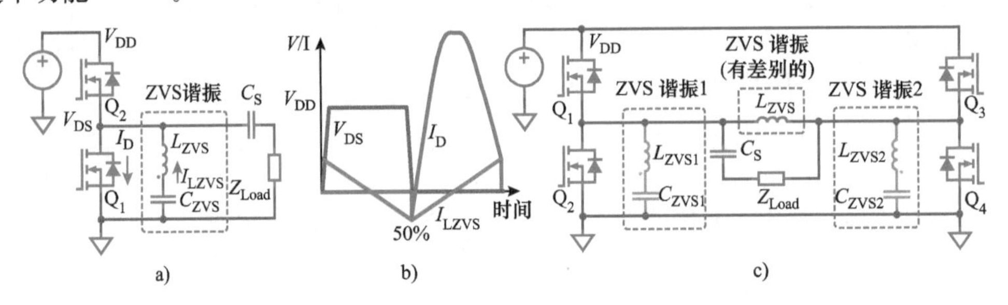

图 15.7 a）单端 ZVS D 类放大器拓扑；b）具有理想波形；c）差分模式实现

15.4 用于无线功率放大器的晶体管

在 6.78MHz 高工作频率下，从各种技术选项中正确选择器件对于实现放大器最高效率非常重要。品质因数（FOM）[21] 是快速评估各种功率器件的常用方法，也可用于无线功率放大器拓扑。使用的 FOM 应使放大器拓扑操作与开关器件的特性相匹配。介绍的所有无线功率放大器都具有非常相似的操作，允许将 FOM 的单个定义用于器件比较。需要考虑的器件特性包括：①栅极电荷 Q_G；②栅极工作电压 V_{GS}；③输出电容 C_{OSS}；④器件导通电阻 $R_{DS(on)}$；⑤反向恢复电荷 Q_{RR}。

15.4.1 无线功率放大器拓扑的品质因数

总栅极电荷 Q_G 是无线电源 FOM 中要考虑的第一个功率器件参数，因为它会明显影响功率放大器的工作功率，特别是对于低功率系统。当评估需要更高电压器件（例如 200V 或更高）的拓扑时，栅极电压 V_{GS_op}也应在 FOM 中考虑，因为诸如 MOSFET 之类的器件需要比 GaN 晶体管更高的栅极电压，所以会消耗更多的电能。这意味着 FOM 中使用的 Q_G值应与工作栅极电压匹配。

鉴于 ZVS 是无线功率放大器拓扑结构中唯一一种稳定的低损耗结构，即使在负载变化可能导致非理想的 ZVS 条件下，器件也会在 0V 或接近 0V 的状态下进行开关，因此，在 FOM 定义中，可以从总栅极电荷中减去电压转换电荷 Q_{GD}。

输出电容 C_{OSS}是与放大器拓扑结构的 ZVS 密切相关的关键器件特性之一，因此直接影响设计、性能和损耗。这主要有两个原因：①C_{OSS}决定了建立软开关所需的能量；②它在非理想 ZVS 条件下形成损耗。C_{OSS}越高，建立 ZVS 所需的能量就越高，这反过来又会增加拓扑的渡越时间以及 ZVS 电路的工作电流。增加的渡越时间降低了放大器的有效占空比，而有效占空比只能通过增加工作电源电压来补偿。选择具有尽可能低的 C_{OSS}器件对于提高效率至关重要，并且由于被“合并”到 ZVS 电路中而常常被忽略。然后，可以将一个或多个器件的输出电荷 Q_{OSS}加到 FOM 的栅极电荷中，以说明 FOM 定义中的输出电容 C_{OSS}。

最后要考虑的器件特性是反向恢复电荷 Q_{RR}。但是，它不包括在 FOM 定义中，因为它可能导致高的损耗，所以高频操作是不可行的，并且对于具有明显 Q_{RR}的器件，必须不惜一切代价避免可能引发 Q_{RR}的操作条件。应该注意的是，与硅 MOSFET 相反，GaN 晶体管没有任何反向恢复电荷（$Q_{RR}=0$）。

将各种 FOM 参数编译成无线电能传输 FOM_{WPT}定义[22]的公式如下：

$$FOM_{WPT}=R_{DS(on)}(Q_G(V_{GS\_op})-Q_{GD}+Q_{OSS}) \tag{15.9}$$

式中，$R_{DS(on)}$是器件的通态电阻。

FOM_{WPT}现在可以用于比较不同技术的各种器件，结果越低，放大器的预期性能越好。

15.4.2　无线充电应用中 GaN 晶体管的评估

以下特性使 GaN 晶体管成为无线功率放大器拓扑的理想选择：

1）与同等额定电压下的等效 MOSFET 相比，导通电阻 $R_{DS(on)}$更低。

2）零反向恢复电荷 Q_{RR}。

3）与同类 MOSFET 相比，高电压器件可以使用较低的栅极电压 V_{GS}工作。

4）米勒比[23, 24]在整个额定电压范围内始终小于 1，这提供了很高的 dv/dt 抗扰度。

5）与等效 MOSFET 相比，输入电容更低。

6）与等效 MOSFET 相比，输出电容更低。

使用式（15.9）中的 FOM_{WPT}，可以将 GaN 晶体管的样品与 15.3 节讨论的放大器中的同类最佳 MOSFET 样品进行比较。表 15.1 显示了适用于 E 类放大器的器件比较。

表 15.1 中的比较表明，MOSFET 的 FOM_{WPT}值明显低于 GaN 晶体管，GaN 晶体管也已通过实验验证[13, 15, 16, 25, 26]。与之相比，EPC2046 的 FOM_{WPT}最低，这也与实验验证的结果一致[16]。

表 15.1 无线功率 E 类放大器拓扑器件 FOM_{WPT} 比较

产品编号	EPC2012C	EPC2019	EPC2046	BSC12 - DN20NS3	FDMC2610	BSZ42 - DN25NS3	单位
参数	EPC	EPC	EPC	Infineon	Fairchild Semi	Infineon	
V_{DS}	200	200	200	200	200	250	V
$R_{DS(on)\_typ}$	70	36	18	108	175	371	mΩ
Q_{G_typ}	1	1.8	2.9	6.5	12.3	4.2	nC
Q_{GD_typ}	0.2	0.35	0.6	1.1	3.6	0.8	nC
Q_{OSS_typ}	10	18	22	14	7.3	7	nC
V_G	5	5	5	10	10	10	V
FOM_{WPT}	756	700	437	2095	2800	3858	mΩ · nC

表 15.2 显示了适用于 ZVS 的 D 类放大器的比较。表 15.2 中的比较再次表明，MOSFET 的 FOM_{WPT}值低于 GaN 晶体管。相比之下，EPC2007C 的 FOM_{WPT}最低，这与实验验证的结果一致[27]。

这些比较中，FOM_{WPT}排除了反向恢复电荷，但在某些负载条件下，使用 MOSFET 时可能触发反向恢复[17]。GaN 晶体管具有明显的优势，因为它们没有反向恢复电荷，并且在 FOM 定义中包含反向恢复将导致 MOSFET 和 GaN 晶体管之间的 FOM_{WPT}数量级差异。

表 15.2 无线功率 ZVS D 类放大器拓扑器件 FOM_{WPT} 比较

产品编号	EPC2107①	EPC2007C	EPC8010	BSC - 205N10LS	FDMC - 86116LZ	FDM - C86102L	单位
参数	EPC	EPC	EPC	Infineon	Fairchild Semi	Infineon	
V_{DS}	100	100	100	100	100	100	V
$R_{DS(on)\_typ}$	250	24	120	20.5	105	24.9	mΩ
Q_{G_typ}	0.19	1.6	0.36	15	2	7.3	nC
Q_{GD_typ}	0.041	0.3	0.06	5	0.7	2.3	nC
Q_{OSS_typ}	0.9	8.3	2.2	28	4.9	20.1	nC
V_G	5	5	5	4.5	4.5	4.5	V
FOM_{WPT}	262	230	300	779	651	625	mΩ · nC

① 单片半桥集成电路。

15.5 基于 GaN 晶体管的无线功率放大器实验验证

实验评估了 E 类和 ZVS D 类放大器拓扑的不同模式，并在本节中给出了结果。设计规范包括放大器足够有效，并且不需要散热器来冷却。

测试依据将器件漏源电压限制在最大额定电压 $V_{DS(max)}$ 的 80%，并且在 25℃的环境下，器件温度不超过 100℃。实验仅在放大器上进行，而且没有使用实际的线圈，因为目的是评估无线功率放大器中 GaN 晶体管的实现方式并确定最大阻抗驱动范围。由于标准射频功率测量工具仅限于固定阻抗（如 50Ω）且无法使用，因此，参考文献［9］中所述的经过特殊设计的校准负载可用于确定放大器的负载。

放大器设计过程中的第一步是确定需要驱动的反射电阻或放大器负载电阻 R_{Load}范围，并针对所选线圈组进行计算。如 15.2 节所述，下式可用于从 Z_{Load} 的实际分量中提取反射电阻范围：

$$R_{\text{Load}} = \mathscr{Re}(Z_{\text{Load}}) \tag{15.10}$$

对于这些例子，负载电阻的范围为 6 ~ 25Ω，放大器需要能够在 6.78MHz 频率下向线圈组传输高达 60W 功率。

15.5.1　差模 E 类放大器实例

如图 15.6c 所示，差模 E 类放大器必须首先根据反射电阻 R_{Load} 范围进行设计。设计方程需要一个定义为最佳设计负载电阻 $R_{\text{Design\_opt}}$ 的单一负载电阻值，以计算组件的值。最佳设计负载电阻 $R_{\text{Design\_opt}}$ 介于最小和最大负载电阻范围之间。在图 15.8 中，绿色曲线显示了放大器负载电阻对主开关器件损耗的影响。当负载电阻降低时，在最佳设计点以下工作会导致损耗近似线性增加。在高于最佳设计点的条件下工作，会导致随着负载电阻的增加而使损耗更快地增加。最佳点位于这些点之间，可以通过电路模拟[28]或使用分析损耗模型[29]来确定。对于本例，确定了最佳设计负载电阻值为 20Ω。

应注意的是，对于受组件公差影响的实际设计，选择设计负载电阻太低（图 15.8 中的 $R_{\text{Design\_low}}$）会导致线圈对放大器呈现高反射电阻时，晶体管的损耗显著增加，如图 15.8 中的红色曲线所示。另一方面，图 15.8 中的蓝色曲线（高设计负载电阻 $R_{\text{Design\_high}}$）表明，当线圈对放大器的反射电阻较低时，器件功率损耗略有增加。这表明在设计 E 类放大器时，最好在较高的设计电阻侧进行误差处理，以确保放大器对元件变化的鲁棒性。

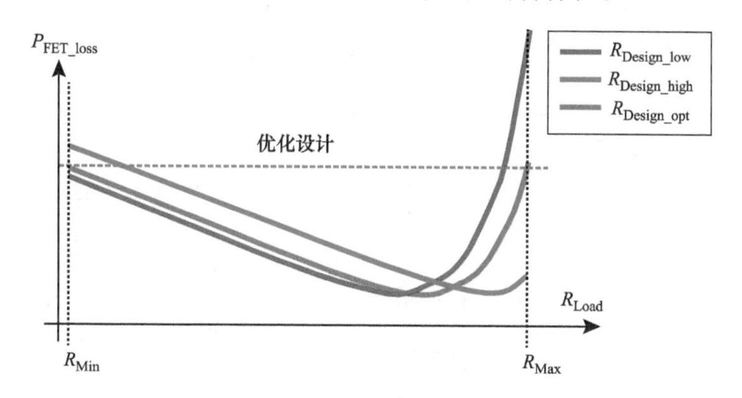

图 15.8　E 类负载电阻对功率器件损耗的影响

需要将 60W 的高额定功率传送到线圈中，并在宽负载电阻范围内驱动开关器件的额定电压[9]。在这个例子中，需要一个额定电压至少为 200V 的晶体管。从表 15.1 中给出的额定 200V 器件 FOM_{WPT} 比较来看，EPC2046 器件是最佳选择。

现在可以基于 20Ω 负载电阻 $R_{\text{Design\_opt}}$，使用差模方程设计理想工作条件的放大器。设计方程基于经典的 Sokal 和 Raab 方程[29, 30]，为了简化起见，质量因子设置为无穷大[31]。在 6.78MHz 条件下工作时，该值足够低，足以使其成为有效的假设。

首先，需要确定放大器的工作电源直流电压 V_{DD} 为

$$V_{DD}=\sqrt{\frac{R_{Load}P_{Load}(\pi^2+4)}{32}}=\sqrt{\frac{20\times60\times(\pi^2+4)}{32}}=22.8V \tag{15.11}$$

附加电感 L_e 使用下面两式设计第一个元件，其中 f 是工作频率：

$$L_e=\frac{\pi(\pi^2-4)R_{Load}}{64\pi f}=\frac{\pi(\pi^2-4)\times20}{64\pi\times6.78} \tag{15.12}$$

$$L_e=L_{e1}=L_{e2}=271nH \tag{15.13}$$

下一步要计算的分量是并联电容 C_{sh}。这个需要多个步骤，因为它与晶体管并联，晶体管也有电容 C_{OSS}，其值取决于工作电源电压。假设并联电容和晶体管之间的电压近似于半正弦波，如图15.6b所示，可使用下式确定平均电压 V_{Csh_avg}，其中3.56是理想E类放大器工作的峰值因数[29]：

$$V_{Csh\_avg}\approx\frac{3.56\times V_{DD}\times2}{\pi}\approx\frac{3.56\times22.8\times2}{\pi}\approx51.8V \tag{15.14}$$

使用并联电容上的平均电压，根据数据表中提供的输出电容 C_{OSS}，使用式（15.15）计算晶体管的电荷等效电容 C_{OSSQ}。图15.9显示了在248pF时输出电容与计算出的并联电容平均电压 V_{Csh_avg} 和相应的电荷等效电容 C_{OSSQ} 的关系图：

$$C_{OSSQ}=\frac{1}{V_{Csh\_avg}}\int_0^{V_{Csh\_avg}}C_{OSS}(V_{DS})dV_{DS} \tag{15.15}$$

接下来，E类放大器工作所需的总并联电容 C_{sh_total} 可用下式计算：

$$C_{sh\_total}=\frac{8}{\pi^2(\pi^2+4)fR_{Load}}=\frac{8}{\pi^2(\pi^2+4)\times6.78\times20}=430pF \tag{15.16}$$

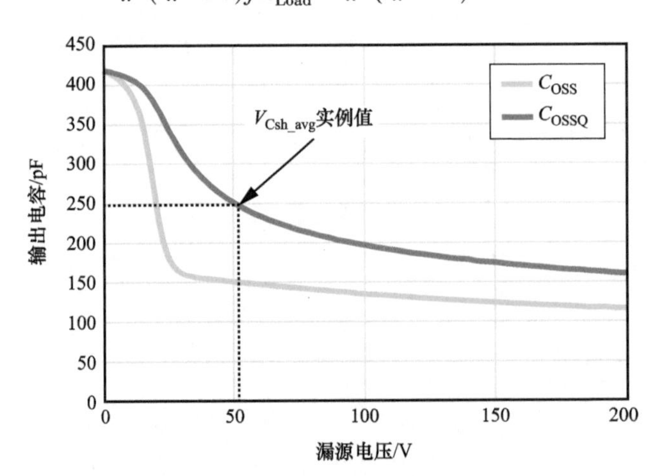

图15.9　EPC2046输出电容 C_{OSS} 和电荷等效输出电容 C_{OSSQ} 与漏源电压的关系，实例计算了并联电容的平均电压和相应的电荷等效电容

实现E类放大器所需的外部并联电容 C_{sh1} 和 C_{sh2} 可以使用下列两式进行计算：

$$C_{sh}=C_{sh\_total}-C_{OSSQ}=430pF-248pF \tag{15.17}$$

$$C_{sh}=C_{sh1}=C_{sh2}=182pF \tag{15.18}$$

最后，需要确定射频扼流圈 L_{RFck}。此组件的值不那么重要，下限由下式确定：

$$L_{RFck} > \frac{(\pi^2+4)R_{Load}}{8f} > \frac{(\pi^2+4)\times 20}{8\times 6.78} > 5.1\mu H \tag{15.19}$$

这就完成了 E 类放大器元件值的设计。

在 EPC9083 评估板上构建一个实验性差模 E 类放大器，并根据计算结果配置了元件值。选择的实际元件值与计算值密切匹配，分别为 $L_e=270nH$，$C_{sh}=180pF$，$L_{RFck}=22\mu H$。

图 15.10 显示了包含 LM5113[32] 栅极驱动器的实验板照片。图 15.11 显示了差模 E 类放大器的实验测量结果。结果表明，在测试的负载电阻范围内，差模 E 类放大器的效率超过 90%。放大器能够以 $-10j\Omega \sim 25j\Omega$ 的虚阻抗范围驱动负载范围，同时在本节开头介绍的热电压和最大器件电压边界内工作。

图 15.10　EPC9083 板（带有 EPC2046，配置为差模 E 类放大器）照片，根据设计实例，该电路板可向线圈提供高达 60W 的功率

图 15.12 显示了当向 $15.5+0j\Omega$ 负载传输 60W 功率以及 1.97 A_{RMS}负载电流时，差模 E 类放大器的开关漏源电压。结果表明，波形接近理想状态。

图 15.13 显示了当向负载传输 60W 功率时差模 E 类放大器的热图像以及实验板的照片。由于放大器的高效率，本实验不使用散热片或强制风冷。在本例中，环境温度为 25℃时，器件温度约为 54℃。

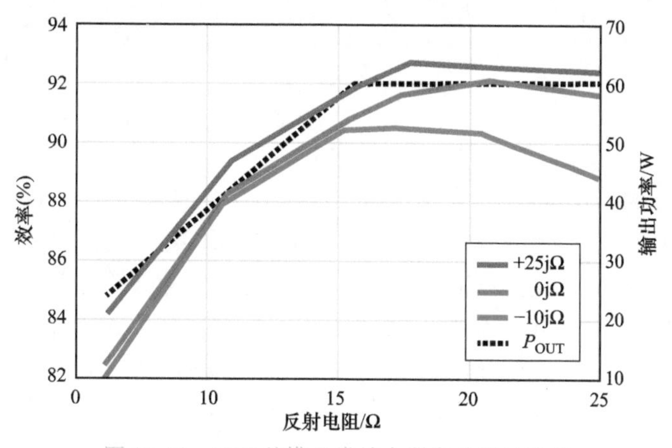

图 15.11　60W 差模 E 类放大器实验测量结果

15.5.2　差模 ZVS D 类放大器实例

如图 15.7c 所示，差模 ZVS D 类放大器必须首先根据反射电阻 R_{Load}范围进行设计。设计方程需要一个单一的负载电阻值，但与 E 类放大器不同，ZVS D 类放大器可以使用器件额定电压

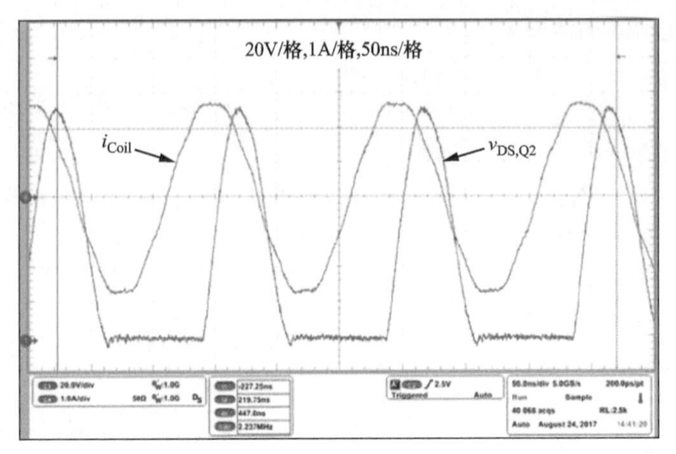

图 15.12　实验性差模 E 类放大器输出电流和器件漏源电压波形（使用 26.8V_{DC}电源工作时，向 15.5 +0jΩ 负载传输 60W 功率以及 1.97 A_{RMS}负载电流）

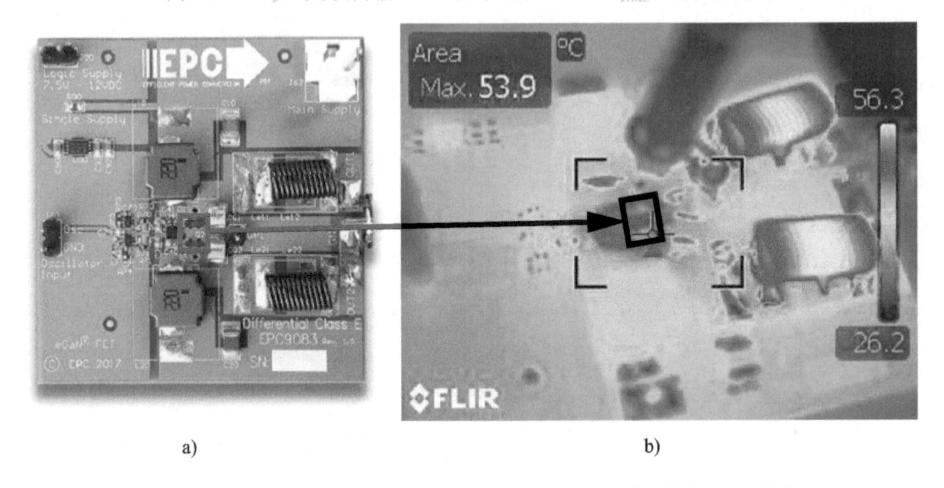

图 15.13　a）差模 E 类放大器（向 15.5 +0jΩ 负载传输 60W 功率以及 1.97 A_{RMS}负载电流）；b）热图像

的最大负载电阻值 R_{Load_max}进行设计，并且可以使用最佳工作点 R_{Design_opt}来最大化效率。

60W 的高额定功率需要传递到线圈，宽负载电阻范围驱动开关器件的额定电流[9]。此外，虚阻抗还增加了晶体管的额定电压要求，提高了在宽负载阻抗范围内工作的能力[17]。在本例中，需要额定电压至少为 100V 的晶体管，并且必须具有足够低的电阻，以便在电流为2～3A 时产生极低的传导损耗。从表 15.2 中给出的额定 100V 器件 FOM_{WPT}比较来看，EPC2007C 器件是最佳选择。

现在可以基于于 20Ω 的 R_{Design_opt}，使用差分模式方程来设计理想工作情况下的放大器。设计方程是基于与传统电压模式 D 类设计相同的方程[33,34]。

选择的配置是两个背靠背连接的单端放大器。这意味着 ZVS 谐振电路的设计方程与单端情况相同，只是放大器的电源电压不同。

首先，需要用下式确定放大器的工作电源直流电压 V_{DD}为

$$V_{DD}=\sqrt{\frac{\pi^2 R_{Load}P_{Load}}{8}}=\sqrt{\frac{\pi^2\times 20\times 60}{8}}=38.5\text{V} \tag{15.20}$$

对于 ZVS D 类放大器，工作电压直接决定晶体管的输出电容和电荷等效电容 C_{OSSQ}，可以使用数据表中提供的输出电容 C_{OSS} 和式（15.21）计算的最大工作电源电压。图 15.14 显示了在 182pF 时输出电容与计算的并联电容平均电压 V_{Csh_avg} 和相应的电荷等效电容 C_{OSSQ} 的关系图：

$$C_{OSSQ}=\frac{1}{V_{DD}}\int_0^{V_{DD}}C_{OSS}(V_{DS})\mathrm{d}V_{DS} \tag{15.21}$$

ZVS 谐振电感 L_{ZVS} 是下一个要计算的元件，与 E 类放大器的并联电容类似，涉及多个步骤。ZVS D 类放大器需要半桥栅极驱动器，该驱动器具有与底部晶体管并联的寄生阱电容 C_{well}，C_{well} 必须包括在计算中。在这个例子中，使用了大约 40pF 的阱电容。

最佳设计点的电压转换时间是计算 ZVS 电感的一种设计选择。如参考文献［17］所述，可以对该参数进行优化，以使整个工作负载阻抗范围内产生最高的放大器效率。但是，为了简单起见，选择的值为 8.5ns。

在本例中，对于两个单端 ZVS 谐振电路，单端方程可用于使用式（15.22）和式（15.23）两个方程确定 L_{ZVS}。由于每个半桥由两个晶体管组成，因此需要将它们的等效电荷输出电容 C_{OSSQ} 相加[9]：

$$L_{ZVS}=\frac{\Delta t_{vt}}{8f(2C_{OSSQ}+C_{well})}=\frac{8.5}{8\times 6.78\times(2\times 182+40)} \tag{15.22}$$

$$L_{ZVS1}=L_{ZVS2}=L_{ZVS}=387\text{nH} \tag{15.23}$$

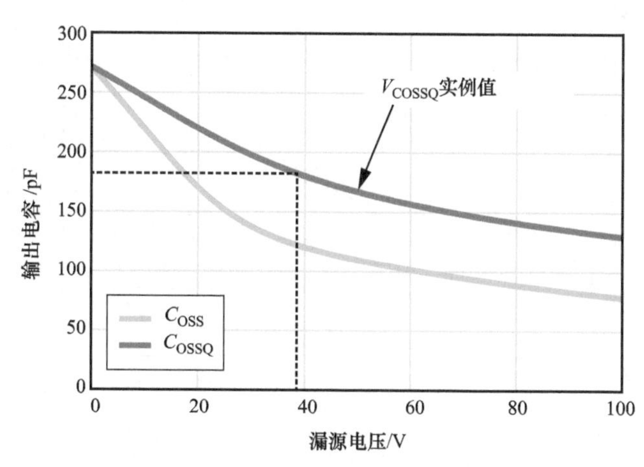

图 15.14　EPC2007C 输出电容 C_{OSS} 和电荷等效输出电容 C_{OSSQ} 作为漏源电压的函数，实例计算了并联电容的平均电压和相应的电荷等效电容

到此结束了差模 ZVS D 类放大器元件的计算。

在 EPC9065 评估板上搭建了一个实验性差模 ZVS D 类放大器，并根据计算结果配置了元件值。选择实际元件值与计算值密切匹配，即 $L_{ZVS1}=L_{ZVS2}=390\text{nH}$，$C_{ZVS1}=C_{ZVS2}=1\mu\text{F}$。

图15.15显示了一张实验板的照片，其中包括用于放大器每个分支的LM5113[32]栅极驱动器。图15.16显示了差模ZVS D类放大器的实验测量效率结果。

结果表明，在较宽的测试范围内，差模ZVS D类放大器效率超过90%。该放大器还可以在本节开头介绍的热电压和最大器件电压边界内工作，并以－5jΩ～25jΩ的虚阻抗范围驱动负载范围。

图15.15　EPC9065板照片（带有EPC2007C，配置为差模ZVS D类放大器），根据设计实例，该电路板可向线圈提供高达60W的功率

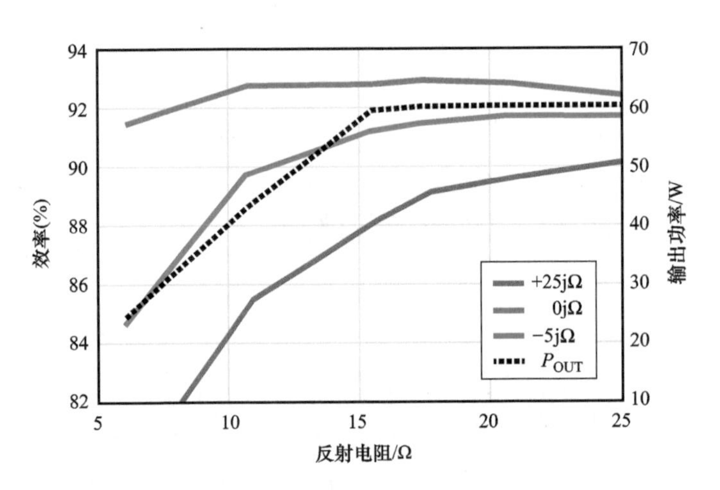

图15.16　60W差模ZVS D类放大器实验测量结果

图15.17显示了当向15.5＋0jΩ负载传输60W功率以及1.96A_{RMS}负载电流时，差模ZVS D类放大器开关支路的开关节点电压波形，波形近乎理想。

图15.18显示了当向负载传输60W功率时差模ZVS D级放大器的热图像以及实验板的照片。由于放大器的高效率，实验中没有使用散热片或强制风冷。在本例中，环境温度为25℃时，器件温度约为54℃。

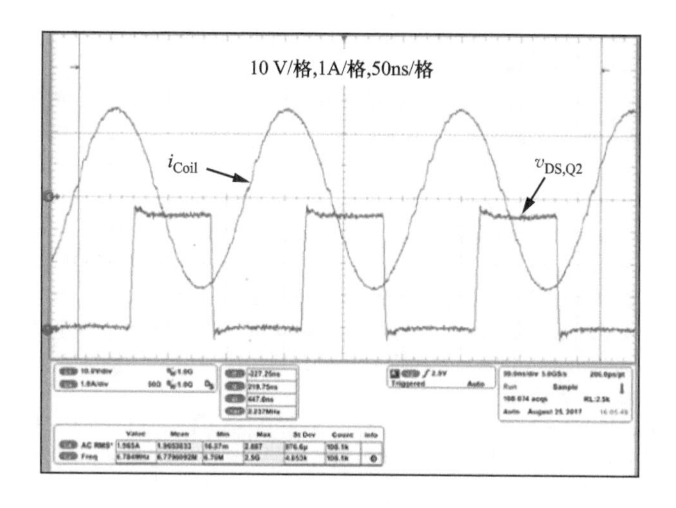

图 15.17　实验性差模 ZVS D 类放大器输出电流和开关节点电压波形（使用 36 V_{DC}电源工作时，向 15.5 +0jΩ 负载传输 60W 功率以及 1.96 A_{RMS}负载电流）

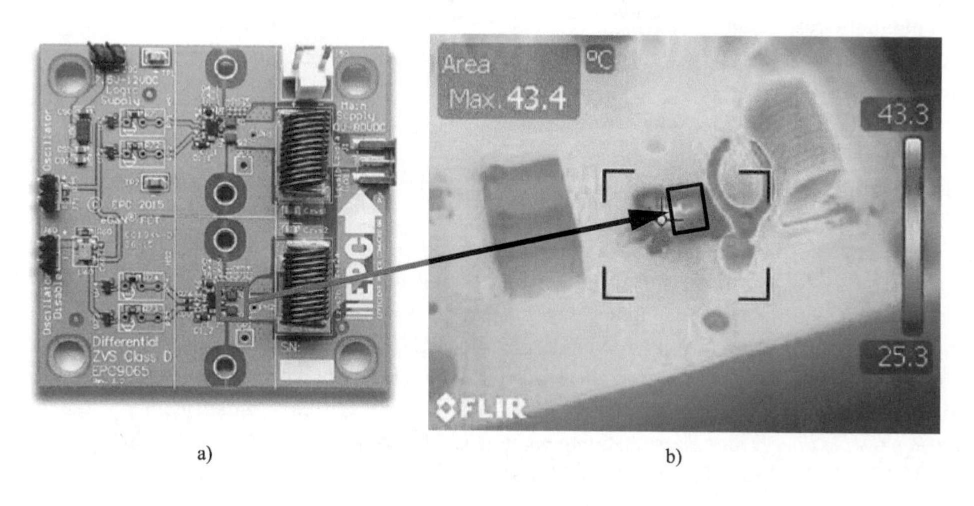

图 15.18　a）差模 ZVS D 类放大器（向 15.5 +0jΩ 负载传输 60W 功率以及 1.97 A_{RMS}负载电流）；b）热图像

15.6　本章小结

在本章中，介绍并演示了差模 E 类和差模 ZVS D 类拓扑使用 GaN 晶体管的高谐振、松散耦合无线充电系统。结果表明，在负载电阻和虚阻抗较大的范围内，采用 GaN 晶体管的放大器能以超过 90% 的效率将高达 60W 的功率传输到线圈中。GaN 晶体管为放大器供电，而不需要散热片。

第 16 章将讨论 GaN 晶体管在诸如太空环境中的应用，这类环境具有大量各种形式的辐射。

参考文献

1 *Charged, Electric Vehicles Magazine* (2013). http://chargedevs.com/features/whats-wireless-ev-charging, Issue 9, August 2013 [accessed January 2014].

2 System description wireless power transfer, Vol. I: Low power. Part 1: Interface definition, version 1.2, June 2015. www.wirelesspowerconsortium.com.

3 Air fuel resonant wireless power transfer (WPT) system baseline system specification (BSS). AFA 1 TS-0010-0 v4.00, May 3, 2018. www.airfuel.org.

4 Industrial, scientific, and medical equipment, FCC regulation: CFR 2010, title 47, vol. 1, Part 18. http://www.ecfr.gov/cgi-bin/text-idx?SID=abcb16dbad4883038a13c0a1a0e28df0&node=47:1.0.1.1.18&rgn=div5.

5 Frickey, D.A. (1994). Conversions between S, Z, Y, h, ABCD, and T parameters which are valid for complex source and load impedances. *IEEE Trans. Microwave Theory Tech.* 42 (2): 205–211.

6 Siddabattula, K. Wireless power system design component and magnetics selection. Texas Instruments, presentation. http://e2e.ti.com/support/power_management/wireless_power/m/mediagallery/526153.aspx.

7 Kurs, A., Karalis, A., Moffatt, R. et al. (2007). Wireless power transfer via strongly coupled magnetic resonances. *Sci. Mag.* 317 (5834): 83–86.

8 Qualcomm (2011) Wireless power transfer enabling the mobile charging ecosystem. *Darnell Power Forum.*

9 de Rooij, M.A. (2015). *Wireless Power Handbook*, 2e. El Segundo. ISBN: 978-0-9966492-1-6.

10 El-Hamamsy, S.-A. (1994). Design of high-efficiency RF class-D power amplifier. *IEEE Trans. Power Electron.* 9 (3): 297–308.

11 Hung, T.P. (January 2008). High efficiency switching-mode amplifiers for wireless communication systems. PhD dissertation. University of California, San Diego, CA.

12 Choi, D.K. (March 2001). High efficiency switched-mode power amplifiers for wireless communications. PhD dissertation, University of California, Santa Barbara, CA.

13 de Rooij, M.A. (2014). eGaN® FET based wireless energy transfer topology performance comparisons. *International Exhibition and Conference for Power Electronics, Intelligent Motion, Renewable Energy and Energy Management (PCIM Europe)*, (May 2014), 610–617.

14 Gerrits, T., Duarte, J.L., and Hendrix, M.A.M. (2010). Third harmonic filtered 13.56 MHz push-pull class-E power amplifier. *IEEE Energy Conversion Congress and Exposition (ECCE) Conference*, (September 2010), 742–749.

15 de Rooij, M.A. and Zhang, Y.(2017). Comparison of 6.78 MHz amplifier topologies for 33 W, highly resonant wireless power transfer. *International Exhibition and Conference for Power Electronics, Intelligent Motion, Renewable Energy and Energy Management (PCIM – Asia)*, (June 2017), 179–185.

16 Zhang, Y. and de Rooij, M.A. (2017). How eGaN® FETs are enabling large area wireless power transfer. *IEEE Workshop on Wide Bandgap Power Devices and Applications (WiPDA)*, (October 2017), 366–372.

17 de Rooij, M.A. and Zhang, Y. (2016). eGaN® FET based 6.78 MHz Differential-Mode ZVS Class D AirFuel™ Class 4 Wireless Power Amplifier. *International Exhibition and Conference for Power Electronics, Intelligent Motion, Renewable Energy and Energy Management (PCIM – Europe)*, (May 2016), 304–311.

18 Texas Instruments (2017). LMG1205 80-V, 1.2-A to 5-A, half bridge GaN driver with integrated bootstrap diode. LMG1205 datasheet, March 2017 [Revised February 2018]. [Online]. http://www.ti.com/lit/ds/symlink/lmg1205.pdf.

19 Micro Power Intellect (uPI) Semiconductor Corp. (2018). Dual-channel gate driver for enhancement mode GaN transistors. uP1966A datasheet, June 2018 [Online]. https://www.upi-semi.com/en-article-upi-683-1950#.

20 Peregrine Semiconductor (2018). PE29102 UltraCMOS® high-speed FET driver, 40 MHz. PE29102 datasheet, August 2018 [Online]. https://www.psemi.com/pdf/datasheets/pe29102ds.pdf.

21 Reusch, D. and Strydom, J. (2014). Evaluation of gallium nitride transistors in high frequency resonant and soft-switching DC-DC converters. *IEEE Applied Power Electronics Conference (APEC)*, (16–20 March 2014), 464–470.

22 de Rooij, M.A. (2015). Performance comparison for A4WP class-3 wireless power compliance between eGaN® FET and MOSFET in a ZVS class D amplifier. *International Exhibition and Conference for Power Electronics, Intelligent Motion, Renewable Energy and Energy Management (PCIM – Europe)*, (May 2015).

23 Lidow, A., Strydom, J., and Reusch, D. (2014). GaN – moving quickly into entirely new markets. *Power Electron. Europe* 4: 28–31.

24 Wu, T. (2001). *Cdv/dt* induced turn-on in synchronous buck regulators. White paper, International Rectifier Corporation.

25 de Rooij, M.A. (2014). Performance evaluation of eGaN® FETs in low power high frequency class E wireless energy converter. *International Exhibition and Conference for Power Electronics, Intelligent Motion, Renewable Energy and Energy Management (PCIM – Asia)*, (June 2014), 19–26.

26 Lidow, A. and de Rooij, M.A. (2014). Performance evaluation of enhancement-mode GaN transistors in class-D and class-E wireless power transfer systems. *Bodo's Power Systems*, (May 2014), 56–60.

27 Zhang, Y. and de Rooij, M.A. (2017). GaN FETs enable large area wireless power transfer. *Power Electron. Europe Mag.* 6: 24–28.

28 Zhang, Y. and de Rooij, M.A. (2018). eGaN® FETs for low cost resonant wireless power applications. Efficient Power Conversion Application note AN021 [Online]. http://epc-co.com/epc/Portals/0/epc/documents/application-notes/AN021%20FETs%20for%20Low%20Cost%20Class%20E%20WiPo.pdf.

29 Raab, F.H. (December 1977). Idealized operation of the class-E tuned power amplifier. *IEEE Trans. Circuits Syst.* CAS 24 (12): 725–735.

30 Sokal, N.O. and Sokal, A.D. (1975). Class-E – a new class of high-efficiency tuned single-ended switching power amplifiers. *IEEE J. Solid-State Circuits* 10 (3): 168–176.

31 Sokal, N.O. (2001). Class-E RF power amplifiers. *QEX Mag.* 204: 9–20.

32 Texas Instruments (2013). LM5113 5A, 100 V half-bridge gate driver for enhancement mode GaN GETs. LM5113 datasheet, June 2011 [Revised April 2013].

33 D.K. Choi (March 2001). High efficiency switched-mode power amplifiers for wireless communications. PhD dissertation. University of California, Santa Barbara, CA.

34 El-Hamamsy, S.-A. (May 1994). Design of high-efficiency RF class D power amplifier. *IEEE Trans. Power Electron.* 9 (3): 297–308.

第 16 章

GaN 晶体管的空间应用

16.1 引言

空间辐射由太阳系内外的许多辐射源产生，以伽马射线、高能电子、质子和重离子的形式存在，众所周知，这些离子会对半导体器件造成损伤。多年的研究已经表征了各种辐射条件下硅基器件的特性，辐射形成的各种缺陷通过设计和工艺处理可以在一定程度上减弱对器件特性的影响。NASA 发布的指南可以帮助卫星系统设计师针对各种地球轨道所面对的不同环境进行系统设计[1]。

本章将探讨在不同类型的辐射下，功率变换用 GaN 晶体管的工作能力。然后，将讨论商用级增强型 GaN 晶体管的实际测试，并与抗辐射硅功率 MOSFET 相比较。

16.2 失效机理

能量粒子以三种主要方式对半导体造成损伤，包括：①在不导电的绝缘层中引起陷阱；②对晶体或晶体与肖特基势垒之间的界面造成物理损伤（位移损伤）；③形成电子 - 空穴对导致器件导通（通常会使器件烧坏）[2]。

功率 MOSFET 易遭受两种方式的辐射：第一种方式是通过伽马射线（电子）辐射，在薄的栅极氧化物层中形成带正电的陷阱（空穴）[2, 3]，栅极和沟道之间增加的正电荷降低了 n 沟道功率 MOSFET 的阈值电压；第二种方式是高能粒子完全穿透半导体器件，并引起单粒子效应（SEE），这种损伤称之为单粒子翻转（SEU）。

为了理解这种辐射效应对 GaN 晶体管电学特性的影响，需要同时考虑肖特基耗尽型器件（见图 1.6a）、MOS 类耗尽型器件（见图 1.6b）和 pGaN 增强型器件（见图 1.7）。这三种结构都使用 AlGaN/GaN 势垒产生二维电子气（2DEG），但不同栅极结构暴露于辐射时的效果不同。本章将不予考虑级联型 GaN 晶体管，因为这种结构的辐射结果会受硅 MOSFET 辐射的影响。

16.3 辐射暴露标准和容差

NASA 发布的晶体管指南[1]将“Rad Hard”器件的标准设置为承受 200kRad（硅）和 1MRad（硅）之间的总入射剂量（TID）能力，SEU 阈值线性能量传输（LET）为 80 ~

150MeV/(mg · cm^2)。“Rad”定义为在辐射点每单位质量的被辐射材料所吸收的平均能量[3]：

$$1\text{Rad} = 100\text{ergs/g}$$

$$1\text{Gy} = 1\text{J/kg}$$

$$100\text{Rad} = 1\text{Gy}$$

Rad（硅）是硅晶体吸收的平均能量，为了与硅功率 MOSFET 比较，大多数研究者选择使用 Rad（硅）表征 GaN 器件的辐射结果。

LET 是入射粒子每单位轨道长度储存的能量（“阻止功率”）。对于相同的能量，较重的离子（如 Au）与较轻的离子（如质子）相比，具有较高的 LET。

16.4　伽马辐射容差

测量半导体器件伽马辐射容差的常用方法是使用 Cobalt－60（^{60}Co）源的衰减辐射。伽马辐射是由光子或量子的发射组成，光子与电子相互作用，由此产生的电子被束缚在器件中，包含高能陷阱。使用这种方法，参考文献［4，5］报道了肖特基栅极耗尽型晶体管的测试结果，其结果表明，当器件暴露于高达 600MRad（硅）时没有退化迹象，这与硅 JFET 的结果一致[2]。这是因为 GaN 晶体管栅极结构中没有捕获电荷的氧化层，器件的阈值电压不会发生变化。

到目前为止，没有关于 MOS 栅 GaN HEMT 的测试报道，所以，并不确定 MOS 栅 GaN HEMT 与硅功率 MOSFET 的特性有明显不同。伽马辐射感应出的绝缘栅中的陷阱将导致阈值电压负向偏移，这将导致电路发生故障。

增强型 pGaN HEMT 经过测试获得了许多有用的结果[6,7]。测试中的器件或者施加漏源偏压，或者施加栅源偏压。将器件暴露于辐射的同时，在器件每个端口上施加偏压，可以预测在高辐射环境中的电路性能。图 16.1 显示 100V 和 200V 平台的 GaN HEMT 的漏源泄漏电流和栅源泄漏电流随阈值电压变化的曲线图。其他文献显示高达 1MRad（硅）的几个器件的测试结果[6]。

在各种辐射条件下，功率 MOSFET 有许多失效机制，每一种失效机制都会导致设计和性能的降低。例如，在多种形式的辐射俘获电荷下，功率 MOSFET 的二氧化硅栅极可以降低 n 沟道器件阈值电压。有足够的俘获电荷，器件将从增强模式进入耗尽模式（相对于源极电压为负阈值电压）。除非施加负电压关断器件，否则将导致系统故障。参考文献［8］很好地总结了各种形式的重离子轰击对现代商用沟槽栅功率 MOSFET 阈值电压的影响，表明阈值电压在几百 kRad（硅）的作用后显著降低。因此，与硅 MOSFET 相比，具有 pGaN 栅极的增强型 GaN 晶体管受到伽马辐射时具有明显的性能优势。

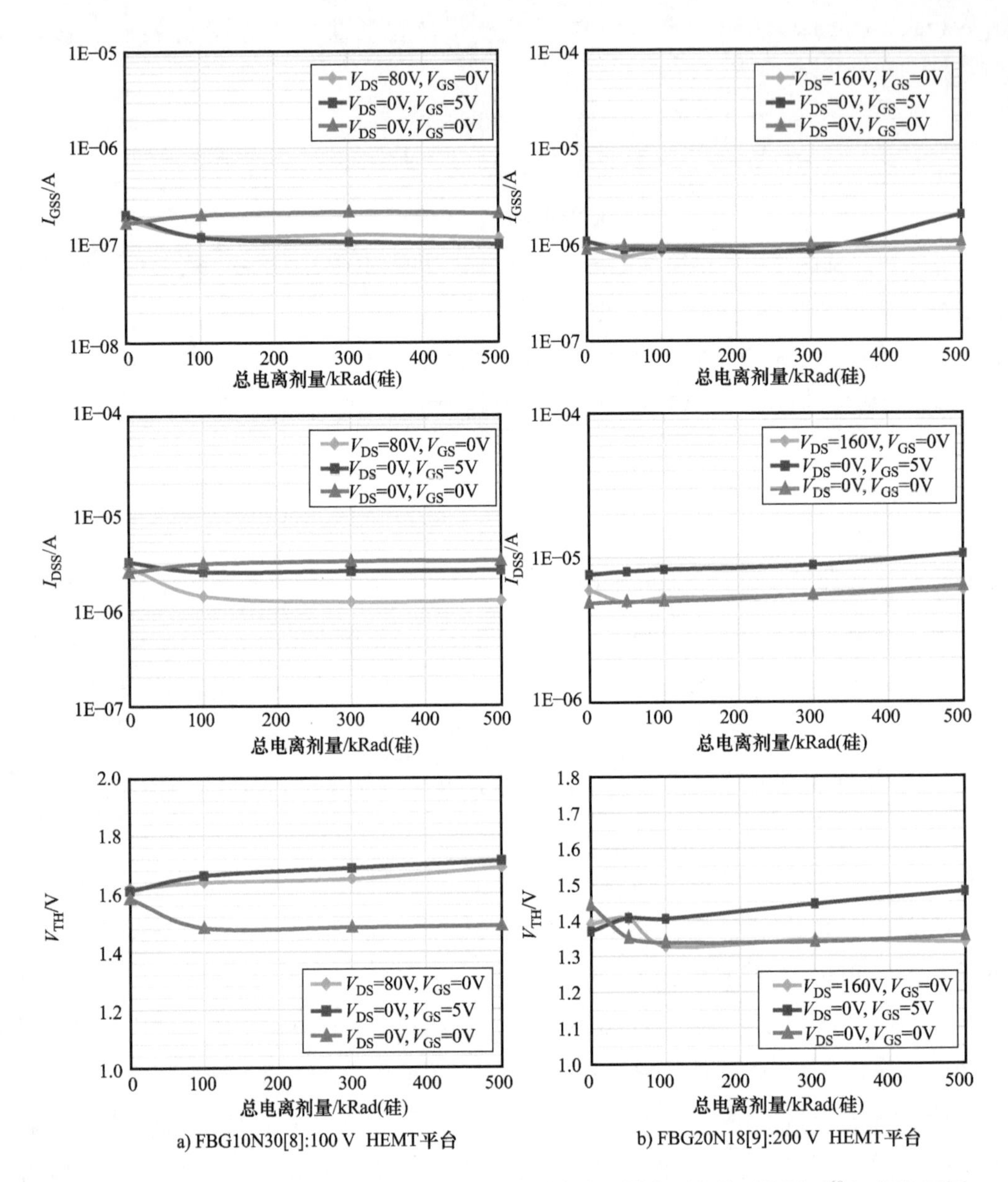

图 16.1 a）100V HEMT 平台和 b）200V HEMT 平台在不同偏压条件下暴露于^{60}Co 源的不同总电离剂量（TID）后的栅源泄漏电流 I_{GSS}、漏源泄漏电流 I_{DSS}和阈值电压 V_{TH}响应

16.5 单粒子效应测试

与伽马辐射测试一样，肖特基栅射频 HEMT 单粒子效应（SEE）的研究已经有了重要的进展[7, 9]，但对 MOS 栅 HEMT 的测试还未见报道。对于共源共栅 GaN 晶体管，单粒子辐射的效应由硅 MOSFET 和 GaN 晶体管串联系统决定。对增强型 pGaN 栅控器件也进行了大量测

试[6, 10-12]，其对抗 SEE 的程度不同。伽马或中子辐射容差是 GaN 材料性能和采用 pGaN 栅极的附加功能，SEE 灵敏度需要特殊的结构设计和处理。

SEE 是由宇宙射线、太阳粒子或高能中子和质子撞击产生的重离子引起的。这可以通过回旋加速器[13]制造不同离子束在地面进行模拟。用于评估电子元件辐射耐受性的两种最常见离子是氙（Xe）（LET 约为 50MeV·cm^2/mg）和金（Au）（LET 约为 85MeV·cm^2/mg）。

建立以给定时间内穿过给定区域的离子数（以离子/(cm^2·s) 为单位）测量光通量，并通过将光通量乘以器件暴露在光束中的时间（以离子/cm^{2}为单位）计算等效剂量密度或注量。根据任务规范，要求注入剂量在 $1\times10^5\sim1\times10^7$ 离子/cm^{2}之间。离子对器件有效面积的撞击量可以通过将光通量乘以暴露在光束中的器件有效面积来计算。在 GaN 晶体管中，这些离子对晶体造成物理损伤，从而导致功率晶体管中的单粒子栅穿（SEGR）或单粒子烧毁（SEB）。

肖特基栅和 pGaN 栅器件表现出对 SEE 优越的抗辐射能力。肖特基栅器件在 LET 为 38MeV·cm^2/mg的溴离子辐射下，I_{DSS}表现出缓慢的退化[9]。当漏源偏压为 70V、LET 为 60MeV·cm^2/mg 时，这些器件发生了 SEB。参考文献［7］中的肖特基栅晶体管受到来自 FE、O 和 C 原子较低水平的 SEE 辐射时，没有发生退化。参考文献［11］中的器件也显示出优良的 SEE 容差，主要失效机理为泄漏电流 I_{DSS}随 LET 和源漏电压的增加而减小。

参考文献［10，14］报道了 GaN HEMT 高水平的抗 SEE 测试结果：增强型 GaN FET 器件能够承受 1×10^{13}cm^{-2}金原子，当 LET 为 87.2MeV·cm^2/mg 时，额定电压可施加到40～100V 范围。额定电压 200V 的增强型 GaN FET 可以施加偏压高达 190V，该电压下发生 I_{DSS}缓慢增加而失效。图 16.2 显示在金轰击下器件性能稳定的实例。当通量达到 1×10^7 离子/cm^{2}时，图 16.2中所示的器件已被金离子击中 50 万次以上。基本失效机制是由于入射重离子的大动量转移而使晶体中原子发生物理位移，导致了晶体中原子的物理位移。

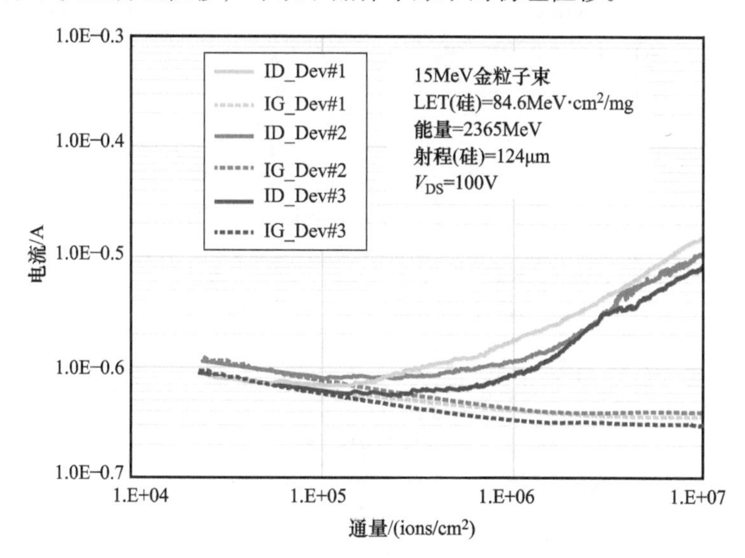

图 16.2　FBG10N30[15] GaN 晶体管单粒子效应测试的 I_{DSS}和 I_{GSS}（1×10^7 金离子/cm^2，LET 为 84.6，V_{DSS}偏置为 100V）[1,6]

16.6 中子辐射（位移损伤）

位移损伤（DD）是核相互作用的结果，通常是散射引起晶格缺陷。位移损伤是由于中子的长期非电离损伤而产生的累积效应。它会导致类似于总电离剂量的电参数永久性退化。在硅MOSFET中，由此产生的材料变化增加了结泄漏电流，降低了少数载流子寿命或改变了材料的电阻率，从而导致参数退化。

设计的抗辐射硅功率MOSFET在中子辐射下表现出稳定的泄漏电流，但由于栅极氧化层中电荷的积聚，也表现出明显的阈值电压偏移，类似于伽马辐射效应。当中子注入剂量大于约为1×10^{14}中子/cm^2时，可通过位移损伤观察到显著的$R_{DS(on)}$偏移[17]。

为了预测GaN晶体管对位移损伤的响应，应检查不同材料的位移阈值能量E_d（eV）[18]。图16.3显示了E_d（GaN）与E_d（硅）之间的差异（晶格常数的倒数函数）。可以看出，晶格常数的倒数与位移阈值能量之间存在线性关系。给定材料的这些值越高，就说明了组成原子的键合程度越高，因此在辐射过程中更难造成晶格损伤和随后产生的点缺陷。显然，GaN比硅具有更高的抗损伤能力。

FBG04N08[19] GaN晶体管的中子辐射结果如图16.4所示，表明GaN技术在所有器件参数（高达1×10^{15}中子/cm^2）下的稳定性。同样，其他研究人员也展示了GaN晶体管对中子辐射引起的位移损伤的耐受性[21]。

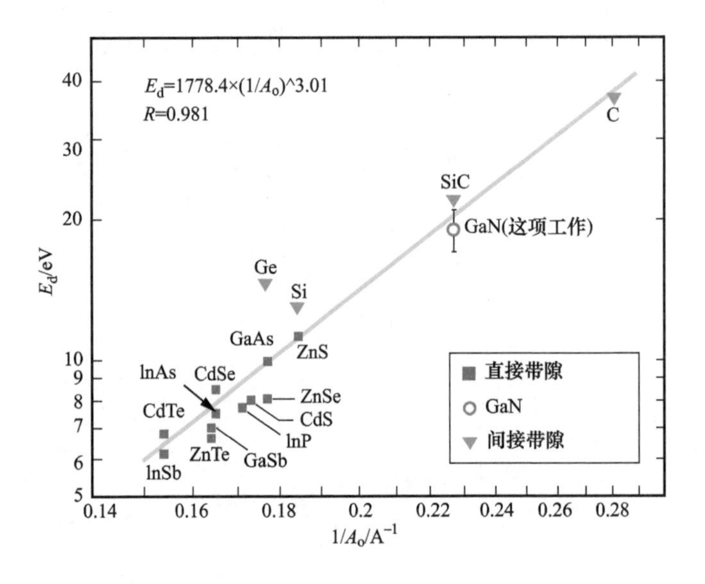

图16.3 不同材料的位移阈值能量与晶格常数倒数的关系[18]

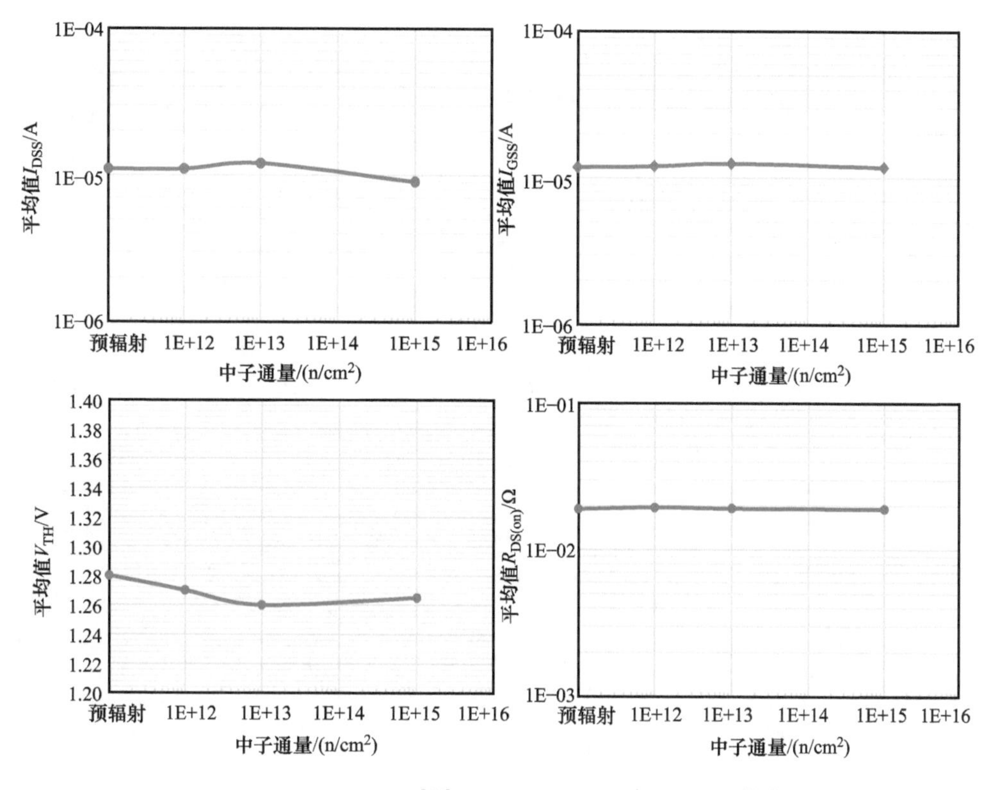

图 16.4　FBG04N08[19] 中子辐射下 GaN 晶体管参数[20]

16.7　GaN 晶体管与 Rad - Hard 硅 MOSFET 的性能比较

肖特基栅和 pGaN 增强栅 HEMT 可以承受高剂量的辐射而不会出现显著的性能退化，并且不需要对器件设计或制造工艺进行任何改变。对于增强型 GaN 器件（如第 3 ~ 15 章所示），它们的性能明显优于最先进的商用功率 MOSFET。与 GaN 晶体管不同，高辐射环境中工作的功率 MOSFET 没有商用 MOSFET 的动态开关特性，需要在器件尺寸和制造工艺之间进行折中来设计最终的产品[3]。

表 16.1 将最先进的商用功率 MOSFET 与可比的抗辐射 MOSFET 进行了比较，说明了这些对抗辐射 MOSFET 用户而言性能要求的最优折中[22, 23]。表中最后两行比较了软开关 FOM 和硬开关 FOM，这分别在第 6 章和第 7 章中进行了讨论。针对开关变换器的这两个关键指标，最新的商用 MOSFET 比 Rad - Hard MOSFET 高 4 ~5 倍。

对于抗辐射晶体管的发展，表 16.2 比较了 200V 增强型 GaN 晶体管[24 -26] 和 200V Rad - Hard MOSFET[23, 27] 的性能。GaN 晶体管与 Rad - Hard MOSFET 相比，具有相当的 SEE 能力、5 倍的伽马辐射耐受性（TID）、高 50 倍的硬开关 FOM［$R_{DS(on)}Q_{GD}$］、高 10 倍的软开关 FOM［$R_{DS(on)}$（$Q_{GD}+Q_{OSS}$）］。使用这些增强型 GaN 晶体管，任何功率变换系统都将具有更低的损耗和更高的伽马辐射容差。

表16.1　额定200V商用MOSFET（IPB107N20N3G）[22]和同等额定Rad Hard MOSFET（IRHN57250SE）[23]的关键电气特性比较

	IPB107N20N3G	IRHN57250SE	单位	性能比
辐射容量	否	是		
BV_{DSS}	200	200	V	1.0
$R_{DS(on)}$	0.011	0.06	Ω	5.5
Q_G	161	132	nC	0.8
Q_{GS}	23	45	nC	2.0
Q_{GD}	8	60	nC	7.5
$Q_G R_{DS(on)}$	1.8	7.9	nC·Ω	4.5
$(Q_{OSS}+Q_G)R_{DS(on)}$	2.6	11.2	nC·Ω	4.3
$Q_{GD}R_{DS(on)}$	0.09	3.6	nC·Ω	41

表16.2　商业级额定200V增强型GaN晶体管（EPC2010C）[24]、抗辐射（TID、SEE和中子）增强型GaN晶体管（FBG20N18）[25,26]和同等额定Rad-Hard MOSFET（IRHN57250SE）[23]的关键电气参数和辐射容差的比较

参数	EPC2010C 商用GaN 晶体管	FBG20N18 抗辐射 GaN晶体管	IRHN-57250SE 抗辐射 MOSFET	单位	商用GaN与 RH MOSFET 的性能比	RH GaN与 RH MOSFET 的性能比	方法
BV_{DS}	200	200	200	V	1:1	1:1	
$R_{DS(on)}$	2.5	2.6	6	mΩ	2:1	2:1	
Q_G	5.3	6.0	132	nC	25:1	22:1	
Q_{GS}	2.0	2.0	45	nC	23:1	23:1	
Q_{GD}	1.3	1.95	60	nC	46:1	30:1	
$Q_G R_{DS(on)}$	0.133	0.156	7.9	nC·Ω	59:1	50:1	
$(Q_{OSS}+Q_G)$ $R_{DS(on)}$	1.433	1.066	11.2	nC·Ω	8:1	10:1	
$Q_{GD}R_{DS(on)}$	0.033	0.051	3.6	nC·Ω	111:1	71:1	
~84 LET时 保证SEE SOA （$V_{GS}=0V$）	N/A	175	200	V	N/A	1:1	MIL-STD- 750E方法 1080
保证TID能力	N/A	500	100	kRad （硅）	N/A	5:1	MIL-STD- 750 方法1019

16.8　本章小结

GaN晶体管已经在伽马辐射、重离子轰击和中子辐射下进行了测试。GaN晶体管经过正确设计和处理后，可以在强辐射环境中使用，并且其抗辐射能力远超硅功率MOSFET。

设计人员遇到的问题是对于硅 MOSFET，必须在辐射容差和电气特性之间进行选择。商用 MOSFET 具有的厚栅极氧化层捕获大量电荷后，导致阈值电压大幅度偏移，在相对较低的总剂量下最终失效。可用的抗辐射 MOSFET 的 FOM 比商用 MOSFET 差几倍，这将导致抗辐射 MOSFET 效率降低或尺寸变大（由于开关频率低）。

经过正确设计和特殊加工的增强型 GaN 晶体管为设计人员提供了新能力，其电气性能优于最好的硅 MOSFET，其辐射容差至少与可用的最佳抗辐射功率 MOSFET 一样高。GaN 晶体管具有的优良电学特性和强的抗辐射性能，使功率电子系统达到了新的技术水平。

本书的最后一章将讨论从功率 MOSFET 到 GaN 晶体管和集成电路的转换效率影响因素。

参考文献

1 Space radiation effects on electronic components in low Earth orbit. NASA Practice No. PD-ED-1258.
2 Messenger, G.C. and Ash, M.S. (1986). *The Effects of Radiation on Electronic Systems*. New York, NY: Van Nostrand Reinhold Company.
3 Ma, T.P. and Dressendorfer, P.V. (1989). *Ionizing Radiation Effects in MOS Devices and Circuits*. New York: Wiley.
4 Aktas, O., Kuliev, A., Kumar, V. et al. (2004). 60 co gamma radiation effects on DC, RF, and pulsed I-V characteristics of AlGaN/GaN HEMTs. *Solid-State Electron.* 48: 471–475.
5 McClory, J.W. (June 2008). The effect of radiation on the electrical properties of aluminum gallium nitride/gallium nitride heterostructures. PhD dissertation. The Air Force Institute of Technology, Wright Patterson Air Force Base, Ohio.
6 Lidow, A., Witcher, J.B., and Smalley, K. (2011). Enhancement mode gallium nitride (eGaN®) FET characteristics under long-term stress. *GOMAC Tech Conference*, Orlando Florida (March 2011).
7 Sonia, G., Brunner, F., Denker, A. et al. (2006). Proton and heavy ion irradiation effects on AlGaN/GaN HFET devices. *IEEE Trans. Nucl. Sci.* 53 (6): 3661–3666.
8 Felix, J.A., Shaneyfelt, M.R., Schwank, J.R. et al. (2007). Enhanced degradation in power MOSFET devices due to heavy ion irradiation. *IEEE Trans. Nucl. Sci.* 54 (6): 2181–2189.
9 Bazzoli, S., Girard, S., Ferlet-Cavrois, V. et al. (2007). SEE sensitivity of a COTS GaN transistor and silicon MOSFETs. *9th European Conference on Radiation and Its Effects on Components and Systems*, RADECS, (2007).
10 Lidow, A. and Smalley, K. (2012). Radiation tolerant enhancement mode gallium nitride (eGaN®) FET characteristics. *GOMAC Tech Conference*, Las Vegas, Nevada (March 2012).
11 Lidow, A., Strydom, J., and Rearwin, M. (2014). Radiation tolerant enhancement mode gallium nitride (eGaN®) FETs for high-frequency DC–DC conversion. *GOMAC Tech Conference*, Charleston, South Carolina (April 2014).
12 Scheick, L.Z. (2016). Recent gallium nitride power HEMT single event testing results, Poster W-6. *IEEE Nuclear and Space Radiation Effects Conference (NSREC)*, Portland, United States (2016).
13 Texas A&M University Cyclotron Institute. https://cyclotron.tamu.edu.
14 Kuboyama, S., Maru, A., Shindou, H. et al. (2011). Single-event damages caused by heavy ions observed in AlGaN/GaN HEMTs. *IEEE Trans. Nucl. Sci.* 58 (6): 2734–2738.

15 Freebird Semiconductor (2017). Rad Hard eGaN® 100 V, 30 A, 9 mΩ surface mount (FSMD-B). FBG10N30 datasheet, March 2017 [Rev. 1.0]. http://www.freebirdsemi.com/wp-content/uploads/2017/04/FBG10N30B_Rev-1.0.pdf.

16 Freebird Semiconductor. SEE Test Report 100. www.freebirdsemi.com.

17 Gillberg James, E., Burton Donald, I., Titus, J.L. et al. (2001). Response of radiation hardened MOSFET to neutrons. *IEEE Nuclear and Space Radiation Effects Conference (NSREC)*, Vancouver, Canada (2001).

18 Pearton, S.J., Ren, F., Patrick, E. et al. (2016). Review – ionizing radiation damage effects on GaN devices. *ECS J. Solid State Sci. Technol.* 5 (2): Q35–Q60.

19 Freebird Semiconductor (2017). Rad Hard eGaN® 200 V, 18 A, 26 mΩ surface mount (FSMD-B). FBG04N08 datasheet, July 2017 [Revision 2.0]. http://www.freebirdsemi.com/wp-content/uploads/2017/07/FBG04N08A_Rev-2.0.pdf.

20 Lidow A., Nakata A., Rearwin M. et al. (2014) Single-event and radiation effect on enhancement mode gallium nitride FETs. *IEEE Nuclear and Space Radiation Effects Conference (NSREC)*, Paris, France (2014).

21 Lu, L., Zhang, J.C., Xue, J.S. et al. (2012). Neutron irradiation effects on AlGaN/GaN high electron mobility transistors. *Chin. Phys. B* 21 (3): 037104.

22 Infineon (July 2011). OptiMOS™ 3 power transistor. IPB107N20N3 G datasheet.

23 International Rectifier (December 2011). Radiation hardened power MOSFET surface mount (SMD-1). IRHN57250SE.

24 Efficient Power Conversion Corporation (2011). EPC2010 – enhancement-mode power transistor. EPC2010 datasheet, July 2011 [Revised February 2013]. http://epc-co.com/epc/documents/datasheets/EPC2010_datasheet.pdf.

25 Freebird Semiconductor (2017). Rad Hard eGaN® 200 V, 18 A, 26 mΩ surface mount (FSMD-B). GFBG20N18B datasheet, March 2017 [Revision 1.0]. http://www.freebirdsemi.com/wp-content/uploads/2017/04/FBG20N18B_Rev-1.0-1.pdf.

26 Freebird Semiconductor. SEE radiation report of 200V GaN devices. www.freebirdsemi.com.

27 Strydom, J., Lidow, A., and Goti, T. (2013). Radiation tolerant enhancement mode gallium nitride (eGaN®) FETs in DC–DC converters. *GOMAC Tech Conference*, Las Vegas, Nevada (March 2013).

第17章

替代硅功率 MOSFET

17.1 什么控制使用率

硅功率 MOSFET 发展了 30 多年，有以下 4 个方面因素决定着颠覆性电源管理技术的使用率[1]：

1）它是否能够提供新的功能？

2）是否容易使用？

3）对用户是否具有成本效益？

4）是否可靠？

接下来的讨论结合前面章节的内容，讨论基于这 4 个方面的标准，GaN 晶体管替代硅功率 MOSFET 的具体原因。

17.2 GaN 晶体管实现的新功能

GaN 晶体管实现的最重要的新功能来自于开关速度的突破。图 17.1 展示了 GaN 晶体管和

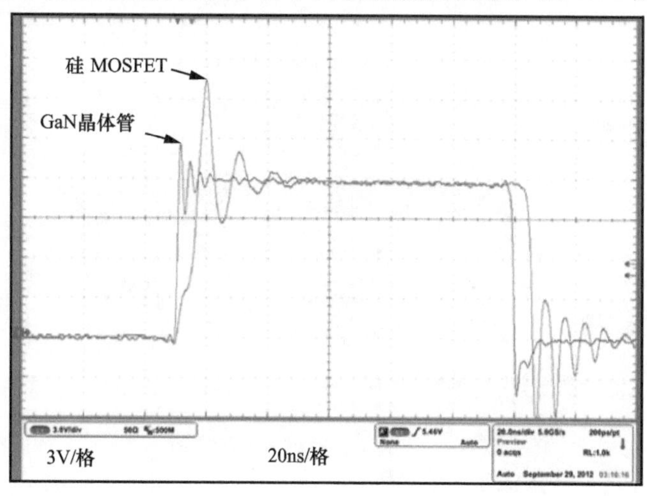

图 17.1 降压变换器中的 GaN 晶体管（EPC2015）和 MOSFET（BSZ040N04 LSG）开关速度的比较（1MHz，$V_{IN}=12V$，$V_{OUT}=1.2V$，$I_{OUT}=20A$）

等额 MOSFET 开关速度的直接测量比较，这使得 GaN 晶体管可以应用于图 17.2 中高开关速度要求的激光雷达。

图 17.2　自动驾驶汽车利用具有 GaN 晶体管的激光雷达系统来精确快速创建周围环境的 3D 图像（有关激光雷达的详细讨论，请参见第 13 章）

图 17.3 比较了 GaN 晶体管和等额 MOSFET 的物理尺寸，图 17.4 为得益于较小物理尺寸的医疗应用。

图 17.3　GaN 晶体管（EPC2045）和 MOSFET（BSZ070N08LS5）的尺寸比较。EPC2045 具有较高的额定电压（100/80V）和较低的导通电阻（7/9.2mΩ），而面积仅为 MOSFET 的三分之一（10.9/3.25mm^2）

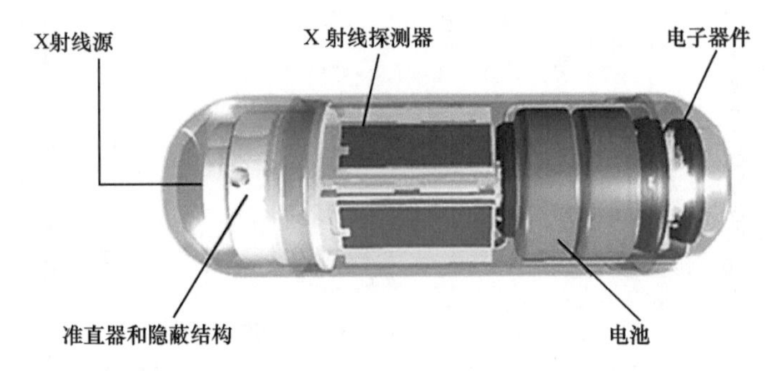

图 17.4　可以像药丸一样吞咽的小型 X 射线机示意图。它可以拍摄患者结肠的高分辨率图像，并将信息无线传输到患者背部的贴片上。微型 EPC2012C GaN 晶体管可实现超小尺寸，该晶体管可使用低压电池，并通过升压至 200V 对 Cd－Te 传感器施加偏置[2]

如第 1 章所讨论的由于 GaN 晶体管具有比硅器件高的临界电场，使得这种新型器件能够承担更大的漏源电压，同时导通电阻更小。除此之外，GaN 晶体管具有更高的电子迁移率和新的器件封装，创造了一类新型器件，这种器件比硅器件体积更小、速度更快。

GaN 晶体管作为功率 MOSFET 的继任产品，随着技术的发展得到了更广泛的应用，设计人员能够利用优良的开关性能优化功率变换系统的效率、尺寸和成本。第 7 ~ 10 章讨论了 GaN 晶体管在硬开关和谐振开关技术方面的优点，频率范围可以从数百 kHz 到数百 MHz，甚至到 GHz 范围中的射频放大器。在第 11 ~ 15 章中，详细讨论了早期的无线电能传输（见图 17.5）、包络跟踪、激光雷达和 D 类音频放大器，以及使用同样电路拓扑时与先进的功率 MOSFET 的比较情况。第 16 章探讨了增强型 GaN 晶体管抗辐射能力。对于所有的应用，GaN 晶体管可以缩小尺寸、增加系统效率和功率密度。

图 17.5　利用 GaN 晶体管实现的磁谐振无线电源已经广泛应用于为智能机器人充电，比如这些仓库无人机

17.3　GaN 晶体管易于使用

器件使用的难易程度取决于应用工程师的技能、开发的电路难易程度、器件为用户使用的不同程度，以及用户的应用工具。

GaN 晶体管在应用方面非常类似于现有的功率 MOSFET，因此，用户可以利用他们过去的设计经验。关键的差异是相对高的频率响应，这是用户在设计电路时需要考虑的。如第 3、4 和 7 章所述，少量杂散寄生电感可能导致功率损耗增加，而且栅源电压的过冲可能会损坏器件。第 5 章讨论了用户可以用来精确地测量这些高速波形的各种工具。

使用好的工具有助于更好地设计 GaN 晶体管。SPICE 器件模型和热模型可以大量下载[3]。组装电路套件可从 GaN 晶体管制造商处获得，例如 EPC、Transphorm、Navitas 和 GaN Systems 公司。这些套件极大地简化了 GaN 晶体管的性能评估步骤，便于在需要时直接与传统 MOSFET 进行性能比较。

此外，随着专门设计用于驱动GaN晶体管的IC出现，GaN晶体管系统不断发展，通过简化设计使用户的工作变得更容易，并使用户把更多精力放在以前被认为是低优先级的任务上，如减少共源和回路电感。GaN晶体管的IC驱动还可以通过最小功率损耗实现晶体管开关所需的较快速度，但没有大的过冲或死区时间。最后，随着用户群的扩大，越来越多的有经验的用户能够使用最先进的技术将想法迅速转化为产品。

与MOSFET相比，GaN晶体管开关速度的提高和尺寸的显著减小，可以扩展功率变换系统制造商们的应用经验。幸运的是，随着时间的推移，GaN晶体管制造技术已经得到提高，可以满足手机、汽车电子和高密度计算设备等制造商提出的要求。GaN晶体管具有芯片级封装的小尺寸优势和高的热效率优势（见第6章），并且由于电子产品向更高密度发展的趋势，GaN晶体管应用的阻碍已经减少。

具有集成驱动器的功率晶体管以及带有集成电平位移栅极驱动器和保护电路的全单片半桥IC的出现，进一步减少了设计的时间和风险，同时降低了系统损耗、尺寸和成本，如第1章的图1.24所示。这使得用户更容易充分利用GaN技术的优势，同时降低产品延迟发布的风险。

17.4　成本与时间

比较不同技术的产品成本是困难的。而且，如果消费市场的供需不平衡，成本并不总是反映在产品价格中。由于GaN晶体管主要是替代成熟的第一代硅功率MOSFET，成本比较就显得很有意义。

产品成本的基本要素包括：

1）原材料；

2）材料外延生长；

3）晶圆制造；

4）芯片测试和封装。

比较的基本前提是假设这两种技术的其他成本因素是相似的，如产量、工程成本、包装和运输成本，以及一般管理成本等。

17.4.1　原材料

如今的GaN晶体管可以在150mm的衬底上制造，将来可能发展到200mm直径的衬底上。对于不同的制造商，功率MOSFET是在100~200mm的不同衬底上制造。最具成本竞争的GaN晶体管是使用标准的硅衬底，因此与在相同直径原材料上制造的功率MOSFET相比，没有成本的增加。事实上，150mm和200mm硅晶圆之间的单位面积成本差很小，因此，对于原材料，每个晶圆没有实际的成本差异。如果考虑GaN晶体管具有比相同电流处理能力的硅器件面积更小的因素，则GaN晶体管的成本比硅MOSFET更低。

17.4.2　材料外延生长

硅外延生长是一种成熟的技术，许多公司已经有高效和自动化的设备。金属有机化学气相沉积（MOCVD）GaN 设备的供应商至少有两个，即美国的 Veeco 与德国的 Aixtron。两个公司制造的设备都具有可靠的制造能力，主要外延生长用于 LED 的 GaN 外延材料。现在，一些新的设备可以优化硅基 GaN 外延，并达到了在硅外延生长中常见的自动化水平。因此，硅基 GaN 外延生长成本开始收敛于硅外延的成本。随着加工时间、温度、晶圆直径、材料成本和机器生产率的快速改进，GaN 外延成本将接近硅外延成本。

17.4.3　晶圆制造

第 1 章描述的 GaN 晶体管的简单结构在标准的低成本晶圆制造设备中并不难实现。工艺温度类似于硅 BCDMOS 工艺，并且可以容易地管理交叉污染。如今，GaN 晶体管在标准硅晶圆制造中与硅 IC 和功率 MOSFET 并行处理。此外，简单的 GaN 晶体管结构制备工艺比最先进的功率 MOSFET 少很多工艺处理步骤。随着 GaN 晶体管产量的增长，制备成本已经与先进的功率 MOSFET 的成本持平，并可能进一步降低。

17.4.4　芯片测试和封装

在组装过程中，不同 GaN 晶体管结构的加工成本具有显著差异，但测试成本基本一样。

硅功率 MOSFET 需要外围的封装，通常包括铜引线框架、铝、金或铜线，这些全部在环氧封装中。通过封装，连接垂直的硅器件的顶部和底部，而且需要塑料封装来防止水分渗入有源器件，并且需要有将热量从器件散出的方法和手段。传统的功率 MOSFET 封装，如 SO8、TO220 或 PQFN，增加了成本，具有寄生电感，而且热阻降低了产品的可靠性，并增加了质量风险。如第 1 ~4 章所述，额定电压为 200V 或更低的 GaN 晶体管采用 LGA 或 BGA（WLCSP）方式，可用作“倒装芯片”而不会影响电气性能、散热性能和可靠性。因此，这些器件的封装成本将低于硅 MOSFET。

2015 年，首次出现了价格低于等额 MOSFET 的 GaN 功率器件[4]。从那时起，GaN 器件在尺寸和价格上持续减小。鉴于 GaN 晶体管性能离它的理论极限还有两个数量级的差距，并且考虑经济因素，GaN 器件可以集成到单片片上系统中，因此可以合理地预期，GaN 和硅功率器件之间的成本和价格差距将会随着时间的推移而继续缩小。

17.5　GaN 晶体管的可靠性

硅功率 MOSFET 的可靠性在不断发展。多年来，我们一直致力于理解失效机制，精确控制工艺过程，并且设计可以用于任何功率变换系统的高可靠性产品。GaN 晶体管已经在此期间发展了几年的时间，样本数据也在不断增长。很多制造商已经发布他们的测试结果[5-9]，并且这些器件已成功应用于汽车[10]、太空[11]和功率系统[12,13]，效果良好。在实际应用中，数百万单位的数十亿小时使用的现场信息表明，GaN 技术在各种实际和加速的寿命测试条件下均是稳定的。

17.6 GaN晶体管的未来发展方向

GaN技术尚处于早期阶段，其品质因数、导通电阻$R_{DS(on)}$与面积乘积、成本等可以通过提高器件性能进行不断改进。当今的GaN晶体管性能离它的理论极限还有两个数量级的差距，因此可以合理地预期，将以每2～4年品质因数降低两倍或更多的速度继续发展下去。

GaN技术影响功率变换系统性能的最大机会来自于在同一衬底上集成功率级和信号级器件的潜力。第1章展示了一个单片功率级，包括功率器件、驱动器和电平位移电路。如图17.6和图17.7所示，单片激光雷达IC以及为E类放大器设计的IC已经出现在市场上。这些将成为全功率片上系统IC的先驱，包括电动机驱动器、降压变换器、同步整流器、音频放大器、无线电能传输放大器和接收器、太阳能逆变器、多电平变换器、功率因数校正电路，以及整个电源系统，它们将受益于硅基GaN集成的较低成本和较小尺寸。

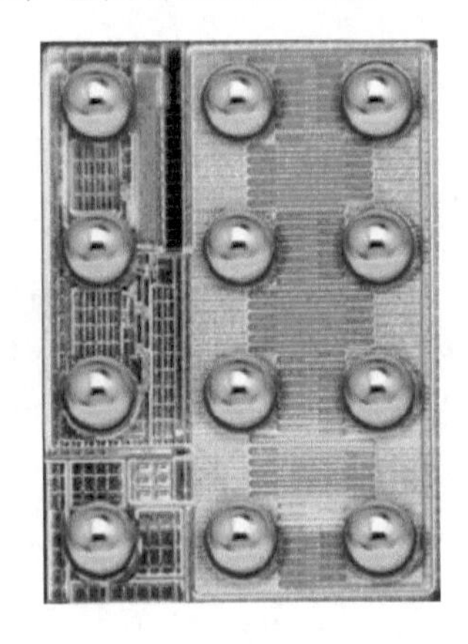

图17.6 用于激光雷达系统的单片激光发射和控制IC

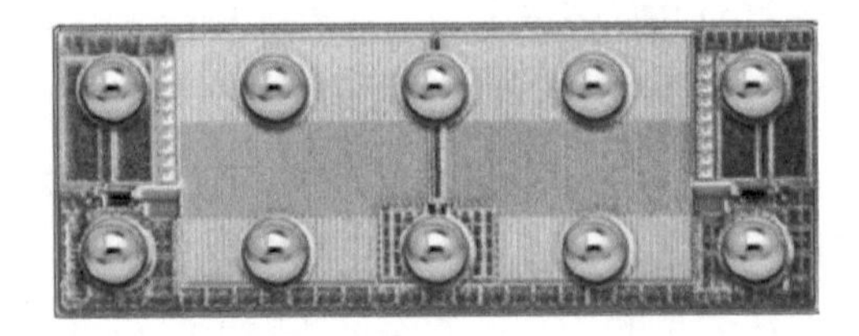

图17.7 可用于无线电源的差模E类放大器（EPC2115成电路），具有两个与其驱动器电路集成的150V功率晶体管

17.7 本章小结

20世纪70年代末，功率MOSFET的设计者相信有一个技术将完全取代双极型晶体管。虽然30多年后，大量的应用仍然偏向于双极型晶体管而非功率MOSFET，但是功率MOSFET的市场规模比双极型市场大许多倍，这是由于功率MOSFET突破性技术带来了新应用和新市场。今天，GaN技术处于同样的关键点。如同1970年中期到1980年的功率MOSFET一样，GaN制造商正在开始一个令人兴奋的征程，几乎每个月都有新产品和新技术的突破出现。

功率MOSFET没有终结，但是它已经接近于提高性能和降低成本的尾声。随着越来越多基于GaN晶体管的设计进入市场，硅基GaN制造量不断增长，并且集成带来了全功率片上系统，由于其在集成度、性能、尺寸和成本方面不断扩展的优势，这一新技术很可能在未来占据主导地位。

参考文献

1 Lidow, A. (2010). Is it the end of the road for silicon in power management? *CIPS 2010 Conference*, Nuremburg, Germany (March 2010).

2 Murphy, M. (2016). Scientists are developing an X-ray pill you can swallow. *Quartz Magazine* (30 July). https://qz.com/467119/scientists-are-developing-an-x-ray-pill-you-can-swallow.

3 Efficient Power Conversion Corporation. eGaN FET SPICE Models. http://epc-co.com/epc/DesignSupportbr/DeviceModels.aspx.

4 Courtland, R. (2015). Gallium nitride power transistors priced cheaper than silicon. *IEEE Spectrum*, 8 May 2015. https://spectrum.ieee.org/tech-talk/semiconductors/design/gallium-nitride-transistors-priced-cheaper-than-silicon.

5 Strittmatter, R., Zhou, C., and Ma, Y. EPC eGaN® FETs reliability testing: Phase six testing. Reliability report. http://epc-co.com/epc/Portals/0/epc/documents/product-training/Reliability%20Report%20Phase%206.pdf.

6 Jakubiec, C., Strittmatter, R., and Zhou, C. EPC eGaN® FETs reliability testing: Phase seven testing. Reliability report. http://epc-co.com/epc/Portals/0/epc/documents/product-training/reliability%20report%20phase%207.pdf.

7 Jakubiec, C., Strittmatter, R., and Zhou, C. EPC eGaN® FETs reliability testing: Phase eight testing. Reliability report. http://epc-co.com/epc/Portals/0/epc/documents/product-training/reliability%20report%20phase%208.pdf.

8 Jakubiec, C., Strittmatter, R., and Zhou, C. EPC eGaN® FETs reliability testing: Phase nine testing. Reliability report. http://epc-co.com/epc/Portals/0/epc/documents/product-training/reliability%20report%20phase%209.pdf.

9 Strittmatter, R., Zhang, S., and Arribas, A.P. EPC eGaN® FETs reliability testing: Phase ten testing. Reliability report. http://epc-co.com/epc/Portals/0/epc/documents/product-training/reliability%20report%20phase%210.pdf.

10 Ohnsman, A. (13 December 2016). Velodyne unveils low-cost LiDAR in race for Robo-car vision leadership. *Forbes*.

11 Whitock, P. (2018). Will GaN and the Tesla SpaceX car survive space radiation? Yes and no. *ElectroPages*, February 2018. https://www.electropages.com/2018/02/will-gan-and-the-tesla-spacex-car-survive-space-radiation.

12 Takahashi, D. (27 February 2018). Gaming laptops will have smaller power supplies with EPC's gallium nitride chips. *Venture Beat* https://venturebeat.com/2018/02/27/gaming-laptops-will-have-smaller-power-supplies-with-epcs-gallium-nitride-chips.

13 Sverdlik, Y. (9 February 2017). GaN is eyeing Silicon's data Center lunch. *Data Center Knowledge* https://www.datacenterknowledge.com/archives/2017/02/09/gan-is-eyeing-silicons-data-center-lunch.

附　　录

术语表

术语	符号	单位	定　　义	所在章节
禁带宽度	E_g	eV	也称为“能带”，是固体中没有电子状态的能级范围。禁带宽度是决定固体材料导电特性的关键参数，具有大禁带宽度的属于绝缘体，具有小禁带宽度的属于半导体，没有或具有很小禁带宽度的为导体	1
漏源电容	C_{DS}	F	漏源电极之间的电容	2，3，5
栅漏电容	C_{GD}	F	栅漏电极之间的电容	2，3，5
栅源电容	C_{GS}	F	栅源电极之间的电容	2，3，7，8，10
输入电容	C_{ISS}	F	器件的输入电容（C_{GD}和C_{GS}之和）	2，7，8，10
输出电容	C_{OSS}	F	器件的输出电容（C_{GD}和C_{DS}之和）	2，3，5，7，8，9，10
载流子迁移率	μ	$cm^2/(V \cdot s)$	指单位电场强度下所产生的载流子平均漂移速度，用于衡量电子以多大的速度通过金属或半导体	1，2，7，10
共源电感	CSI	H	由漏源电流和栅极驱动共享的电感	4，7，10
临界电场	E_{crit}	MV/cm	指超过材料临界场强时的电场强度，此时，原子之间的价键被打破，形成宏观电流	1，2，17
器件结温	T_J	℃	器件工作时的结温	2
二极管反向恢复电荷	Q_{RR}	C	关断场效应晶体管寄生的体二极管所需的电荷，具有P型GaN栅增强型晶体管的Q_{RR}为零	2，7，10
静态工作点的漏极电流	I_{DQ}	A	线性放大晶体管静态工作点的漏极电流	9
漏极效率	η_D	%	射频输出功率/直流输入功率	8
有效死区时间	t_{eff}	s	PWM输出时，为了使H桥或半H桥的上下管不会因为开关速度问题发生同时导通而设置的一个保护时间	3，7，8，10，17
增强型GaN场效应晶体管	eGaN FET		增强型硅基GaN场效应晶体管	1，7，9，10，16，17
品质因数	FOM	mΩ · nC	比较不同器件特性的一种方法 $FOM = Q_G R_{DS(on)}$	1，3，7，8，9，10，17
硬开关品质因数	FOM_{HS}	mΩ · nC	比较硬开关应用技术，如降压变换器的一种方法 $FOM_{HS} = (Q_{GD} + Q_{GS2}) R_{DS(on)}$	7，10

（续）

术语	符号	单位	定 义	所在章节
软开关品质因数	FOM_{SS}	mΩ · nC	比较软开关应用技术的一种方法 $FOM_{SS}=(Q_{OSS}+Q_G)R_{DS(on)}$	8, 10
栅极电压增大到阈值电压所需的栅极电荷	Q_{GS1}	C	栅极电压从零增大到阈值电压所需的栅极电荷	7
电流转换所需的栅极电荷	Q_{GS2}	C	栅极电压从阈值电压增大到平台电压所需的栅极电荷（电流导通期间）	7
栅极电压从零增加到平台电压所需的栅极电荷	Q_{GS}	C	栅极电压从零增加到平台电压所需的栅极电荷	7
电压转换期间的栅极电荷	Q_{GD}	C	漏极电压变化时的栅漏电荷	2, 3, 5
总栅极电荷	Q_G	C	器件开启所需的栅极总电荷	2, 3, 7, 8, 10
栅极驱动器输出电压	V_{DR}	V	栅极驱动正向输出电压	7, 8
栅极平台电压	V_{PL}	V	硬开关晶体管漏源电压转换时的栅极电压	3, 7
栅极阈值电压	V_{th}	V	器件漏源极开始导通时所需的栅极电压	2, 3, 7
栅漏电荷	Q_{GD}	C	漏极电压变化时的栅漏电荷	2, 3, 5
高电子迁移率晶体管	HEMT		也称为异质结场效应晶体管（HFET）或调制掺杂场效应晶体管（MODFET），是由两种禁带宽度不同的材料组成的异质结形成的场效应晶体管	1, 2, 3, 4, 7, 9, 10, 16
栅极内部电阻	R_G	Ω	晶体管栅极内部的电阻，它限制了电荷以多快的速度进出栅极	3, 8
基板栅格阵列	LGA		集成电路和 GaN 晶体管表面贴片式封装的一种类型，LGA 通过电气连接可以直接与 PCB 焊接	1, 2, 4, 5, 7, 8, 10, 17
线性能量传输	LET	$MeV \cdot cm^2/mg$	离子通过材料时单位长度的能量传输，是带电粒子淀积在材料每单位质量厚度的能量	16
金属有机化学气相沉积	MOCVD		外延生长材料的化学气相沉淀方法，适合于在表面反应的有机化合物或金属有机物	1, 16
米勒比	Q_{GD}/Q_{GS}		一个衡量标准，即在漏极端口施加高电平时栅极端口可能发生的错误导通	2, 3, 10, 17
导通电阻	$R_{DS(on)}$	Ω	GaN 晶体管开启时源漏电极之间的电阻，称为“漏源导通电阻”	1, 2, 3, 4, 5, 8, 9, 10, 16, 17
输出电荷	Q_{OSS}	C	需要提供给漏极以在漏极上相对于源极产生一定电压的电荷	7, 8, 10, 16

（续）

术语	符号	单位	定　　义	所在章节
射频晶体管的直流功率	P_{DC}	W	传输给射频晶体管的直流功率	9
输出的射频功率	P_{RFout}	W或dBm	放大器的射频功率	9
关断功率损耗	P_{off}	W	开关晶体管关断时的功率损耗	7
导通功率损耗	P_{on}	W	开关晶体管导通时的功率损耗	7
通过以太网供电的电源设备	PoE－PSE		提供电能到以太网电缆的电源设备	10
输入端反射系数	s_{11}	%	入射波的百分比（从输入端反射回来）	9
输入功率正向增益反射系数	s_{21}	%	输入端入射波的百分比（反射到输出端）	9
输出端反向增益反射系数	s_{12}	%	输出端入射波的百分比（反射到输入端）	9
输出端反射系数	s_{22}	%	入射波的百分比（从输出端反射回来）	9
Rollett稳定系数	K		无条件稳定性测试	9
单粒子烧毁	SEB		入射粒子产生瞬态电流导致敏感的寄生双极型晶体管导通，双极型晶体管的再生反馈机制造成收集结电流不断增大，直至产生二次击穿，造成漏极和源极永久短路，直至电路烧毁	16
单粒子效应	SEE		空间高能带电粒子穿越器件灵敏区时，与半导体材料产生大量带电粒子的现象，属于辐射电离效应	16
单粒子栅穿	SEGR		当高能粒子通过功率晶体管的栅极时引起的毁伤，高能粒子引起栅氧高电场并形成永久损伤，单粒子栅穿不能通过电路设计消除	16
史密斯圆图			专为无线电工程师设计的图形辅助工具，可协助解决传输线和匹配电路的问题。史密斯圆图可以用来表示许多参数，包括阻抗、导纳和反射系数等	9
开关频率	f_{sw}	Hz	晶体管的工作频率	7，8，10
结到PCB热阻	$Z_{\theta JB}$	℃/W	从GaN晶体管的结到焊球底部的热阻抗（没有考虑安装电路板的类型和尺寸）	2
结到环境热阻	$R_{\theta JA}$或R_{THJA}	℃/W	从GaN晶体管的结到环境的热阻	2，5
结到PCB热阻	$R_{\theta JB}$或R_{THJB}	℃/W	从GaN晶体管的结到焊球底部的热阻（没有考虑安装电路板的类型和尺寸）	2

（续）

术语	符号	单位	定　义	所在章节
结到硅衬底热阻	$R_{\theta JC}$或R_{THJC}	℃/W	从 GaN 晶体管的结到硅衬底的热阻	2
有效热阻	$R_{\theta(Effective)}$	℃/W	由所有电阻总和形成的热阻	2，5
阈值电压	$V_{GS(th)}$或V_{th}	V	施加于 GaN 晶体管栅源极之间的电压，这个电压使得栅极下方出现足够的二维电子气而使漏源极形成电流	1，2，4，7，16，17
跨导	g_m	S	晶体管输出电流与输入电压的比值	7
关断电流下降时间	t_{cf}	s	开关晶体管的硬开关电流下降时间	7
开通电压下降时间	t_{vf}	s	开关晶体管的硬开关电压下降时间	3，7
开通电流上升时间	t_{cr}	s	开关晶体管的硬开关电流上升时间	7
关断电压上升时间	t_{vr}	s	开关晶体管的硬开关电压上升时间	7
二维电子气	2DEG		指电子在二维方向自由移动，这种限制使得电子的能量量子化	1，2，5，16
零电压开关时间	t_{ZVS}	s	零电压开关晶体管的电容放电时间	8

图书在版编目（CIP）数据

氮化镓功率晶体管：器件、电路与应用：原书第 3 版/（美）亚历克斯·利多（Alex Lidow）等著；段宝兴等译．—北京：机械工业出版社，2021.12（2024.1 重印）

（集成电路科学与工程丛书）

书名原文：GaN Transistors for Efficient Power Conversion，Third Edition

ISBN 978-7-111-69552-3

Ⅰ.①氮…　Ⅱ.①亚…②段…　Ⅲ.①氮化镓-功率晶体管-研究

Ⅳ.①TN323

中国版本图书馆 CIP 数据核字（2021）第 225162 号

机械工业出版社（北京市百万庄大街 22 号　邮政编码 100037）

策划编辑：刘星宁　　　责任编辑：刘星宁

责任校对：张晓蓉　王　延　封面设计：马精明

责任印制：单爱军

北京虎彩文化传播有限公司印刷

2024 年 1 月第 1 版第 3 次印刷

184mm×240mm · 19 印张 · 446 千字

标准书号：ISBN 978-7-111-69552-3

定价：139.00 元

电话服务	网络服务
客服电话：010-88361066	机　工　官　网：www.cmpbook.com
010-88379833	机　工　官　博：weibo.com/cmp1952
010-68326294	金　　书　　网：www.golden-book.com
封底无防伪标均为盗版	机工教育服务网：www.cmpedu.com